国家卫生和计划生育委员会"十二五"规划教材
全国高等医药教材建设研究会"十二五"规划教材
全国高等学校制药工程、药物制剂专业规划教材
供制药工程、药物制剂专业用

制药设备与车间设计

主　编　王　沛

副主编　刘永忠　王　立

编　者（以姓氏笔画为序）

于　波（长春中医药大学）　　　刘雪梅（广西中医药大学）

王　立（哈尔滨商业大学）　　　严永暄（吉林医药设计院有限公司）

王　沛（长春中医药大学）　　　杨　波（昆明理工大学）

王　锐（黑龙江中医药大学）　　李坤平（广东药学院）

王宝华（北京中医药大学）　　　张宇燕（浙江中医药大学）

礼　彤（沈阳药科大学）　　　　庞　红（湖北中医药大学）

刘　琦（大连医科大学）　　　　管清香（吉林大学）

刘永忠（江西中医药大学）　　　潘永兰（南京中医药大学）

人民卫生出版社

PEOPLE'S MEDICAL PUBLISHING HOUSE

图书在版编目（CIP）数据

制药设备与车间设计/王沛主编. —北京：人民卫生出版社，2014.6

ISBN 978-7-117-18765-7

Ⅰ.①制… Ⅱ.①王… Ⅲ.①制药工业-化工设备-高等学校-教材②制药厂-车间-设计-高等学校-教材 Ⅳ.①TQ460

中国版本图书馆 CIP 数据核字（2014）第 057910 号

| 人卫社官网 | www. pmph. com | 出版物查询，在线购书 |
| 人卫医学网 | www. ipmph. com | 医学考试辅导，医学数据库服务，医学教育资源，大众健康资讯 |

制药设备与车间设计

主　　编：王　沛

出版发行：人民卫生出版社（中继线 010-59780011）

地　　址：北京市朝阳区潘家园南里 19 号

邮　　编：100021

E - mail：pmph @ pmph. com

购书热线：010-59787592　010-59787584　010-65264830

印　　刷：三河市尚艺印装有限公司

经　　销：新华书店

开　　本：787×1092　1/16　印张：24

字　　数：599 千字

版　　次：2014 年 6 月第 1 版　2023 年 1 月第 1 版第12次印刷

标准书号：ISBN 978-7-117-18765-7/R·18766

定　　价：39.00 元

打击盗版举报电话：**010-59787491　E-mail：WQ @ pmph. com**

（凡属印装质量问题请与本社市场营销中心联系退换）

出 版 说 明

《国家中长期教育改革和发展规划纲要(2010-2020年)》和《国家中长期人才发展规划纲要(2010-2020年)》中强调要培养造就一大批创新能力强、适应经济社会发展需要的高质量各类型工程技术人才,为国家走新型工业化发展道路、建设创新型国家和人才强国战略服务。制药工程、药物制剂专业正是以培养高级工程化和复合型人才为目标,分别于1998年、1987年列入《普通高等学校本科专业目录》,但一直以来都没有专门针对这两个专业本科层次的全国规划性教材。为顺应我国高等教育教学改革与发展的趋势,紧紧围绕专业教学和人才培养目标的要求,做好教材建设工作,更好地满足教学的需要,我社于2011年即开始对这两个专业本科层次的办学情况进行了全面系统的调研工作。在广泛调研和充分论证的基础上,全国高等医药教材建设研究会、人民卫生出版社于2013年1月正式启动了全国高等学校制药工程、药物制剂专业国家卫生和计划生育委员会"十二五"规划教材的组织编写与出版工作。

本套教材主要涵盖了制药工程、药物制剂专业所需的基础课程和专业课程,特别是与药学专业教学要求差别较大的核心课程,共计17种(详见附录)。

作为全国首套制药工程、药物制剂专业本科层次的全国规划性教材,具有如下特点:

一、立足培养目标,体现鲜明专业特色

本套教材定位于普通高等学校制药工程专业、药物制剂专业,既确保学生掌握基本理论、基本知识和基本技能,满足本科教学的基本要求,同时又突出专业特色,区别于本科药学专业教材,紧紧围绕专业培养目标,以制药技术和工程应用为背景,通过理论与实践相结合,创建具有鲜明专业特色的本科教材,满足高级科学技术人才和高级工程技术人才培养的需求。

二、对接课程体系,构建合理教材体系

本套教材秉承"精化基础理论、优化专业知识、强化实践能力、深化素质教育、突出专业特色"的原则,构建合理的教材体系。对于制药工程专业,注重体现具有药物特色的工程技术性要求,将药物和工程两方面有机结合、相互渗透、交叉融合;对于药物制剂专业,则强调不单纯以学科型为主,兼顾能力的培养和社会的需要。

三、顺应岗位需求,精心设计教材内容

本套教材的主体框架的制定以技术应用为主线,以"应用"为主旨甄选教材内容,注重学生实践技能的培养,不过分追求知识的"新"与"深"。同时,对于适用于不同专业的同一课程的教材,既突出专业共性,又根据具体专业的教学目标确定内容深浅度和侧重点;对于适用于同一专业的相关教材,既避免重要知识点的遗漏,又去掉了不必要的交叉重复。

四、注重案例引入,理论密切联系实践

本套教材特别强调对于实际案例的运用,通过从药品科研、生产、流通、应用等各环节引入的实际案例,活化基础理论,使教材编写更贴近现实,将理论知识与岗位实践有机结合。既有用实际案例引出相关知识点的介绍,把解决实际问题的过程凝练至理性的维度,使学生对于理论知识的掌握从感性到理性;也有在介绍理论知识后用典型案例进行实证,使学生对于理论内容的理解不再停留在凭空想象,而源于实践。

五、优化编写团队,确保内容贴近岗位

为避免当前教材编写存在学术化倾向严重、实践环节相对薄弱、与岗位需求存在一定程度脱节的弊端,本套教材的编写团队不但有来自全国各高等学校具有丰富教学和科研经验的一线优秀教师作为编写的骨干力量,同时还吸纳了一批来自医药行业企业的具有丰富实践经验的专家参与教材的编写和审定,保障了一线工作岗位上先进技术、技能和实际案例作为教材的内容,确保教材内容贴近岗位实际。

本套教材的编写,得到了全国高等学校制药工程、药物制剂专业教材评审委员会的专家和全国各有关院校和企事业单位的骨干教师和一线专家的支持和参与,在此对有关单位和个人表示衷心的感谢!更期待通过各校的教学使用获得更多的宝贵意见,以便及时更正和修订完善。

全国高等医药教材建设研究会

人民卫生出版社

2014 年 2 月

附:国家卫生和计划生育委员会"十二五"规划教材
全国高等学校制药工程、药物制剂专业规划教材目录

序号	教材名称	主编		适用专业
1	药物化学 *	孙铁民		制药工程、药物制剂
2	药剂学	杨 丽		制药工程
3	药物分析	孙立新		制药工程、药物制剂
4	制药工程导论	宋 航		制药工程
5	化工制图	韩 静		制药工程、药物制剂
5-1	化工制图习题集	韩 静		制药工程、药物制剂
6	化工原理	王志祥		制药工程、药物制剂
7	制药工艺学	赵临襄	赵广荣	制药工程、药物制剂
8	制药设备与车间设计	王 沛		制药工程、药物制剂
9	制药分离工程	郭立玮		制药工程、药物制剂
10	药品生产质量管理	谢 明	杨 悦	制药工程、药物制剂
11	药物合成反应	郭 春		制药工程
12	药物制剂工程	柯 学		制药工程、药物制剂
13	药物剂型与递药系统	方 亮	龙晓英	药物制剂
14	制药辅料与药品包装	程 怡	傅超美	制药工程、药物制剂、药学
15	工业药剂学	周建平	唐 星	药物制剂
16	中药炮制工程学 *	蔡宝昌	张振凌	制药工程、药物制剂
17	中药提取工艺学	李小芳		制药工程、药物制剂

注:* 教材有配套光盘。

全国高等学校制药工程、药物制剂专业
教材评审委员会名单

主任委员

尤启冬　中国药科大学

副主任委员

赵临襄　沈阳药科大学
蔡宝昌　南京中医药大学

委　员（以姓氏笔画为序）

于奕峰　河北科技大学化学与制药工程学院
元英进　天津大学化工学院
方　浩　山东大学药学院
张　珩　武汉工程大学化工与制药学院
李永吉　黑龙江中医药大学
杨　帆　广东药学院
林桂涛　山东中医药大学
章亚东　郑州大学化工与能源学院
程　怡　广州中医药大学
虞心红　华东理工大学药学院

前　言

制药设备与车间设计是一门以制药机械和制药工程学理论为基础，以制药实践为依托的实践性极强的综合性学科。其作为制药工程专业、药物制剂专业的骨干课程之一，在多年的教学实践与科研活动中得以迅速发展，尤其是在国家大力发展医药现代化、产业化的今天，该学科已凸显出作为交叉综合性学科的强大优势。

《制药设备与车间设计》是以制药设备与车间设计互为内容与形式展开叙述的教材，制药设备以制药过程的单元操作为切入点，着重叙述各单元操作的制药原理和所涉及的设备，随着制药工艺进程的不断深入，制药机制的层层展开、剖析，随之将所涉及的设备原理、使用方法、维修、保养等一系列技术参数和实践操作逐一加以描述；作为承载制药设备的厂房、车间的设计和施工建造，是要严格按照一定的规范和要求的，大到国家的法令、法规，小到操作者的岗位操作劳保、环保指标等。我们力求在车间设计的部分相关章节中逐一得以体现，同时也适当的添加了设计实例。

《制药设备与车间设计》介绍的内容主要包括：提取设备、粉碎设备、筛分与混合设备、分离设备、干燥设备、蒸发设备、物料输送设备、生物制品反应设备、制剂成型设备、药品包装及设备、厂址选择与布局、车间设计、工艺管道设计、辅助设施设计、非工艺项目设计等。

本教材力求系统、实用、新颖，以培养能适应规范化、规模化、现代化的制药工程、药物制剂所需要的高级专业技术人才为宗旨。为此，我们特聘请了教学、科研、生产等三方面的专家、教授，在进行了充分研讨和论证的基础上，撰写了本教材。

本教材分工如下：第一章由王沛编写，第二章由李坤平编写，第三章由刘雪梅、王沛编写，第四章由刘永忠编写，第五章由张宇燕编写，第六章由王立编写，第七章由庞红、王宝华编写，第八章由于波编写，第九章由礼彤编写，第十章由王锐、刘琦编写，第十一章由王锐编写，第十二章由杨波、王沛编写，第十三章由严永暄、王沛编写，第十四章由潘永兰、王沛编写，第十五章由管清香、王沛编写，第十六章由刘永忠、王沛编写。另外，特别感谢吉林医药设计院有限公司的孙茂萱高级工程师给予本书的大力支持。

本教材主要是供全国高等院校本科制药工程专业、药物制剂专业教学使用，除此之外，生物制药专业、药学专业、中药学等专业的本科学生，以及制药企业的工程技术人员也可以参考使用。

本教材在编写的过程中得到了各参编院校的大力支持，在此，我们深表感谢。为了进一步提高本书的质量，诚恳地希望各位读者、专家提出宝贵意见，以供再版时修改。

编　者

2014 年 2 月

目　录

第一章 绪 论

  制药设备与车间设计主要研究制药过程中所涉及的机械设备的选型、参数设定、正确使用、维修保养,甚至于非标设备的设计制造等内容,以及其与使用环境——制药车间的关系。制药车间的设计既要满足所使用设备的技术性能要求,也要达到国家对制药行业的要求,同时达到车间设计合理规范,设备选型恰当,只有这样企业才会获得经济效益,也会为社会做出更大的贡献。

  制药设备与车间设计是一门综合性极强的应用学科,作为制药工程专业、药物制剂专业的主干专业课程之一在全国高校中开设。随着我国制药企业从管理到生产越来越多地与国际相应规范接轨,同时我国新版《药品生产质量管理规范》(GMP)的出台也支持了上述观点,诸如在 GMP 中除了对药品生产环境和条件做出硬性规定外,还对直接参与药品生产的制药设备给出了指导性的规定,如设备的设计、选型、安装等均应符合生产要求,易于清洗、消毒和灭菌,便于生产操作和维修、保养,并能防止差错和减少污染等。可见制药设备和作为生产场地的车间在药品生产中的地位。

一、制药设备在制药工业中的地位

  制药工业隶属于制造业,所生产的产品理应是规模化、批量化的产物,这样大规模的产品生产,一定离不开机械设备的参与。制药产品从其原料到产出成品的过程,无一环节不是有机械设备的帮助,例如,药物的合成或药材的提取、分离,从原料到制剂的生产、半成品及产品的包装等具体过程,离不开反应罐、提取器、蒸馏塔、干燥设备、制剂成型设备、包装设备等,只有认真学习和把握好制药的每一个过程并且熟悉制药设备的使用方法,才能确保所产出的药品符合质量标准,从而达到治病救人的目的。所以制药设备在整个工业化生产中起着举足轻重的作用。

二、制药企业厂址设计的要求

  《药品生产质量管理规范(2010 年修订)》(GMP)中明确指出,厂房的选址、设计、布局、建造、改造和维护必须符合药品生产要求,应当能够最大限度地避免污染、交叉污染、混淆和差错,便于清洁、操作和维护;应当根据厂房及生产防护措施综合考虑选址,厂房所处的环境应当能够最大限度地降低物料或产品遭受污染的风险;尤其是制药企业应当有整洁的生产环境;厂区的地面、路面及运输等不应当对药品的生产造成污染;生产、行政、生活和辅助区的总体布局应当合理,不得互相妨碍;厂区和厂房内的人、物流走向应当合理;每年应当对厂房进行适当维护,并确保维修活动不影响药品的质量;制药企业应当定期对照书面操作规程对厂房、车间进行清洁或必要的消毒;制药企业的车间内应当有适当的照明、温度、湿度和通风,确保生产和贮存的产品质量以及相关设备性能不会直接或间接地受到影响;制药企业的厂房、车间设施的设计和安装应当能够有效防止昆虫或其他动物进入,同时应当采取必要的措施,避免所使用的灭鼠药、杀虫剂、烟熏剂等对设备、物料(制药的原料、半成品、成品)等产品造成污染;未经批准的人员,禁止进入工作区域,如一定要进入,应当采取适当措施,生产、贮存和质量控制区不应当作为非本区工作人员的直接通道。

三、制药企业生产车间设置原则

作为药品生产的场所,应当综合考虑降低污染和交叉污染的风险,做到符合所生产药品的特性、工艺流程及相应洁净度级别的设计要求,例如,高致敏性药品(如青霉素类)或生物制品(如卡介苗或其他用活性微生物制备而成的药品)必须采用专用和独立的厂房、生产设施和设备。青霉素类药品产尘量大的操作区域应当保持相对负压,排至室外的废气应当经过净化处理并符合要求,排风口应当远离其他空气净化系统的进风口;生产 β - 内酰胺结构类药品、性激素类避孕药品必须使用专用设施(如独立的空气净化系统)和设备,并与其他药品生产区严格分开;生产某些激素类、细胞毒性类、高活性化学药品应当使用专用设施(如独立的空气净化系统)和设备;特殊情况下,如采取特别防护措施并经过必要的验证,上述药品制剂则可通过阶段性生产方式共用同一生产设施和设备;在 GMP 中还明确指出,生产区和贮存区应当有足够的空间,确保有序地存放设备、物料、中间产品、待包装产品和成品,避免不同产品或物料的混淆、交叉污染,避免生产或质量控制操作发生遗漏或差错;应当根据药品品种、生产操作要求及外部环境状况等配置空调净化系统,使生产区有效通风,并有温度、湿度控制和空气净化过滤,保证药品的生产环境符合要求。洁净区与非洁净区之间、不同级别洁净区之间的压差应当不低于 10Pa。必要时,相同洁净度级别的不同功能区域(操作间)之间也应当保持适当的压差梯度。如口服液体和固体制剂、腔道用药(含直肠用药)、表皮外用药品等非无菌制剂生产的暴露工序区域及其直接接触药品的包装材料最终处理的暴露工序区域,应当参照"无菌药品"附录中 D 级洁净区的要求设置,企业可根据产品的标准和特性对该区域采取适当的微生物监控措施。

制药企业的质量控制区即质量控制实验室通常应当与生产区分开。生物检定、微生物和放射性同位素的实验室还应当彼此分开;实验室的设计应当确保其适用于预定的用途,并能够避免混淆和交叉污染,应当有足够的区域用于样品处理、留样和稳定性考察样品的存放以及记录的保存。必要时,应当设置专门的仪器室,使灵敏度高的仪器免受静电、震动、潮湿或其他外界因素的干扰;处理生物样品或放射性样品等特殊物品的实验室应当符合国家的有关要求;实验动物房应当与其他区域严格分开,其设计、建造应当符合国家有关规定,并设有独立的空气处理设施以及动物的专用通道。

作为辅助区的休息室应不影响生产区、仓储区和质量控制区的正常工作。更衣室和盥洗室应当方便人员进出,并与使用人数相适应;盥洗室不得与生产区和仓储区直接相通。维修间应当尽可能远离生产区。存放在洁净区内的维修用备件和工具,应当放置在专门的房间或工具柜中。

四、制药机械设备分类

制药设备是实施药物制剂生产操作的关键因素,制药设备的密闭性、先进性、自动化程度的高低,直接影响药品的质量。不同剂型药品的生产操作及制药设备大多不同,同一操作单元的设备选择也往往是多类型、多规格的,所以,对制药机械设备进行合理的归纳分类是十分必要的。制药机械设备的生产制造从属性上应属于机械工业的子行业之一,为区别制药机械设备的生产制造和其他机械的生产制造,从行业角度将完成制药工艺的生产设备统称为制药机械,从广义上说制药设备和制药机械所包含的内容是相近的,可按 GB/T15692

标准分为八类,包括3000多个品种、规格。具体分类如下:

1. 原料药机械及设备 实现生物、化学物质转化,利用动物、植物、矿物制取医药原料的工艺设备及机械。包括摇瓶机、发酵罐、搪玻璃设备、结晶机、离心机、分离机、过滤设备、提取设备、蒸发器、回收设备、换热器、干燥设备、筛分设备、沉淀设备等。

2. 制剂机械及设备 将药物制成各种剂型的机械与设备。包括打片机械、针剂机械(包括小容量注射剂、大容量注射剂)、粉针剂机械、硬胶囊剂机械、软胶囊剂机械、丸剂机械、软膏剂机械、栓剂机械、口服液机械、滴眼剂机械、颗粒剂机械等。

其中,制剂机械按生产的剂型分为14类。

(1)片剂机械:将中西原料药与辅料药经混合、造粒、压片、包衣等工序制成各种形状片剂的机械与设备。

(2)水针剂机械:将灭菌或无菌药液灌封于安瓿等容器内,制成注射针剂的机械与设备。

(3)西林瓶粉针剂机械:将无菌生物制剂药液或粉末灌封于西林瓶内,制成注射针剂的机械与设备。

(4)大输液剂机械:将无菌药液灌封于输液容器内,制成大剂量注射剂的机械与设备。

(5)硬胶囊剂机械:将药物充填于空心胶囊内的制剂机械设备。

(6)软胶囊剂机械:将药液包裹于明胶膜内的制剂机械设备。

(7)丸剂机械:将药物细粉或浸膏与赋形剂混合,制成丸剂的机械与设备。

(8)软膏剂机械:将药物与基质混匀,配成软膏,定量灌装于软管内的制剂机械与设备。

(9)栓剂机械:将药物与基质混合,制成栓剂的机械与设备。

(10)合剂机械:将药液灌封于口服液瓶内的制剂机械与设备。

(11)药膜机械:将药物溶解于或分散于多聚物质薄膜内的制剂机械与设备。

(12)气雾剂机械:将药物和抛射剂灌注于耐压容器中,使药物以雾状喷出的制剂机械与设备。

(13)滴眼剂机械:将无菌的药液灌封于容器内,制成滴眼药剂的制剂机械与设备。

(14)糖浆剂机械:将药物与糖浆混合后制成口服糖浆剂的机械与设备。

3. 药用粉碎机械及设备 用于药物粉碎(含研磨)并符合药品生产要求的机械。包括万能粉碎机、超大型微粉碎机、锤式粉碎机、气流粉碎机、齿式粉碎机、超低温粉碎机、粗碎机、组合式粉碎机、针形磨、球磨机等。

4. 饮片机械及设备 对天然药用动、植物进行选取、洗、润、切、烘等方法制备中药饮片的机械。包括选药机、洗药机、烘干机、润药机、炒药机等。

5. 制备工艺用水设备 采用各种方法制取药用纯水(含蒸馏水)的设备。包括多效蒸馏水机、热压式蒸馏水机、电渗析设备、反渗透设备、离子交换纯水设备、纯水蒸汽发生器、水处理设备等。

6. 药品包装机械及设备 完成药品包装过程以及与包装相关的机械与设备。包括小袋包装机、泡罩包装机、瓶装机、印字机、贴标签机、装盒机、捆扎机、拉管机、安瓿制造机、制瓶机、吹瓶机、铝管冲挤机、硬胶囊壳机生产自动线等。

7. 药物检测设备 检测各种药物制品或半制品的机械与设备。包括测定仪、崩解仪、溶出试验仪、融变仪、脆碎度仪、冻力仪等。

8. 辅助制药机械及设备 包括空调净化设备、局部层流罩、送料传输装置、提升加料设备、管道弯头卡箍及阀门、不锈钢卫生泵、冲头冲模等。

五、设备管理与验证

设备分现有设备和新设备。管理与验证内容主要包括新处方、新工艺和新拟的操作规程的适应性,在设计运行参数范围内,能否始终如一地制造出合格产品。另外,事先须进行设备清洗验证。新设备的验证工作包括审查设计、确认安装,运行测试等。

(一)设备的设计和选型

设备是药品加工的主体,代表着制药工程的技术水平。设备类型发展很快,型号多,在设计和选型的审查时必须结合已确认的项目范围和工艺流程,借助制造商提供的设备说明书,从实际出发结合 GMP 要求对生产线进行综合评估。

设备的设计和选型需要考虑的因素如下:

1. 与生产的产品和工艺流程相适应,全线配套且能满足生产规模的需要。

2. 设备材质(与药接触的部位)的性质稳定,不与所制药品中的药物发生化学反应,不吸附物料,不释放微粒。消毒、灭菌不变形、不变质。

3. 结构简单,易清洗、消毒,便于生产操作和维护保养。

4. 设备零件、计量仪表的通用性和标准化程度。仪器、仪表、衡器的适用范围和精密度应符合生产和检验要求。

5. 粉碎、过筛、制粒、压片等工序粉尘量大,设备的设计和选型应注意密封性和除尘能力。

6. 药品生产过程中用的压缩空气、惰性气体应有除油、除水、过滤等净化处理设施。尾气应有防止空气倒灌装置。

7. 压力容器、防爆装置等应符合国家有关规定。

8. 设备制造商的信誉、技术水平、培训能力以及是否符合 GMP 的要求。

药品的剂型不同,加工的设备类型不同。同一品种设计的工艺流程不同,生产用设备也有所不同。制剂辅助设备(如空气净化设备、制水设备)在制药工程中发挥着重要作用。不同设备的设计选型的审查内容是不同的。

(二)设备的安装

设备的安装流程如下:

1. 开箱验收设备,查看制造商提供的有关技术资料(合格证书、使用说明书),应符合设计要求。

2. 确认安装房间、安装位置和安装人员。

3. 安装设备的通道,设备如何进入车间就应考虑如何出车间。有时应考虑采用装配式壁板或专门设置可拆卸的轻质门洞,以便不能通过标准门(道)的设备的进出。

4. 安装程序按工艺流程顺序排布,以便操作,防止遗漏或出差错。或按工程进度安装,从安排在主框架就位之后开始到安排在墙上的最后一道漆完成后结束,或介于两者之间。这完全取决于设备是如何与结构发生关系的和如何运进房间的。

5. 设备就位,制剂室设备应尽可能采用无基础设备。必须设置设备基础的,可采用移动或表面光洁的水磨石基础块,不影响地面光洁,且易清洁。安装设备的支架、紧固件能起到紧固、稳定、密封作用,且易清洁。其材质与设备应一致。

6. 接通动力系统、辅助系统。其中物料传送装置安装时应注意:

(1)百级、万级洁净室使用的传动装置不得穿越较低级别区域;非无菌药品生产使用的传动装置,穿越不同洁净室时,应有防止污染措施;

(2)传动装置的安装应加避震、消声装置。

7. 其他,阀门安装要方便操作。监测仪器、仪表安装要方便观察和使用。

（三）设备安装确认

安装确认是由设备制造商、安装单位、制药企业中工程、生产、质量方面派人员参加,对安装的设备进行试运行评估,以确保工艺设备、辅助设备在设计运行范围内和承受能力下能正常持续运行。设备安装结束,一般应做以下检查工作:

1. 审查竣工图纸,能否准确地反映生产线的情况,与设计图纸是否一致。如果有改动,应附有改动的依据和批准改动的文件。

2. 仔细查看确认设备就位和管线连接情况。

3. 生产监控和检验用的仪器和仪表的准确性和精确度。

4. 设备与提供的工程服务系统是否匹配。

5. 检查并确认设备调试记录和标准操作规程(草案)。

（四）设备运行测试

先单机试运行,检查记录影响生产的关键部位的性能参数。再联动试车,将所有的开关都设定好,所有的保护措施都到位,所有的设备空转能按照要求组成一系统投入运行,协调运行。试车期间尽可能地查出问题,并针对存在的问题,提供现场解决方法。将检验的全过程编成文件。参考试车的结果制订维护保养和操作规程。

生产设备的性能测试是根据草拟并经审阅的操作规程对设备或系统进行足够的空载试验和模拟生产负载试验来确保该设备(系统)在设计范围内能准确运行,并达到规定的技术指标和使用要求。测试一般是先空白后药物。如果对测试的设备性能有相当把握,可以直接采用批生产验证。测试过程中除检查单机加工的中间品外,还有必要根据《中国药典》及有关标准检测最终制剂的质量。与此同时完善操作规程、原始记录和其他与生产有关的文件,以保证被验证过的设备在监控情况下生产的制剂产品具有一致性和重现性。

不同的制剂、不同的工艺路线装配不同的设备。口服固体制剂(片剂、胶囊剂、颗粒剂)主要生产设备有粉碎机、混合机、制粒机、干燥机、压片机、胶囊填充机、包衣机。灭菌制剂(小容量注射剂、输液、粉针剂)主要设备有洗瓶机、洗塞机、配料罐、注射用水系统、灭菌设备、过滤系统、灌封机、压塞机、冻干机。外用制剂(洗剂、软膏剂、栓剂、凝胶剂)生产设备主要包括制备罐、熔化罐、贮罐、灌装机、包装机。公用系统主要有空气净化系统、工艺用水系统、压缩空气系统、真空系统、排水系统等。不同的设备,测试内容不同。举例如下:

1. 自动包衣机

(1)测试项目:包衣锅旋转速度,进/排风量,进/排风温度,风量与温度的关系,锅内外压力差,喷雾均匀度、幅度、雾滴粒径及喷雾计量,进风过滤器的效率,振动和噪声。

(2)样品检查:包衣时按设定的时间间隔取样,包薄膜衣前1小时每15分钟取样一次,第2小时每30分钟取样一次,每次取3~6个样品,查看外观、重量变化及重量差异,最后还要检测溶出度(崩解时限)。

(3)综合标准:制剂成品符合质量标准。设备运行参数:

1)不超出设计上限。噪声小于85dB;过滤效率,大于$5\mu m$滤除率大于95%;轴承温度小于70℃。

2)在调整范围内可调。风温、风量、压差、喷雾计量、转速不仅可调而且能满足工艺需要,就是设计极限运行也能保证产品质量。

2. 小容量注射剂拉丝灌封机

(1)测试项目:灌装工位,进料压力、灌装速度、灌装有无溅洒、传动系统平稳度、缺瓶及缺瓶止灌;封口工位,火焰、安瓿转动、有无焦头和泄漏;灌封过程,容器损坏、成品率、生产能力、可见微粒和噪声。

(2)样品检查:验证过程中,定期(每隔15分钟)取系列样品建立数据库。取样数量及频率依灌封设备的速度而定,通常要求每次从每个灌封头处取3个单元以上的样品,完成下述检验。

1)测定装量1~2ml,每次取不少于5支;5~10ml,每次取不少于3支,用于注射器转移至量筒测量。

2)检漏,常用真空染色法、高压消毒锅染色法检查 P*。

3)检查微粒,通常是全检,方法包括肉眼检查和自动化检查。

(3)综合标准:产品,应符合质量标准。设备运行参数,运转平稳,噪声小于80dB;进瓶斗落瓿碎瓶率小于0.1%,缺瓶率小于0.5%,无瓶止灌率大于99%(人为缺瓶200只);封口工序安瓿转动每次不小于4转;安瓿出口处倾到率小于0.1%;封口成品合格率不小于98%。生产能力不小于设计要求。

3. 软膏自动灌装封口机

(1)测试项目:装量、灌装速度、杯盘到位率、封尾宽度和密封、批号打印、泄漏和泵体保温、噪声。

(2)样品检查:设备运行处于稳态情况下,每隔15分钟取5个样品,持续时间300分钟,按药典方法检查。

(3)合格标准:产品最低装量应符合质量标准。封尾宽度一致、平整、无泄漏,打印批号清楚;杯盘轴线与料嘴对位不小于99%;柱塞泵无泄漏,泵体温度、真空、压力可调;灌装速度、生产能力不小于设计能力的92%;运行平稳,噪声小于85dB。

设备运行试验至少3个批次,每批各试验结果均合规定,便确认本设备通过了验证,可报告建议生产使用。

(王　沛)

附表1-1　制药机械国家和行业标准分类目录
原料药设备(L)

分类号	标准号	标准名称	实施日期	检索号
L—01	ZBC 91001—88	提取罐	1989-06-01	001
L—02	YY 0021—90	旁滤式离心机	1991-04-01	007
L—03	YY 0024—90	提取浓缩	1991-04-01	010
L—04	YY 0025—90	真空浓缩罐	1991-04-01	011
L—05	YY 0026—90	热网循环烘箱	1991-04-01	012
L—06	GB/T 13577—92	三足式离心机	1993-01-01	013
L—07	YY 0098—92	药用旋涡振动筛分机	1993-02-02	014
L—08	YY/T 0133—93	离心薄膜蒸发器	1993-12-01	017
L—09	YY/T 0134—93	双锥形回转式真空干燥机	1993-12-01	018
L—10	YY/T 0138—93	结晶机	1993-12-01	022
L—11	HG 2432—93	搪玻璃机	1994-01-01	025
L—12	HG/T 2638—94	搪玻璃质量分等机	1995-03-01	026
L—13	GB/T 16312—1996	中药用喷雾干燥装置	1996-06-01	064

制剂机械（Z）

分类号	标准号	标准名称	实施日期	检索号
Z—01	GB 12253—90	压片机药片冲模	1990-09-01	004
Z—02	GB 12254—90	药用沸腾制粒器	1990-09-01	005
Z—03	YY 0020—90	高速放置式切片机	1991-04-01	006
Z—04	YY 0023—90	中药自动小丸机	1991-04-01	009
Z—05	YY 0217.1—1995	口服液灌装联动线	1996-10-01	031
Z—06	YY 0217.2—1995	口服液瓶超声波式清洗机	1996-10-01	032
Z—07	YY 0217.3—1995	隧道式灭菌干燥机	1996-10-01	033
Z—08	YY 0217.4—1995	口服液灌装轧盖机	1996-10-01	034
Z—09	YY 0217.5—1995	口服液瓶贴签机	1996-10-01	035
Z—10	YY 0219—1995	槽式混合机	1996-10-01	042
Z—11	YY 0220—1995	摇摆式颗粒机	1996-10-01	043
Z—12	YY 0221—1995	旋转式压片机	1996-10-01	044
Z—13	YY 0222—1995	荸荠式糖衣机	1996-10-01	045

纯水设备（S）

分类号	标准号	标准名称	实施日期	检索号
S—01	GB/T 13922.1~3—92	水处理设备性能试验机（离子交换过滤器）	1993-12-07	016
S—02	YY 0229—1995	多效蒸馏水机	1996-10-01	052
S—03	YY 0230—1995	热压式蒸馏水机	1996-10-01	053

粉碎机械（F）

分类号	标准号	标准名称	实施日期	检索号
F—01	YY 0227—1995	锤式粉碎机	1996-10-01	050
F—02	YY 0228—1995	分粒型粉碎机	1996-10-01	051

饮片机械（Y）

分类号	标准号	标准名称	实施日期	检索号
YY—01	YY 0022—90	往复式切药机	1991-04-01	008
YY—02	YY/T 0136—93	脱皮机	1993-12-01	020
YY—03	YY/T 0137—93	洗药机	1993-12-01	021
YY—04	YY/T 0140—93	旋转式切药机	1993-12-01	024

包装机械（B）

分类号	标准号	标准名称	实施日期	检索号
B—01	YY/T 0135—93	胶囊、药片印字机	1993-12-01	019
B—02	YY/T 0139—93	铝塑泡罩包装机	1993-12-01	023
B—03	YY 0218.1—1995	履带式计数充填机	1996-10-01	036
B—04	YY 0218.2—1995	小丸瓶装机	1996-10-01	037
B—05	YY 0218.3—1995	塞纸机	1996-10-01	038
B—06	YY 0218.4—1995	塞塞封蜡机	1996-10-01	039
B—07	YY 0218.5—1995	旋盖机	1996-10-01	040
B—08	YY 0218.6—1995	转鼓贴标机	1996-10-01	041
B—09	YY 0255—1997	空心胶囊自动生产线	1998-03-01	067
B—10	YY 0257—1997	三工位注吹式塑料药瓶机	1998-03-01	069

药检设备（J）

分类号	标准号	标准名称	实施日期	检索号
J—01	ZBC 95001—89	溶出试验仪	1990-01-01	003
J—02	YY 0132—92	崩解仪	1993-10-01	015

其他（Q）

分类号	标准号	标准名称	实施日期	检索号
Q—01	ZBC 92006—88	WG25 型卧式拉管机	1988-10-01	002
Q—02	YY/T 0161—94	安瓿机用燃烧器	1994-07-01	027
Q—03	YY 0231—1995	药用玻璃拉管机	1996-10-01	054
Q—04	YY 0232—1995	卧式安瓿机	1996-10-01	055
Q—05	YY 0233.1—1995	立式安瓿生产线（机）	1996-10-01	056
Q—06	YY 0233.2—1995	立式安瓿机	1996-10-01	057
Q—07	YY 0258—1997	除粉筛	1998-03-01	070

主要标准部分（A）

分类号	标准号	标准名称	实施日期	检索号
A—01	YY/T 0192—94	制药机械标准体系表	1995-05-01	028
A—02	GB/T 05692.1—1995	制药机械名词术语	1996-05-01	029
A—03	YY/T 0216—1995	制药机械产品型号编制方法	1996-05-01	030
A—04	YY 0260—1997	制药机械产品分类与代码	1998-04-01	076

相关标准部分（T）

分类号	标准号	标准名称	实施日期	检索号
T—01	GB 10111—88	利用随机数骰子进行随机抽样的方法	1989-08-01	077
T—02	GB 3768—83	噪声源声功率级的测定	1984-05-01	064
T—03	GB 3836.1—83	爆炸性环境用防爆电器设备通用技术	1984-05-01	066
T—04	GB 5226—85	机床电器设备通用技术条件	1985-0101	072
T—05	ZBJ 50011—89	机床涂漆技术条件	1990-01-01	084
T—06	GB/T 13384—92	机电产品包装通用技术条件	1992-10-01	092

第二章 药物提取设备

药物要想成功应用于临床,尤其是中药,就一定要经过提取、分离等加工过程才能实现。中药作为中华民族的国宝之一,在中华民族几千年的繁衍生息中,做出了不可磨灭的贡献,随着社会的发展和进步,中药产业亦已成为国民经济的传统产业支柱之一。20 世纪 90 年代以来,国家科技部、原卫生部、国家中医药管理局以及各高等院校、科研院所等倡导和实施的中药现代化工程,为传统中医药的传承与创新,为现代中药制剂的研究与开发提供了良好的机遇,使得"让世界了解中医药,使中医药服务全人类"的理念正逐步走向现实。实践表明,在中药中间体及其制剂生产过程中,提取是重要的单元操作,其工艺和设备的选择是关键,它关系到中药产品质量、节能效果、生产效率、经济效益和《药品生产质量管理规范》的贯彻。

第一节 药物提取的基本理论

传统的中药制剂多由中药材粉末制成,提取生产所占比例较低;而随着大量中药新剂型的开发和投入生产,尤其是在"中药注射剂"、"中药冻干粉针剂"等现代中药制剂的生产过程中,有效部位(成分)的提取、分离纯化是一个极其重要的组成部分,各中药生产企业大多建立了相应的提取车间。为了适应社会的要求,现代化的提取理论、技术和设备是中药提取过程研究和学习所必须探讨的问题。

一、溶剂提取的基本原理

中药材的活性成分各异,而一般中成药的提取生产大多是处理由几种、十几种,甚至几十种药材组成的复方中药,即按处方把许多药材混合在一起进行活性成分的提取。在这种情况下,我们可以把药材看成由可溶物(活性成分)和惰性载体(药渣)所组成,药物的浸提过程就是将固体药材中的可溶物从固体组织、细胞中转移到提取溶剂中来,从而得到含有活性成分的提取液。因此,药物提取的实质就是溶质由固相到液相的传质过程。

现在有关中药浸出过程的传质理论很多,有双膜理论、扩散边界层理论、溶质渗透理论、表面更新理论、相际湍动理论等。这些理论把相际表面(药材的固相与溶剂相接触的表面)假定为不同状态来说明物质通过相际表面的传递机制。被浸出的物质(溶质)传递机制与一般传递过程相似,但也有其自身的特点。

一般中药材在浸出过程中,可以分为三个阶段:第一步是溶剂浸入药材的组织和细胞内;第二步是溶剂溶解药材组织和细胞中的可溶物质;第三步是溶质通过药材组织和细胞向外扩散。在药材组织和细胞中已被溶剂溶解的溶质,因浓度大产生了渗透压,由于渗透压的存在产生了溶质的扩散。扩散作用的实质,就是指含有溶质不同浓度的溶液,当相互接触时彼此之间将相互渗透(图2-1)。

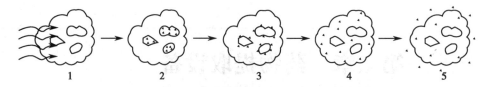

图2-1   中药材溶剂浸提原理示意图
1-溶剂浸润和渗透阶段;2-解吸阶段;3-溶解阶段;4-扩散阶段;5-置换阶段图

1. 浸润渗透阶段   提取溶剂在药材表面的浸润渗透效果与溶剂性质和药材的状态有关,取决于固液接触界面吸附层的特性。如果药材与溶剂之间的附着力大于溶剂分子间的内聚力,则药材易被浸润;反之,如果溶剂的内聚力大于药材与溶剂之间的附着力,则药材不易被润湿。

动植物药材大多具有细胞结构,药材的大部分活性成分就存在于细胞液中。新鲜药材经采收干燥后,细胞组织内水分蒸发,液泡腔中的活性成分沉积于细胞内,细胞壁皱缩并形成裂隙,细胞内形成空腔。药材切片粉碎使部分细胞壁破裂,比表面积增加,空腔和裂隙与溶媒接触,渗透;同时药材中有很多带极性基团的物质,如蛋白质、果胶、多糖、纤维素等,使得水和醇等极性较强的提取溶剂易于向细胞内部渗透扩散。

药材被润湿后,由于液体静压力和毛细作用,溶剂渗透到细胞组织内,使干皱细胞膨胀,恢复通透性,是其所含活性成分可被溶解或洗脱,进而扩散出来。如果溶剂选择不当,或药材中含有妨碍润湿的物质,溶剂就很难向细胞内渗透。例如,要从含有脂肪油较多的药材中浸出水溶性成分,应先进行脱脂处理。

为使提取溶剂尽快润湿药材,有时可以在溶剂中加入适量表面活性剂。也可以在加入溶剂后用加压或在密闭容器内减压,以排出组织毛细管内的空气,使溶剂向细胞组织内更好地扩散。

2. 解吸与溶解阶段   由于药材的各种成分并非独立存在,而是彼此有着一定的吸附作用,故需先解除彼此的吸附作用,才能使其溶解,此即所谓解吸。要选用均有解吸作用的溶剂,如水、乙醇等,必要时可向溶剂中加入适量的酸、碱、表面活性剂以助解吸,强化活性成分的溶解。

提取溶剂通过毛细管和细胞间隙进入细胞组织后,部分细胞壁膨胀破裂,已经解吸的可溶物质逐渐溶解,胶性物质转入溶液中或膨胀生产凝胶,这就是溶解阶段。目标成分能否被溶解,取决于其结构和溶剂性质,遵循"相似相溶"规律。

由此,浸出液浓度逐渐提高,溶质渗透压提高,产生了溶质向外扩散的动力。另外,干燥药材的细胞质膜的半透性丧失,浸出液中杂质增多。

3. 扩散和置换阶段   通常,药材提取过程的扩散阶段包含两个过程,即内扩散和外扩散。内扩散就是溶质溶于进入细胞组织的溶剂中,并通过细胞壁扩散转移到固液接触面;外扩散就是边界层内的溶质进入溶剂主体中。

由于细胞内外溶剂溶质浓度的差异而产生了渗透压,一方面溶质将透入周围含有溶质的低浓度的溶剂中,引起溶质浓度的上升;在另一方面溶剂本身将透入高浓度的溶液,因而引起被浸出物从高浓度的部位向低浓度部位扩散。因此,扩散作用就是物质经过界层转移到不含这种物质的分散介质的过程,也就是溶质从高浓度向低浓度方向渗透的过程。

植物性药材的浸取过程一般包括上述几个阶段,但这几个阶段并非截然分开的,而往往是交错进行的。

其中浸润和溶解与使用的药材及溶剂有关,扩散和置换与选用的设备有关。在扩散过程中,由于浸出溶媒溶解活性成分后所具有较高的浓度,而形成扩散点(区域),不停地向周围扩散其溶解的成分,以平衡其浓度,称之为扩散动力,可用扩散公式(2-1)说明。

$$ds = -DF \times \frac{dc}{dx} \times dt \qquad (2-1)$$

式中,ds 为 dt 时间内的扩散量;D 为扩散系数;F 为扩散面,可用药材的粒度代表;$\frac{dc}{dx}$ 为浓度梯度;dt 为扩散时间。

扩散系数 D 可由试验按公式(2-2)求得。

$$D = \frac{RT}{N} \times \frac{1}{6}\pi\gamma\eta \qquad (2-2)$$

式中,R 为气体常数;T 为绝对温度;N 为阿伏伽德罗常数;γ 为扩散物质分子半径;η 为黏度。

从以上公式可以看出,在 dt 时间内的扩散值 ds,与药材的粒度,扩散过程中的浓度梯度和扩散系数成正比。在浸出过程中,这些数值还受一定的条件限制。F 值与药材的粒度有关,但不是越细越好,应取决于在提取过程中药材是否会糊化,过滤是否能正常进行。因此$\frac{dc}{dx}$是关键,保持其最大值,提取将能很好地进行。从理论上讲,循环提取和动态提取等的主要目的都是为了提高$\frac{dc}{dx}$,但在实际选用时,还应从被提取药材的特性、所选用设备的造价、设备的利用率等多方面考虑。

二、提取方法分类

药材中的活性成分大多为其次生代谢产物,如生物碱、黄酮、皂苷、香豆素、木脂素、醌、多糖、萜类及挥发油等,含量很低,为了适应中药现代化要求,必须对其进行提取分离和富集、纯化,进而利用现代制剂技术,生产临床所需的各种剂型的药品。

将药材中所含某一活性成分或多种活性成分(成分群)分离的工业过程即提取过程。从药材中提取活性成分的方法有溶剂提取法、水蒸汽蒸馏法、升华法和压榨法等,如图2-2所示。

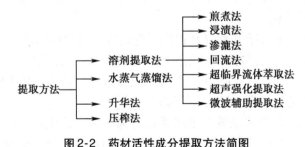

图2-2 药材活性成分提取方法简图

药材活性成分提取方法较多,其选择应根据药材特性、活性成分理化性质、剂型要求和生产实际等综合考虑。目前,水蒸汽蒸馏法、升华法和压榨法的应用范围十分有限,大多数情况下采用的是溶剂提取法,其相应的技术特点如表2-1所示。

表2-1 不同溶剂提取法的技术特点

方法	作用方式	常用溶剂	作用特点
煎煮法	加热	饮用水	溶剂达到沸点,间歇操作,煎煮液成分复杂,需进一步精制
浸渍法	加热或不加热	乙醇或蒸馏酒	静态浸出,温浸或冷浸均未达到溶剂沸点,间歇操作,浸渍液可根据需要进一步精制
渗漉法	一般不加热	乙醇或酸碱水	溶剂达到沸点,连续操作,渗漉液可根据需要进一步精制
回流法	加热	乙醇	达乙醇沸点,间歇操作,回流液可根据需要进一步精制
超临界流体萃取法	萃取	超临界CO_2	溶剂为超临界状态,连续操作,萃取液成分极性相近,可根据需要进一步精制
超声强化提取法	超声振荡	水或乙醇	溶剂未达到沸点,间歇操作,提取液成分复杂,可根据需要进一步精制
微波辅助提取法	微波辐照	水或乙醇	水分子达到沸点,间歇操作,提取液成分复杂,可根据需要进一步精制

三、常用的提取工艺过程

我们常用的提取过程大致可以分为以下几种典型的工艺:单级间歇、单级回流温浸、单级循环、多级连续逆流和提取浓缩一体化等。

1. 单级间歇 是将药材分批投入提取设备中,放入一定量的提取溶剂,常温或保温进行提取,等一批提取完成后,再进行下一批药材的提取。其优点是工艺和设备较简单,造价低,适合各种物料的提取。缺点是提取时间长,提取强度也差。

2. 单级回流温浸 与单级间隙提取工艺相似,只是在提取设备上加装了冷凝(却)器,是提取液的蒸汽通过冷凝(却)器回流至提取设备。可以使提取过程在温度比较高的过程中进行,也可以进行芳香油的提取。

3. 单级循环 增加一台提取液循环泵,在提取过程中,通过料液的循环,增加提取设备中药材和提取液的浓度梯度,使药材内部的物质向提取液转移速度加大。其优点是能提高提取强度及设备的利用率。

4. 多级连续逆流 由多台单级循环提取系统组成,主要原理是新鲜的水或溶剂加入最后一步需要提取的系统中,提取液由最先投料的系统出来,这样能保证在提取过程中,提取液能在最大的浓度梯度中进行提取,并可使提取连续进行。其优点是适合较大规模的生产,提取强度也大。缺点是设备投入较大,系统较复杂,

5. 提取浓缩机组 将提取系统与浓缩系统合为一体。其优点是占地少,能耗低,蒸发的冷凝液可作为新鲜的提取液进入提取设备,故提取可以很完全。缺点是由于一台提取设备自带一台蒸发器,设备的相互利用率较差。

第二节 常用提取设备

提取设备是药物提取生产的关键,随着机械制造、材料、化工仪表、自动化等相关领域的发展和进步,国内的提取设备无论在设计制造和生产安装上,都有了很大的进步,能满足制药工业需求。目前应用较多的提取设备主要是渗漉罐、浸提罐和提取浓缩机组、超临界流体萃取设备。

一、渗漉罐

将药材适度粉碎后装入特制的渗漉罐中,从渗漉罐上方连续加入新鲜溶剂,使其在渗过罐内药材积层的同时产生固液传质作用,从而浸出活性成分,自罐体下部出口排出浸出液,这种提取方法即称为"渗漉法"。渗漉是一种静态的提取方式,一般用于要求提取比较彻底的贵重或粒径较小的药材,有时对提取液的澄明度要求较高时也采用此法。渗漉提取一般以有机溶媒居多,有的药材提取也可采用稀的酸、碱水溶液作为提取溶剂。渗漉提取前往往需先将药材进行浸润,以加快溶剂向药材组织细胞内的渗透,同时也可以防止在渗漉过程中料液产生短路现象而影响收率,也能缩短提取的时间。

渗漉提取的主要设备是渗漉罐,可分为圆柱形和圆锥形两种,其结构如图2-3所示。渗漉罐结构形式的选择与所处理的药材的膨胀性质和所用的溶剂有关。对于圆柱形渗漉罐,膨胀性较强的药材粉末在渗漉过程中易造成堵塞;而圆锥形渗漉罐因其罐壁的倾斜度能较好地适应其膨胀变化,从而使得渗漉生产正常进行。同样,在用水作为溶剂渗漉时,易使得药材粉末膨胀,则多采用圆锥形渗漉罐,而用有机溶剂作溶剂时药材粉末的膨胀变化相对较小,故可以选用圆柱形渗漉罐。

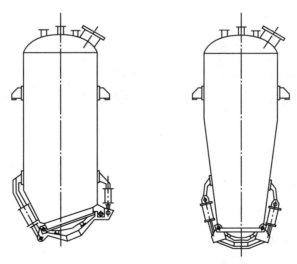

图2-3 圆柱形渗漉罐和圆锥形渗漉罐

渗漉罐的材料主要有搪瓷、不锈钢等。渗漉罐的外形尺寸一般可根据生产的实际需要向设备厂商定制,相关的技术参数示例如表2-2所示。

表2-2   渗漉罐技术参数示例

公称容积/m³	外形尺寸(直径×高)/mm
0.5	Φ800×2500
1.0	Φ1000×2500
1.5	Φ1000×3500
2.0	Φ1200×3300
3.0	Φ1400×3800

二、提取罐

提取罐作为常用的提取设备是制药企业非常重要的设备之一,该设备通常采用蒸汽夹套加热,在较大的浸提罐中,如10m³提取罐,可以考虑罐内加热装置;对于动态浸提工艺,因为通过输液泵使罐体内液体进行循环,因此设置罐外加热装置也比较方便。对于需要提取药物中的挥发性成分,需要用水蒸汽蒸馏时还可以在罐内设置直接蒸汽通气管,以获得药物中的挥发性成分。

(一)直筒式提取罐

直筒式提取罐是比较新颖的提取罐,其最大的优点是出渣方便,缺点是对出渣门和气缸的制造加工要求较高。一般情况下,直筒式提取罐的直径限于1300mm以下,对于体积要求大的,不适合选用此种形式的提取罐。其结构如图2-4所示。技术参数示例如表2-3所示。

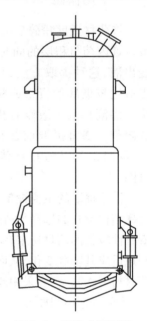

图2-4   直筒式提取罐

表2-3   直筒式提取罐技术参数示例

公称容积/m³	罐体尺寸(直径×高)/mm	设计压力/MPa 罐体	设计压力/MPa 夹套	设计温度/℃ 罐体	设计温度/℃ 夹套	主要材料
0.5	Φ900×1200					
1.0	Φ900×2850					
2.0	Φ1100×3250					
3.0	Φ1300×3550	0.15	0.3	127	143	不锈钢
4.0	Φ1300×4400					
5.0	Φ1300×6150					

(二)斜锥式提取罐

斜锥式提取罐是目前常用的提取罐,制造较容易,罐体直径和高度可以按要求改变。缺点是在提取完毕后出渣时,有可能产生搭桥现象,需在罐内加装出料装置,通过上下振动以帮助出料。斜锥式提取罐的结构如图 2-5 所示,相关的技术参数示例如表 2-4 所示。

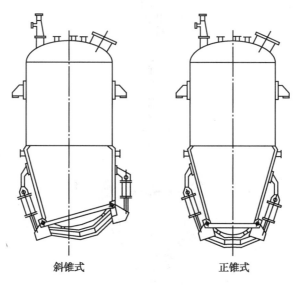

斜锥式　　　　　　正锥式

图 2-5　斜锥式提取罐

表 2-4　斜锥式提取罐技术参数示例

公称容积/m³	罐体尺寸(直径×高)/mm	设计压力/MPa		设计温度/℃		主要材料
		罐体	夹套	罐体	夹套	
1.0	Φ1100×2600					
1.5	Φ1100×2900					
2.0	Φ1100×3600					
3.0	Φ1500×3200	0.15	0.3	127	143	不锈钢
4.0	Φ1500×4000					
5.0	Φ1700×4200					
6.0	Φ1700×4700					

(三) 搅拌式提取罐

搅拌式提取罐是指在提取罐内部加装搅拌器,通过搅拌使溶媒和药物表面充分接触,能有效提高传质速率,强化提取过程,缩短提取时间,提高设备的使用率。但此种设备对某些容易搅拌粉碎和糊化的药物不适宜。搅拌式提取罐的排渣形式有两种:一种是用气缸的快开式排渣口,当提取完毕药液放空后,再开启此门,将药渣排出,这种出渣形式对药材颗粒的大小要求不是很严格;另一种是当提取完成后,药液和药渣一同排出,通过螺杆泵送入离心机进行渣液分离,这种出渣方向对药材的颗粒度大小有一定的要求,不能太大或太长,否则易造成出料口的堵塞。搅拌式提取罐的结构如图 2-6 所示,相关的技术参数示例如表 2-5 所示。

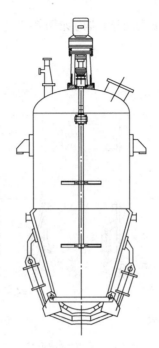

图 2-6   搅拌式提取罐结构形式

表 2-5   搅拌式提取罐技术参数示例

公称容积 /m³	外形尺寸(直径× 高)/mm	加热面积 /m²	搅拌转速 /r·min⁻¹	加料口直径 /mm	排渣门直径 /mm
1.0	$\Phi1000 \times 3000$	2.8	60	300	800
2.0	$\Phi1300 \times 3850$	4.2	60	400	800
3.0	$\Phi1400 \times 4650$	5.5	60	400	1000
5.0	$\Phi1600 \times 4500$	6.2	60	400	1200
6.0	$\Phi1800 \times 4500$	7.0	60	400	1200
10.0	$\Phi2000 \times 4500$	10.0	60	500	1200

(四)强制外循环式提取罐

强制外循环提取是指溶剂在罐内对待提取物料进行提取时,用泵使提取液在罐内外进行强制循环流动。外循环式提取罐(机组)产品型号由产品名称代号、型式代号、规格代号等组成。例如:QTX-3 型表示容积为 3m³ 的强制外循环斜锥式提取罐(机组);QTWJ-3 型表示容积为 3m³ 的强制外循环无锥内加热器式提取箱(机组)。国家标准中强制外循环式提取罐按罐底外形分为两类,三种型式:斜锥类以 X 代表斜锥式;无锥类以 W 代表无锥式,以 WJ 代表罐内有内加热器的无锥式,其具体规格及基本参数如表 2-6 所示,典型的强制外循环多功能提取罐组结构示意图如图 2-7 所示。

在中药提取生产过程中,可将提取罐与循环式蒸发器组合成一个单元操作系统,由蒸发器蒸出的热冷凝液可以作为新鲜溶剂加入提取罐中,从而节约工艺用水,降低能耗。常见的中药提取浓缩工艺流程如图 2-8 所示。

表2-6 强制外循环式提取罐（机组）规格及基本参数（摘自 GB/T 17115—1997）

型式			W 式				X 式				WJ 式					
公称容积/m³			0.5	1	2	3	1	3	4	5	6	1	2	3	6	8	10
提取罐	筒体公称直径/mm		800		1000		1400			1600		应考虑增加内加热器直径					
	工作压力/MPa	设备内	≤0.15														
		夹套内	≤0.3														
		内加热器	—									≤0.3					
	工作温度/℃	设备内	≤127														
		夹套内	≤143														
		内加热器	—									≤143					
	气缸	启动工作压力/MPa	0.6～0.7														
		工作介质	经除水、除尘、捕油、调压的压缩空气														
	排渣方式		自然排渣			自然或启动提升破拱排渣							自然排渣					
						提升破拱排渣的提升杆行程/mm											
						400	600		400		600						
	提取液循环泵		用醇提或其他有机溶媒提取时，其提取液循环泵的电机需为防爆型														
	提取液过滤器		筒式过滤器														
	附属设备		电器控制箱，冷凝器，冷却器，油水分离器														
	备注		中药行业公称容积采用 3m³ 以下														

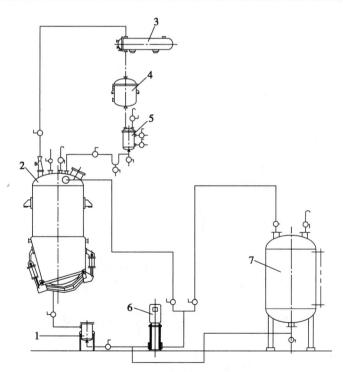

图2-7 强制外循环多功能提取罐组结构示意图

1-管道过滤器；2-多能提取罐；3-冷凝器；4-冷却器；

5-油水分离器；6-提取液输送泵；7-提取液贮罐

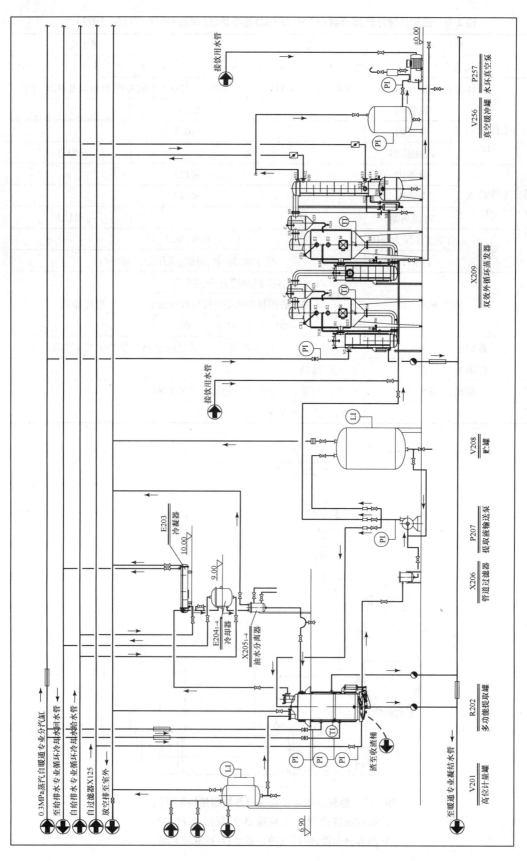

图 2-8　中药提取浓缩工艺流程图

三、超临界流体萃取设备

超临界流体萃取(supercritical fluid extraction,SFE)是利用流体在临界点所具有的特殊溶解性能而进行萃取分离的一种技术。其设备的投入较大、运行成本较高,一般用于中药浸膏的精制和贵重药材及芳香油的提取。

(一)超临界流体萃取的工作原理

对于某一特定的物质而言,总存在一个临界温度(T_c)和临界压力(P_c)。在临界点以上的范围内,物质状态处于气体和液体之间,这个范围之内的流体称为超临界流体(supercritical fluid)。流体在临界状态有以下物理性质:

1. 扩散系数与气体相近,密度与液体相近。
2. 密度随压力的变化而连续变化,压力升高,密度增加。
3. 介电常数随压力的增大而增加。

这些性质使得超临界流体比气体具有更大的溶解能力;比液体具有更快的传递速率。所以,超临界流体可以作为一种特殊的溶媒用于药物的提取分离。

此外,处于临界点的流体可以实现液态到气态的连续过渡,两相界面消失,物质的汽化热为零。超过临界点的流体,压力变化时,都不会使其液化,而只是引起流体密度和流体溶解能力的变化,故压力的微小变化即可引起流体密度的巨大改变。因此,可以利用压力、温度的变化来实现超临界流体的萃取和分离过程。图2-9在纯物质的相图的基础上描述了常规的超临界流体萃取过程。

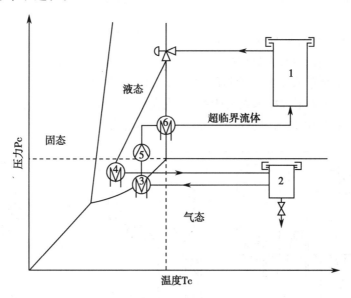

图2-9 常规超临界流体萃取过程图(相图中)
1-萃取釜;2-分离釜;3-冷凝器;4-换热器;5-高压泵;6-加热器

(二)超临界 CO_2 流体萃取工艺流程

超临界萃取所用的介质可以有多种,但目前在中药提取过程中最常用的是超临界 CO_2 流体,其蒸发潜热(25℃)为25.25kJ/mol,沸点为 -78.5℃,临界温度(T_c)、临界压力(P_c)、临界密度(d_c)分别为31.3℃、7.15MPa 和 0.448g/cm³。在超临界流体萃取生产过程中还可以根据物质的特性，而通过加入不同的夹带剂，来提高萃取效率。

利用超临界CO_2流体进行萃取时，一般采用等温法和等压法的混合流程，并以改变压力为主要的分离手段。在操作中，先将中药材装入萃取釜，CO_2气体经热交换器冷凝成液体，用加压泵把压力提升到工艺过程所需的压力（应高于CO_2的临界压力），同时调节温度，使其达到超临界状态。CO_2流体作为溶剂从萃取釜底部进入，与被萃取物料充分接触，选择性溶解出所需的化学成分。含溶解萃取物的高压CO_2流体经节流阀降压到低于其临界压力以下进入分离釜，由于二氧化碳溶解度急剧下降而析出溶质，自动分离成溶质和CO_2气体两部分，前者为过程产品，定期从分离釜底部放出，后者为循环CO_2气体，经过热交换器冷凝成CO_2液体再循环使用。整个分离过程是利用CO_2流体在超临界状态下对有机物有特异增加的溶解度，而低于临界状态下对有机物基本不溶解的特性，将CO_2流体不断在萃取釜和分离釜间循环，从而有效地将需要分离提取的组分从原料中分离出来。通常工业应用的萃取过程其萃取釜压力一般低于32MPa，萃取温度受溶质溶解度大小和热稳定性限制，一般在其临界温度附近变化。

（三）超临界CO_2流体工业化萃取装置

超临界CO_2流体萃取工业化生产装备设计和制造技术发展十分迅速，其萃取釜容积从50L至数立方米不等，其关键部分包括萃取釜、萃取装置的密封结构和密封材料和CO_2加压装置。

现阶段由于高压下连续进出固体物料技术还达不到工业化的要求，为适应固体物料频繁装卸料的需要，国际上普遍使用全锻快开盖式高压釜加原料框结构以满足萃取生产的需要。目前，萃取釜的快开装置主要有单螺栓式结构、多层螺旋卡口锁结构、卡箍式结构和楔块式结构等几种。

由于超临界CO_2流体所具有的极强的渗透和溶解能力，萃取装置的密封结构和密封材料也需要重点解决。同样，泵头密封结构和密封材料亦是柱塞式CO_2流体加压泵的关键技术。

超临界CO_2流体萃取作为一种新的提取分离技术，生产过程又需要高压技术和设备，其工艺工程设计一直为工程技术人员所关注，现在的工业化流程大都从实验室和中试生产逐步放大而来。图2-10是国内引进的一条工业化的超临界CO_2流体萃取工艺流程简图。

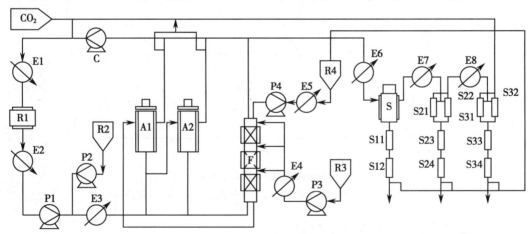

图2-10　工业化设备工艺流程简图

A1，A2-萃取器；C-尾气回收压缩机；E1，E2-冷却器；E3，E4，E5，E6，E7，E8-加热器；F-精馏柱；

P1-CO_2泵；P2-夹带剂；P3-液体物料泵；P4-回流泵；R1-CO_2储罐；R2-夹带剂储罐；

R3-液体物料储罐；R4-回流罐；S-分离器；Sxx-旋风分离器

该装置的萃取釜快开盖采用楔块式结构,全不锈钢釜体;分离釜采用串联三级分离釜,可将萃取产物分成三部分,每组分离釜采用"三级减压连续排料"系统,由一系列小型旋风分离器组成,可连续地排出产品,并能有效防止 CO_2 雾沫夹带。该装置还带有液体物料精馏系统,可处理液相物料的超临界流体萃取分离。该装置附有夹带剂添加系统,可用于添加夹带剂的提取工艺。该装置的 CO_2 再压缩回收系统,可有效回收萃取釜内残存的 CO_2 气体,降低 CO_2 耗量。

四、微波辅助提取设备

微波是指波长介于 $1mm \sim 1m$(频率介于 $3 \times 10^6 \sim 3 \times 10^9 Hz$)的电磁波,微波在传输过程中遇到不同的介质,依介质的性质不同,会产生反射、吸收和穿透现象。微波辅助提取即是利用微波的作用,使用合适的溶剂从各种物质中提取各种化学成分的技术和方法。该技术现已越来越多地用于中药制药工艺中。

(一)微波辅助提取的基本原理

微波辅助提取的机制比较复杂,大致可从以下三个方面来分析:

1. 微波辐射过程中,高频电磁波穿透萃取介质到达药材内部的微管束和腺细胞系统,由于吸收了微波能,胞内温度迅速上升,从而使细胞内部的压力超过细胞壁所能承受的能力,使其产生大量孔洞和裂纹,胞外溶剂容易进入细胞,从而溶解和提取有效成分。

2. 微波所产生的电磁场可加速被萃取组分的分子由固体内部向固液界面扩散的速率。例如,以水作溶剂时,在微波场的作用下,水分子由高速转动状态转变为激发态,这是一种高能量的不稳定状态。此时水分子或者汽化以加强萃取组分的驱动力,或者释放出自身多余的能量回到基态,所释放出的能量将传递给其他物质的分子,以加速其热运动,大大提高了活性成分由药材内部扩散至固液界面的传质速率,缩短了提取时间。

3. 由于微波的频率与分子转动的频率相关,因此微波能是一种由离子迁移和偶极子转动而引起分子运动的非离子化辐射能,在微波萃取中,吸收微波能力的差异可使基体物质的某些区域或萃取体系中的某些组分被选择性加热,从而使被萃取物质从基体或体系中分离,进入到具有较小介电常数、微波吸收能力相对较差的萃取溶剂中。

传统中药加热提取是以热传导、热辐射等方式自外向内传递热量,而微波萃取是一种"体加热"过程,即内外同时加热,因而加热均匀,热效率较高。微波萃取时没有高温热源,因而可消除温度梯度,且加热速度快,物料的受热时间短,有利于热敏性物质的萃取;此外,微波萃取不存在热惯性,因而过程易于控制;同时,微波萃取不受药材含水量的影响,无须干燥等预处理,简化了提取工艺。

(二)微波辅助提取设备的基本结构

目前,微波辅助提取已经越来越多地应用于药物提取生产中,中试和工业规模的提取工艺和设备也得到了迅速发展。微波提取设备大体上分为两大类,一类是间歇釜罐式,另一类是连续式,后者又分为管道流动式和连续渗滤微波提取式,具体参数一般由设备制造厂家根据使用厂家的要求设计。

通常,微波辅助提取设备主要由微波源、微波加热腔、提取罐体、功率调节器、温控装置、压力控制装置等组成,工业化的微波辅助提取设备要求微波发生功率足够大,工作状态稳定,安全屏蔽可靠,微波泄漏量符合要求。图 2-11 所示为微波辅助提取罐的基本原理。

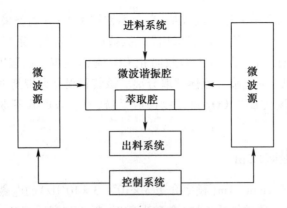

图2-11　微波辅助提取罐原理示意图

五、超声强化提取设备

超声提取法是利用超声波辐射压强产生的强烈空化效应、热效应和机械效应等,通过增大介质分子的运动频率和速度,增大介质的穿透力,从而加速目标组分进入溶剂,以提取有效成分的方法。超声波提取具有提取效率高、时间短、温度低、适应性广等优点,绝大多数中药材各类成分均可采用超声提取。

(一)超声提取的基本原理

超声提取是基于压电换能器产生的快速机械振动波(超声波)的特殊物理性质,主要包括下列三种效应:

1. 空化效应　通常情况下,介质内部或多或少地溶解了一些微气泡,这些气泡在超声波的作用下产生振动,当声压达到一定值时,气泡由于定向扩散而增大,形成共振腔,然后突然闭合,这就是超声波的"空化效应"。由"空化效应"不断产生的无数个内部压力达到几千个大气压的微气泡不断"爆破",产生微观上的强大冲击波作用在中药材上,使其药材植物细胞壁破裂,药材基体被不断剥蚀,而且整个过程非常迅速,有利于活性成分的浸出。

2. 机械效应　超声波在连续介质中传播时可以使介质质点在其传播的空间内产生振动而获得巨大的加速度和动能,从而强化介质的扩散、传质,这就是超声波的机械效应。由于超声波能量给予介质和悬浮体以不同的加速度,且介质分子的运动速度远大于悬浮体分子的运动速度,从而在两者之间产生摩擦,这种摩擦力可使得生物分子解聚,加速活性成分溶出。

3. 热效应　和其他物理波一样,超声波在介质中的传播过程也是一个能量的传播和扩散过程,介质将所吸收能量的全部或大部分转变成热能,从而导致介质本身和药材组织温度的升高,增大了活性成分的溶解度,但由于这种吸收声能引起的药物组织内部温度的升高是瞬间的,因此对目标活性成分的结构和生物活性几乎没有影响。

此外,超声波还可以产生许多次级效应,如乳化、扩散、击碎、化学效应等,这些效应的共同作用奠定了超声提取的基础。

(二)超声提取设备的基本结构

目前,超声提取在制剂质量检测中已经广泛使用,在药物提取生产中也逐步从实验室向中试和工业化发展。超声提取设备主要由超声波发生器、换能器振子、提取罐体、溶剂预热器、冷凝器、冷却器、气液分离器等组成,典型的超声提取设备如图2-12所示。

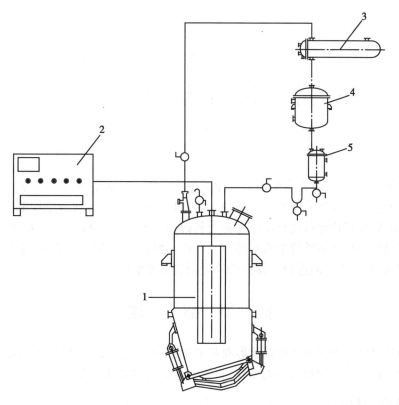

图2-12 超声提取装置结构示意图

1-超声波振荡器;2-超声波发生器;3-冷凝器;4-冷却器;5-油水分离器

（李坤平）

第三章 粉碎设备

在药物制剂生产中,常常需要将固体原辅料粉碎成一定细度的粉末,以满足药剂制备和临床使用的要求。粉碎是借助外力将大块固体物料粉碎成适宜碎块或细粉的操作过程。通常把粉碎前的粒度与粉碎后的粒度之比称为粉碎度或粉碎比。粉碎度越大,粉碎后的粒径越小。粉碎也是中药材前处理中重要的单元操作。粉碎质量的好坏直接关系到产品的质量和应用性能,而粉碎设备的选择是保证粉碎质量的重要条件。

第一节 概 述

粉碎操作是固体制剂生产中药物原材料处理中的重要环节,粉碎技术直接影响产品的质量和临床效果。产品颗粒大小的变化,将影响药品的时效性和有效性。

一、粉碎的目的

粉碎的目的是便于提取,有利于药物中有效成分的浸出或溶出;有利于制备多种剂型,如散剂、颗粒剂、丸剂、片剂等剂型均需事先对固体物料进行粉碎;便于各组分混合均匀以及调剂和服用,以适应多种给药途径的应用;增加药物的表面积,有利于药物溶解与吸收,从而提高生物利用度,达到临床给药目的。

二、粉碎的基本原理

固体药物的粉碎过程主要是利用外加机械力,部分地破坏物质分子间的内聚力,使药物的块粒减小,表面积增大,即机械能转变成表面能的过程。这种转变是否完全,会直接影响到粉碎的效率。为使机械能尽可能有效地用于粉碎过程,应将已达到要求细度的粉末随时分离移去,使粗粒有充分机会接受机械能,这种粉碎法称为自由粉碎。反之,若细粉始终保持在粉碎系统中,不但能在粗粒中间起缓冲作用,而且消耗大量机械能(称为缓冲粉碎),也产生了大量不需要的细粉末。故在粉碎操作中必须随时分离已达到细度的细粉末。如在粉碎机上装置筛子或利用空气将细粉吹出来等,都是为了使自由粉碎得以顺利进行。粉碎作用力包括截切、挤压、研磨、撞击(锤击、捣碎)和劈裂,以及锉削等(图3-1)。被处理物料的性质、粉碎程度不同,所需施加的外力也不同。实际应用的粉碎机往往是几种作用力的综合效果。

药物粉碎的难易,与其本身的结构和性质有关,又因固体分子排列结构不同,可分为晶体与非晶体的粉碎。晶体药物具有一定的晶格,例如生石膏、硼砂等都相当脆,当粉碎时一般沿着晶体的结合面碎裂成小晶体。方形晶体由于晶粒间结合面均匀并且对称,故较易于粉碎。非方形晶体药物如樟脑、冰片、萘等则缺乏相应的脆性,当对其施加一定的机械力时,

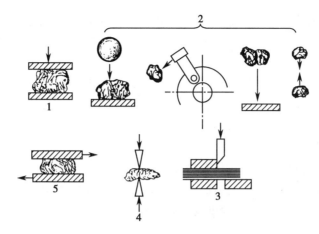

图 3-1 粉碎作用力示意图
1-挤压;2-撞击;3-截切;4-劈裂;5-研磨

易产生变形而阻碍粉碎,若加入少量挥发性液体,降低其分子内聚力,则有助于粉碎。非晶体药物因其分子呈不规则的排列,如乳香、没药等具有一定的弹性,受外加机械力时,即发生变形而不易碎裂。若在较高的温度下粉碎,或在粉碎时部分机械能转变为热能,此时温度及热能均使药物变软,因而使粉碎效率降低。一般可在低温(0℃)下增加药物的脆性,以利于粉碎。

药物经粉碎后表面积增加,引起了表面能的增加,故不稳定。因表面能都有趋向于缩小的倾向,即已粉碎的粉末有重新集聚的倾向。当不同药物混合粉碎时,一种药物适度地掺入到另一种药物中间,使分子内聚力减小,粉末表面能降低,降低药粉的再聚结。黏性药粉与粉性药物混合粉碎,也能缓解其黏性,因而有利于粉碎。故中药厂多用部分药料混合后再粉碎。但是在共同粉碎的药物中含有共熔成分时,可产生潮湿甚至液化现象,应予以注意。

对于不溶于水的药物,可在大量非挥发性的液体中,利用颗粒的重量不同,细粒悬浮于液体中,而粗粒易下沉和分离,得以继续粉碎。

三、粉碎方法

粉碎的一般原则是保持药物的组成和药理作用不变;药物只粉碎至需要的粉碎度,不做过度粉碎;较难粉碎的部分,如植物叶脉或纤维等不应随意丢弃,以免损失有效成分或使药粉的含量相对增高;粉碎毒性或刺激性较强的药物时,应严格注意劳动防护与安全技术。

制剂生产中应根据被粉碎物料的性质、产品粒度要求、物料多少等而采用不同的方法粉碎,主要有干法粉碎、湿法粉碎和低温粉碎。

(一)干法粉碎

干法粉碎是把药物经过适当干燥处理(一般温度不超过80℃),使药物中水分含量降低至一定限度(一般应少于5%)再粉碎的方法。由于含有一定量水分(一般约为9%~16%)的中药材具有韧性,难以粉碎,因此在粉碎前应依其特性加以适当干燥,容易吸潮的药物应避免在空气中吸潮,容易风化的药物应避免在干燥空气中失水。

1. 单独粉碎 单独粉碎系指一味药料单独进行粉碎的粉碎方法。根据药料性质或使用要求,单独粉碎一般多用于贵重细料药及刺激性药物;可减少损耗并且便于劳动保护;可防止毒性药材的中毒和交叉污染;尤其是适宜于易于引起爆炸的氧化性、还原性药物的粉碎。

2. 混合粉碎　混合粉碎系指处方中的药料经过适当处理后,将全部或部分药料掺合在一起进行粉碎的方法。此法适用于处方中药味质地相似的群药粉碎,也可掺入一定比例的黏性油性药料,以避免这些药料单独粉碎困难,如熟地、当归、天冬、麦冬或杏仁、桃仁、柏子仁等。但掺入量在处方规定比例量大、粉碎机械性能适应不了时,可用"串料"、"串油"等方法处理。由于粉碎和混合两步操作结合进行,故可节省工时。当前中药制剂需粉碎的药料多采用此法粉碎。

（二）湿法粉碎

湿法粉碎系指在药料中加入适量较易除去的液体(如水或乙醇)共同研磨粉碎的方法,又称加液研磨法。液体的选用以药料润湿不膨胀,两者不起变化,不影响药效为原则。用量以能润湿药物成糊状为宜,此法粉碎度高,又能避免粉尘飞扬,对毒性药品及贵重药品有特殊意义。

1. 加液研磨法　将药料如樟脑、冰片、薄荷脑等放入乳钵中,加入少量的挥发性液体(乙醇或水等),用乳锤以较轻力研磨使药物被研碎。另外在生产中研麝香时常加入少量水,俗称"打潮",尤其到剩下麝香渣时,"打潮"研磨更易研碎,也属"加液研磨法"。

2. 水飞法　有些难溶于水的药物如朱砂、珍珠、炉甘石、滑石等粉末要求细度高,常采用"水飞法"进行粉碎。具体方法是将药料先打成碎块,除去杂质,放入乳钵或球磨机中加入适量清水研磨,使细粉混悬于水中,然后将此混悬液倾出,余下的药料再加水反复研磨、倾出,直至全部研细为止。然后将所得的混悬液合并,沉降后倾去其上清液,再将湿粉干燥、研散,即得极细的粉末。此法适用于矿物药;易燃易爆药物采用此法粉碎亦较安全。药厂多用电动乳钵或球磨机进行生产。

（三）低温粉碎

将物料或粉碎机进行冷却的粉碎方法称为低温粉碎。物料在低温时脆性增加,韧性与延伸性降低,易于粉碎。非晶形药物如树脂、树胶等具有一定的弹性,粉碎时一部分机械能用于引起弹性变形,最后变为热能,因而降低粉碎效率。一般可用降低温度来增加非晶体药物的脆性,以利粉碎。

此法特点:①在常温下粉碎困难的物料,如熔点低、软化点低及热可塑性物料,例如树脂、树胶、干浸膏等可以较好地粉碎;②含水、含油较少的物料也能进行粉碎;③可获得更细的粉末;④能保留物料中的香气及挥发性有效成分。

低温粉碎一般有下列四种方法:①物料先行冷却,迅速通过高速撞击式粉碎机粉碎,物料在粉碎机内停留的时间短暂;②粉碎机壳通入低温冷却水,在循环冷却下进行粉碎;③将干冰或液态氮气与物料混合后粉碎;④组合应用上述冷却方法进行粉碎。

四、中药材粉碎的特点

中药材粉碎通常根据粉碎产品的粒度分为破碎(大于3mm)、磨碎($60\mu m \sim 3mm$)和超细磨碎(小于$60\mu m$)。中药散剂、丸剂用药材粉末的粒径都属于磨碎范围,而浸提用药材的粉碎粒度则属于破碎范围。

在粉碎过程中产生小于规定粒度下限的产品称为过粉碎。药材过粉碎并不一定能提高浸出速率,相反会使药材所含淀粉糊化,渣液分离困难,同时粉碎时能量损耗也大,因此应尽可能避免。各种破碎或磨碎设备的粉碎比互不相同,对于坚硬药材,破碎机的粉碎比为3~10之间,磨碎机的粉碎比可达40~400以上。

五、影响粉碎的因素

1. 粉碎方法　研究表明,在相同条件下,采用湿法粉碎获得的产品较干法粉碎的产品粒度更细。显然,若最终产品以湿态使用时,则用湿法粉碎较好。但若最终产品以干态使用时,湿法粉碎后须经干燥处理,但这一过程中,细粒往往易再聚结,导致产品粒度增大。

2. 粉碎的最佳时间　粉碎时间越长,产品越细,但研磨到一定时间后,产品细度几乎不再改变,故对于特定的产品及特定条件,存在一个最佳的粉碎时间。

3. 物料性质、进料速度及进料粒度　物料性质以及进料速度、粒度对粉碎效果有明显影响。脆性物料较韧性物料易被粉碎。进料粒度太大,不易粉碎,导致生产能力下降;粒度太小,粉碎比减小,生产效率降低。进料速度过快,粉碎室内颗粒间的碰撞机会增多,使得颗粒与冲击元件之间的有效撞击作用减弱,同时物料在粉碎室内的滞留时间缩短,导致产品粒径增大。

第二节　粉 碎 机 械

工业上使用的粉碎机种类很多,通常按构造分类有颚式、偏心旋转式、滚筒式、锤式、流能式等粉碎机械;按粉碎作用力分类有以研磨、撞击、锉削、截切、挤压等作用为主的粉碎机械;按产品粒度进行分类的有粗碎设备(粒径数十毫米至数毫米)、中碎设备(粒径数百微米)、细碎设备(粒径数百微米至数十微米)、超细碎设备(粒径几微米等)。实际应用时应根据被粉碎物料的性质,产品的粒度要求以及粉碎设备的形式选择适宜的粉碎机。下面介绍几种常用的粉碎设备。

一、乳钵

乳钵亦称研钵,粉碎少量药物时常用乳钵进行,常见的有瓷制、玻璃制及玛瑙制等,以瓷制、玻璃制为常用。瓷制乳钵内壁有一定的粗糙面,以加强研磨的效能,但易嵌入药物而不易清洗。对于毒药或贵重药物的研磨与混合采用玻璃制乳钵较为适宜。用乳钵进行粉碎时,每次所加药料的量一般不超过乳钵容量的四分之一为宜,研磨时杵棒以乳钵的中心为起点,按螺旋方式逐渐向外围旋转移动扩至四壁,然后再逐渐返回中心,如此往复能提高研磨效率。

乳钵研磨机的构造主要有研钵和研磨头,其粉碎原理是研磨头在研钵内沿着底壁作一种既有公转(100r/min)又有自转(240r/min)的有规律的研磨运动将物料粉碎。操作时将物料置于乳钵,将乳钵上升至研磨头接近钵底,调整位置后即可进行研磨操作。可用于干磨法或水磨法操作,适宜少量物料的细碎或超细碎以及各种中成药药粉的套色、混合等。

二、冲钵

冲钵为最简单的撞击粉碎工具。小型者常用金属制成,如图3-2(a)所示为一带盖的铜冲钵,作捣碎小量药物之用;大型者以石料制成。图3-2(b)为机动冲钵,供捣碎大量药物之用。在适当高度位置装一凸轮接触板,用不停转动的板凸轮拨动,利用杵落下的冲击力进行捣碎。冲钵为一间歇性操作的粉碎工具。由于这种工具撞击频率低而不易生热,故用于粉碎含挥发油或芳香性药物。

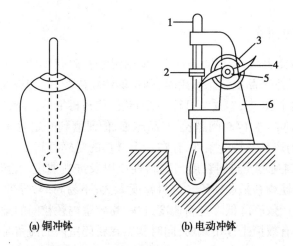

(a) 铜冲钵   (b) 电动冲钵

图 3-2   冲钵

1-凸轮接触板;2-杵棒;3-传动轮;4-板凸轮;5-轴系;6-座子

三、球磨机

图 3-3 是球磨机的示意图,它是由圆柱形筒体、端盖、轴承和传动大齿圈、衬板等主要部件构成。筒体内装有直径为 25～150mm 的钢球(也称磨介或球荷),其装入量为整个筒体有效容积的 25%～45%。

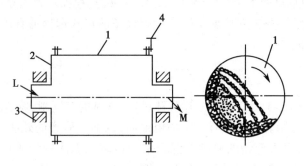

图 3-3   球磨机示意图

1-筒体;2-端盖;3-轴承;4-大齿圈;L-给料口;M-排料口

筒体两端有端盖,它们用法兰圈连接。筒体上固定着大齿轮,电动机通过联轴器和小齿轮带动大齿圈,使筒体缓慢转动。当筒体转动时,磨介随筒体上升至一定高度后呈抛物线或呈泻落下滑。物料从左方进入筒体,逐渐向右方扩散移动。在从左至右的运动过程中,物料受到钢球的冲击、研磨而逐渐粉碎,最终从右方排出机外。筒体内钢球的数量决定了钢球以及钢球同衬板之间的接触点多少,物料在接触点附近是粉碎的工作区。

筒体内装一定形状和材质的衬板(内衬),起到防止筒体遭受磨损和影响钢球运动规律的作用,形状较平滑的衬板产生较多的研磨作用,因此适用于细磨。凸起形的衬板对钢球产生推举作用强,抛射作用也强,而且对磨介和物料产生剧烈的搅动。经球磨机粉碎后的粗粒必须返回重新细磨。

(一) 球磨机种类

球磨机种类按操作状态,可分为干法球磨机和湿法球磨机,间歇球磨机和连续球磨机;

按筒体长径比,分为短球磨机(L/D<2)、中长球磨机(L/D=3)和长球磨机(又称为管磨机,L/D>4);按磨仓内装入的研磨介质种类,分为球磨机(研磨介质为钢球)、棒磨机(具有2~4个仓,第1仓研磨介质为圆柱形钢棒,其余各仓填装钢球或钢段)、石磨机(研磨介质为砾石、卵石、磁球等);按卸料方式,可分为尾端卸料式球磨机和中央式球磨机;按转动方式,可分为中央转动式球磨机和筒体大齿轮转动球磨机等。

（二）磨介的运动规律

球磨机筒体内装有许多小钢球等磨介。当筒体旋转时,在衬板与磨介之间以及磨介相互间的摩擦力、推力和由于磨介旋转而产生的离心力的作用下,磨介随着筒体内壁往上运动一段距离,然后下落。磨介根据球磨机的直径、转速、衬板类型、筒体内磨介质量等因素,可以呈泻落式、抛物式运动状态下降,也有可能呈离心式运动状态随筒体一起旋转,如图3-4所示。

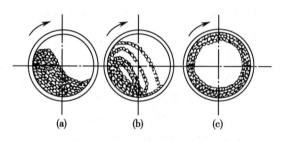

图3-4　磨介运动规律示意图
(a)泻落状态　　(b)抛落状态　　(c)离心状态

当衬板较光滑、钢球总重量小、筒体转速较低时,钢球随筒壁上升至较低的高度后,即沿筒体内壁向下滑动。引起在上升区各层磨介之间的相对运动称为滑落。转速和充填率越低,滑落现象越大,磨碎效果越差。

当钢球总重量较大,即钢球充填率较高(达40%~50%),且转速较高时,整体磨介随筒体升高至一定高度后,磨介一层层往下滑落,这种状态称泻落。磨介朝下滑落时,对磨介间隙内的物料产生研磨作用,使物料粉碎。

当转速进一步提高,所产生的离心力使磨介停止抛射,整个磨介形成紧贴筒体内壁的圆环层,随着筒体内壁一起旋转,由于磨介与筒体内壁,磨介与磨介之间不再有相对运动,物料的粉碎作用停止,在实际生产中毫无意义,这种运动状态称"离心状态"。

为达到最佳粉碎效果,转速通常在每分钟40~60转之间,钢球充填率一般约占圆筒容积30%~35%,固体物料占总容积的30%~60%,使磨介在筒体内呈抛射(落)状态。

球磨机的主要性能参数有转速、磨介配比、生产能力和电机功率等。磨介充填率是指全部磨介的松容积占筒体内部有效容积的百分率,有时也称充填系数。

湿法球磨机中,磨介充填率大致以40%为界限。当充填率为55%时,球磨机的生产能力为最大,但此时能耗也最大,溢流型球磨机的填充率取40%。干法磨碎时,在磨介之间的物料使磨介膨胀,物料受到磨介的阻碍而轴向流动性较差,故磨介的充填率通常为28%~35%。

（三）球磨机的特点

球磨机具有适应性强,生产能力大,能满足工业大生产需要;粉碎比大,粉碎物细度可根据需要进行调整;既可干法也可湿法作业,亦可将干燥和磨粉操作同时进行,对混合物的磨粉还有均化作用；系统封闭，可达到无菌要求；结构简单，运行可靠，易于维修等优点。但同时亦存在工作效率低、单位产量能耗大；机体笨重，噪声较大；需配备昂贵的大型减速装备等缺点。球磨机适用于粉碎结晶药物、脆性药物以及非组织性中草药，如儿茶、五倍子、珍珠等。球磨机由于结构简单，不需特别管理，密封操作时粉尘可控，常用于毒性药物和贵重药物，吸湿性或刺激性强的药物，也可在无菌条件下进行药物的粉碎和混合，但此时生产能力低，能量消耗大，间歇操作时，加卸药料费时，且粉碎时间较长。工业生产尽量采用连续操作。

四、振动磨

振动磨是一种利用振动原理来进行固体物料粉碎的设备，能有效地进行细磨和超细磨。振动磨是由槽形或圆筒形磨体及装在磨体上的激振器（偏心重体）、支撑弹簧和驱动电机等部件组成。驱动电机通过挠性连轴器带动激振器中的偏心重块旋转，从而产生周期性的激振力，使磨机筒体在支撑弹簧上产生高频振动，机体获得了近似于圆的椭圆形运动轨迹。随着磨机筒体的振动，筒体内的振动，筒体内的研磨介质可获得三种运动：强烈的抛射运动，可将大块物料迅速破碎；高速自转运动（同向），对物料起研磨作用；慢速的公转运动，起物料均匀作用。磨机筒体振动时，研磨介质强烈地冲击和旋转，进入筒体的物料在研磨介质的冲击和研磨作用下被磨细，并随着料面的平衡逐渐向出料口运动，最后排出磨机筒体成为粉末产品。振动磨按其振动特点分为惯性式和偏旋式振动磨两种，见图3-5。

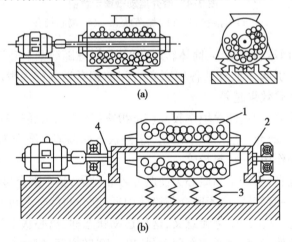

图3-5 惯性式（a）和偏旋式（b）振动磨示意图
1-筒体；2-主轴；3-弹簧；4-轴承

惯性式振动磨是在主轴上装有不平衡物，当轴旋转时，由于不平衡所产生的惯性离心力使筒体发生振动；偏旋式振动磨是将筒体安装在偏心轴上，因偏心轴旋转而产生振动。按振动磨的筒体数目，可分为单筒式、多筒式振动磨；若按操作方式，可分为间歇式和连续式振动磨。

单筒惯性式间歇操作振动磨的研磨介质装在筒体内部，主轴水平穿入筒体，两端由轴承座支撑并装有不平衡重力的偏重飞轮，通过万向节、联轴器与电机连接。筒体通过支撑板依靠弹簧坐落在机座上。电机带动主轴旋转时，由于轴上的偏重飞轮产生离心力使筒体振动，强制筒内研磨介质高频振动。

双筒连续式振动磨由上下串联的筒体靠支撑板连接在主轴上。物料由加料管加入上筒体进行粗磨,被磨碎物料通过连接送入下筒体,进一步研磨成合乎规格的细粉后,从出料管排出。为防止研磨介质与物料一起排出,排料管前端装有带空隔板。

研磨介质的材料有钢球、氧化铝球、不锈钢球及钢棒等,根据原料性质及产品粒径选择其材料和形状。为提高研磨效率,尽量选用大直径的研磨介质。对于粗磨采用球形研磨介质,直径愈小,研磨成品愈细。

振动磨的特点是振动频率高,且采用直径小的研磨介质,研磨介质装填较多,研磨效率高;研磨成品粒径细,平均粒径可达 $2 \sim 3 \mu m$ 以下,粒径均匀,以得到较窄的粒度分布;可以实现研磨工序连续化,并且可以采用完全封闭式操作,改善操作环境,或充以惰性气体,可用于易燃、易爆、易氧化的固体物料的粉碎;粉碎温度易调节,磨筒外壁的夹套通入冷却水,通过调节冷却水的温度和流量控制粉碎温度,如需低温粉碎可通入冷却液;外形尺寸比球磨机小,占地面积小,操作方便,易于管理维修。但振动磨运转时产生噪声大(90~120分贝),需要采取隔音和消音等措施使之降低到90分贝以下。

五、流能磨

流能磨又称气流粉碎机、气流磨,与其他粉碎设备不同,其粉碎的基本原理是利用高速气流喷出时形成的强烈多相紊流场,使其中的固体颗粒在自撞中或与冲击板、器壁撞击中发生变形、破碎,而最终获得粉碎。由于粉碎由气体完成,整个机器无活动部件,粉碎效率高,可以完成粒径在 $5 \mu m$ 以下的粉碎,并具有粒度分布窄、颗粒表面光滑、颗粒形状规整、纯度高、活性大、分散性好等特点。

(一)流能磨的分类

目前应用的气流磨主要有以下几种类型:扁平式气流磨、循环管式气流磨、对喷式气流磨、流化床对射磨。

1. 扁平式气流磨 扁平式气流磨的结构如图3-6所示,高压气体经入口5进入高压气体分配室1中。高压气体分配室1与粉碎分级室2之间,由若干个气流喷嘴3相连通,气体在自身高压作用下,强行通过喷嘴时,产生高达每秒几百米甚至上千米的气流速度。这种通过喷嘴产生的高速强劲气流称为喷气流。待粉碎物料经过文丘里喷射式加料器4,进入粉碎分级室2的粉碎区时,在高速喷气流作用下发生粉碎。由于喷嘴与粉碎分级室2的相应半径成一锐角 α,所以气流夹带着被粉碎的颗粒作回转运动,把粉碎合格的颗粒推到粉碎分级室中心处,进入成品收集器7,较粗的颗粒由于离心力强于流动曳力,将继续停留在粉碎区。收集器实际上是一个旋风分离器,与普通旋风分离器不同的是夹带颗粒的气流是由其上口进入。物料颗粒沿着成品收集器7的内壁,螺旋形地下降到成品料斗中,而废气流夹带着约5%~15%的细颗粒,经排出管6排出,作进一步捕集回收。

研究结果表明,80%以上的颗粒是依靠颗粒之间的相互冲击碰撞而粉碎,只有不到20%的颗粒是与粉碎室内壁形成冲击和摩擦而粉碎的。气流粉碎的喷气流不但是粉碎的动力,也是实现分级的动力。高速旋转的主气流,形成强大的离心力场,能将已粉碎的物料颗粒,按其粒度大小进行分级,不仅保证产品具有狭窄的粒度分布,而且效率很高。

扁平式气流磨工作系统除主机外,还有加料斗、螺旋给料机,旋风集料器和袋式滤尘器。当采用压缩空气动力时,进入气流磨的压缩空气需经过净化、冷却、干燥处理,以保证粉碎产品的纯净。图3-7所示为扁平式气流磨工艺流程。

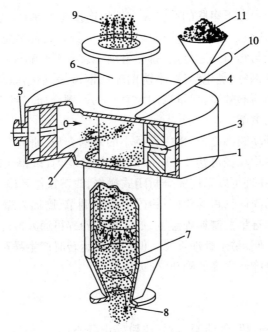

图3-6 典型的扁平式气流磨结构示意图

1-高压气体分配室;2-粉碎分级室;3-气流喷嘴;4-喷射式加料器;
5-高压气体入口;6-废气流排出管;7-成品收集器;8-粗粒;
9-细粒;10-压缩空气;11-物料

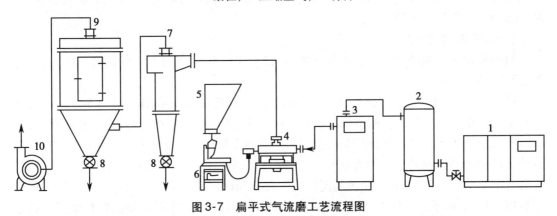

图3-7 扁平式气流磨工艺流程图

1-空压机;2-贮气罐;3-空气冷冻干燥机;4-气流磨;5-料仓;6-电磁振动加料器;
7-旋风捕集器;8-星形回转阀;9-布袋捕集器;10-引风机

2. **循环管式气流磨** 循环管式气流磨也称为跑道式气流粉碎机。该机由进料管、加料喷射器、混合室、文丘里管、粉碎喷嘴、粉碎腔、一次及二次分级腔、上升管、回料通道及出料口组成。其结构示意如图3-8所示。

物料由进料口被吸入混合室,并经文丘里管射入O形环道下端的粉碎腔,在粉碎腔的外围有一系列喷嘴,喷嘴射流的流速很高,但各层断面射流的流速不相等,颗粒随各层射流运动,因而颗粒之间的流速也不相等,从而互相产生研磨和碰撞作用而粉碎。射流可粗略分为外层、中层、内层。外层射流的路程最长,在该处颗粒产生碰撞和研磨的作用最强。由喷嘴射入的射流,也首先作用于外层颗粒,使其粉碎,粉碎的微粉随气流经上升管导入一次分级腔。粗粒子由于有较大离心力,经下降管(回料通道)返回粉碎腔循环粉碎,细粒子随气流进入二次分级腔,粉碎好的物料从分级旋流中分出,由中心出口进入捕集系统而成为产品。

循环管式气流磨通过两次分级,产品较细,粒度分布范围较窄;采用防磨内层,提高气流磨的使用寿命,且适应较硬物料的粉碎;在同一气耗条件下,处理能力较扁平式气流磨大;压缩空气绝热膨胀产生降温效应,使粉碎在低温下进行,因此尤其适用于低熔点、热敏性物料的粉碎;生产流程在密闭的管路中进行,无粉尘飞扬;能实现连续生产和自动化操作,在粉碎过程中还起到混合和分散的效果等特点。

3. 对喷式气流磨 对喷式气流磨的结构原理如图 3-9 所示。两束载粒气流(或蒸气流)在粉碎室中心附近正面相撞,相撞角为 180°,物料随气流在相撞中实现自磨而粉碎,随后在气流带动下向下运动,并进入上部设置的旋流分级区中。细料通过分级器中心排出,进入旋风分离器中进行捕集;粗料仍受较强离心力制约,沿分级器边缘向下

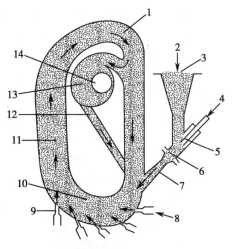

图 3-8 循环管式气流磨示意图

1-一次分级腔;2-原料;3-进料管;4-压缩空气进口;5-加料喷射器;6-混合室;7-文丘里管;8-压缩空气进口;9-粉碎喷嘴;10-粉碎腔;11-上升管;12-回料通道;13-二次分级腔;14-出料口

运动,并进入垂直管路,与喷入的气流汇合,再次在磨腔中心与给料射流相撞,从而再次得到粉碎。如此周而复始,直至达到产品要求的粒度为止。

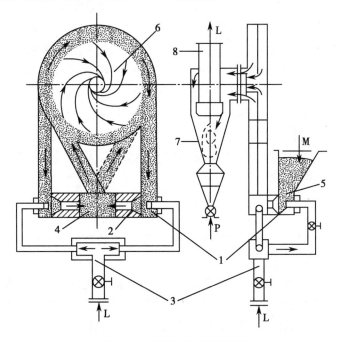

图 3-9 对喷式气流磨示意图

1-喷嘴;2-喷射泵;3-压缩空气;4-粉碎室;5-料仓;6-旋流分级区;7-旋风分离器;8-滤尘器;
L-气流;M-物料;P-产品

对喷式气流磨可提高颗粒的碰撞概率和碰撞速率(单位时间内的新生成面积)。试验证明,粉碎速率大约比单气流喷射磨高出 20 倍。

4. **流化床对射磨**   流化床对射磨的结构如图 3-10 所示。料仓内的物料经由加料器进入磨腔,由喷嘴进入磨腔的三束气流使磨腔中的物料床流态化,形成三股高速的两相流体,并在磨腔中心点附近交汇,产生激烈的冲击碰撞、摩擦而粉碎,然后在对接中心上形成一种喷射状的向上运动的多相流体柱,把粉碎后的颗粒送入位于上部的分级转子,细粉从出口进入旋风分离器和过滤器捕集;粗粒在重力作用下又返回料床中再进行粉碎。

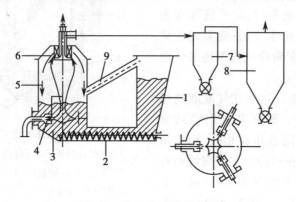

图 3-10   流化床对射磨示意图
1-料仓;2-螺旋加料器;3-物料床;4-喷嘴;5-磨腔;6-分级转子;
7-旋风分离器;8-布袋收集器;9-压力平衡器

（二）流能磨的特点

流能磨与机械式粉碎相比,气流粉碎有如下优点:粉碎强度大、产品粒度细微、可达到数微米甚至亚微米,颗粒规整、表面光滑;颗粒在高速旋转中分级,产品粒度分布窄,单一颗粒成分多;产品纯度高,由于粉碎室内无转动部件,颗粒靠互相撞击而粉碎,物料对室壁磨损极微,室壁采用硬度极高的耐磨性衬里,可进一步防止产品污染;设备结构简单,易于清理,可获得极纯产品,还可进行无菌作业;可以粉碎坚硬物料;适用于粉碎热敏性及易燃易爆物料;可以在机内实现粉碎与干燥、粉碎与混合、粉碎与化学反应等联合作业;能量利用率高。

尽管气流粉碎有上述许多优点,但也存在着一些缺点:辅助设备多、一次性投资大;影响运行的因素多,操作不稳定;粉碎成本较高;噪声较大;粉碎系统堵塞时会发生倒料现象,喷出大量粉尘,使操作环境恶化。

六、胶体磨

胶体磨的主要构造为带斜槽的锥形转子和定子组成的磨碎面,转子和定子表面加工成沟槽型,转子与定子间的间隙在液体进口处较大,而在出口处较小。工作时转子和定子的狭小缝隙可根据标尺调节,当液体在狭缝通过时,受到沟槽及狭缝间隙改变的作用,流动方向发生急剧变化,物料受到很大的剪切力、摩擦力、离心力和高频振动等,如果狭缝调节愈小,通过磨面后的粒子就越细微。图 3-11 是胶体磨原理的示意图。

胶体磨的转子由电动机带动,做高速转动,可达 10 000r/min。操作时原料从贮料筒流入磨碎面,经磨碎后由出口管流出,在出口管上方有一控制阀,如一次磨碎的粒子胶体化程度不够时,可将阀关闭使胶体溶液经回流管回流进入贮液筒,再反复研磨可得 1~100nm 直径的微粒。

胶体磨具有操作方便、外形新颖、造型美观、密封良好、性能稳定、装修简单、环保节能、整洁卫生、体积小、效率高等优点。在制剂生产中,常用于制备混悬液、乳浊液、胶体溶液、糖浆剂、软膏剂及注射剂等。胶体磨为高精密机械,线速高达20m/s,且磨盘间隙极小。检修后装回必须用百分表校正,壳体与主轴的同轴度误差≤0.05mm。

七、锤击式破碎机

锤式破碎机的主要工作部件为带有锤子(又称锤头)的转子。转子由主轴、圆盘、销轴和锤子组成。电动机带动转子在破碎腔内高速旋转。物料自上部给料口进入,受高速运动的锤子的打击、冲击、剪切、研磨作用而粉碎。在转子下部,设有筛板,粉碎物料中小于筛孔尺寸的粒级通过筛板排出,大于筛板尺寸的粗粒阻留在筛板上继续受到锤子的打击和研磨,最后通过筛板排出机外。锤式破碎机的结构以单转子锤式破碎机为例说明,图3-12

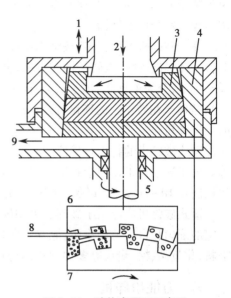

图3-11　胶体磨原理示意图
1-定子轴向调节;2-进口;3-转子;
4-定子;5-出口;6-驱动轴;7-定子;
8-狭缝;9-转子

所示为单转子锤式破碎机结构示意图,分可逆式和不可逆式两种,转子的旋转方向如箭头所示。

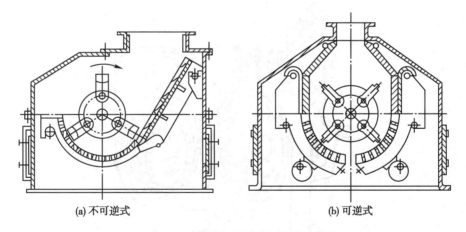

(a) 不可逆式　　　　　　　　(b) 可逆式

图3-12　单转子锤式破碎机结构示意图

图3-12(b)所示为可逆式,转子先按某一方向旋转,对物料进行破碎。该方向的衬板、筛板和锤子端部即受到磨损。磨损到一定程度后,使转子反方向旋转,此时破碎机利用锤子的另一端及另一方的衬板和筛板工作,从而连续工作的寿命几乎可提高一倍。不可逆锤式破碎机的转子只能向一个方向旋转,当锤子端部磨损到一定程度后,必须停车调换锤子的方向(转180°)或更换新的锤子,不可逆锤式破碎机结构示意如图3-12(a)所示。

锤式破碎机的规格是以锤子外缘直径及转子工作长度表示。转子通常由多个转盘组成。锤子是破碎机的主要工作构件,又是主要磨损件,通常用高锰钢或其他合金钢等制造。

由于锤子前端磨损较快,通常设计时考虑锤头磨损后应能够上下调头或前后调头,或头部采用堆焊耐磨金属的结构。

锤式破碎机类型很多,按结构特征可分为如下:按转子数目,分为单转子锤式破碎机和双转子锤式破碎机;按转子回转方向,分为可逆式(转子可朝两个方向旋转)和不可逆式;按锤子排数,分为单排式(锤子安装在同一回转平面上)和多排式(锤子分布在几个回转平面上);按锤子在转子上的连接方式,分为固定锤子和活动锤子。固定锤子主要用于软质物料的细碎和粉碎。

锤式破碎机的特点是单位产品的能量消耗低、体积紧凑、构造简单并有很高的生产能力等。由于锤子在工作中遭到磨损,使间隙增大,必须经常对筛条或研磨板进行调节,使破碎比控制在 10~50 之间,以保证破碎产品粒度符合要求。

锤式破碎机广泛用于破碎各种中硬度以下,且磨蚀性弱的物料。锤式破碎机由于具有一定的混匀和自行清理作用,能够破坏含有水分及油质的有机物。这种破碎机适用于药剂、染料、化妆品、糖、炭块等多种物料的粉碎。

八、万能粉碎机

万能粉碎机主要是由加料斗、钢齿、环状筛板、水平轴、抖动装置、出粉口、放气袋等构成,如图 3-13。

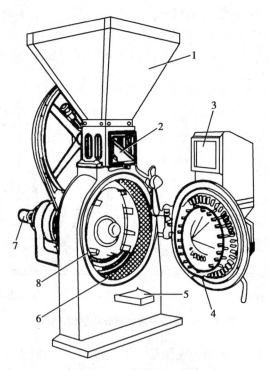

图 3-13　万能粉碎机示意图
1-加料斗;2-抖动装置;3-入料口;4-垫圈;5-出粉口;
6-环状筛板;7-水平轴;8-钢齿

药物从加料斗借抖动装置以一定速度经入料口进入粉碎室。粉碎室的转子及室盖面是装有相互交叉排列的钢齿,转子上的钢齿能围绕室盖上的钢齿旋转,药物自高速旋转的转子获得离心力而抛向室壁,因而产生撞击作用。在两钢齿相互交错的高速旋转下,药物被粉碎。药物在急剧运行过程中亦受钢齿间的劈裂、撕裂与研磨的作用。待药物达到钢齿外围时已具有一定的粉碎度。借转子产生气流的作用通过室壁的环状筛板分离出来。

万能粉碎机操作时应先关闭室盖,开动机器空转,待高速转动时再加药物,加入的药物应大小适宜,必要时预先切成段、块、片,以免阻塞于钢齿,增加电动机负荷。由于万能粉碎机转子的转速很高,产生强烈的粉碎作用,在粉碎过程中产生大量粉尘,故设备应装有集尘装置,以利劳动保护与收集粉尘。含有粉尘的气流自筛板流出,首先进入集粉器而得到一定速度的缓冲,此时大部分粉末沉积于集粉器底部,已缓冲了的气流带有少量的较细粉尘进入放气袋,通过滤过的作用使气体排出,粉尘则被阻留于集粉器中。收集的粉末自出粉口放出。

万能粉碎机适宜粉碎多种干燥药物如结晶性药物,非组织性块状脆性药物,干浸膏颗粒,中药的根、茎、叶等,可制备各种粉碎度的粉末,并且粉碎和过筛可以同时进行,故有"万能"之称。但由于高速,粉碎过程中会发热,故不宜粉碎含有大量挥发性成分和黏性药材。

九、柴田式粉碎机

柴田式粉碎机主要结构是由机壳和装有动力轴上的甩盘、打板及风扇等部件组成。是由锰钢或灰口铸铁为材料制成的,如图3-14。

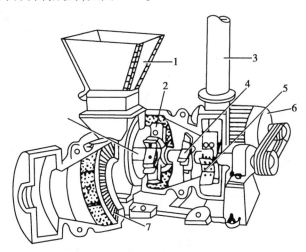

图3-14 柴田式粉碎机示意图
1-加料斗;2-打板;3-出粉风管;4-挡板;
5-风扇;6-电动机;7-机壳内壁钢齿

机壳由外壳和内套两层构成,外壳为铸铁铸成,分为两半圆筒形,厚度约为2~3cm;内套(俗称腔瓦)为锰钢或灰口铸铁铸成,分为两段。甩盘段由五块组成:一块为圆形空心盘状,内套镶于加料口内侧,其余四块呈90°圆弧,组成圆筒状,镶于甩盘段机壳内侧。此段内套里面均铸成沟槽状,增加粉碎能力。挡板段内套由两块半圆筒状镶在外壳内侧,其内面平滑。

甩盘安装在机壳动力轴上,有六块打板,主要起粉碎作用。甩盘固定位置不动,打板为中间带一圆孔的锰钢块,打板由于粉碎时受磨损,需及时更换,更换时需牢固扭紧,勿使松动。

挡板安在甩盘与风扇之间,有六块挡板呈轮状附于主动轴上,挡板盘可以左右移动来调节挡板与甩盘、风扇之间距离,主要用以控制药粉的粗细和粉碎速度,同时也有部分粉碎作用。如向风扇方向移动药粉就细,向打板方向移动药粉就粗。风扇安在靠出粉口一端,由3～6块风扇板制成,借转动产生风力使药物细粉自出粉口经输粉管吹入药粉沉降器。沉降器为收集药粉的装置,自下口放出药粉。

柴田式粉碎机的操作及注意事项:在开动粉碎机前应注意检查各机件部分安装是否牢固,扭紧螺丝。先开指示灯,待粉碎机转动正常后合负荷闸,逐渐由少至多填加药料,填加前须注意清除铁钉等掺杂物。对粉碎黏性大或硬度大的药料,须特别小心,及时观察安培计的情况,防止发生事故。当更换品种时,应彻底清扫机腔和收集器及管路,以保证药粉质量。

柴田式粉碎机在各类粉碎机中粉碎能力最大,是中药厂普遍应用的粉碎机。适用于粉碎植物性、动物性以及适当硬度的矿物类药材,不宜粉碎比较坚硬的矿物药和含油多的药材。

十、羚羊角粉碎机

羚羊角粉碎机是由升降丝杆、皮带轮及齿轮锉所构成。药料自加料筒装入固定,然后再将齿轮锉安上,关好机盖,开动电动机。由于转向皮带轮及皮带轮的转动可使丝杆下降,借丝杆的逐渐推下使被粉碎的药物与齿轮锉转动时,药物逐渐被锉削而粉碎,落入接受瓶内。如图 3-15 所示。

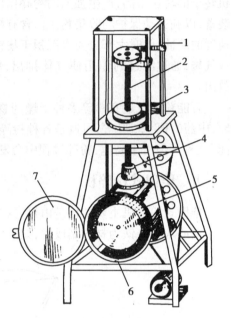

图 3-15　羚羊角粉碎机示意图
1-滑动支架;2-机盖;3-滑动支架;
4-升降丝杆;5-皮带轮;6-加料筒;
7-齿轮锉

第三节　超微粉碎技术与设备

超微粉碎技术是近 20 年来国际上迅速发展起来的一项新技术。所谓超微粉碎是指利用机械或流体动力的方法将物料粉碎至微米甚至纳米级微粉的过程。微粉是超微粉碎的最终产品,具有一般颗粒所不具有的一些特殊的理化性质,如良好的溶解性、分散性、吸附性、化学反应灵活性等。因此超微粉碎技术已广泛应用于化工、医药、食品、农药、化妆品、染料、涂料、电子、航空航天等许多领域。

关于微粒的粒径限度至今尚无统一的标准。在中药制剂方面,《中华人民共和国药典》现行版一部规定,极细粉为通过九号筛的粉粒,粒径为 $(75 \pm 4.1) \mu m$。根据中药粉碎加工的实际应用情况,结合《中华人民共和国药典》对粉末分等及药筛筛孔尺寸的规定,普遍认为将中药微粉粒径界定为小于 $75 \mu m$ 较为合理。

至于中药细胞粉碎是因为中药植物药材细胞结构差异大,加工成微粉的难易程度不同,仅从控制药材粉碎粒径不能反映不同类药材粉碎的实际情况考虑,提出了中药细胞级粉碎的概念。中药细胞级粉碎主要是以植物细胞破壁为目的,以植物细胞的破壁率作为评价指标,细度仅作为一种宏观的检测指标,其实质仍为超微粉碎。

一、超微粉碎的原理

超微粉碎原理与普通粉碎相同,只是细度要求更高,即主要利用外加机械力,部分地破坏物质分子之间的内聚力来达到粉碎的目的。固体药物的机械粉碎过程就是用机械方法来增加药物的表面积,即是机械能转变成表面能的过程,这种转变是否完全,直接影响到粉碎的效率。

物质经过粉碎,表面积增加,引起了表面能的增加,故不稳定。因表面自由能有趋向于最小的倾向,故微粉有重新结聚的倾向,使粉碎过程达到一种动态平衡,即粉碎与集聚同时进行,粉碎便停止在一定阶段,不再向下进行。因此,要采取措施,阻止其集聚,以使粉碎顺利进行。

二、粉碎应用于中药材加工的目的

超微粉碎的目的主要是利用微粉的一些特征,如药物被粉碎后,表面积大,表面能大,表面活性高,极易被人体吸收,增强其功效;还可改进制剂工艺等。

(一)增强有效成分在体内的吸收

中药材分植物药、动物药和矿物药三大类。除矿物药外,动物药、植物药的主要成分通常存在于细胞内与细胞间质中,且以细胞内为主。植物药材除有效成分外,含大量的其他成分,如蛋白质、脂肪、淀粉、树脂、黏液质、果胶、鞣质及构材物质(如纤维素、栓皮、石细胞等)。对于以普通方法粉碎、以粉末形式入药的中药,其有效成分绝大部分被包裹在未被击破的细胞内,药物粉粒进入胃肠道后,由于细胞内有效成分一般比无效成分的分子量小得多,因而可透过细胞壁,逐渐释放出来,再转移或溶解到消化液中,由胃肠吸收。当药物粒子较粗时,细胞往往几个或数十个聚集在一起,细胞内的有效成分要穿过众多细胞壁才能释放出来,因而药物的释放速度很慢;由于药物在体内的停留时间有限,在极低释药速度的情况下药物有效成分的吸收量也极低;同时由于粒子较粗,吸附在小肠壁上的量也较少,吸收量亦较少。另一方面,因为药物粒度大,混合的均匀度偏低,不同性状的药物成分会因细度、细胞膨胀速度、从细胞壁的迁出速度、对肠壁吸附性等的差异,造成吸收速度和程度的不同,从而影响复方药物的疗效。

植物药材经超微粉碎后,绝大多数细胞的细胞壁破碎,细胞内的有效成分不需要通过细胞壁屏障而直接和给药部位接触。一方面,由于微粉药物粒径小,比表面积大,极易吸附在小肠壁上被小肠壁吸收,大大提高了有效成分的吸收速度;另一方面,微粉与给药部位接触面积大,延长了药物在体内的滞留时间,药物的吸收量也显著增加。

此外,专家指出中药材在细胞级粉碎过程中具有"均质化"的作用,认为多数中药通常含有水分、油性成分及挥发油等成分,在高度撞击及剪切力的作用下,当细胞壁被打碎时,这些成分从细胞内迁移出后使微小粒子表面呈半湿润状态,并在药材中的某些具有表面活性物质的作用下,与亲水性成分亲和,产生乳化、均匀混合而达到"均质态",此时粒子与粒子之间形成半稳定的"粒子团"(或称为"微颗粒"),而每一个"粒子团"都包含着相同比例的中药成分。油细胞中的挥发性成分在细胞被打碎的同时也"均质化"。这种经过"均质化"的中药微粉进入胃肠道后很快均匀分散,其水性、油性及挥发性成分以原有的成分比例同步吸收,与普通粉碎方式的粉末在体内的吸收速度及吸收程度相比大有改善。由于纤维具有一定的吸收膨胀性,经过微粉化的药材粉末,其纤维已达超细化状态,膨胀质点大大增多,因而具有药用辅料的作用,在肠胃中可迅速崩解,促使药物有效成分的释放、吸收。

动物类中药的有效成分大多以大分子形式存在于细胞中,提取前,动物药一般都采用组织捣碎机进行绞碎处理,其目的亦是破坏细胞膜,提高有效成分的提取率。通常情况下,细胞破碎得越细,提取效果越好。

矿物类中药无细胞结构,粉碎细度对其药效及生物利用度的影响与难溶性化学药物相同,药物的溶出速度与药物的粒径大小成反比,与表面积成正比,因此,药物粒子越小,其比表面积越大,溶解速度也越大,吸收速度越大,生物利用速度越高。

(二)保留中药材的属性和功能

中药强调配伍,复方应用是其特点。中药复方中所含的多种有效成分能够针对影响机体的多种因素,通过多环节、多层次、多靶点对机体进行整合调节作用,以适应机体病变的多样性和复杂性特点。中药有效成分以微粉形式入药,保留了处方全组分及其药效学物质基础,保持了中药的属性和功能主治,体现了中医辨证施治、整体治疗的特点,较好地处理了中药研究开发过程中现代科学技术应用与继承传统中药固有特性的关系问题。

三、超微粉碎的方法与要求

超微粉碎方法是采用深度冷冻超微粉碎技术利用物料在不同的温度下具有不同性质的特征,将物料冷冻至脆化点或玻璃态温度之下使其成为脆性状态,然后再用机械方法或气流粉碎方法使其超细化的方法。

低温超微粉碎包括两个环节,其一是物料的预制冷,其二是低温超微粉碎。两部分有机地组合才能构成完整的低温粉碎系统——利用低温增加物料脆性,通过粉碎获取所需粒度产品。

中药材品种繁多,性质各异,不同的物料有不同的低温脆性范围,需通过试验筛选。如羚羊角最佳低温粉碎温度为 $-70 \sim -60℃$,杏仁为 $-160 \sim -150℃$,熟地黄为 $-105 \sim -95℃$。

低温粉碎常用方法有三种。一是先将物料在低温下冷却,达到低温脆化状态,迅速投入常温态的粉碎机中进行粉碎;二是在粉碎原料为常温,粉碎机内部为低温的情况下进行粉碎;三是物料与粉碎机内部均呈低温状态粉碎。

低温粉碎的特点是利用低温时物料脆性增加的特性,可粉碎在常温下难以粉碎的物料如纤维类物料、热敏性以及受热易变质的物料如血液制品、蛋白质及酶等;对易燃、易爆物品的粉碎可提高其安全性;对含芳香性挥发性成分的药材,采用低温粉碎可避免有效成分的损失;在低温环境下细菌的繁殖受到抑制,避免了产品的污染。研究还表明,低温粉碎有利于改善物料的流动性。

低温粉碎的缺点是生产成本极高,对于低附加值的产品难以承受,因此深度冷冻技术多用于附加值较高的医药生物类产品的超细化。另外,液氮深度冷冻技术需注意液氮对制品的污染问题。

四、新型高细球磨机

新型高细球磨机结构如图3-16所示。块状物料经粗磨仓粗磨后进入小仓分级仓,在8块特殊的物料筛板的扬料过程中,半成品可以通过扬料筛板上的小算缝进入细料仓,不能通过扬料筛板的粗料返回到粗料仓再进行粉磨。进入细料仓的物料在研磨体的冲击、研磨作用下进行细磨,合格产品通过细磨仓出口,由特殊的小算缝算出,而小钢球则被该算板的料段分离装置挡住返回细磨仓。

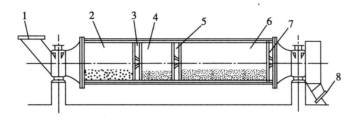

图 3-16 新型高细球磨机结构示意图

1- 块状物料入口;2- 粗磨仓;3- 小仓分级仓;4- 过渡仓;

5- 双层隔仓板;6- 细磨仓;7- 出料算板;8- 高细药料出口

新型高细球磨机的特点是集粗磨、筛分、细磨全过程于一台球磨机内完成,可根据物料细度要求不同,设置和改换挡料圈,控制物料在球磨机内的流动速度和停留时间,从而提高粉碎效率。

第四节　粉碎机械的选择与使用

药物粉碎质量的好坏,除与药物本身的性质、粉碎的方法等有关外,设备的选型是能否达到粉碎目的的最重要原因之一。所以,粉碎机械的选择是非常重要的。

一、粉碎机械的选择

根据被粉碎原料及最终产品的粒级——粉碎比的大小确定采用何种粉碎、磨碎或微粉碎机械,或者确定是一级或多级粉碎。粉碎过程的级数是优化工艺的主要指标,一级粉碎所需的设备费用要少,但过大的粉碎比会大量增加能耗,通常对一般性药材、辅料、浸膏首先考虑一级粉碎,硬质或纤维韧性药材或大尺寸原料可考虑破碎——磨碎,对要求制得微粉时则可能考虑多级粉碎。

1. 原料的性质　原料的性质包括破碎性、硬度、密度、胶质性、表面摩擦系数等。原料的粉碎性质与机器的处理能力和所需动力密切相关。如球磨机适用于中等硬度和腐蚀性物料;射流磨适用于中等强度的脆性物料;锤式磨和万能磨粉机除黏性、纤维性、热敏性物料和腐蚀物料外,几乎所有药物都适用;对具有黏性、纤维性、油脂性和热敏性等药物可采用含冷却的粉碎设备。总之必须根据被粉碎物料的性质,结合处理同类原料的实际效果和经验选择粉碎机,也可通过预试验,按比例放大计算或确定物料的各项指标来决定所需粉碎设备。

2. 原料的状态　原料的状态是指其湿度、温度等。不同干燥程度的同一原料,其破碎效率差异很大。如干式粉碎时,若湿度超过3%时则处理能力急剧下降,尤其是球磨机。

3. 处理能力　处理能力是指粉碎机械处理被粉碎物料的多少,是选用粉碎机的重要参数,不过处理能力与产品的尺寸有关,所以处理能力是指多大的原料被粉碎至多大尺寸时,单位时间内破碎吨数。制造厂家在样本上提出的破碎机的生产能力,大致是对某种代表性的原料在良好的条件下连续给料时的数据,虽可以作为依据,但在选定设备时,仍须要对实际上所处理原料的性质、状态及给料条件等加以考核,要留有必要的余地。

4. 环境保护因素 粉碎机械应符合《药品生产质量管理规范》提出的要求,在环境保护方面,既对生产环境的影响要符合环保标准;同时产生的粉尘对操作工人的健康要达到国家劳保限度标准,对厂区的环境污染要降到最低。目前药品生产中使用的粉碎机械大都采用不锈钢材料,在防锈、密闭、防尘等方面亦采用了相应的措施,包括环境与设备自身的清洁、消毒,设备产生的振动、噪音等对环境的影响。

二、粉碎机械的安装使用确认

粉碎机械的设计确认要符合《药品生产质量管理规范》的要求,针对本企业设定的目标,审查设计的合理性,看所选用的设备性能及设定的技术参数是否符合《药品生产质量管理规范》的要求,是否符合产品、生产工艺、维修保养、清洗、消毒等方面的要求。

1. 安装确认 安装确认是对供应商所提供技术资料的核查,设备、备品、备件的检查验收,以及设备的安装检查,即粉碎机安装质量是否符合工艺正常运行的基本条件,辅助设施的布置是否合理、安全、可靠等。通常包括以下内容:

(1)技术资料检查归档包括质量合格证、设备图纸、说明书等。

(2)备品备件的验收由验收人员按照供应商提供的备品备件清单检查实物,将清单编号存档,将实物入库。

(3)安装的检查与验收由专人根据工艺流程、安装图纸检查实际安装情况,检查日后维修的条件,诸如是否预留了足够的维修空间。传送带、齿轮箱用的润滑油是否正确等。

2. 运行确认 运行确认即是按草拟的标准操作规程进行运行实验,俗称试车。检查设备是否达到设定的要求。对于粉碎机而言,重点检查粉碎机与物料接触部位是否用耐腐蚀和对产品无害的材料制造,能否方便清洁处理和维修保养,力求运行平稳,噪音低,操作时产生粉尘外泄少。

3. 性能确认 性能验证时应对加料速度进行确认,以达到物料在粉碎机内有适宜停留时间,粉碎出粒径分布达到所要求的细粒子。通常用过筛率来验证粉碎后物料的粒度。

三、粉碎机械的使用注意事项

各种粉碎机械的性能均不同,应依其性能,结合被粉碎药物的性质与要求的粉碎度来灵活选用。通常在使用和保养粉碎机械时应注意下述几点:

1. 开机前应检查整机各紧固螺栓是否有松动,然后开机检查机器的空载启动、运行情况是否良好。

2. 高速运转的粉碎机开动后,待其转速稳定时再行加料。否则因药物先进入粉碎室后,机器难以启动引起发热,甚至烧坏电动机。

3. 药物中不应夹杂硬物,以免卡塞,引起电动机发热或烧坏。粉碎前应对药物进行精选以除去夹杂的硬物。

4. 各种转动机构如轴承、伞形齿轮等必须保持良好的润滑性,以保证机件的完好与正常运转。

5. 电动机及传动机构应用防护罩罩好,以保证安全。同时也应注意防尘、清洁与干燥。

6. 使用时不能超过电动机功率的负荷,以免启动困难、停车或烧毁电动机。

7. 电源必须符合电动机的要求,使用前应注意检查。一切电气设备都应装接地线,确保安全。

8. 各种粉碎机在每次使用后,应检查机件是否完整,清洁内外各部件,添加润滑油后罩好,必要时加以整修再行使用。

9. 粉碎刺激性和毒性药物时,必须按照《药品生产质量管理规范》的要求,特别注意劳动保护,严格按照安全操作规范进行操作。

(刘雪梅　王　沛)

第四章　筛分与混合设备

药料在制药过程中,通常要经过粉碎,而粉碎后的粉末粗细不匀,为了适应要求,就必须对其进行分档,这种分档操作即为筛分。筛分后的粉末是要按一定比例与处方中其他各种成分进行混合,方才能组成某一固定的处方,提供给临床,为患者解除病痛。

筛分是借助于筛网工具将粒经大小不同的物料分离为粒径较为均匀的两部分或两部分以上的操作。制药生产过程中使用的筛分设备进行操作通常有三种情况:①在清理工序中使用,其目的是为了使药材和杂质分开。②在粉碎工序中使用,其目的是将粉碎好的颗粒或粉末按粒度大小加以分等,以供制备各种剂型的需要;药材中各部分硬度不一,粉碎的难易不同,出粉有先有后,通过筛网后可使粗细不均匀的药粉得以混匀,粗渣得到分离,以利于再次粉碎。但应注意,由于较硬部分最后出筛,较易粉碎部分先行粉碎而率先出筛,所以过筛后的粉末应适当加以搅拌,才能保证药粉的均匀度,以保证用药的效果。③在制剂筛选中使用,其目的是将半成品或成品(如颗粒剂)按外形尺寸的大小进行分类,以便于进一步加工或得到均一大小尺寸的产品。

第一节　筛 分 原 理

制药原料,辅料种类繁多,性质差异甚大,尤其是复方制剂中常常将几种乃至几十种药料混合一起粉碎,所得药粉的粗细更难以均匀一致,要获得均匀一致的药料,就必须进行各药料间彼此的分离操作,那么各种粒度的粉末是否得到较好的分离,粉末等级、影响筛分效果的因素等就成了我们要讨论的问题了。

一、分离效率

药料进行分散(离)操作时,可通过筛分机械(筛网工具)来达到该目的,例如,通过孔径为 D 的筛网将物料分成粒径大于 D 及小于 D 的两部分,理想分离情况下两部分物料中的粒径各不相混。但由于固体粒子形态不规则,表面状态、密度等各不相同;实际上粒径较大的物料中残留有小粒子,粒径较小的物料中混入有大粒子,如图 4-1 所示。

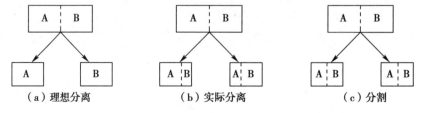

（a）理想分离　　　　　　（b）实际分离　　　　　　（c）分割

图 4-1　分离程度示意图

44

某物料过筛前的单峰型粒度分布曲线经过筛后,分为细粒度分布曲线峰面积 A 和粗粒度分布曲线 B,如图 4-2(a)所示。图中横轴为粒径,纵轴为质量。在粒径 D 及 D + ΔD 范围内 A、B 两份物料质量之和应等于分级前该粒径范围的质量。设对某一粒径范围在物料 A 中的质量为 a,在物料 B 中的质量 b,则在较粗物料 B 中该粒径的质量分数为 b/(a + b)。如仍以粒径为横轴,以各粒径在料 B 中的质量分数为纵轴作图,可得图 4-2(b)的曲线,该曲线称为部分分级效率曲线,b/(a + b)值称为部分分级效率。该曲线斜率越大,表明该分级设备的分离效果越高。理想分离情况下,该曲线为一垂直于横轴的直线。

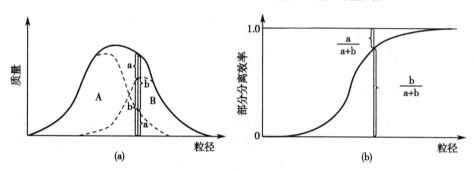

图 4-2 粒子粒径分布示意图

图 4-3 表示一筛选装置,进料量为 F,经筛选后得成品 P 及筛余料 R,并设:加料量 F(kg);成品量 P(kg);筛余料量 R(kg);加料中有用成分质量分率 x_F(%);成品中有用成分质量分率 x_P(%);筛余料中有用成分质量分率 x_R(%)。则有筛选的物料平衡示意图如图 4-3。

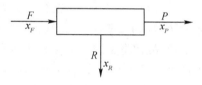

图 4-3 筛选的物料平衡示意图

由物料平衡得:

$$F = P + R \tag{4-1}$$

对物料中各料有用组分的平衡式:

$$Fx_F = Px_P + Rx_R \tag{4-2}$$

为反映筛选操作及设备的优劣,根据式(4-1)及式(4-2)的物料衡算式,得出下述定义的计算式:

$$成品率 = \frac{P}{F} = \frac{x_P - x_R}{x_F - x_R} \tag{4-3}$$

有用成分回收率 η_P:

$$\eta_P = \frac{Px_P}{Fx_F} = \frac{x_P(x_F - x_R)}{x_F(x_P - x_R)} \tag{4-4}$$

无用成分残留率 η_Q:

$$\eta_Q = \frac{P(1 - x_P)}{F(1 - x_F)} = \frac{(1 - x_P)(x_F - x_R)}{(1 - x_F)(x_P - x_R)} \tag{4-5}$$

无用成分去除率 η_R:

$$\eta_R = \frac{R(1 - x_R)}{F(1 - x_F)} = \frac{(x_F - x_P)(1 - x_R)}{(x_R - x_P)(1 - x_F)} = 1 - \eta_Q \tag{4-6}$$

设 η 为筛分设备的分离效率,它应满足下列条件:

（1）理想分离时，$\eta=1$；

（2）物料分割（$\eta_P=\eta_Q$）时，$\eta=0$；

（3）筛网堵塞（$\eta_P=1,\eta_R=0,\eta_R=0$）时，$\eta=0$；

（4）筛网破裂漏料（$\eta_P=0,\eta_R=1,\eta_R=0$）时，$\eta=0$；

（5）正常操作时，$0\leqslant\eta\leqslant1$。

表达分离效率有两种方法，即牛顿分离效率 η_N 及有效率 η_E，它们各自的定义如下：

$$\eta_N=\eta_P+\eta_R-1=\eta_P-\eta_Q \tag{4-7}$$

$$\eta_E=\eta_P\cdot\eta_R \tag{4-8}$$

理想分离时分离效率为1，物料分割情况时分离效率为0，在一般情况下分离效率应为 0~1 的数值，分离效率愈高，表明筛选设备效率愈高。

二、药筛与粉末等级

药筛是指按药典规定，全国统一用于药剂生产的筛，或称标准筛。实际生产上常用工业筛，这类筛的选用应与药筛标准相近。药筛按制作方法可分为两种。一种为冲制筛（冲眼或模压），系在金属板上冲出一定形状的筛孔而成。其筛孔坚固，孔径不易变动，多用于高速运转粉碎机的筛板及药丸的筛选。

另一种为编织筛，是用有一定机械强度的金属丝（如不锈钢丝、铜丝、铁丝等），或其他非金属丝（如人造丝、尼龙丝、绢丝、马尾丝等）编织而成。由于编织筛线易发生移位致使筛孔变形，故常将金属筛线交叉处压扁固定。根据国家标准 R40/3 系列，《中国药典》按筛孔内径规定了 9 种筛号，各国药典均有不同规定，但大致按每英寸（1 英寸 =25.4mm）筛网长度有多少孔目表示，表4-1列出我国与外国药典筛的比较。

表4-1 中国药典筛与国外常见药筛的比较

中国药典筛号	筛孔内径（μm）		约相当于外国药典、标准筛号				相当于工业筛目
	2005 年版	2010 年版	日本 2010	美国 2010	英国 2010	WHO2005	
一号	2000±25	2000±70	9	10	8	8	10
二号	800±15	850±29	20	20			23~24
三号	355±10	355±13			44	44	50
四号	250±10	250±9.9	60	60	60	60	65
五号	180±10	180±7.6			85	85	80
六号	154±10	154±6.6	100	100	100	100	100
七号	125±6	125±5.8		120	120		120
八号	100±6	90±4.6			170	170	150
九号	71±4	75±4.1	200	200	200	200	200

在制药工业中，长期以来习惯用目数表示筛号和粉体粒度，例如每英寸（25.4mm）有 100 个孔的筛称为 100 目筛，能够通过此筛的粉末称为 100 目粉。如果筛网的材质不同，或直径不同，目数虽同，筛孔内必将引起差异。我国工业用筛大部分按五金公司铜丝箩底规格制定。

由于药物使用的要求不同,各种制剂常需有不同的粉碎度,所以要控制粉末粗细的标准。粉末的等级是按通过相应规格的药筛而定的。《中国药典》规定了6种粉末的规格,如表4-2所示。粉末的分等是基于粉体粒度分布筛选的区段。例如通过一号筛的粉末,不完全是近于2mm粒径的粉末,包括所有能通过二至九号筛甚至更细的粉粒在内。又如含纤维素多的粉末,有的微粒呈棒状,短径小于筛孔,而长径则超过筛孔,过筛时也能直立通过筛网。对于细粉是指能全部通过五号筛,并含能通过六号筛不少于95%的粉末,这在丸剂、片剂等不经提取加工的原生物粉末为剂型组分时,药典均要求用细粉,因此这类半成品的规格必须符合细粉的规定标准。

表4-2 粉末的分等标准

等级	分等标准
最粗粉	指能全部通过一号筛,但混有能通过三号筛不超过20%的粉末
粗粉	指能全部通过二号筛,但混有能通过四号筛不超过40%的粉末
中粉	指能全部通过四号筛,但混有能通过五号筛不超过60%的粉末
细粉	指能全部通过五号筛,但混有能通过六号筛不超过95%的粉末
最细粉	指能全部通过六号筛,但混有能通过七号筛不超过95%的粉末
极细粉	指能全部通过八号筛,但混有能通过九号筛不超过95%的粉末

三、筛分效果的影响因素

影响筛分效果的因素除了粉体的性质外,还与粉体微粒松散、流动性、含水分高低或含油脂多少等有关,同时还与筛分的设备有关。

1. 振动与筛网运动速度 粉体在存放过程中,由于表面能趋于降低,易形成粉块,因此过筛时需要不断地振动,才能提高效率。振动时微粒有滑动、滚动和跳动,其中跳动属于纵向运动最为有利。粉末在筛网上的运动速度不宜太快,也不宜太慢,否则也影响过筛效率。过筛也能使多组分的药粉起混合作用。

2. 载荷 粉体在筛网上的量应适宜,量太多或层太厚不利于接触界面的更新,量太小不利于充分发挥过筛效率。

3. 其他 微粒形状,表面粗糙,摩擦产生静电,引起堵塞等。

通常筛选设备所用筛网规格应按物料粒径选取。设 D 为粒径,L 为方形筛孔尺寸(边长)。一般,$D/L < 0.75$ 的粒子容易通过筛网,$0.75 < D/L < 1$ 的粒子难以通过筛网,$1 < D/L < 1.5$ 的粒子很难通过筛网并易堵网,故对 $0.75 < D/L < 1.5$ 的粒子称为障碍粒子。

第二节 筛 分 设 备

过筛设备的种类很多,可以根据对粉末细度的要求、粉末的性质和量来适当选用。通常是将不锈钢丝、铜丝、尼龙丝等编织的筛网,固定在圆形或长方形的金属圈或竹圈上。按照筛号大小依次叠成套(亦称套筛)。最粗号在顶上,其上面加盖,最细号在底下,套在接受器上,应用时可取所需要号数的药筛套在接受器上,上面用盖子盖好,用手摇动过筛。此法多用于小量生产,也适于筛剧毒性、刺激性或质轻的药粉,避免细粉飞扬。大批量的生产则需采用机械筛具来完成筛分作业。

一、振动平筛

振动平筛的基本结构如图 4-4 所示。它是利用偏心轮对连杆所产生的往复运动而筛选粉末的机械装置。分散板是使粉末分散均匀,使药粉在网上停留时间可控制的装置。振动平筛工作除有往复振动外,还具上下振动,提高了筛选效率。而且使粗粉最后到分散板右侧,并从粗粉口出来,以便继续粉碎后过筛或对粉末进行分级。振动平筛由于粉末在平筛上滑动,所以适合于筛选无黏性的植物或化学药物。由于振动平筛其机械系统密封好,故对剧毒药、贵重药、刺激性药物或易风化潮解的药物较为适宜。

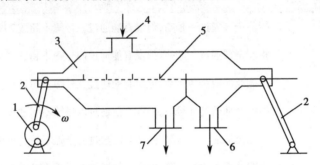

图 4-4　振动平筛工作示意图
1- 偏心轮;2- 摇杆;3- 平筛箱壳;4- 进料口;5- 分散板筛网;
6- 粗粉出料口;7- 细粉出料口

二、圆形振动筛粉机

圆形振动筛粉机如图 4-5 所示。其原理是利用在旋转轴上配置不平衡重锤或配置有棱角形状的凸轮使筛产生振动。电机的上轴及下轴各装有不平衡重锤,上轴穿过筛网并与其相连,筛框以弹簧支承于底座上,上部重锤使筛网发生水平圆周运动,下部重锤使筛网发生垂直方向运动,故筛网的振动方向具有三维性质。物料加在筛网中心部位,筛网上的粗料由排出口排出,筛分出的细料由下部出口排出。筛网直径一般为 0.4 ~ 1.5m,每台可由 1 ~ 3 层筛网组成。

三、悬挂式偏重筛粉机

悬挂式偏重筛粉机如图 4-6 所示。筛粉机悬挂于弓形铁架上,系利用偏重轮转动时不平衡惯性而产生振动。操作时开动电动机,带动主轴,偏重轮即产生高速的旋转,由于偏重轮一侧有偏重铁,使两侧重量不平衡而产生振动,故通过筛网的粉末很快落入接受器中。为防止筛孔堵塞,筛内装有毛刷,随时刷过筛网。偏重轮外有防护罩保护。为防止粉末飞扬,除加料口外可将机器全部用布罩盖。当不能通过的粗粉积多时,需停止工作,将粗粉取出,再开动机器添加药粉,因此是间歇性的操作。此种筛结构简单,造价低,占地小,效率较高。适用于矿物药、化学药品和无显著黏性的药料。

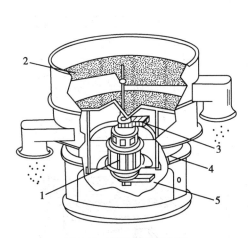

图 4-5　圆形振动筛粉机

1-电机；2-筛网；3-上部重锤；
4-弹簧；5-下部重锤

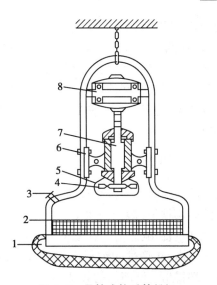

图 4-6　悬挂式偏重筛粉机

1-接受器；2-筛子；3-加粉口；
4-偏重轮；5-保护罩；6-轴座；
7-主轴；8-电动机

四、电磁簸动筛粉机

电磁簸动筛粉机是由电磁铁、筛网架、弹簧接触器组成，利用较高的频率(200 次/秒以上)与较小的幅度(振动幅度 3mm 以内)造成簸动。由于振动幅小，频率高，药粉在筛网上跳动，故能使粉粒散离，易于通过筛网，加强其过筛效率。此筛的原理是在筛网的一边装有电磁铁，另一边装有弹簧，当弹簧将筛拉紧时，接触器相互接触而通电，使电磁铁产生磁性而吸引衔铁，筛网向磁铁方向移动；此时接触器被拉脱而断了电流，电磁铁失去磁性，筛网又重新被弹簧拉回，接触器重新接触而引起第二次电磁吸引，如此连续不停而发生簸动作用。簸动筛具有较强的振荡性能，过筛效率较振动筛为高，能适应黏性较强的药粉如含油或树脂的药粉。

五、电磁振动筛粉机

电磁振动筛粉机如图 4-7 所示，该机的原理与电磁簸动筛粉机基本相同，其结构是筛的边框上支承着电磁振动装置，磁芯下端与筛网相连，操作时，由于磁芯的运动，故使筛网垂直方向运动。一般振动频率约为 3000～3600 次/分，振幅约 0.5～1.0mm。由于筛网系垂直方向运动，故筛网不易堵塞。

六、旋动筛

旋动筛结构如图 4-8 所示，筛框一般为长方形或正方形，由偏心轴带动在水平面内绕轴心沿圆形轨迹旋

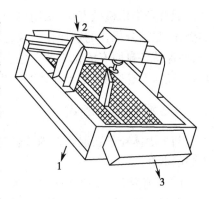

图 4-7　电磁振动筛粉机

1-细料出口；2-加料口；3-粗料出口

动,回转速度为 150~260r/min,回转半径为 32~60mm。筛网具有一定的倾斜度,故当筛旋转时,筛网本身可产生高频振动。为防止堵网,在筛网底部网格内置有若干小球,利用小球撞击筛网底部亦可引起筛网的振动。旋动筛可连续操作,属连续操作设备。粗、细筛组分可分别自排出口排出。

七、滚筒筛

滚筒筛的筛网覆在圆筒形、圆锥形或六角柱形的滚筒筛框上,滚筒与水平面一般有 2°~9° 的倾斜角,由电机经减速器等带动使其转动。物料由上端加入筒内,被筛过的细料由底部收集,粗料由筛的另一端排出。滚筒筛的转速不宜过高,以防物料随筛一起旋转,转速为临界转速的 1/3~1/2,一般为 15~20r/min。

八、摇动筛

摇动筛如图 4-9 所示,其主要结构有筛、摇杆、连杆、偏心轮等,长方形筛水平或稍有倾斜地放置。操作时,利用偏心轮及连杆使其发生往复运动。筛框支承于摇杆或以绳索悬吊于框架上。物料加于筛网较高的一端,借筛的往复运动使物料向较低的一端运动,细料通过筛网落于网下,粗料则在网的另一端排出。摇动筛的摇动幅度为 5~225mm,摇动次数为 50~400 次/分。摇动筛所需功率较小,但维护费用较高,生产能力低,适宜小规模生产。

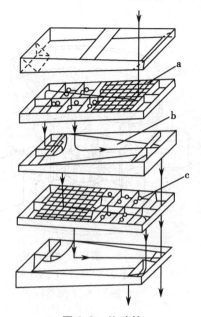

图 4-8　旋动筛
a- 筛内格栅;b- 筛内圆形轨迹旋面;
c- 筛网内小球

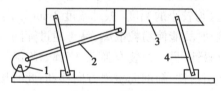

图 4-9　摇动筛
1- 偏心轮;2- 摇杆;3- 筛;4- 连杆

第三节　混合过程

混合是指用机械方法,采用机械设备使两种或两种以上物料相互分散而达到均匀状态的操作,是筛分操作的逆操作。混合操作的前提是参与混合的物料相互间不能发生化学反应,并保持各自原有的化学性质,这样才满足我们这里介绍的混合设备。混合是制备丸剂、片剂、胶囊剂、散剂等多种固体制剂生产中重要的单元操作。

一、混合运动形式

药料固体粒子在混合器内混合时,会发生对流、剪切、扩散三种不同运动形式,形成三种不同的混合。

1. 对流混合　待混物料中的粒子在混合设备内翻转,或靠混合机内搅拌器的作用进行着粒子群的较大位置移动,使粒子从一处转移到另一处,经过多次转移物料在对流作用下而达到混合。对流混合的效果取决于所用混合机的种类。

2. **剪切混合** 待混物料中的粒子在运动中产生一些类似于滑动平面的断层,被混粒子在不同成分的界面间发生剪切作用,剪切力作用于粒子断层交界面,使待混粒子得以混合,同时该剪切力伴随有粉碎的作用。

3. **扩散混合** 待混物料中的粒子在紊乱运动中导致相邻粒子间相互交换位置,产生了局部混合作用。当粒子的形状、充填状态或流动速度不同时,即可发生扩散混合。

一般地,上述三种混合机制在实际混合操作中是同时发生的,但所表现的程度随混合机的类型而异。回转类型的混合机以对流混合为主,搅拌类型的混合机以强制对流混合和剪切混合为主。

二、混合程度

混合程度是衡量物料中粒子混合均一程度的指标。经粉碎和筛分后的粒子由于受其形状、粒径、密度等不均匀的影响,各组分粒子在混合的同时伴随着分离,因此不能达到完全均匀的混合,只能是总体上较均匀。考察混合程度常用统计学的方法,统计得出混合限度作为混合状态,并以此作为基准标示实际的混合程度。

1. **标准偏差和方差** 混合的程度可用标准偏差 σ 和方差 σ^2 表示。标准偏差 σ 和方差 σ^2 的表示式为

$$\sigma = \left[\frac{1}{n-1} \sum_{i=1}^{n} (X_i - \overline{X})^2 \right]^{\frac{1}{2}} \tag{4-9}$$

$$\sigma^2 = \frac{1}{n-1} \sum_{i=1}^{n} (X_i - \overline{X})^2 \tag{4-10}$$

式中,n 为抽样次数;X_i 为某一组分在第 i 次抽样中的分率(重量或个数);$\overline{X}$ 为样品中某一组分的平均分率(重量或个数)。

以某一组分的平均分率 $\overline{x} = \frac{1}{n} \sum_{i=1}^{n} (X_i$ 作为该组分的理论分率$)$,由式(4-9)或式(4-10)得出的 σ 或 σ^2 的值愈小,愈接近于平均值,混合得愈均匀;当 σ 或 σ^2 为 0 时,视为完全混合。

2. **混合程度(M)** 由于标准偏差 σ 和方差 σ^2 受取样次数及组分分率的影响,用来表示最终混合状态尚有一定的缺陷,为此定义混合程度在两种组分完全分离状态时 $M=0$;在两种组分完全均匀混合时 $M=1$。据此卡迈斯提出混合程度 M_t 定义:

$$M_t = \frac{\sigma_0^2 - \sigma_t^2}{\sigma_0^2 - \sigma_\infty^2} \tag{4-11}$$

式中,M_t 为混合时间 t 时的混合程度;σ_0^2 为两组分完全分离状态下的方差,即:$\sigma_0^2 = \overline{X}(1-\overline{X})$;$\sigma_t^2$ 为混合时间为 t 时的方差,即:$\sigma_t^2 = \sum_{i=1}^{n} \frac{X_i - \overline{X}}{N}$,$N$ 为样本数;σ_∞^2 为两组分完全均匀混合状态下的方差,即 $\sigma_\infty^2 = \frac{\overline{X}(1-\overline{X})}{n_g}$;$n_g$ 为每一份样品中固体粒子的总数。

完全分离状态时:$M_0 = \lim_{t \to 0} \frac{\sigma_0^2 - \sigma_t^2}{\sigma_0^2 - \sigma_\infty^2} = \frac{\sigma_0^2 - \sigma_0^2}{\sigma_0^2 - \sigma_\infty^2} = 0$

完全均匀混合时:$M_\infty = \lim_{t \to \infty} \frac{\sigma_0^2 - \sigma_t^2}{\sigma_0^2 - \sigma_\infty^2} = \frac{\sigma_0^2 - \sigma_\infty^2}{\sigma_0^2 - \sigma_\infty^2} = 1$

一般状态下,混合度 M 介于 0~1 之间。

三、影响混合效果的主要因素

混合效果受到很多因素的影响,诸如设备的转速、填料的方式、充填量的多少、被混合物料的粒径、物料的黏度等。

1. 设备的转速对混合效果的影响　现以圆筒形混合器为例说明设备的转速是怎么影响混合效果的。当圆筒形混合器处在回转速度很低时,粒子在粒子层的表面向下滑动,因粒子物理性质不同,引起粒子滑动速度有差异,会造成明显的分离现象;如提高转速到最适宜转速,粒子随转筒升得更高,然后循抛物线的轨迹下落,相互碰撞、粉碎、混合,此种情况混合最好;转速过大,粒子受离心力作用一起随转筒旋转,没有混合作用。以上情况如图 4-10 所示。

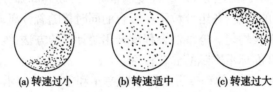

(a) 转速过小　　**(b) 转速适中**　　**(c) 转速过大**

图 4-10　圆筒型混合器内粒子运动示意图

转速(a)＜(b)＜(c)

图 4-11 表示在两种不同体积的 V 形混合机中混合无水碳酸钠和聚氯乙烯时,无水碳酸钠的标准差与转速的关系曲线。由图中可知,回转速度较低时,标准差随转速增加而减小,有一最小值,过了最小值之后随着转速增加而加大。很显然物料混合时有一最适宜转速。另外还可知,体积较大的混合机最适宜转速较低。

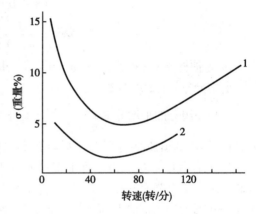

图 4-11　混合机的转速与标准差之关系

1-0.25L 混合机;2-2L 混合机

2. 装料方式对混合效果的影响　混合设备的装料方式通常有三种:第一种是分层加料,两种粒子上下对流混合;第二种是左右加料,两种粒子横向扩散混合;第三种是两种粒子开始以对流混合为主,然后转变为以扩散混合为主。如图 4-12 所示。图中曲线是表示在 7.5LV 形混合机中三种不同装料方式的方差 σ^2 与混合机转数的关系。由图可见,分层加料方式优于其他的加料方式。

3. 充填量的对混合效果的影响　图 4-13 表示充填量与 σ 的关系。充填量是用单位体积中的重量表示的。充填量在 10% 左右,即相当于体积百分数 30% ,σ 最小。同时也表示体积较大的混合机的 σ 较小。

4. 粒径对混合效果的影响　图 4-14 表示粒径相同与粒径不相同的粒子混合时混合程度与转数的关系。由图可知,粒径相同的两种粒子混合时混合程度随混合机的转数增大到一定程度后,趋于一定值。相反,粒子不相同的物料由于粒子间的分离作用,故混合程度较低。

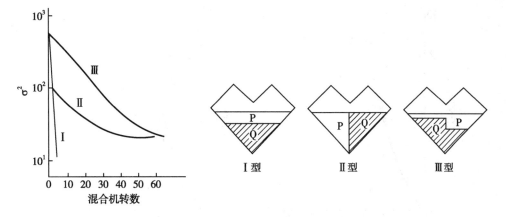

图4-12　充填量与 σ^2 的关系

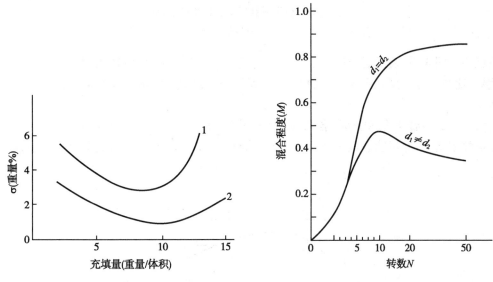

图4-13　充填量与 σ 的关系图　　　　图4-14　粒径对混合程度的影响
1-0.25L 混合机;2-2L 混合机

5. 粒子形状对混合效果的影响　待混物料中存在各种不同形状的粒子,如粒径相同混合时所达到的最终混合程度大致相同,最后达到同一混合状态。如图 4-15(a)所示。如形状不同,粒径也不相同的粒子混合时所达到的最终混合状态不同。圆柱状粒子所达到的最大混合程度为最高。而球形粒子最低。如图 4-15(b)所示。为什么球形粒子混合程度为最低呢?因为小球形粒子容易在大球形粒子的间隙通过,正如球形粒子在过筛时最容易通过筛网一样,所以在混合时不同粒径的球形粒子分离程度最高,表现出混合程度最低。

6. 粒子密度对混合效果的影响　粒径相同,但其密度却不一定相同,由于流动速度的差异造成混合时的分离作用,使混合效果下降。若粒径不同,密度也不同的粒子相混合时,情况变得更复杂一些。因为粒径间的差异会造成类似筛分机制的分离,密度间的差异会造成粒子间以流动速度为主的分离。这两种因素互相制约。

7. 混合比对混合效果的影响　两种以上成分粒子混合物的混合比改变会影响粒子的

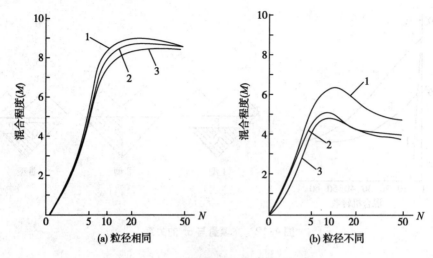

图4-15　粒子形状对混合程度的影响

1-圆柱形;2-粒状;3-球形

充填状态。图4-16表示混合比与混合程度的关系。由图中可见,粒径相同的两种粒子混合时,混合比与混合程度几乎无关。曲线2、3说明粒径相差愈大,混合比对混合程度的影响愈显著。

大粒子的混合比为30%时,各曲线的混合程度M处于极大值。这是因为30%左右,粒子间空隙率最小,充填状态最为密实,粒子不易移动,可抑制分离作用,故混合程度最佳。

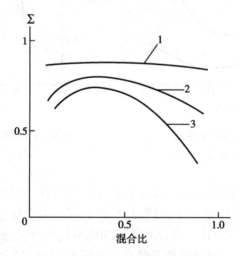

图4-16　混合比与混合程度的关系

粒径比:曲线1(1:1)　曲线2(1:0.85)　曲线3(1:0.67)

第四节　混 合 设 备

混合机械种类很多,通常按混合容器转动与否大体可分成不能转动的固定型混合机和可以转动的回转型混合机两类。

一、固定型混合机

1. 槽形混合机　如图 4-17 所示,其槽形容器内部有螺旋形搅拌桨(有单桨、双桨之分),可将药物由外向中心集结,又将中心药物推向两端,以达到均匀混合。槽可绕水平轴转动,以便自槽内卸出药料。混合时间一般均可自动控制,槽内装料约占槽容积的 60%。

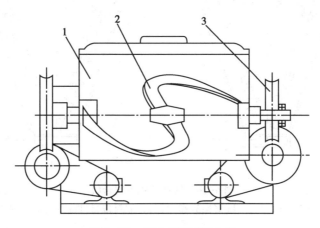

图 4-17　单桨式槽形混合机
1-混合槽;2-搅拌桨;3-蜗轮减速器

槽形混合机搅拌效率较低,混合时间较长。另外,搅拌轴两端的密封件容易漏粉,影响产品质量和成品率。搅拌时粉尘外溢,既污染了环境又对人体健康不利。但由于它价格低廉,操作简便,易于维修,对一般产品均匀度要求不高的药物,仍得到广泛应用。

2. 双螺旋锥形混合机　如图 4-18(a)所示,它主要由锥形筒体、螺旋杆、转臂和传动部件等组成。螺旋推进器的轴线与容器锥体的素线平行,其在容器内既有自转又有公转。被混合的固体粒子在螺旋推进器的自转作用下,自底部上升,又在公转的作用下,在全容器内产生循环运动,短时间内即可混合均匀,一般 2~8 分钟可以达到最大混合程度。

双螺旋锥形混合机具有动力消耗小、混合效率高(比卧式搅拌机效率提高 3~5 倍)、容积比高(可达 60%~70%)等优点,对密度相差悬殊、混配比较大的物料混合尤为适宜。该设备无粉尘,易于清理。

为防止双螺旋锥形混合机混合某些物料时产生分离作用,还可以采用非对称双螺旋锥形混合机〔见图 4-18(b)〕。

3. 圆盘形混合机　如图 4-19 所示为一回转圆盘形混合机。被混合的物料由加料口 1 和 2 分别加到高速旋转的环形圆盘 4 和下部圆盘 6 上,由于惯性离心作用,粒子被散开。在散开的过程中粒子间相互混合,混合后的物料受山料挡板 8 阻挡,由出料口 7 排出。回转盘的转速为 1500~5400 转/分,处理量随圆盘的大小而定。此种混合机处理量较大,可连续操作,混合时间短,混合程度与加料是否均匀有关。物料的混合比可通过加料器进行调节。

二、回转型混合机

1. V 形混合机　如图 4-20 所示为一 V 形混合机,它是由两个圆筒 V 形交叉结合而成。两个圆筒一长一短,圆口经盖封闭。圆筒的直径与长度之比一般为 0.8 左右,两圆筒的交角为 80° 左右,减小交角可提高混合程度。设备旋转时,可将筒内药物反复地分离与汇合,以

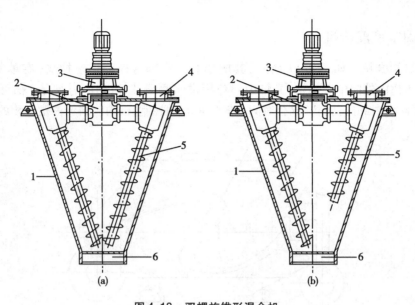

图4-18   双螺旋锥形混合机

1-锥形筒体;2-传动部件;3-减速器;4-加料口;5-螺旋杆;6-出料口

达到混合。其最适宜转速为临界转速的30%~40%,最适宜容量比为30%,可在较短时间内混合均匀,是回转型混合机中混合效果较好的一种设备。

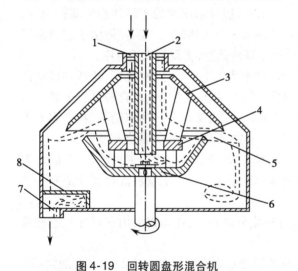

图4-19   回转圆盘形混合机

1,2-加料口;3-上锥形板;4-环形圆盘;
5-混合区;6-下部圆盘;7-出料口;
8-出料挡板

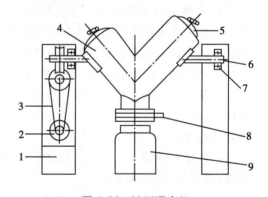

图4-20   V形混合机

1-机座;2-电动机;3-传动皮带;4-容器;
5-盖;6-旋转轴;7-轴承;8-出料口;
9-盛料器

2. 二维运动混合机   如图4-21所示为一二维运动混合机,它在运转时混合筒既转动又摆动,同时筒内带有螺旋叶片,使筒中物料得以充分混合。该机具有混合迅速、混合量大、出料便捷等特点,尤其适用于大批量,每批可混合250~2500kg的固体物料。该机属于间歇式混合操作设备。

3. 三维运动混合机   图4-22所示为三维运动混合机,它是由机座、传动系统、电器控

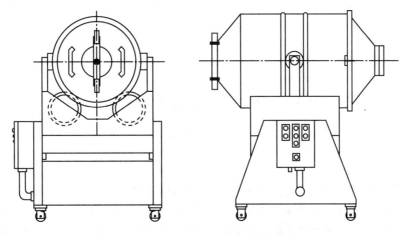

图4-21 二维运动混合机示意图

制系统、多向运行机构、混合筒等部件组成。其混合容器为两端锥形的圆筒,筒身被两个带有万向节的轴连接,其中一个为主动轴,另一个为从动轴,当主动轴转动时带动混合容器运动。该机利用三维摆动、平移转动和摇滚原理,产生强力的交替脉动,并且混合时产生的涡流具有变化的能量梯度,使物料在混合过程中加速流动和扩散,同时避免了一般混合机因离心力作用所产生的物料偏析和积聚现象,可以对不同密度和不同粒度的几种物料进行同时混合。三维运动混合机的均匀度可达99.9%以上,最佳填充率在60%左右,最大填充率可达80%,高于一般混合机,混合时间短,混合时无升温现象。该机亦属于间歇式混合操作设备。

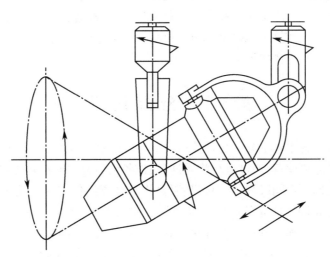

图4-22 三维运动混合机示意图

(刘永忠)

第五章 分离过程与设备

药品品种繁多,生产方法各异,但都要经过原料的预处理、化学反应、加工精制等过程。由于存在于自然界的原材料几乎都是混合物,在参与化学反应前就需要进行原料的预处理,将原料中与反应无关或者对反应有害的组分分离出去,使反应顺利地进行;同样反应过程中的中间产物和反应的粗产品也需要进行分离,以保证产品的纯度。从原料到产品的生产过程中都必须有分离纯化技术作保证,天然活性成分、药物等的分离、提取、精制是制药工业的重要组成部分。

药品生产所用到的原料的多样化,在生产中产生的混合物种类多种多样,其性质千差万别,分离的要求各不相同,这就需要采用不同的分离方法,有时还需要综合利用几种分离方法才能更经济、更有效地达到预期的分离要求。没有一种方法能圆满地独立完成复杂体系的分离,必须采用多种分离方法,并对提供的各种数据、信息进行综合分析。不同含量、不同性质的组分,要求不同的分离方法和分离过程。因此,对于从事医药产品生产和科技开发的工程技术人员来说,需要了解更多的分离方法,以便对于不同的混合物、不同的分离要求,考虑采用适当的分离方法。除了对一些常规的分离技术,如蒸馏、吸收、萃取、结晶等过程的不断地改进和发展,同时更需要各具特色的新分离技术的发展,如膜分离技术、超临界流体萃取技术、分子蒸馏技术、色谱技术等。

第一节 分 离 过 程

分离是利用混合物中各组分的物理性质、化学性质或生物学性质的某一项或几项差异,通过适当的装置或分离设备,通过进行物质迁移,使各组分分配至不同的空间区域或在不同的时间依次分配至同一空间区域,从而将某混合物系分离纯化成两个或多个组成彼此不同的产物的过程。分离科学是研究分离、富集和纯化物质的一门学科。从本质上讲,它是研究被分离组分在空间移动和再分布的宏观和微观变化规律的一门学科。分离过程中伴随着分离与混合(或定向移动与扩散)、浓集与稀释及某些情况下分子构象的变化及其自然形态以及可逆或不可逆的过程。

一、分离过程概念

两种或多种物质的混合是一个自发过程,来自于自然界的原料绝大部分是混合物,这些混合物有的可以直接利用,但大部分要经过分离提纯后才能被人们所利用。而要将混合物分开,必须采用适当的分离技术并消耗一定的能量,分离过程一般是熵减小的过程,需要外界对体系做功。这些过程涉及添加物质和引进能量。

原料(混合物)、产物、分离剂、分离装置组成了分离纯化系统。一般分离纯化过程可以用图 5-1 表示。

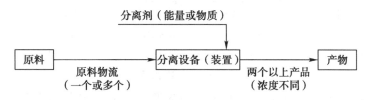

图 5-1　分离纯化过程示意图

原料(混合物)：即为待分离的混合物,可以是单相或多相体系,其中至少含有两个组分。物流可以是一个或多个。

产物：分离纯化后的产物可以是一种或多种,彼此不同。

分离剂：加入到分离器中的使分离得以实现的能量或物质,也可以是两者并用,如蒸汽、冷却水、吸收剂、萃取剂、机械功、电能等。如蒸发过程,原料是液体,分离剂是热能。

分离设备(装置)：使分离过程得以实施的必要的物质设备,可以是某个特定的装置,也可以指原料到产物的整个流程。

在分离纯化时,常利用物质的物化和生物学性质将其进行分离纯化,见表 5-1。

表 5-1　原料可用于分离的性质

性质		参数
物理性质	力学性质	表面张力、密度、摩擦力、尺寸、质量
	热力学性质	熔点、沸点、临界点、分配系数、吸附平衡、转变点、溶解度、蒸汽压
	电磁性质	电荷、介电常数、电导率、迁移率、磁化率
	输送性质	扩散系数、分子飞行速度
化学性质	热力学性质	反应平衡常数、化学吸附平衡常数、解离常数、电力电位
	反应速度性质	反应速度常数
生物学性质		生物学亲和力、生物学吸附平衡、生物学反应速率常数

二、分离方法分类

分离方法主要根据原料(混合物)性质、分离过程原理、分离过程采用装置、分离过程中传质等不同进行分类。在实际分离过程中,往往是几种分离方法的结合,从而出现分离方法的分类难以确定这样一个问题。

(一)按照分离过程原理分类

按照分离过程的原理分类,分为机械分离和传质分离两大类。

1. 机械分离　在分离过程中,利用机械力,在分离装置中简单地将混合物互相分离的过程称为机械分离,分离对象为两相混合物,分离时相间无物质传递。其目的只是简单地将各相加以分离,如过滤、沉降、离心分离、旋风分离、中药材的风选、清洗除尘等。表 5-2 列出了几种机械分离过程。

表5-2　机械分离示例

名称	原料	分离剂	产物	分离原理	实例
过滤	液＋固	压力	液＋固	粒径＞过滤介质孔径	浆状颗粒回收,如中药材提取后过滤除渣
筛分	固＋固	重力	固	粒径＞过滤介质孔径	中药材的筛分
沉降	液＋固	重力	液＋固	密度差	浑浊液澄清;不溶性产品回收
离心分离	液＋固	离心力	液＋固	密度差	结晶物分离;从发酵液中分离大肠杆菌
旋风分离	气＋固(液)	惯性力	气＋固(液)	密度差	喷雾干燥产品气固分离
电除尘	气＋固	电场力	气＋固	微粒的带电性	合成氨原料气除尘

2. 传质分离　传质分离的原料可以是均相体系,也可以是非均相体系,多数情况下为均相,第二相是由于分离剂的加入而产生的。其特点是在相间发生质量传递现象,如在萃取过程中,第二相即是加入的萃取剂。传质分离又可分为两大类,即平衡分离过程和速率分离过程。

(1)平衡分离过程:是一种借助外加能量(如热能)或分离剂(如溶剂或吸附剂),使均相混合物系统变成两相系统,形成新的界面,利用互不相容的两相界面上的平衡关系使均相混合物得以分离的方法,如蒸馏、精馏、萃取结晶、浸取、吸附、离子交换等。工业上常用的平衡分离过程见表5-3。

表5-3　平衡分离过程示例

名称	原料	分离剂	产物	分离原理	实例
蒸发	液	热能	液＋气	蒸汽压	稀溶液浓缩;中药提取液浓缩成浸膏
闪蒸	液	热能或减压	液＋气	挥发性	物料干燥;海水脱盐
蒸馏	液	热能	液＋气	蒸汽压	液体药物成分分离
吸收	气	非挥发性液体	液＋气	溶解度	从天然气中除去 CO_2 和 H_2S
萃取	液	不互溶液体	液＋液	溶解度	芳烃抽提;发酵液中萃取抗生素
结晶	液	冷或热	液＋固	溶解度	盐结晶的析出
吸附	气或液	固体吸附剂	固＋液或气	吸附平衡	从中药提取液中吸附分离有效成分
离子交换	液	固体树脂	液＋固体树脂	吸附平衡	从发酵液中分离氨基酸;纯净水的制备
干燥/冻干	含湿固体	热能	固＋蒸汽	蒸汽压	冻干粉针剂的制备
浸取	固	液	固＋液	溶解度	从植物中提取有效成分
凝胶	液	固体凝胶	液＋固体凝胶	分子大小	不同分子量多糖分子的分离;蛋白质分离

（2）速率分离过程：在某种推动力（浓度差、压力差、温度差、电位差等）的作用下，依据各组分扩散速率的差异实现组分的分离，如微滤、超滤、反渗透、渗析和电渗析等。表5-4列出了几种速率分离过程。

表5-4　速率分离过程示例

名称	原料	分离剂	产物	分离原理	实例
电渗析	液	电场,离子交换膜	气	电位差,膜孔差异	纯净水制备
电泳	液	电场	液	电位差	蛋白质分离
反渗析	液	压力和膜	液	渗透压	海水脱盐
色谱分离	气或液	固相载体	气或液	吸附浓度差	难分体系分离
超滤	液(含高分子物质)	压力和膜	液	压力差,分子大小	药液除菌,除热原

（二）按照分离方法的性质分类

按分离方法的性质,可以分为物理分离法和化学分离法和其他方法。

1. 物理分离法　物理分离法是指以被分离组分所具有的物理性质不同为依据,采用适宜的物理手段进行将组分分离的方法。常用的有离心分离法、气体扩散法、电磁分离法等。

2. 化学分离法　化学分离法是以被分离组分在化学性质上的差异,通过化学过程使组分得到分离的方法。包括沉淀法、溶剂萃取法、色谱法、离子交换法、泡沫浮选法、电化学分离法、溶解法等。

3. 其他分离方法　其他分离方法是基于被分离组分的物理化学性质,如熔点、沸点、电荷和迁移率等,包括蒸馏与挥发、电泳和膜分离法等。习惯上这些分离方法也常归属于化学分离法。

（三）按照分离过程相的类型分类

几乎所有的分离技术都是以组分在两相之间的分布为基础的,因此状态（相）的变化常常用来表达分离的目的。例如,沉淀分离就是利用被分离组分从液相进入固相而进行分离的方法;溶剂萃取是利用组分在两个不相混溶的液相之间的转移来达到分离的目的。所以绝大多数分离方法都涉及第二相,而第二相可以是在分离过程中形成的,也可以是外加的。如沉淀、结晶、蒸发、包合物等,是在分离过程中欲被分离组分自身形成第二相;而另外一些分离方法,如溶剂萃取、电泳、色谱法、电渗析等,第二相是在分离过程中人为地加入的。因此可按分离过程中初始相与第二相的状态进行分类,如表5-5所示。

表5-5　按分离过程相的类型分类

初始相	第二相		
	气态	液态	固态
气态	热扩散	气-液色谱	气-固色谱
液态	蒸馏	溶剂萃取	液-固色谱
	挥发	液-液色谱	沉淀
		渗析	电解沉淀
		超滤	结晶
			包结化合物
固态	升华	选择性溶解	

三、分离过程的特性

在制药企业中,分离过程的装备和能量消耗占主要地位,分离技术及分离过程直接影响着药品的成本,制约着药品制药工业化的进程。一种纯物质或药品的生产成本,其很大部分用于分离过程。

1. 多样性 混合物的品种、种类很多,性质各异,因此,分离方法也多种多样。各种分离方法各有优缺点或适应范围。如三废的组成、性质、形态、特性多种多样,相应地应采用不同的处理方法,即有许多分离过程。

2. 普遍性 在绝大部分的生产过程或处理过程中存在着分离过程,如药品制剂过程中从原料的预处理、提取、纯化、浓缩、干燥,以及生物制品的提取、三废处理等。

3. 重要性 对于产品或整个处理过程,分离技术不但影响其质量,而且影响到其成本。例如,在化学药品生产中,分离过程的投资占总投资的50%～90%,生物药品分离纯化的费用占整个生产的80%～90%。可见药物分离过程直接影响了药品的成本,是制约药品工业化进程的主要因素。因此分离过程应该引起我们足够的重视。

四、分离的功能

分离过程的功能主要体现在以下几个方面:①提取,原料药经过提取后成为液体混合物;②澄清,即对连续相为液体的混合物进行分离;③增浓,对分散相而言的,分散相可以是固体也可以是液体;④脱水或脱液,可以是固液混合物,也可以是液液混合物的分离;⑤洗涤,是对固体分散相而言的;⑥净化或精制,将气体、液体或固体中杂质的含量降到允许的程度;⑦分级,对固体物料按粒度均相分离;⑧干燥,固液混合物或液液混合物的进一步分离、纯化。

增浓、脱水和干燥是根据物料中残留液量的多少来分的,这些过程中产物的残留液量依次减少。

五、分离的应用

分离过程的应用主要包括以下几个方面:①产品的提取、浓缩,如中药中提取其有效成分,生物下游产品的精制,淀粉、蔗糖等的生产,从植物中提取营养成分、芳香性物质、色素或其他有用成分,医药,发酵,选矿,冶炼,海水淡化等;②提高产品纯度,如从药物、食物中除去有毒或有害成分、蔗糖精制、淀粉洗涤精制、牛奶净化(除去固体杂质等)等;③有用物质回收,如从反应终产物中回收未转化的反应物、催化剂等以便循环使用,降低生产成本;从淀粉废水或淀粉气溶胶中回收淀粉等;④延长产品保藏寿命,如食品的脱水干燥;⑤减少产品重量或体积,便于贮运,如增浓、脱水和干燥等;⑥提高机器或设备的性能,如压缩机进气脱水、气流磨进气脱油等;⑦三废(废水、废气、废渣)处理。

第二节 过 滤 设 备

过滤是非均相混合物常用的分离方法,传统的化工单元操作。应用非常广泛,从日常生活、资源、能源的开发利用,到环境保护,防止公害等方面都离不开过滤分离技术。过滤是在推动力作用下,使物料通过多孔过滤介质,而固体颗粒则被截留在介质上,实现液固分离的过程。

一、过滤的基本原理

过滤过程是混合物通过过滤介质达到液固分离,由于分离物料的多样性,存在着多种多样的过滤方法和设备。为了防止过滤介质的堵塞,加快过滤,加入助滤剂,同时处理量、过滤面积、推动力等都是影响过滤的因素。

(一)过滤过程

过滤过程的物理实质是流体通过多孔介质和颗粒床层的流动过程。具有微细孔道的过滤介质是过滤过程所用的基本构件。

将要分离的含有固体颗粒的混合物置于过滤介质一侧,在推动力(如重力、压力差或离心力等)作用下,流体通过过滤介质的孔道流到介质的另一侧,而流体中的颗粒被介质截留,从而实现流体与颗粒的分离。

工业上过滤应用非常广泛,既可用于连续相为液体非均相混合物的分离,也可用于连续相为气体非均相混合物的分离;既可用于较粗颗粒的分离,也可用于较细颗粒的分离,甚至用于细菌、病毒和高分子的分离;既可用于除去流体中的颗粒,也可对不同大小的颗粒进行分离分级,甚至可以对不同分子量的高分子物质进行分离。

一般情况下,过滤在悬浮液的分离中用得更多些,即常见于分离液体非均相混合物,但过滤悬浮液的基本理论同样适用于气体非均相混合物质的过滤。

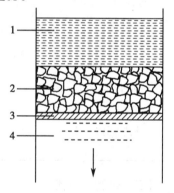

一般把多孔性材料称为过滤介质或滤材,被过滤的混悬液称滤浆或料浆,通过滤材后得到的清液称滤液,被滤材截留在过滤介质上的颗粒层物质称滤饼或滤渣,洗涤滤饼后得到的液体称洗涤液,如图 5-2 所示。促使流体流动的推动力可以是重力、压力差或离心力。流体所受的重力较小,一般只能用于过滤阻力较小的场合,而压力差可根据需要设置,因此应用非常广泛。

图 5-2 过滤操作示意图
1-滤浆;2-滤饼;3-过滤介质;
4-滤液

(二)过滤介质

过滤介质作为滤饼的支撑物,首先要求流体阻力要小,这样投入较小的能量就可以完成过滤分离。其次,过滤介质细孔不易被分离颗粒堵塞或者堵塞了也能简单地清除。另外过滤介质上的滤饼要求能够容易剥落、更换。

1. 过滤介质的条件 一般情况下,用于过滤的过滤介质应具备下列条件:

(1)多孔性:提供的合适孔道,既对流体的阻力小,能使液体顺利通过,又能截住要分离的颗粒。

(2)化学稳定性:如耐热性、耐腐蚀性等。

(3)足够的机械强度,使用寿命长:因为过滤要承受一定的压力,且在操作中拆装、移动频繁。

2. 常用的过滤介质 工业上常见的过滤介质有以下几类:

(1)织物介质(滤布):包括由棉、毛、丝、麻等织成的天然纤维滤布和合成纤维滤布,由玻璃丝、金属丝等织成的网。这类介质能截留的颗粒粒径范围为 5~65μm。织物介质在工业上应用最为广泛。

(2)粒状介质:硅藻土、珍珠岩石、细砂、活性炭、白土等细小坚硬的颗粒状物质或非编织纤维等堆积而成,层较厚,多用于深层过滤中。

(3)多孔固体介质:是具有很多微细孔道的固体材料,如多孔玻璃、多孔陶瓷、多空塑料或多孔金属制成的管或板,此类介质较厚,孔道细,阻力较大,耐腐蚀,适用于处理只含有少量细小颗粒的腐蚀性悬浮液及其他特特殊场合,一般截留的粒径范围为 $1\sim3\mu m$。

(4)多孔膜:由高分子材料制成,孔很细,膜很薄,一般可以分离到 $0.005\mu m$ 的颗粒,应用多孔膜的过滤有微滤和超滤。

过滤介质是所有过滤系统的柱石,过滤器是否能够满意地工作,很大程度上取决于过滤介质包括在过滤过程中不出现介质堵塞与损坏条件下分离微粒和流体的能力,因此应根据悬浮液中颗粒的含量、粒度分布和分离要求的不同选择最合适的过滤介质。

良好的过滤介质应满足以下要求:①过滤阻力小,滤饼容易剥离,不易发生堵塞;②耐腐蚀、耐高温、强度高、容易加工,易于再生,廉价易得;③过滤速度稳定,符合过滤机制,适应过滤机的型式和操作条件。表5-6是各类介质能截留的最小颗粒。

表5-6　各类介质能截留的最小颗粒(单位 μm)

介质的类型	举例	截留的最小颗粒
滤布	天然及人造纤维编织滤布	10
滤网	金属丝编织滤网	>5
非织造纤维介质	纤维为材料的纸	5
	玻璃纤维为材料的纸	2
	毛毡	10
多孔塑料	薄膜	0.005
刚性多孔介质	陶瓷	1
	金属陶瓷	3
松散固体介质	硅藻土	<1
	膨胀珍珠岩	<1

(三)过滤的分类

为适应不同分离对象的不同分离要求,过滤方法和设备是多种多样的,过滤技术可以按照过程机制、流体流动、操作方式不同进行分类。

1. 按过程机制分类　根据过滤过程的机制分,可分为滤饼过滤与深层过滤。

(1)滤饼过滤:滤饼过滤其基本原理是在外力(重力、压力、离心力)作用下,使悬浮液中的液体通过多孔性介质,而固体颗粒被截留,从而使液、固两相得以分离。

滤饼过滤的过滤介质常用多孔织物、多孔固体或孔膜等,这些介质的网孔尺寸未必一定须小于被截留的颗粒直径。过滤时流体可通过介质的小孔,而颗粒尺寸大,不能进入小孔,被过滤介质截留形成滤饼,因此颗粒的截留也主要依靠筛分作用。

在实际过滤过程,滤饼过滤所用过滤介质的孔径不一定都小于颗粒的直径。在过滤操作开始阶段,会有部分颗粒进入过滤介质网孔中,也有少量颗粒可能会穿过介质混入滤液中使滤液浑浊。随着过滤的进行,许多颗粒一齐拥向孔口,在孔中或孔口上形成架桥现象,如图5-3(b)所示,当固体颗粒浓度较高时,架桥是很容易生成的。此时介质的实际孔径减小,细小颗粒也不能通过而被截留,形成滤饼。不断增厚的滤饼在随后的过滤中起到真正有效的过滤介质的作用,由于滤饼的空隙小,很细小的颗粒亦被截留,使穿过滤饼的液体变为澄清的滤液,过滤才能真正有效地进行,如图5-3(a)所示。

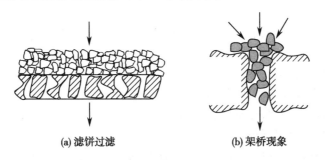

(a) 滤饼过滤　　　　(b) 架桥现象

图5-3　滤饼过滤

因滤饼过滤是在介质的表面进行的,所以亦称表面过滤,由于介质在对稀释悬浮液的过滤中会发生阻塞,所以滤饼过滤通常用于处理固体体积浓度高于1%的悬浮液。而且可借助人为提高进料浓度的方法,尤其是常采用加助滤剂的方法。由于助滤剂具有很多小孔,所以增强了滤饼的渗透性,使低浓度的和一般难以过滤的浆液能够进行滤饼过滤。

(2)深层过滤:深层过滤与滤饼过滤不同,应用砂子等堆积介质作为过滤介质,介质层一般较厚,在介质内部构成长而曲折的通道,通道的尺寸大于颗粒粒径,当颗粒随流体进入介质的孔道时,在重力、惯性和扩散等作用下,颗粒趋于孔道壁面,在表面因静电作用附着在壁面上,与流体分开。如图 5-4 所示。

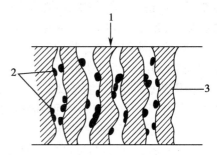

图5-4　深层过滤
1-悬浮液;2-固体颗粒;3-过滤介质

这种过滤方式的特点是过滤介质表面无固体颗粒层形成,即无滤饼形成,过滤在过滤介质内部进行的,由于过滤介质孔道细小,过滤阻力较大,而颗粒尺寸比介质孔道小,颗粒进入弯曲细长孔道后容易被截留。同时由于流体流过时所引起的挤压和冲撞作用,颗粒紧附在孔道的壁面上。常用的滤材有砂滤棒、垂熔玻璃滤器、板框压滤器等。一般只用于生产能力大而流体中颗粒小且体积浓度在0.1%以下的场合,例如水的净化、烟气除尘等。

在实际过滤中以上两类过滤可能同时或前后发生。在这两种过滤形式中滤饼过滤应用的较广泛。

2. 按流体流动分类　按促使流体流动的推动力不同分为重力过滤、压差过滤和离心过滤。

(1)重力过滤:悬浮液的过滤依靠液体的位差使液体穿过过滤介质,如不加压的砂滤净水装置。位差所建立的推动力不大,因此重力过滤用得不多。

(2)压差过滤:这种过滤液体和气体非均相混合物都可以用,所以较为普遍。

(3)离心过滤:滤浆旋转所产生的惯性离心力使滤液流过过滤介质,达到与颗粒的分离。离心过滤能建立的推动力很大,所以能得到较高的过滤速率。而且所得的滤饼中含液量较少,它的应用也很广泛。以离心力为推动力的过滤一般划为离心分离。

3. 按操作方式分类　按操作方式不同可分为间歇式过滤和连续式过滤。

间歇式过滤时固定位置上的操作情况随时间而变化,而连续过滤时在固定位置上的操作情况不随时间而变,过滤过程的各步操作分别在不同位置上进行。间歇式过滤与连续式过滤的这一差别决定了它们的设计计算方法的不同。

（四）助滤剂

悬浮液中颗粒情况不同，若流体中所含的固体颗粒很细，悬浮液的黏度较大，这些细小颗粒可能会将过滤介质的空隙堵塞，从而形成较大的阻力，同时较细的颗粒形成的滤饼阻力大，使过滤过程难以继续进行。另一方面，有些颗粒在压力作用下会产生变形，孔隙率减小，导致其过滤阻力随着操作压力的增大而急剧增大。为了防止过滤介质孔道的堵塞或降低，可压缩滤饼的过滤阻力，常采用加入助滤剂的方法。

助滤剂是一种坚硬而呈纤维状或粉状的小颗粒，加入后可形成疏松结构，而且几乎是不可压缩的滤饼。用作助滤剂的物质应能较好地在滤浆中悬浮，颗粒大小合适，能在过滤介质上形成一个薄层。助滤剂加入待滤的溶液中，能吸附凝聚微细的固体颗粒，不仅使滤速加快，而且容易滤清。常用作助滤剂的物质有硅藻土、白陶土、珍珠岩粉、石棉粉、石炭粉、纸浆粉等，一般用量在 1%~1.5%。

助滤剂的使用方法主要有以下两种。

（1）将助滤剂配成悬浮液，在正式过滤前用它进行过滤，使过滤介质上形成一层由助滤剂组成的滤饼，可避免细颗粒堵塞介质的孔道，并可在一开始就能得到澄清的滤液。如果滤饼有黏性，此法还有助于滤饼的脱落。

（2）将助滤剂混在滤浆中后再一起过滤，这种方法得到的滤饼其可压缩性减小，孔隙率增大，有效地降低了过滤阻力。

使用助滤剂进行过滤是以获得澄清的液体为目的的，因此助滤剂中不能含有可溶于液体的物质。另外，若过滤的目的是回收固体物质，又不允许有其他物质混入，则不能使用助滤剂。

（五）过滤过程的主要参数

1. 处理量　以待过滤处理的悬浮液流量或预分离得到纯净的滤液量 $V(\mathrm{m^3/s})$ 表示。

2. 过滤的推动力　指过滤所需的重力、压差或离心力等。

3. 过滤面积　过滤面积 $A(\mathrm{m^2})$ 是表示过滤机大小的主要参数，是过滤设备设计计算的主要项目。

4. 过滤速度与过滤速率　过滤速度是指单位时间通过单位过滤面积的滤液量，单位为 m/s，可用下式表示，即

$$\mu = \frac{\mathrm{d}V}{A\mathrm{d}t} \tag{5-1}$$

式中，μ 为过滤速度；$\mathrm{d}t$ 为微过滤时间，单位为 s；$\mathrm{d}V$ 为过滤时间内通过过滤面积的滤液体积，单位为 $\mathrm{m^3}$；A 为过滤面积，单位为 $\mathrm{m^2}$。

过滤速率是单位时间内得到的滤液量，即 $\mathrm{d}V/\mathrm{d}t$，是过滤过程的关键参数，只要求得过滤速度与推动力和其他相关因素的关系，就可以进行过滤过程的各种计算。

过滤效果主要取决于过滤速度，把待过滤、含有固体颗粒的悬浮液，倒进滤器的滤材上进行过滤，不久在滤材上形成固体厚层即滤渣层。液体过滤速度的阻力随着滤渣层的加厚而缓慢增加。

影响过滤速度的主要因素有：①滤器面积；②滤渣层和滤材的阻力；③滤液的黏度；④滤器两侧的压力差等。

二、过滤设备

工业生产中需要分离的悬浮液的性质有很大差异，原料处理和过滤目的也各不相同，为

适应不同的要求,过滤设备从传统的板框式过滤机到旋转式真空过滤设备,种类很多,过滤设备的形式也多种多样。按过滤推动力,分为常压过滤机,如平底筛过滤机,比较少见;加压过滤机,如板框压滤机、板式压滤机、自动板框压滤机等;真空过滤机,如真空转鼓过滤机。下面主要介绍常见的几种,如板框压滤机、真空过滤设备等。

(一) 板框压滤机

板框压滤机是间歇式过滤机中应用最广泛的一种,主要用于固体和液体的分离。它利用滤板来支撑过滤介质,待滤的料液通过输料泵在一定的压力下,因受压而强制从后顶板的进料孔进入到各个滤室,通过滤布(滤膜),固体物被截留在滤室中,并逐步堆积形成滤饼,液体则通过板框上的出水孔排出机外,成为不含固体的清液。压滤机与其他固液分离设备相比,压滤机过滤后的滤饼有更高的含固率和优良的分离效果。广泛用于食品、环保、轻工、医药、化工、冶金、石油等各种悬浮液的固液分离。

1. 板框压滤机的结构 板框式压滤机主要由止推板(固定滤板)、压紧板(活动滤板)、滤板和滤框、横梁(扁铁架)、过滤介质(滤布或滤纸等)、压紧装置、集液槽等组成机架、压紧机构和过滤机构三个部分,见图5-5、图5-6。

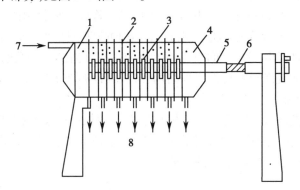

图5-5 板框压滤机结构示意图
1-止推板;2-滤布;3-板框支座;4-压紧板;
5-横梁;6-螺旋;7-滤浆;8-滤液

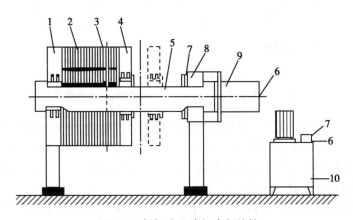

图5-6 板框式压滤机内部结构
1-止推板;2-滤板;3-滤框;4-压紧板;5-横梁;6-A油管;
7-B油管;8-油缸座;9-油缸;10-液压站

（1）机架：机架是压滤机的基础部件，两端是止推板和压紧头，两侧的大梁将两者连接起来，大梁用以支撑滤板、滤框和压紧板。其中止推板与支座连接将压滤机的一端坐落在地基上，厢式压滤机的止推板中间是进料孔，四个角还有四个孔，上两角的孔是洗涤液或压榨气体进口，下两角为出口（暗流结构还是滤液出口）。压紧板用以压紧滤板和滤框，两侧的滚轮用于支撑压紧板在大梁的轨道上滚动。大梁是主要承重构件。

（2）压紧机构：板框压滤机有手动压紧、机械压紧和液压压紧三种形式。手动压紧是以螺旋式机械千斤顶推动压紧板将滤板压紧；机械压紧的压紧机构由电动机减速器、齿轮、丝杆和固定螺母组成，压紧时，电动机正转，带动减速器、齿轮，使丝杆在固定丝母中转动，推动压紧板将滤板、滤框压紧；液压压紧由液压站、油缸、活塞、活塞杆以及活塞杆与压紧板连接组成，压紧时，通过液压站经机架上的液压缸部件推动压紧板压紧。

两横梁把止推板和压紧装置连在一起构成机架，机架上压紧板与压紧装置铰接，在止推板和压紧板之间依次交替排列着滤板和滤框，滤板和滤框之间夹着过滤介质；压紧装置推动压紧板，将所有滤板和滤框压紧在机架中，达到额定压紧力后，即可进行过滤。

（3）过滤机构：过滤机构由许多块滤板和滤框交替排列而成，板和框的结构如图5-7所示，滤板和滤框多用木材、铸铁、铸钢、不锈钢、聚丙烯和橡胶等材料制造，常多为正方形，滤板作用是支持滤布并提供滤液流出的通道，板面制成各种凸凹纹路，四角各有一孔，其中一孔有凹槽与中部联通供滤出液流出；滤框中间空，四角也各有一孔，其中有一个孔通向中间供滤液进入。

滤板有洗涤板、非洗涤板和盲板三种结构：洗涤板设有洗水进口；非洗涤板无洗水进口；盲板则不开设任何液流。

过滤机组装时，按滤板→滤框→洗涤板→滤框→滤板……交替排列，用过滤布隔开，且板和框均通过支耳架在一对横梁上，用手动螺旋、电动螺旋和液压等方式压紧。框的两侧覆以滤布，空框与滤布围成容纳滤浆及滤饼的空间。

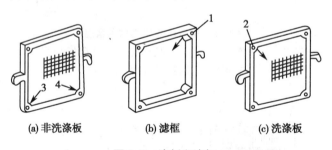

图 5-7　滤板和滤框

1-滤浆通道；2-洗涤液入口通道；3-滤液通道；4-洗涤液出口通道

2. 板框压滤机的工作原理　板框压滤机的操作是间歇的，待过滤的料液通过输料泵在一定的压力下，从后顶板的进料孔进入到各个滤室，通过滤布，固体颗粒被过滤介质截留在滤室中，并逐步形成滤饼；液体则通过板框上的出水孔排出机外。每个操作循环由装合、过滤、洗涤、卸渣、整理五个阶段组成。

板框压滤机由交替排列的滤板和滤框构成一组滤室。滤板的表面有沟槽，其凸出部位用以支撑滤布。滤框和滤板的边角上有通孔，组装后构成完整的通道，能通入悬浮液、洗涤水和引出滤液。板、框两侧各有把手支托在横梁上，由压紧装置压紧板、框。板、框之间的滤布起密封垫片的作用。由供料泵将悬浮液压入滤室，在滤布上形成滤渣，直至充满滤室。滤液穿过滤布并沿滤板沟槽流至板框边角通道，集中排出。过滤完毕，可通入洗涤水洗涤滤渣。洗涤后,有时还通入压缩空气,以除去剩余的洗涤液。随后打开压滤机卸除滤渣,清洗滤布,重新压紧板、框,开始下一工作循环。

板框压滤机的滤液流出方式有明流和暗流两种,即明流过滤和暗流过滤。

明流过滤指滤液从每块滤板的出液孔直接排出机外,好处在于可以观测每一块滤板的情况。明流过滤便于监视每块滤板的过滤出液情况,通过排出滤液的透明度直接发现问题,若发现某滤板滤液不纯,即可关闭该板出液口。

暗流过滤指每个滤板的下方设有出液通道孔,若干块滤板的出液孔连成一个出液通道,由止推板下方的出液孔相连接的管道排出。适用于不宜暴露于空气中的滤液、易挥发滤液或对人体有害的悬浮液的过滤。

随着过滤过程的进行,滤饼过滤开始,滤饼厚度逐渐增加,过滤阻力加大。过滤时间越长,分离效率越高。特殊设计的滤布可截留粒径小于$1\mu m$的粒子。压滤机除了优良的分离效果和滤饼高含固率外,还可提供进一步的分离过程:在过滤的过程中可同时结合对过滤滤饼进行有效的洗涤,从而有价值的物质可得到回收,并且可获得高纯度的过滤滤饼。

板框式压滤机操作过程主要分为过滤和洗涤两个阶段。见图5-8所示。

过滤:滤浆由滤浆通路经滤框上方进入滤框空间,固体颗粒被滤布截留,在框内形成滤饼,滤液穿过滤饼和滤布流向两侧的滤板,再经滤板的沟槽流至下方通孔排出,此时洗涤板起过滤板作用。

洗涤:洗涤板下端出口关闭,洗涤液穿过滤布和滤框的全部向过滤板流动,从过滤板下部排出。结束后除去滤饼,进行清理,重新组装。

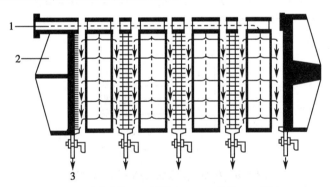

(a) 过滤阶段 1-滤浆入口; 2-机头; 3-滤液

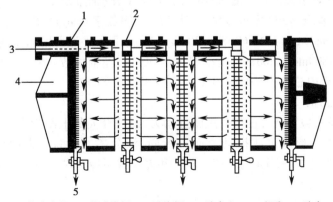

(b) 洗涤阶段 1-非洗涤板; 2-洗涤板; 3-洗水入口; 4-机头; 5-洗水

图5-8 板框式压滤机操作过程

3. 板框压滤机的应用   压滤机根据是否需要对滤渣进行洗涤,又可分为可洗和不可洗两种形式,可以洗涤的称可洗式,否则称为不可洗式。可洗式压滤机的滤板有两种形式,板上开有洗涤液进液孔的称为有孔滤板(也称洗涤板),未开洗涤液进液孔的称无孔滤板(也称非洗涤板)。可洗式压滤机又有单向洗涤和双向洗涤之分,单向洗涤是由有孔滤板和无孔滤板交替组合放置;双向洗涤滤板都为有孔滤板,但相邻两块滤板的洗涤错开放置,不能同时通过洗涤液。

板框式过滤机的优点:体积小,过滤面积大,单位过滤面积占地少;对物料的适应性强;过滤面积的选择范围宽;耐受压力高,滤饼的含湿量较低;动力消耗小;结构简单,操作容易,故障少,保养方便,机器寿命长;滤布的检查、洗涤、更换较方便;造价低、投资小;因为是滤饼过滤,所以可得到澄清的滤液,固相回收率高;过滤操作稳定。

缺点:间歇操作,装卸板框劳动强度大,每隔一定时间需要人工卸除滤饼;辅助操作时间长;滤布磨损严重。

板框压滤机对于滤渣压缩性大或近于不可压缩的悬浮液都能适用。适合的悬浮液的固体颗粒浓度一般在1%~10%,操作压力一般为0.3~0.6MPa,特殊的可达3MPa或更高。过滤面积可以随所用的板框数目而增减。板框通常为正方形,滤框的内边长为320~2000mm,框厚为16~80mm,过滤面积为1~1200m²。发酵液过滤时,处理量为15~25L/(m²·h)。

常用板框式过滤机的型号通常有 BAS、BMS、BMY、BAY 类型,其表示方法见图5-9。

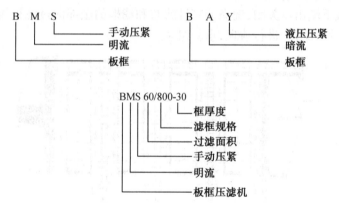

图5-9   板框式过滤机的型号表示方法

第一个字母 B 表示板框式过滤机;第二个字母 A 表示暗流式,M 表示明流式;第三个字母 S 表示手动压紧,Y 表示液压压紧。型号后面的数字表示过滤面积(m²)/滤框尺寸(mm)-滤框厚度(mm),如:BMS60/800-30 表示明流式手动压紧板框压滤机,过滤面积为60m²,框内尺寸为800mm×800mm,滤框厚度为30mm;滤框块数=60/(0.8×0.8×2)=47块;滤板为46块;板内总体积=0.8×0.8×0.3×47=0.902m³。

(二)真空过滤机

真空过滤设备一般以真空度作为过滤推动力,过滤介质的上游为常压,下游为真空,由上下游两侧的压力差形成过滤推动力而进行固、液分离的设备。常用真空度为0.05~0.08MPa,但也有超过0.09MPa的。有间歇式和连续式两种型式。各有特点,但是连续式真空过滤机的应用更广泛。

常见的真空过滤设备有:转鼓真空过滤机、水平回转圆盘真空过滤机、垂直回转圆盘真空过滤机和水平带式真空过滤机等。常用于葡萄糖浆脱色过滤、酶制剂过滤、果汁过滤、抗生素发酵液过滤等,在食品、医药、有机化学、废水处理、油脂等部门广泛使用。

转鼓式真空过滤机是一种连续式真空过滤设备,生物工业中用的最多的是转鼓式真空过滤机。转鼓式真空过滤机将过滤、洗饼、吹干、卸饼分别在转鼓的一周转动中完成。连续且滤饼阻力小,为恒压恒速过滤过程。

转鼓式真空过滤机的基本结构、工作原理见图5-10、图5-11、图5-12。真空转鼓过滤机的主体是一水平放置的回转圆筒(转鼓),鼓壁开孔,为多孔筛板,鼓面上铺以支承板和滤布,构成过滤面。圆筒内部被分隔成若干个隔开的扇形小室即滤室,小室内有单独孔道与空心轴内的孔道相通;空心轴内的孔道则沿轴向通往转鼓轴颈端面的转动盘(随轴旋转)上。固定盘与转动盘端面紧密配合成一多位旋转阀,称为分配头。

转鼓为圆筒形,安装在敞开口料池的上方,并在料池中有一定的浸没度。转鼓主轴两端设有支承,可在驱动装置的带动下旋转。分配头的固定盘被径向隔板分成若干个弧形空隙,分别与真空管、滤液管、洗液贮槽及压缩空气管路相通,分配头的作用是使转筒内各个扇形格同真空系统和压缩空气系统顺次接通。当转鼓旋转时,借分配头的作用,扇型小室内部获得真空和加压,可控制过滤、洗涤等。过滤、一次脱水、洗涤、卸料、滤布再生等操作工序同时在转鼓的不同部位进行。转鼓每旋转一周,各滤室通过分配阀轮流接通真空系统和压缩空气系统,按顺序完成过滤、洗渣、吸干、卸渣和过滤介质(滤布)再生等操作,转鼓每转一周,完成一个操作循环。

转鼓式真空过滤机的工作过程:转鼓下部沉浸在悬浮液中,浸没角度约90°~130°,由机械传动装置带动其缓慢旋转,借分配头的作用,每个过滤室相继与分配头的几个室相接通,使过滤面形成以下几个工作区。

过滤区Ⅰ:浸在悬浮液内的各扇形格同真空管路接通,格内为真空。滤液透过滤布,被压入扇形格内,经分配头被吸出。而料液中的固体颗粒被吸附在滤布的表面上,形成一层逐渐增厚的滤渣。滤液被吸入鼓内经导管和分配头排至滤液贮罐中。为了避免料液中固体物的沉降,常在料槽中装置搅拌机。

洗涤吸干区Ⅱ:当扇形格离开悬浮液进入此区时,格内仍与真空管路相通。洗涤液喷嘴将洗涤水喷向滤渣层进行洗涤,在真空情况下残余水分被抽入鼓内,引入到洗涤液贮罐,滤饼在此格内将被洗涤并吸干,以进一步降低滤饼中溶质的含量。

卸渣区Ⅲ:这个区于分配头通入压缩空气,压缩空气由筒内向外穿过滤布,经过洗涤和脱水的滤渣层在压缩空气或蒸汽的作用下将滤饼吹松,随后由刮刀将滤饼清除。

再生区Ⅳ:滤渣被刮落后,为了除去堵塞在滤布孔隙中的细微颗粒,压缩空气通过分配头进入再生区的滤室,吹落这些颗粒使滤布复原,重新开始下一循环的操作。

转鼓式真空过滤机结构简单,运转和维护保养容易,成本低,处理量大,可吸滤、洗涤、卸饼、再生连续化操作,劳动强度小。压缩空气反吹不仅有利于卸除滤饼,也可以防止滤布堵塞。但由于空气反吹管与滤液管为同一根管,所以反吹时会将滞留在管中的残液回吹到滤饼上,因而增加了滤饼的含湿率。缺点:设备体积大,占地面积大,辅助设备较多,耗电量大,投资大。

转鼓式真空过滤机生产能力大,适用于过滤各种物料,尤其固体含量较大的悬浮液的分离,但对较细、较黏稠的物料不太适用。也适用于温度较高的悬浮液,但温度不能过高,以免滤液的蒸汽压过大而使真空失效。通常真空管路的真空度约为33~86kPa。

预涂层真空转鼓过滤机一般用于含黏性杂质物料的连续过滤,其优点是杂质分离彻底、过滤速度快、劳动强度低和工作区环境好,其缺点是需消耗硅藻土助滤剂。

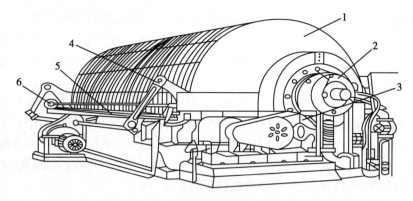

图 5-10   真空过滤机结构示意图

1-过滤转鼓;2-分配头;3-传动系统;4-搅拌装置;5-料浆储罐;6-铁丝缠绕装置

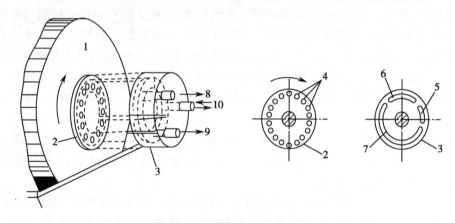

图 5-11   转筒与分配头的结构

1-转筒;2-转动盘;3-固定盘;4-转动盘上的孔;5-通入压缩空气的凹槽;
6-吸走洗水的真空凹槽;7-吸走滤液的真空凹槽;8-洗水;9-滤液;10-空气

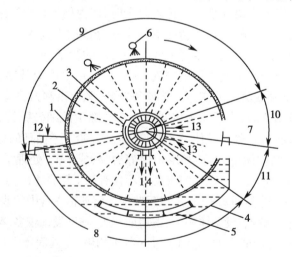

图 5-12   真空转鼓过滤机工作原理示意图

1-转鼓;2-过滤室;3-分配阀;4-料液槽;5-搅拌器;6-洗涤液喷嘴;
7-刮刀;8-过滤区;9-洗涤吸干区;10-卸渣区;11-再生区;
12-料液;13-压缩空气;14-滤出液

真空转鼓过滤机的生产能力可以用下面这个公式计算,即生产能力

$$V = 262.60A \sqrt{\frac{\alpha \cdot \Delta P \cdot n}{\mu Z}} \tag{5-2}$$

式中,V 为每小时所得滤液的量,单位为 m^3/h;A 为过滤总面积,单位为 m^2;α 为转鼓浸没角,单位为弧度;ΔP 为推动力,单位为 Pa;n 为转鼓的转速,单位为 r/min;μ 为黏度,单位为 Pa·s;Z 为无压力下过滤比阻,单位为 m^{-1}。

第三节 离 心 设 备

离心分离是基于分离体系中固液和液液两相之间密度存在差异,在离心场中使不同密度的两相相分离的过程。通过离心机的高速运转,使离心加速度超过重力加速度的成百上千倍,而使沉降速度增加,以加速药液中杂质沉淀并除去的一种方法。比较适合于分离含难于沉降过滤的细微粒或絮状物的悬浮液。

利用离心力来达到悬浮液及乳浊液中固-液、液-液分离的方法通称离心分离。实现离心分离操作的机械称为离心机。

一、离心机的概念及分离因素

离心机是一种利用物料被转鼓带动旋转后产生的离心力来强化分离过程的分离装备。它是工业上主要的分离设备之一,主要用于澄清、增浓、脱水、洗涤或分级。

离心机的构造很多,高速旋转的转鼓是其基本结构或主要部件。转鼓可以垂直安装,也可以水平安装。鼓壁有两种:有孔或无孔。有孔的为离心过滤机,鼓壁内覆以滤布或其他过滤介质。当转鼓在高速旋转时,鼓内物料在离心力的作用下,透过滤孔被排出,而固体颗粒被截留在滤布上,从而完成固体与液体的分离。若鼓壁上无孔,混合物料因受离心力作用,按密度或粒度大小分层,密度或粒度大的富集于鼓壁,密度或粒度小的则富集在中央。这种转鼓内利用离心沉降原理使物料按不同密度或粒度相分离的过程称为离心分离。

因离心机通过获得较大的离心力来加速混合物内颗粒的沉降,其甚至可以克服颗粒布朗运动的影响,所以离心机可实现重力场中不能有效进行的分离操作,如含微细颗粒(2~5μm)的悬浮液,或在重力场下十分稳定的乳浊液的分离。

设质量为 m 的颗粒在半径为 r 处以角速度 ω 产生转动,则该颗粒在径向受到离心力 $mr\omega^2$ 作用,而在垂直方向受到重力 mg 作用。离心力与重力之比以 α' 表示,即

$$\alpha' = \frac{r\omega^2}{g} = \frac{R}{g}\left(\frac{n\pi}{30}\right)^2 \tag{5-3}$$

式中,α' 是离心机中以 r 为半径处的分离能力的衡量尺度,其值随着径向位置的变化而变化。若以转鼓的半径 R 代替上式的 r,得

$$\alpha = \frac{R\omega^2}{g} = \frac{R}{g}\left(\frac{n\pi}{30}\right)^2 \tag{5-4}$$

式中,α 称为离心机的分离因素,作为衡量离心机分离能力大小的尺度。

离心机转鼓转速一般很高,由每分钟上千转到几万转,分离因素相应的可达几千以上,也即离心机的分离能力是重力沉降的几千倍以上。在离心机内,由于离心力远远大于重力,所以重力的作用可以忽略不计。

由式(5-4)可知,增大转鼓半径或转速,均可提高离心机的分离因素。尤其是增加转速比增大转鼓的半径更为有效,但因设备振动、强度、摩擦等,两者的增加都是有一定限度的。

在工业上,设计或选择离心机的根本问题是提高分离效率和解决排渣问题。提高分离效率的主要途径为增大离心力或减小沉降距离。提高转速或增大转鼓直径均可增大离心力;减小液层厚度可减小沉降距离。排渣问题则可通过设置转鼓开口的方位或卸料装置来解决。

二、离心机的分类及结构

(一) 离心机的分类

离心机的类型可按分离因素、操作原理、卸料方式、操作方式、转鼓形状、转鼓的数目等加以分类。

1. 按分离因素分类　按分离因素 α 值分,离心机可分为常速离心机、高速离心机及超速离心机。

(1)常速离心机:$\alpha \leqslant 3500$(一般为 $600 \sim 1200$),这种离心机的转速较低,直径较大,主要用于分离颗粒较大的悬浮液或物料的脱水。

(2)高速离心机:$\alpha = 3500 \sim 50\,000$,这种离心机的转速较高,一般转鼓直径较小,而长度较长,主要用于分离乳浊液,或含细颗粒的悬浮液。

(3)超速离心机:$\alpha > 50\,000$,由于转速很高($50\,000\mathrm{r/min}$ 以上),所以转鼓做成细长管式,主要用于分离极不容易分离的超微细颗粒悬浮液和高分子胶体悬浮液。

2. 按操作原理分类　按操作原理的不同,离心机可分为过滤式离心机和沉降式离心机(表5-7)。

表5-7　离心机的分类

过滤式	间隙式	三足式	上卸料	沉降式		撇液管式	
			下卸料		间隙式	多鼓(径向排列)	并联式
		上悬式	重力卸料				串联式
			机械卸料			管式	澄清型
	连续式	卧式刮刀卸料					分离型
		卧式	单鼓	单级			人工排渣
				多级		碟式	活塞排渣
			多鼓(轴向排列)	单级			喷嘴排渣
				多级			圆柱形
		离心卸料			连续式	螺旋卸料	柱-锥形
		振动卸料					圆锥形
		进动卸料				螺旋卸料沉降-过滤组合式	
		螺旋卸料					

(1)过滤式离心机:转鼓壁上有孔,鼓内壁附以滤布,借离心力实现过滤分离操作。典型的过滤式离心机有三足式离心机、上悬式离心机、卧式刮刀卸料离心机、活塞推料式离心

机等。由于转速一般在 1000～1500r/min 范围内,分离因素不大,适用于易过滤的晶体悬浮液和较大颗粒悬浮液的分离,以及物料的脱水,如用于结晶类食品的精制、脱水蔬菜制造的预脱水过程、淀粉的脱水,也用于水果蔬菜的榨汁,回收植物蛋白以及冷冻浓缩的冰晶分离等。

(2)沉降式离心机:鼓壁上无孔,借离心力实现沉降分离,如管式离心机、碟式离心机、螺旋卸料式离心机等,用于不易过滤的悬浮液。表 5-8 为典型沉降离心机的技术参数。

表 5-8　典型沉降离心机的技术参数

离心机类型	转鼓直径 (mm)	转速 (r/min)	分离因素	处理量		电机功率(kW)
				液体(m³/h)	固体(t/h)	
管式	44.5	50 000	62 400	0.0113～0.0567	—	透平传动
	105	15 000	13 200	0.0227～2.27	—	1.49
	127	15 000	15 900	0.0454～4.54	—	22.4
碟式	178	12 000	14 300	0.0227～2.27	—	0.249
	330	7500	10 400	1.13～11.3	—	4.48
	610	4000	5500	4.54～45.4	—	
喷嘴	254	10 000	14 200	2.27～9.07	0.1～1	14.9
	406	6250	8900	5.67～34.0	0.4～4	29.8
	686	4200	6750	9.07～90.7	1～11	93.3
	762	3300	6400	9.07～90.7	1～11	93.3
卧螺	152	8000	5500	-4.54	0.03～0.25	3.37
	356	4000	3180	-17.0	0.5～1.5	14.9
	457	3500	3130	-11.3	0.5～1.5	11.2
	635	3000	3190	-56.7	2.5～12	
	813	1800	1470	-56.7	3～10	44.8
	1016	1600	1450	-85.1	10～18	74.6
	1372	1000	770	-170	20～60	112
刮刀	508	1800	920	变化范围很大	1*	14.9
	914	1200	740		4.1*	22.4
	1727	900	780		20.5*	29.8

注:摘自 Perry's Chemical Engineer Handbook;* 转鼓内固体的最大容量。

3. 按操作方式分类　按操作方式的不同,离心机可分为间歇式离心机和连续式离心机。

(1)间歇式离心机:其加料、分离、洗涤和卸渣等过程都是间隙操作,并采用人工、重力或机械方法卸渣,如三足式离心机和上悬式离心机。其特点是可根据需要延长或缩短过滤时间,满足物料终湿度的要求。

(2)连续式离心机:整个操作其进料、分离、洗涤和卸渣等过程均连续化,如螺旋卸料沉降式离心机、活塞推料式离心机、奶油分离机等。

操作方式与物料的流动性有关,如用液-液分离的离心机都为连续式。

4. 按卸料(渣)方式分类　　按卸料(渣)方式,离心机有人工卸料和自动卸料两类。

自动卸料形式多样,有刮刀卸料离心机、活塞卸料离心机、螺旋卸料离心机、离心力卸料离心机、螺旋卸料离心机、振动卸料离心机等。

5. 按转鼓形状分类　　按转鼓形状分类,有圆柱形转鼓、圆锥形转鼓和柱-锥形转鼓三类。

6. 按转鼓数目分类　　按转鼓的数目,离心机可分为单鼓式和多鼓式离心机两类。

7. 按工艺用途分类　　按工艺用途,可将离心机分为过滤式离心机、沉降式离心机、离心分离机。

8. 按安装的方式分类　　按安装方式,可将离心机分为立式、卧式、倾斜式、上悬式和三足式等。

(二)离心机的结构

1. 过滤式离心机　　实现离心过滤操作过程的设备称为过滤离心机。离心机转鼓壁上有许多孔,供排出滤液用,转鼓内壁上铺有过滤介质,过滤介质为金属丝底网和滤布组成。加入转鼓的悬浮液随转鼓一同旋转,悬浮液中的固体颗粒在离心力的作用下,沿径向移动被截留在过滤介质表面,形成滤渣层;与此同时,液体在离心力作用下透过滤渣、过滤介质和转鼓壁上的孔被甩出,从而实现固体颗粒与液体的分离。过滤离心机一般用于固体颗粒尺寸大于 $10\mu m$、固体含量较高的悬浮液的过滤。

过滤式离心机常见有三足式离心机,是最早出现的液-固分离设备,是一种常用的人工卸料的间歇式离心机,主要部件是一篮式转鼓,壁面钻有许多小孔,内壁衬有金属丝及滤布。整个机座和外罩借三根弹簧悬挂于三足支柱上,以减轻运转时的振动。

三足式离心机的结构示意图见图 5-13。底盘及装在底盘上的主轴、转鼓、机壳、电动机及传动装置等组成离心机的机体,整个机体靠三根摆悬挂在三个柱脚上,摆杆上、下端分别以球形垫圈与柱脚和底盘铰接,摆杆上套有缓冲弹簧,这种悬挂支承方式是三足式离心机的主要结构特征,允许体机在水平方向做较大幅度摆动,使系统自振频率远低于转鼓回转频率,从而减少不均匀负荷对主轴和轴承的冲击,并使振动不至传到基础上。

操作时,料液从机器顶部加入,经布料器在转鼓内均匀分布,滤液受转鼓高速回转所产生的离心力作用穿过过滤介质,从鼓壁外收集,而固体颗粒则截留在过滤介质上,逐渐形成一定厚度的滤饼层,使悬浮液或其他脱水物料中的固相与液相分离开来。

三足离心机具有以下优点:①对物料的适应性强,被分离物料的过滤性能有较大变化时,也可通过调整分离操作时间来适应,可用于多种物料和工艺过程;②离心机结构简单,制造、安装、维修方便,成本低,操作方便;③弹性悬挂支承结构能减少由于不均匀负载引起的震动,使机器运转平稳;④整个高速回转机构集中在一个封闭的壳体中,易于实现密封防爆。

但三足离心机是间歇操作,进料阶段需启动、增速,卸料阶段需减速或停机,生产能力低;人工上部卸料三足式离心机劳动强度大,操作条件差;敞开式操作,易染菌;轴承等传动机构在转鼓的下方,检修不方便,且液体有可能漏入而使其腐蚀等。

过滤离心机一般用于固体颗粒尺寸大于 $10\mu m$,含固量 $5\%\sim50\%$,滤饼压缩性不大的悬浮液的过滤。过滤离心机由于支撑形式、卸料方式和操作方式的不同而有多种结构类型。常见的三足式离心机有人工上部卸料、人工下部卸料和机械下部卸料三足式离心机等。

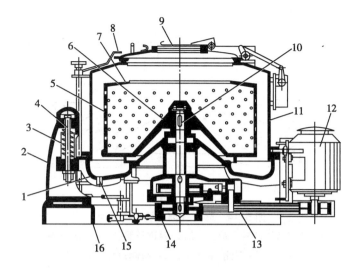

图5-13　三足式沉降离心机的结构示意图

1-底盘;2-立柱;3-缓冲弹簧;4-吊杆;5-转鼓体;6-转鼓底;7-拦液板;
8-制动器把手;9-机盖;10-主轴;11-外壳;12-电动机;13-传动皮带;
14-制动轮;15-滤液出口;16-机座

2. **碟片式离心机**　碟片式离心机是工业上应用最广的一种离心机。碟片式分离机是立式离心机的一种,利用混合液(混浊液)中具有不同密度且互不相溶的轻、重液和固相,在高速旋转的转鼓内离心力的作用下成圆环状,获得不同的沉降速度,密度最大的固体颗粒向外运动积聚在转鼓的周壁,轻相液体在最内层,达到分离分层或使液体中固体颗粒沉降的目的。

转鼓装在转鼓轴的顶端,通过传动装置由电动机驱动而高速旋转。转鼓内有一组由数十个至上百个形状和尺寸相同、锥角为60°~120°的互相套叠在一起的碟形零件——碟片,碟片之间的间隙用碟片背面的狭条来控制,一般碟片间的间隙约0.5~2.5mm。每只碟片在离开轴线一定距离的圆周上开有几个对称分布的圆孔,许多这样的碟片叠置起来时,对应的圆孔就形成垂直的通道。在转鼓中加入重叠的碟片,缩短了颗粒的沉降距离,提供了分离效率。

两种不同重度液体的混合液进入离心分离机后,通过碟片上圆孔形成的垂直通道进入碟片间的隙道,并被带着高速旋转,由于两种不同重度液体的离心沉降速度不同,当转鼓连同碟片以高速旋转4000~8000r/min 时,碟片间的悬浮液中固体颗粒因有较大的质量,离心沉降速度大,离开轴线向外运动,优先沉降于碟片的内腹面,并连续向鼓壁方面沉降,澄清液体的离心沉降速度小,则被迫反方向移动而在转鼓颈部,向轴线流动,进入排液管排出。这样,两种不同重度液体就在碟片间的隙道流动的过程中被分开。

碟片式分离机工作原理见图5-14,主要可以完成两种操作:液-固分离(即低浓度悬浮液的分离),称澄清操作;液-液分离(或液-液-固)分离(即乳浊液的分离),称分离操作。料液从转鼓上部轴心进入,流入底部,转动时由于离心力的作用,悬浮液从碟片组的外缘进入相邻碟片间隙通道。轻液沿碟片间隙下碟面向上运动;重液离心力较大,沿间隙上碟面向下运动。固体离心力大,沿边沿运动。

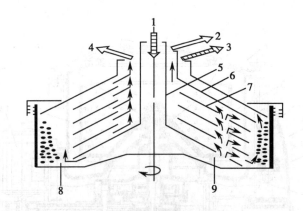

图 5-14   碟片式离心机工作原理

1- 料液 ;2- 轻液 ;3- 重液 ;4- 清液 ;5- 进料管 ;6- 轻重液分隔板 ;

7- 碟片 ;8- 左侧 : 液固分离 ;9- 右侧 : 液液固分离

碟片式分离机在化工、制药中主要用于添加剂、中药、医药中间体等澄清或净化处理等。目前常见有人工排渣碟片式离心机、喷嘴排渣碟片式离心机、自动排渣碟片式离心机等。

（1）人工排渣碟片式离心机：在众多离心机当中，有一种叫作人工排渣碟片式分离机，其结构见图 5-15，转鼓由圆柱形筒体、锥形顶盖及锁紧环组成。转鼓中间有底部为喇叭口的中心管料液分配器，中心管及喇叭口常有纵向筋条，使液体与转鼓有相同的角速度。中心管料液分配器圆柱部分套有锥形碟片，在碟片束上有分隔碟片，其颈部有向心泵。

该机器结构简单，牢固，能达到较高的分离因素（$Fr \geqslant 10\ 000$），所以能有效地进行液液或液固的分离，得到的沉渣密实。广泛用于乳浊液及含有少量固体的悬浮液的分离。

人工排渣碟片式分离机的缺点是：转鼓与碟片之间留有较大的沉渣容积，不能充分发挥机器的高效分离性能。此外，人工间歇排渣，生产效率低，劳动强度高。为了改善排渣效果，可在转鼓内设置移动式固体收集盘，停机后，可方便地将固体取出。

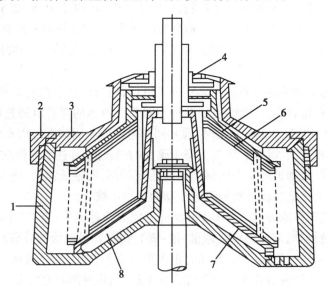

图 5-15   人工排渣碟片式离心机

1- 转鼓底 ;2- 锁紧环 ;3- 转鼓盖 ;4- 向心泵 ;5- 分隔碟片 ;

6- 碟片 ;7- 中心管及喇叭口 ;8- 筋条

（2）喷嘴排渣碟片式离心机：转鼓由圆筒形改为双锥形，既有大的沉渣储存容积，也使被喷射的沉渣有好的流动轮廓。转鼓壁上开设 8 ~ 24 个喷嘴，孔径 0.75 ~ 2mm，喷嘴始终开启，排出的残渣有较多的水分而成浆状。这种离心机结构简单，生产连续，产量大等。但喷嘴易磨损，易堵塞，需要经常更换。这种离心机的分离因数为 6000 ~ 10 000，能适应的最小颗粒约为 0.5μm，进料液中的固体含量为 6% ~ 25%。结构见图 5-16。

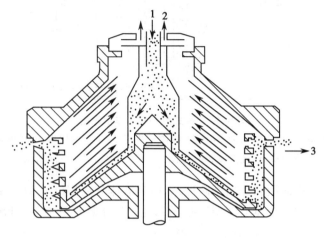

图 5-16　喷嘴排渣碟片式离心机

1- 料液；2- 滤液；3- 残渣

（3）自动排渣碟片式离心机：离心机的转鼓由上下两部分组成，上转鼓不做上下运动，下转鼓通过液压的作用能上下运动。操作时，转鼓内液体的压力进入上部水室，通过活塞和密封环使下转鼓向上顶紧。卸渣时，从外部注入高压液体至下水室，将阀门打开，将上部水室中的液体排出；下转鼓向下移动，被打开一定缝隙而卸渣。卸渣完毕后，又恢复到原来的工作状态。

这种离心机的分离因数为 5500 ~ 9500，能分离的最小颗粒为 0.5μm，适合处理较高固体含量的料液。生产能力大，机动性强，根据需要可以自动或手动操作，也可以实现远距离自动操作，维修方便。

3. 管式高速离心机　管式离心机能澄清及分离流体物质，主要应用于食品、化工、生物制品、中药制品、血液制品、医药中间体等物料的分离。管式高速离心机是一种转鼓呈管状，分离因数（1.5 万 ~ 6 万）极高的离心设备。管式离心机的转鼓直径较小、长度较大，转速高，可达 8000 ~ 50 000r/min。为尽量减小转鼓所受的应力，采用较小的鼓径，因而在一定的进料量下，悬浮液沿转鼓轴向运动的速度较大。为此，应增大转鼓的长度，以保证物料在鼓内有足够的沉降时间，于是导致转鼓成为直径小而高度相对很大的管式构形。见图 5-17。

操作时，将待处理的物料在一定的压力下，由进料管经底部中心轴进入转筒，靠圆形挡板分散于四周，筒内由垂直挡板（十字形或 120°），转鼓转动时，可使液体迅速随转筒高速旋转，同时自下而上流动。在此过程中，由于受离心力作用，且密度不同，在物料沿轴向向上流动的过程中，被分层成轻重两液相。轻液位于转筒的中央，呈螺旋形运动向上移动，经分离头中心部位轻相液口喷出，进入轻相液收集器从排出管排出；重液靠近筒壁，经分离头孔道喷出，进入重相液收集器，从排液管排出。固体沉积于转筒内壁上，定期排除。改变转鼓上端的环状隔盘的内径，可调节重液和轻液的分层界面。

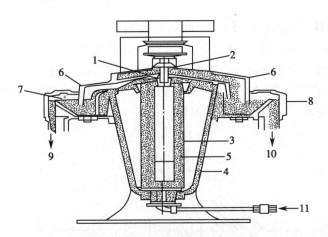

图5-17　管式离心机工作示意图

1-环状隔盘;2-驱动轴;3-转鼓;4-固定机壳;5-十字形挡板;6-排液罩;
7-重液室;8-轻液室;9-重液出口;10-轻液出口;11-加料入口

管式离心机分为澄清型和分离型两种,一种是液体分离型(GF型),主要用于处理乳浊液液-液分离操作,一种是液体澄清型(GQ型),主要用于悬浮液液-固分离的澄清操作。见图5-18。

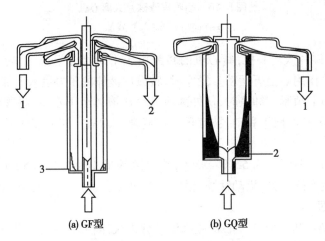

(a) GF型　　　　　(b) GQ型

图5-18　管式离心机的两种类型

(a)1-重液出口;2-轻液出口;3-离心机腔
(b)1-轻液出口;2-离心机腔

管式离心机具有分离效果好、产量高、设备简单、占地面积小、操作稳定、分离纯度高、操作方便等优点,可用于液-液分离和微粒较小的悬浮液(0.1~100μm)、固相浓度小于1%、轻相与重相的密度差大于0.01kg/dm的难分离悬浮液或乳浊液中的组分分离等,也常用于生物菌体和蛋白质的分离。但管式离心机间歇操作,转鼓容积小,需要频繁地停机清除沉渣。

三、离心机的应用及选型

离心机广泛用于化工、制药的脱水、澄清、浓缩、分离等,与压滤相比较,它具有分离速度快、效率高、操作时卫生条件好等优点,适合于大规模的分离过程。但同时设备投资费用高,能耗也大。

离心机的选型主要根据以下参数：

（1）根据物料的物性参数：二相浓度、比重、温度、黏度、固体粒度、形状分布、腐蚀性、毒性、磨损性、易燃性和易爆性等。例如液固密度相差不多（小于3%），只能用过滤式。当颗粒直径小于1μm可考虑用管式或碟片式。

（2）根据分离要求：澄清度、单位时间处理量、固相含水量、固相破碎率等；物料是否需预处理加温，助滤剂等。

（3）确定离心机类型并进行适应性分析，利用试验机实验，测定转速、消耗功率、处理量、澄清度及固相含水率，并与分离要求相对照。

（4）与生产能力匹配，进行经济性分析，确定型号和台数进行生产。

第四节　膜分离设备

膜分离现象广泛存在于自然界中。膜分离过程在我国的利用可追溯到2000多年以前，当时在酿造、烹饪、炼丹和制药等过程中就有相应的记载，由于受到人类认识能力和当时科技条件的限制，在其后漫长历史进程中对膜技术的理论研究和技术应用并没有得到实质性的突破。从世界范围来讲，直到1960年美国加利福尼亚大学的Loeb和Sourirajan研制出第一张可实用的反渗透膜，膜分离技术才进入了大规模工业化应用时代。膜分离技术兼有分离、浓缩、纯化和精制的功能，又具有高效、环保、分子级过滤及过滤简单易于控制等特征。目前，膜分离作为一种新型的分离技术已广泛应用于生物产品、医药、食品、生物化工等领域，是药物生产过程中制水、澄清、除菌、精制纯化以及浓缩等加工过程的重要手段，产生了巨大的经济效益和社会效益。

膜分离是借助一种特殊制造的、具有选择透过性能的薄膜，在某种推动力的作用下，利用流体中各组分对膜渗透速率的差别而实现组分分离的单元操作。膜分离特别适用于热敏性介质的分离。此外，该技术操作方便，设备结构简单，维护费用低。

一、膜分离技术和特点

膜分离是在20世纪初出现，20世纪80年代后迅速崛起的一门分离新技术。膜是具有选择性分离功能的材料。利用膜的选择性分离实现料液不同组分的分离、纯化、浓缩的过程称作膜分离。其与传统过滤的不同在于，膜可以在分子范围内进行分离，并且这个过程是一种物理过程，不需发生相的变化和添加助剂。

（一）膜分离技术

膜分离技术是以选择性透过膜为分离介质，在膜两侧一定推动力的作用下，如压力差、浓度差、电位差等，原料侧组分选择性地透过膜，大于膜孔径的物质分子加以截留，以实现溶质的分离、分级和浓缩的过程，从而达到分离或纯化的目的。膜是分隔两种流体的一个薄的阻挡层，通过这个阻挡层可阻止两种流体间的力学流动，借助于吸着作用及扩散作用来实现膜的传递。

膜的传递性能是膜的渗透性。气体渗透是指气体透过膜的高压侧至膜的低压侧；液体渗透是指液相进料组分从膜的一侧渗透至膜另一侧的液相或气相中。这是一种具有一定特殊性能的分离膜，可将它看成是两相之间半渗透的隔层，阻止两相的直接接触，但可按一定的方式截留分子。该隔层可以是固体、液体，甚至是气体，半渗透性质主要是为了保证分离效果,也称为半透膜。如果所有物质不按比例均可通过,那就失去了分离的意义。膜截留分子的方式有多种,如按分子大小截留,按不同渗透系数截留,按不同的溶解度截留,按电荷大小截留等。

膜过滤时,采用切向流过滤,即原料液沿着与膜平行的方向流动,在过滤的同时对膜表面进行冲洗,使膜表面保持干净以保证过滤速度。原料液中小分子物质可以透过膜进入到膜的另一侧,而大分子物质被膜截留于原料液中,则这两种物质就可以分离。膜分离原理如图 5-19 所示。

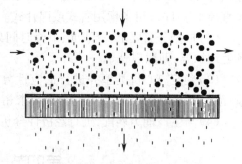

图 5-19　膜分离原理示意图

(二)膜分离特点

膜分离过程是利用天然的或合成的,具有选择透过性的薄膜作为分离介质,在浓度差、压力差、后电位差等作用下,使混合液体或气体混合物中某一组分选择性地透过膜,以达到分离、分级、提纯后浓缩等目的。因此,膜分离兼有分离、浓缩、纯化和精制的功能,与蒸馏、吸附、吸收、萃取等传统分离技术相比,具有以下特点:

1. 选择性好,分离效率较高　膜分离以具有选择透过性的膜分离两相界面,被膜分离的两相之间依靠不同组分透过膜的速率差来实现组分分离。如在按物质颗粒大小分离时,以重力为基础的分离技术最小极限是微米,而膜分离可以达到纳米级的分离;氢和氮的分离,一般需要非常低的温度,氢和氮的相对挥发度很小,而在膜分离中,用聚砜膜分离氢和氮,分离系数为 80 左右,聚酰亚胺膜则超过 120,这是因为蒸馏的分离系数主要取决于两者的物理和化学性质,而膜分离还受高聚物材料的物性、结构和形态等因素的影响。

2. 膜分离过程能耗较低　相变化的潜热很大,大多数膜分离过程是在室温下进行的,膜分离过程不发生相变化,被分离物料加热或冷却的能耗很小。另外,膜分离无须外加物质,无对环境造成二次污染之忧。

3. 特别适用于热敏性物质　大多数膜分离过程的工作温度接近室温,特别适用于热敏性物质的分离、分级与浓缩等处理,因此在医药工业、食品加工和生物技术等领域有其独特的适用性。如在抗生素的生产中,一般用减压蒸馏法除水,难以避免抗生素在设备局部过热的区域受热,或被破坏,甚至产生有毒物质,从而可能引起抗生素针剂副作用。若采用膜分离,可以在室温甚至更低的温度下进行脱水,确保不发生局部过热现象,大大提高了药品使用的安全性。

4. 膜分离过程的规模和处理能力可在很大范围内灵活变化,但其效率、设备单价、运送费用等变化不大。

5. 膜分离分离效率高,设备体积通常比较小,不需要对生产线进行很大的改变,可以直接应用到已有的生产工艺流程中。例如,在合成氨生产过程中,利用原反应压力,仅在尾气排放口接上氮氢膜分离器,就可将尾气中的氢气浓缩到原料浓度,通过管子直接输送,直接可作为原料使用,在不增加原料和其他设备的情况下可提高产量 4% 左右。

6. 膜组件结构紧凑,处理系统集成化,操作方便,易于自动化,且生产效率高。

膜分离作为一种新型的分离技术,不但可以单独使用,还可以用于生产过程中,如在发酵、化工生产过程中及时将产物取出,以提高产率或提高反应速度。膜分离过程在食品加工、医药、生化技术领域有着独特的适用性,大量研究表明,经过膜分离或纯化处理后,产物仍然可以较好地保留原有的风味和营养。

膜分离过程也存在一些不足之处,如膜的强度较差、使用寿命不长、易被玷污而影响分离效果,在使用过程中不可避免地产生浓度极差、膜污染现象,从而影响膜的使用寿命,增加了操作费用。因此,研究和有效解决这些问题一直是广大研究人员所努力的方向。

二、膜分类与膜材料

膜分离过程以选择性透过膜为分离介质,膜是膜分离技术的核心,膜材料的化学性质和膜的结构对膜分离的性能起着决定性作用。

(一)膜分类

膜从不同的角度进行分类,有以下类型:

(1)从膜的材料来看,主要有树脂膜、陶瓷膜及金属膜等。一般分离膜由高分子、金属和陶瓷等材料制造,其中以高分子材料居多,高分子膜可制成多孔的或致密的、对称的或不对称的。近年来,无机陶瓷膜材料发展迅猛并进入工业应用,尤其是在超滤、微滤、膜催化反应及高温气体分离中的应用,充分展示了其化学性质稳定、机械强度高、耐高温等优点。陶瓷膜和金属膜也可以是对称或不对称的,但制备方法完全不同。

(2)按膜的来源分,可分为天然膜和合成膜。

(3)按其物态又可分为固膜、液膜与气膜三类。目前大规模工业应用的多为固膜,固膜主要以高分子合成膜为主。

(4)按膜的结构可分为对称膜和不对称膜两大类。若膜的横断面形态结构是均一的,则为对称膜,如多数的微孔滤膜;若膜的断面形态呈不同的层次结构,则为不对称膜。

(5)按膜的形状可分为平板膜、管式膜、中空纤维膜及核孔膜等,核孔膜是具有垂直膜表面的圆柱形孔的核孔蚀刻膜。

(6)按膜中高分子的排布状态及膜的结构紧密疏松的程度又可分为多孔膜和致密膜。多孔膜结构较疏松,膜中的高分子多以聚集的胶束存在和排布,如超滤膜;致密膜一般结构紧密,通常市售的玻璃纸可以认为是致密膜。

(7)按膜的功能分类来分,可分为离子交换膜、渗析膜、微滤膜、超滤膜、反渗透膜、渗透汽化膜和气体渗透膜。

(二)膜材料

选择性透过膜材料有高分子膜材料和无机膜材料两大类。

高分子膜材料包括纤维素类、聚酰胺类、聚砜类、聚酯类、聚烯烃类、含硅聚合物、含氟聚合物等,具体见表5-9。

表5-9　高分子膜材料的种类

材料类别	具体种类
纤维素类	再生纤维素、二醋酸纤维素、三醋酸纤维素、硝酸纤维素、乙基纤维素等
聚酰胺类	芳香族聚酰胺、脂肪族聚酰胺、聚砜酰胺、交联芳香聚酰胺
聚酰亚胺类	全芳香酰亚胺、脂肪族二酸聚酰亚胺、含氟聚酰亚胺

续表

材料类别	具体种类
聚砜类	聚砜、聚醚砜、磺化聚砜、双酚 A 型聚砜、聚芳醚酚、聚醚酮
聚酯类	涤纶、聚对苯二甲酸丁二醇酯、聚碳酸酯
聚烯烃类	聚乙烯、聚丙烯、聚 4-甲基-1-戊烯、聚乙烯醇、聚丙烯腈、聚氟乙烯
含硅聚合物	聚二甲基硅氧烷、聚三甲基硅烷丙炔、聚乙烯基三甲基硅烷
含氟聚合物	聚四氟乙烯、聚偏氟乙烯、聚全氟磺酸

纤维素类膜材料是应用最早,也是目前应用最多的膜材料,主要用于反渗透、超滤和微滤。聚酰胺类和杂环类膜材料目前主要用于反渗透。聚酰亚胺类是近年来开发应用的耐高温和抗化学试剂的优良膜材料,已用于超滤、反渗透等分离膜的制造。聚砜类性能稳定、机械强度高,是许多复合膜的支持材料,如超滤和微滤膜。聚丙烯腈也是超滤和微滤膜的常用材料,它的亲水性使膜的水通量比聚砜大。聚烯烃、聚丙烯腈、聚烯酸、聚乙烯醇、含氟聚合物等多用作气体分离和渗透汽化膜材料。

无机膜是指采用陶瓷、金属、硅胶盐、金属氧化物、玻璃及碳素等无机材料制成的半透膜。无机膜根据其表面结构可分为致密膜和多孔膜。致密膜主要包括金属膜、致密的固体电解质膜、致密的"液体充实固体化"多孔载体膜和动态原位形成的致密膜;多孔膜有多孔陶瓷膜、多孔金属膜和分子筛膜。根据化学组成不同,分为 Al_2O_3、SiO_2 和 ZrO_2 等单组分膜、Al_2O_3-SiO_2、Al_2O_3-TiO_2、TiO_2-ZrO_2 等双组分膜和 Al_2O_3-SiO_2-TiO_2 多组分膜。

与高分子膜材料相比,无机膜热稳定性好,适用于高温和高压体系;使用温度一般可达 400℃,有时甚至高达 800℃;耐酸、耐碱、pH 适用范围宽,化学稳定性好;与一般的微生物不发生生物及化学反应,抗微生物能力强;以载体膜形式应用,载体都是经过高压和焙烧制成的微孔陶瓷材料和多孔玻璃等,涂膜后经高温焙烧,使膜非常牢固,不易脱落和破裂,组件机械强度高;清洁状态好,本身无毒,不会污染被分离体系;易再生和清洗,可进行反冲或反吹,可在高温下进行化学清洗。

工业应用膜应具有良好的成膜性、较大的透过性、较高的选择性外,还必须具有以下特点:

(1)耐压:膜孔径小,要保持高通量就必须施加较高的压力,机械强度好,一般膜操作的压力范围在 0.1~0.5MPa,反渗透膜的压力更高,约为 1~10MPa;

(2)耐高温:满足高通量带来的温度升高和清洗需要,热稳定性好;

(3)耐酸碱:防止分离过程中,以及清洗过程中的水解;

(4)化学性能稳定:保持膜的稳定性;

(5)生物相容性:防止生物大分子的变性;

(6)成本低。

不同的膜材料适用范围不同。反渗透、微滤、超滤用膜最好为亲水性,有利于使其具有高水通量和抗污染能力;电渗析则特别强调膜的耐酸碱性和热稳定性;目前的材料很少有为某一分离过程而设计和合成的特定材料,大多数通过对已有商品高分子材料筛选得到,采用膜材料改性或膜表面改性的方法,使膜具有某些需要的性能。几种常用膜的适用范围见表 5-10。

表5-10 几种常用膜的适用范围

膜材料	pH 范围	使用的上限温度（℃）	适用膜类型
醋酸纤维	3 ~ 8	40 ~ 45	反渗透膜
聚丙烯	2 ~ 10	45 ~ 50	超滤膜
聚烯烃	1 ~ 13	45 ~ 50	超滤膜
聚砜	1 ~ 13	80	超滤膜
聚醚砜	1 ~ 13	90	超滤膜

三、常见的膜分离过程

膜分离过程是以压力差为推动力的,在膜两侧施加一定的压力差可使一部分溶剂及小于膜孔径的组分透过膜,而微粒、大分子和盐等被膜截留下来,从而达到分离的目的。

膜分离过程的主要区别在于被分离物粒子的大小和所采用膜的结构与性能,膜分离法与物质大小的关系见图5-20。常见的膜分离过程有反渗透、超滤、电渗析、渗透、透析、微过滤、气体透过等。

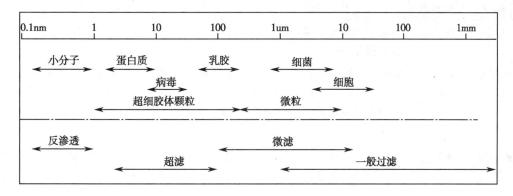

图5-20 膜分离法与物质大小的关系

反渗透是利用反渗透膜选择性透过溶剂(水)的性质,对溶液施加压力,克服溶液的渗透压,使溶剂通过膜从溶液中分离出来。当把相同体积的稀溶液和浓溶液分别置于一容器的两侧,中间用半透膜阻隔,稀溶液中的溶剂将自然地穿过半透膜,向浓溶液侧流动,浓溶液侧的液面会比稀溶液的液面高出一定高度,形成一个压力差,达到渗透平衡状态,此种压力差即为渗透压。若在浓溶液侧施加一个大于渗透压的压力时,浓溶液中的溶剂会向稀溶液流动,此种溶剂的流动方向与原来渗透的方向相反,这一过程称为反渗透。

超滤又称超过滤(ultrafiltration,UF),是超过滤膜在透过溶剂的同时,透过小分子溶质,截留大分子溶质。截留的粒径范围是1 ~ 20nm,相当于分子量为300至300 000的各种蛋白质分子,也可截留相应粒径的胶体微粒。超滤技术的优点是操作简便,成本低廉,不需增加任何化学试剂,尤其是超滤技术的实验条件温和,与蒸发、冰冻干燥相比没有相的变化,而且不引起温度、pH的变化,因而可以防止生物大分子的变性、失活和自溶。在生物大分子的制备技术中,超滤主要用于生物大分子的脱盐、脱水和浓缩等。超滤法也有一定的局限性,它不能直接得到干粉制剂。对于蛋白质溶液,一般只能得到10% ~ 50%的浓度。

电渗析原理使用具有选择性透过性能的离子交换膜,在直流电场作用下,以电位差为推动力,溶液中的离子选择性透过进行定向迁移。利用阴、阳离子交换膜对溶液中阴、阳离子的选择透过性(即阳膜只允许阳离子通过,阴膜只允许阴离子通过),而使溶液中的溶质与水分离的一种物理化学过程。从而实现溶液的浓缩、淡化、精制和提纯的一种膜过程。电渗析装置是由许多阳膜和阴膜相间安置,并在膜间放置隔板,组合成膜组,在膜组两侧安装电极。

电渗析常用于以下用途:①溶液脱盐:从料液中迁出大量的阴、阳离子,从而降低了溶液的盐分。对于海水或原水分别称为海水纯化或原水纯化;对于含无机盐的有机物水溶液,则称为溶液脱盐。②溶液的浓缩:料液是盐类溶液,浓集其中的阴、阳离子,制成浓度较高的溶液。产品是浓缩液。③溶液的脱酸或脱碱:通过离子的迁移,将碱性溶液中的金属阳离子换成氢离子,或将酸性溶液中的阴离子换成氢氧根离子,结合成水,就起了对溶液脱碱或脱酸的作用。④盐溶液的水解:将盐溶液中的阳离子和阴离子分别迁出,各配上氢氧根离子和氢离子就生成了相应的碱和酸。

工业生产中常用的膜分离过程有超滤、反渗透、渗析等,见表5-11。

表5-11　工业生产中常用的膜分离过程

名称	推动力	传递机制	膜类型	应用
超滤	压力差	按粒径选择分离溶液所含的微粒和大分子	非对称性膜	溶液过滤和澄清,以及大分子溶质的澄清
反渗透	压力差	对膜一侧的料液施加压力,当压力超过它的渗透压时,溶剂就会逆着自然渗透的方向作反向渗透	非对称性膜或复合膜	海水和苦咸水的淡化、废水处理、乳品和果汁的浓缩以及生化和生物制剂的分离和浓缩等
电渗析	电位差	利用离子交换膜的选择透过性,从溶液中脱除电解质	离子交换膜	海水经过电渗析,得到的淡化液是脱盐水,浓缩液是卤水
渗析	浓度差	利用膜对溶质的选择透过性,实现不同性质溶质的分离	非对称性膜、离子交换膜	人工肾、废酸回收、溶液脱酸和碱液精制等方面
气体分离	压力差	利用各组分渗透速率的差别,分离气体混合物	均匀膜、复合膜、非对称性膜	合成氨或从其他气体中回收氨
液膜分离	化学反应	以液膜为分离介质分离两个液相	液膜	烃类分离、废水处理、金属离子的提取和回收

随着膜制备技术的不断提高,膜分离机制的研究不断深入以及膜分离技术与其他分离技术的广泛结合,膜分离技术得到了迅速发展,逐渐成为药物分离和纯化的重要方法之一。

四、膜分离设备

各种膜材料通常制成各种形状包括平板、管子、细管和中空纤维等备用,以制成各种过滤组件出售。膜分离装置主要包括膜组件与泵,膜组件是膜分离装置里的核心部分。

所谓膜组件,就是将膜以某种形式组装在一个单元设备内,它将料液在外界压力作用下实现对溶质与溶剂的分离。在工业膜分离装置中,可根据需要设置数个至数千个膜组件。

膜组件的结构要求:①流动均匀,无死角;②装填密度大;③有良好的机械、化学和热稳定性;④成本低;⑤易于清洗;⑥易于更换膜;⑦压力损失小。

目前,工业上常用的膜组件有板框式、管式、螺旋卷式、中空纤维式和毛细管式几种类型。

(一)板框式

板框式膜组件是最早将平面膜直接加以使用的一种膜组件,板框式膜组件使用的膜为平板式,结构与常用的板框压滤机类似,由导流板、膜和支撑板交替重叠组成,如图5-21所示。它们的区别是板框式过滤机的过滤介质是帆布等材料,板框式膜组件的过滤介质是膜。这种平板式膜一般厚度为 $50\sim500\mu m$,固定在支撑材料上。支撑板相当于过滤板,它的两侧表面有窄缝。内有供透过液通过的通道,支撑板的表面与膜相贴,对膜起支撑作用。导流板相当于滤框,但与板框压滤机不同,操作时料液从下部进入,在导流板的导流下经过膜面,透过液透过膜,经支撑板面上的多流孔流入支撑板的内腔,再从支撑板外侧的出口流出;料液沿导流板上的流道与孔道一层一层往上流,从膜过滤器上部的出口流出,即得浓缩液。导流板面上设有不同形状的流道,以使料液在膜面上流动时保持一定的流速与湍动,没有死角,减少浓差极化和防止微粒、胶体等的沉积。

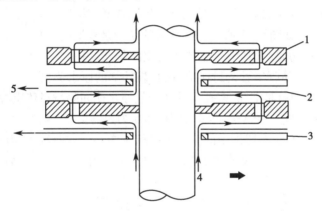

图5-21　板框式膜分离器
1-导流板;2-膜;3-支撑板;4-料液;5-透过液

许多生产厂家在板框式膜组件发展过程中对支撑膜的平盘结构进行了大幅度地改良,以更大程度地提高其抗污染能力,主要通过设计平盘上各种类型的凹凸结构,来增加物料流动的湍流程度以减小浓差极化。如图5-22所示,导流板与支撑板的作用合在一块板上,板上弧形条突出板面,起导流板的作用,每块板的两侧各放一张膜,然后一块块叠在一起。膜紧贴板面,在两张膜间形成由弧形条构成的弧形流道,料液从进料通道送入板间两膜间的通道,透过液透过膜,经过板面上的孔道,进入板的内腔,然后从板侧面的出口流出。

通过结构上的改良,板框式膜组件目前广泛运用于含固量较高的发酵、食品行业。取代了板框过滤、絮凝等传统工艺,成功解决了采用絮凝、助滤处理发酵液时带来的产品损失,板框式膜组件在膜技术工业中已经广泛使用。其突出优点是,每两片膜之间的渗透物都是被单独引出的,可以通过关闭个别膜组件来消除操作时发生的故障,而不必将整个膜组件停止运转。膜片无须粘合就能使用,更换单个膜片很方便,并且换膜片的成本是所有膜系统中最低廉的。组装方便,可以简单地增加膜的层数以提高处理量;膜的清洗更换比较容易;料液流通截面较大,不易堵塞。

板框式膜组件的缺点是:需密封的边界线长,需要个别密封的数目太多;内部压力损失也相对较高(取决于物料转折流动的状况);对膜的机械强度要求较高;由于组件流程较短,其单程的回收率较低;为保证膜两侧的密封,对板框及其起密封作用的部件加工精度要求高;其组件的装填密度较低,一般为 $30 \sim 500 m^2/m^3$;每块板上料液的流程短,通过板面一次的透过液相对量少,所以为了使料液达到一定的浓缩度,需经过板多次或料液需多次循环;组件基本都由不锈钢制作,成本昂贵。

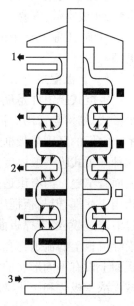

图 5-22　板框式膜组件
1- 浓缩液;2- 渗透液;
3- 进料

板框式膜组件一般保留体积小,能量消耗介于管式和螺旋卷式之间,但死体积大。适合于处理悬浮液较高的料液。

板框式膜组件在使用中还受到以下条件限制:①不能用于高温场合;②不能用于强酸、强碱的场合;③耐有机溶剂性能较差;④膜组件单位体积内的膜面积较小。

(二)螺旋卷式

螺旋卷式结构,简称卷式结构。也是用平板膜制成的,其结构与螺旋板式换热器类似。如图 5-23 所示。这种膜的结构是双层的,中间为多孔支撑材料,两边是膜,其中三边被密封成膜袋状,另一个开放边与一根多孔中心产品收集管密封连接,在膜袋外部的原水侧再垫一网眼型间隔材料,也就是把膜、多孔支撑体、膜、原水侧间隔材料依次叠合,绕中心产品水收集管紧密地卷起来形成一个膜卷,再装入圆柱型压力容器里,就成为一个螺旋卷组件。工作时,原料从端部进入组件后,在隔网中的流道沿平行于中心管方向流动,而透过物进入膜袋后旋转着沿螺旋方向流动,最后汇集在中心收集管中再排出,浓液则从组件另一端排出。

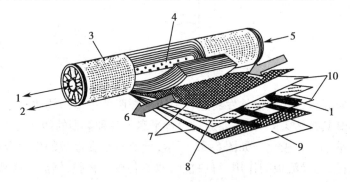

图 5-23　螺旋卷式膜分离器
1- 渗透物;2- 浓缩液;3- 膜组件外壳;4- 中央渗透物管;5- 原料液;
6- 浓缩液通道;7- 料液隔网;8- 透过液隔网;9- 外罩;10- 膜

螺旋卷式膜分离器有单位体积内膜的填充密度相对较高,膜面积大;有进料分隔板,物料的交换效果良好;设备较简单紧凑,价格低廉;换新膜容易;处理能力高;占地面积小;安装操作方便;制造工艺简单等优点。

其缺点在于不能处理含有悬浮物的液体,料液需要预处理;原水流程短,压力损失大;浓水难以循环,以及密封长度大;膜必须是可焊接或可粘连的;易污染,清洗、维修不方便;易堵塞;膜有损坏,不能更换,膜元件如有一处破损,将导致整个元件失效。

螺旋卷式膜分离器主要应用于制药(维生素浓缩,抗生素树脂解析液的脱盐浓缩)、食品(果汁浓缩,低聚糖、淀粉糖分离纯化,植物提取)、氨基酸(脱色除杂,脱盐,浓缩)、染料(脱盐浓缩,取代盐析、酸析)、母液回收(味精母液除杂,葡萄糖结晶母液除杂等)、水处理(印染废水处理,中水回用,超纯水制备)、酸、碱回收(制药行业洗柱酸、碱废液)。

(三) 圆管式

圆管式膜组件的结构主要将膜和多孔支撑体均制成管状,如图5-24所示,结构类似于管式换热器。管式膜组件由管式膜制成,膜粘在支撑管的内壁或外壁。外管为多孔金属管,中间为多层纤维布,内层为管状超滤或反渗透膜。原液在压力作用下在管内流动,产品由管内透过管膜向外迁移,管内与管外分别走料液与渗透液,最终达到分离的目的。

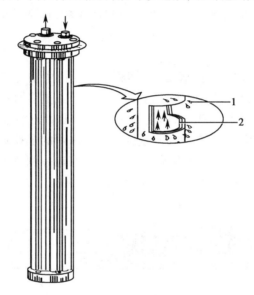

图5-24 管式膜组件

1-透过液;2-膜

管式膜可分为内压型和外压型两种,如图5-25所示。内压型膜组件膜指被直接浇注在多孔的不锈钢管内,加压的料液从管内流过,透过膜的渗透液在管外被收集;外压型膜组件膜指被浇注在多孔支撑管外侧面,加压的料液从管外侧流过,渗透液则由管外侧渗透通过膜进入多孔支撑管内。无论是内压式还是外压式,都可以根据需要设计成串联或并联装置。

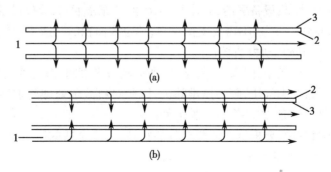

图5-25 管式膜组件两种类型

(a)内压管型 (b)外压管型 1-料液;2-膜;3-多孔管

管式膜分离器易清洗,无死角,适宜于处理含固体较多的料液,单根管子可以调换,但保留体积大,单位体积中所含过滤面积较小,压力较大。

管式膜组件的优点有:膜通量大,浓缩倍数高,可达到较高的含固量;流动状态好,流速易控制,合适的流动状态还可以防止浓差极化和污染;料液流道宽,允许高悬浮物含量的料液进入膜组件,预处理简单;对堵塞不敏感,安装、拆卸、换膜和维修均较简单方便,如果某根管子损坏,可方便地更换,膜芯使用寿命长;机械清除杂质也较容易。

其缺点为:与平板膜相比,管膜的制备比较难控制;若采用普通的管径(1.27cm),则单位体积内有效膜面积的比率较低,不利于提高浓缩比;装填密度不高,流速高,能耗较高;管口的密封也比较困难。

因此管式膜组件一般应用于物料含固量高,回收率要求高,有机污染严重并且难以运用预处理的环境,其在果汁和染料行业运用非常成功,特别是染料行业几乎全采用管式膜。

(四) 中空纤维式

中空纤维膜组件的结构与管式膜类似,即将管式膜由中空纤维膜代替。如图5-26所示,中空纤维式膜分离器的组装是把大量(有时是几十万或更多)的中空纤维膜装入圆筒耐压容器内。中空纤维外径50~200μm,内径25~42μm。将数万至数十万根中空纤维制成膜束,膜束外侧覆以保护性格网,内部中间放置供分配原水用的多孔管,膜束两端用环氧树脂加固。通常纤维束的一端封住,使纤维膜呈开口状,并在这一侧放置多孔支撑板,另一端固定在用环氧树脂浇铸的管板上。将整个膜束装在耐压筒内。

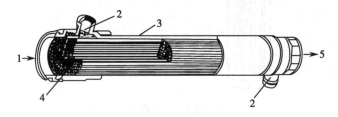

图5-26 中空纤维膜组件示意图
1-料液入口;2-透过液出口;3-中空纤维束;
4-中空纤维固定端;5-浓缩液出口

使用时加压的料液由膜件的一端进入壳侧,在向另一端流动的同时,渗透组分经纤维管壁进入管内通道,经管板放出,截流物在容器的另一端排掉。

中空纤维膜组件优点:设备紧凑,死体积小,膜的填充密度高,单位设备体积内的膜面积大(高达1600~30 000m²/m³),不需要支撑材料;单位膜面积的制造费用低;可以逆洗,操作压力较低(小于0.25MPa),动力消耗较低。

其缺点:中空纤维内径小,阻力大,易堵塞,所以料液走管间,渗透液走管内,透过液侧流动损失大,压降可达数个大气压,膜污染难除去,因此对料液预处理要求高。不能单独更换单根管子,单根纤维损坏时,需调换整个膜组件。

在实际的使用过程中,要根据不同膜组件的特性,选择合适的膜组件,可以获得更好的分离效果,表5-12为主要的膜组件的定性比较。

表 5-12　不同膜组件的比较

膜组件	管式	板框式	卷式	中空纤维式
装填密度	低	⟶		非常高
投资	高	⟶		低
污染	低	⟶		非常高
清洗	易	⟶		难
膜更换	可/不可	可	不可	不可

第五节　气-固分离设备

在制药、化工等工业化过程中,存在着大量需要进行气固分离的场合,如发尘量大的设备,如粉碎、过筛、混合、制粒、干燥、压片、包衣等设备,需要将固体粉末收集后再排空的气体排放过程,气体的净化处理和过滤除菌等,气固分离是一个重要的化工单元操作。

气固分离器按分离机制可分为离心式分离器、惯性式分离器;按是否有冷却分为绝热式分离器、水冷(汽冷)分离器;按横截面形状分为旋风筒分离器、方形分离器;按进口烟气温度分为高温分离器、中温分离器、低温分离器。旋风分离器是一种常见的气固分离器,具有构造简单、操作维护方便及造价低和效率较高等优点,广泛地应用于化工、冶金和环保等工业部门,可用于粉末、涂料、塑料粉等的分离和分级,也可用于各种工艺过程中除雾以及洗涤,以及操作中的液体组分的分离。

一、旋风分离器的结构与原理

旋风分离器是利用气态非均相在做高速旋转时所产生的离心力,把固体颗粒或液滴从含尘气体中分离出来的静止机械设备,其内部无运动部件,可达到气固液分离。

旋风分离器的结构如图 5-27 所示,一般都是由进气管、排气管、排尘管、圆筒和圆锥筒等几个部分组成。常采用立式圆筒结构,内部沿轴向分为集液区、旋风分离区、净化室区等。内装旋风子构件,按圆周方向均匀排布,亦通过上下管板固定;设备采用裙座支撑,封头采用耐高压椭圆形封头。

工作原理:当含粉料颗粒的气流一般以 12～30m/s 速度沿切线方向由进气管进入旋风分离器时,气流在筒壁的约束下由直线运动变成圆周运动,旋转气流的绝大部分沿筒壁成螺旋状向下朝锥体流动称为外旋流。而密度大的含颗粒气体在旋转过程中产生离心力,将气体中的粉料颗粒甩向筒壁,颗粒一旦与器壁接触,便失去惯性力,靠入口速度的初始动量随外螺旋气流沿圆筒壁面下落,最终进入排尘管被捕集。旋转向下的气流在到达锥体时,因圆锥体形状的收缩,根据"旋转矩"不变原理,其切向速度不断提高(不考虑壁面摩擦损失)。外旋流旋转过程中使周边气

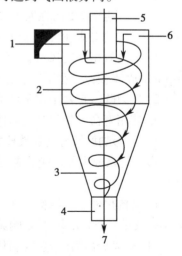

图 5-27　旋风分离器结构简图
1- 进气管;2- 圆筒体;3- 圆锥体;
4- 排灰管(或灰斗);5- 排气管;
6- 顶盖;7- 中轴线

流压力升高,在圆锥中心部位形成低压区,由于低压区的吸引,当气流到达锥体下端某一位置时,便向分离器中心靠拢,即以同样的旋转方向在旋风分离器内部,由下反转向上,继续作螺旋运动,称为内旋流。内旋气流经排气管排出分离器,一小部分未被分离出来的物料颗粒也由此逃出。气体中的粉料颗粒在气体旋转向上进入排气管排出前碰到壁面,可沿壁面滑落进入排尘口被捕集达到气固分离的目的。

目前已有螺旋型、涡旋型、旁路型、扩散型、旋流型和多管式等各种形式的旋风分离器。

气体入口设计常有三种形式:上部进气、中部进气和下部进气。对于湿气来说,我们常采用下部进气方案,因为下部进气可以利用设备下部空间,对直径大于 $300\mu m$ 或 $500\mu m$ 的液滴进行预分离,以减轻旋风部分的负荷。而对于干气常采用中部进气或上部进气。上部进气配气均匀,但设备直径和设备高度都将增大,投资较高;而中部进气可以降低设备高度和降低造价。

旋风分离器的主要特点是结构简单,没有运动部件;操作方便、弹性大;对于捕集 5 ~ $10\mu m$ 以上的非黏性、非纤维的干燥粉尘,效率较高;耐高温,操作不受温度、压力限制;管理维修方便;价格低廉。因此,广泛应用于工业生产中,特别是在粉尘颗粒较粗,含尘浓度较大,高温、高压条件下,或是在流化床反应器内作为内旋风分离器,或作为预分离器等方面,是极其良好的分离设备。但是它对细尘粒的分离效率较低;设备费用较高;气体在分离器内流动阻力大,微粒对器壁有较严重的机械磨损;对气体流量的变动敏感。旋风除尘器在净化设备中应用得最为广泛。改进型的旋风分离器在部分装置中可以取代尾气过滤设备。

二、影响旋风分离器性能的主要因素

旋风分离器结构简单,分离效率高,在工业上有广泛应用。旋风分离器性能的好坏直接影响到工艺的总体设计、系统布置及设备运行性能,故旋风分离器的性能尤其显得重要。旋风分离器的结构、运行条件、欲分离的固体粉尘的物理性质等都将影响旋风分离器的性能。

(一) 旋风分离器的性能

评价旋风分离器的性能主要有分离效率、压力降等重要指标,在工业化中需要达到一定的指标要求,才能较好地达到分离目的。

1. 分离效率　旋风分离器的分离效果要求:在设计压力和气量条件下,均可除去 ≥ $10\mu m$ 的固体颗粒。在工况点分离效率为99%,在工况点 ±15% 范围内,分离效率为97%。

2. 压力降　正常工作条件下,单台旋风分离器在压降不大于 0.05MPa。

3. 使用寿命　旋风分离器的设计使用寿命不少于 20 年。

(二) 影响旋风分离器性能的主要因素

影响旋风分离器性能的主要因素大致分为三类:结构尺寸、运行条件、固体粉尘的物理性质。

1. 结构尺寸　从结构尺寸来说,旋风分离器的直径、高度、气体进口、排气管的形状和大小以及排灰管(灰斗)是影响旋风分离器性能的主要因素。

(1)旋风分离器的直径(筒体直径):一般旋风分离器的直径越小,粉尘颗粒所受的离心力越大,旋风分离器的分离效率也就越高。筒体直径过小,旋风分离器距离排气管太近,会造成粉尘颗粒反弹至中心气流而被带走,使分离效率降低,而且,筒体太小容易引起堵塞,尤其是对于黏性物料。筒体直径一般不宜小于 50 ~ 75mm。

(2)旋风分离器的高度:通常有较高分离效率的旋风分离器都有较大的长度比例。使进入筒体的尘粒停留时间增长,有利于分离,还能促使尚未到达排气管的颗粒从旋流核心中分离出来,减少二次夹带,以提高分离效率。足够长的旋风分离器还可以避免旋转气流对灰斗顶部的磨损。一般当中心管长度是入口管高度的 0.4~0.5 倍时,分离效率最高,随后分离效率随着中心管长度增加而降低。同时过长的旋风分离器会占据较大的空间,对于工程建设不利。

(3)旋风分离器进口的型式:旋风分离器的进口主要有两种型式,即轴向进口和切向进口。其中切向进口是最为普通的一种进口型式,用得较多,制造简单,外形尺寸紧凑。进口管可制成矩形和圆形两种,圆形进口管与旋风分离器只有一点相切,矩形进口管其整个高度均与筒壁相切,一般多采用矩形进口管。切向进口宽度减小,风速增加,分离效率和压力损失都增加。

(4)排气管:常见的排气管有两种型式,一种是圆筒型式,一种是下端有收缩型式。一般常采用下端有收缩型式,这种型式既不影响旋风分离器的分离效率,又可降低阻力损失。在一定范围内,排气管直径越小,旋风分离器的分离效率越高,压力损失也越大。反之,分离效率越低,压力损失也越小。

(5)排灰管(灰斗):排灰管(灰斗)是旋风分离器中最容易被忽视的部分。在分离器的锥体处,气流非常接近高湍流,粉尘由此排出,二次夹带的机会就较多。再则,旋流核心为负压,如果设计不当,造成灰斗漏气,就会使粉尘的二次飞扬加剧,严重影响分离效率。

2. 运行条件 从运行条件上看,进入旋风分离器的进口气速、气体流量,以及气体的含尘浓度等是影响旋风分离器性能的主要因素。

(1)进口气速:进口气速是个关键参数,气体旋转切向速度越大,处理气量可增大。更重要的是进口气速越高,临界粒径越小,分离效率越高。但气速过高,气流的湍动程度增加,颗粒反弹加剧,造成二次夹带严重,加剧粉尘微粒与旋风分离器壁的摩擦,使粗颗粒(大于 $40\mu m$)破碎,造成细粉尘含量增加,对具有凝聚性质的粉尘也会起分散作用,造成分离效率下降,同时压力损失也会急剧上升,大大增加能量损耗。一般取气流速度 10~25m/s 较合适。

(2)气体流量:气体流量对总分离效率的影响可以用下式近似计算:

$$\frac{100-\eta_a}{100-\eta_b} = \sqrt{\frac{Q_a}{Q_b}} \tag{5-5}$$

式中,η_a、η_b 分别为条件 a、b 情况下的总分离效率,%;Q_a、Q_b 分别为条件 a、b 情况下的气体体积流量,m^3/s。

(3)气体的密度、黏度、压力:气体的密度越大,临界粒径越大,分离效率下降。但气体的密度和固体密度相比,尤其在低压下几乎可以忽略,黏度的影响也常忽略不计。

(4)气体的含尘浓度:旋风分离器的分离效率随粉尘浓度的增加而提高。含尘浓度大,粉尘的凝聚与团聚性能提高,使较小的尘粒凝聚在一起而被捕集,同时大颗粒向器壁移动产生一个空气甩力,会使小颗粒夹带至器壁促进其被分离。但含尘浓度增加后,排气管排出的粉尘的绝对量也会大大增加。

(5)烟气温度:温度越高气体黏度越大,分离效率越低。

3. 固体粉尘的物理性质 固体粉尘的物理性质主要指颗粒大小、密度及其粒级分布等。

(1)颗粒大小(即粒径 d):一般较大粒径的颗粒在旋风分离器中会产生较大的离心力,

有利于分离,分离效率越高。所以,在粉尘筛分组成中,凡大颗粒所占有的百分数越大,总分离效率越高。

（2）颗粒密度:粉尘单颗粒密度对分离效率有重要影响,密度越大,分离效率也越高。

（3）颗粒浓度:颗粒的浓度存在着一个临界值,小于该临界值时,随着浓度的增加分离效率增加,压力损失下降;而大于该临界值时,随着浓度的增加分离效率反而下降。

影响旋风分离器性能的因素除上述外,分离器内壁粗糙度、气密封性、中央排气管的插入深度、气体的湿度、物料的颗粒粒度分布情况、进气的进气量、压力波动情况等均会影响旋风分离器的性能。

三、常用的旋风分离器

近年来在旋风分离器结构设计中,主要以提高分离效率或降低气流阻力等途径提高性能,对标准旋风分离器加以改进,设计出一些新的结构型式,如在化工生产中,常用的旋风分离器类型有螺旋型旋风分离器、旁室型旋风分离器、扩散式旋风分离器等。

（一）螺旋型旋风分离器

螺旋型旋风分离器是一种采用阿基米德连续螺旋线型结构的旋风分离器,和普通旋风分离器相比,螺旋型旋风分离器具有阻力小、效率高、高径比小、体积小、造价低等优点。

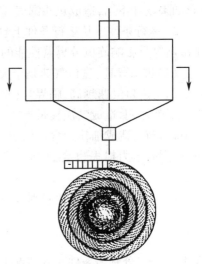

螺旋型旋风分离器的示意图如图5-28所示,与一般结构型式的旋风分离器的分离原理基本一样,气体从进气口进入分离器,经过气流的旋转运动,在离心力的作用下固体颗粒或液滴从分离器中分离出来,完成气体净化。螺旋型旋风分离器将筒体顶部做成螺旋状,这种螺旋线型的壁面改变了分离器的流场结构,从而使螺旋型旋风分离器能够使分离空间内充分形成切向流场,并减小径向流场的汇流作用,提高了分离器的分离效率,同时也在一定程度上避免了客观存在的气流所产生的不利影响。这种结构形式在一定程度上可以减小涡流的影响,并且气流阻力较低（阻力系数值可取 5.0 ~ 5.05）。

图5-28　螺旋型旋风分离器示意图

（二）旁室型旋风分离器

旁室型旋风分离器是在筒体外侧增设旁路分离室的一种高效旋风分离器。它能使筒内壁附近含尘较多的一部分气体通过旁路进入旋风筒下部,减少粉尘由排风口逸出的机会,降低压力损失,特别对大于 5μm 的粉尘有较高的除尘效率。主要用于清除工业废气中含有密度较大的非纤维性及黏结性的灰尘,达到净化空气的目的。

旁室型旋风分离器是基于双旋涡气流原理设计的,其结构简图如图5-29所示。当含尘气体切向进入分离器时,气流在获得高速旋转运动的同时,上、下分开形成双旋涡运动。粉尘在双旋涡分界处产生强烈的分离作用,粗颗粒由旁路分离室中部洞口引出,余下的粉尘随向下气流进入灰斗。细颗粒由上旋涡气流带向上部,在顶盖下形成强烈旋转的上粉尘环,与上旋涡气流一起进入旁路分离室上部出口,回风口进入锥体内与内部气流汇合,净化后的气体由排气管排出,粉尘则落入料斗中。

（三）扩散式旋风分离器

扩散式旋风分离器是一种新型的净化设备,在很多工厂广泛使用,除尘效果良好。它是由进口管、圆筒体、倒锥体、受尘斗、反射屏、排气管等所组成,如图5-30所示。

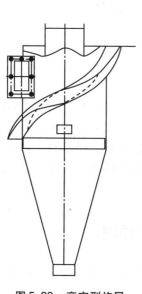

图5-29　旁室型旋风
分离器示意图

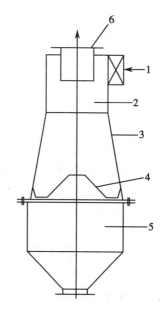

图5-30　扩散式旋风分离器示意图
1-进口管;2-圆筒体;3-倒锥体;
4-反射屏;5-受尘斗;6-排气管

含尘气体经过连接管进入分离器的圆筒体,在离心力作用下,旋转气流将粉尘抛到器壁上而与旋转气体主流继续向下扩散到倒锥体,此时由于反射屏的反射作用,使大部分旋转气体被反射,经中心排气管排出,少量旋转气流随粉尘一起进入受尘斗,在受尘斗内流动速度降低,粉尘与器壁撞击后失去前进的能力而坠落,而气流从反射屏"透气孔"上升到分离器中心排气管而排出。

扩散式旋风分离器在结构上与一般旋风分离器的区别,在于增设了一个反射屏。在一般旋风分离器中,旋转气流达到锥底后又在中心部分自下而上旋转流向出口管,这时产生的旋涡具有吸引力,会把已经沉降下来的粉尘重新卷起夹带出去,影响旋风分离器的除尘效率,尤其是对微细颗粒(小于$5\sim10\mu m$)的影响更为显著。加了反射屏以后,使已经分离下来的粉尘沿着反射屏通道落下来,而在反射屏的顶部则无灰尘聚集,有效地防止了底部的返回气流把已经分离下来的粉尘重新卷起。此外在一般旋风分离器中,也有一部分气流随着粉尘一起进入受尘斗,当此部分气流返回时便带出一定量的粉尘而降低了除尘效率;而扩散式旋风分离器在圆筒体下部采用倒锥体,逐渐降低气流速度,然后又设置反射屏,使大部分气流反射回去,小部分气流进入受尘斗内,然后从透气孔返回中心排气管。透气孔的大小可以控制进入受尘斗中的气流量,从而使上升气流带尘量减少。

（张宇燕）

第六章 干燥原理与设备

干燥是指利用热能将湿物料中湿分除去的单元操作,广泛应用于医药、食品、化工、建材等行业。就制药工业而言,无论是原料药生产的精制、干燥、包装等环节,还是制剂生产中的固体造粒,被干燥物料中都含有一定量的湿分,由于物料的理化性质与粉体特征各不相同,需根据不同产品的不同要求选用不同的干燥设备,目的就是使物料便于加工、运输、贮藏和使用,进而保证药品的质量和提高药物的稳定性。

第一节 干燥速率与干燥时间

物料的干燥速率不仅取决于空气的性质与干燥条件,更与物料中水分与物料的结合方式密切相关。由于在同一种物料中,所含水分性质不同,除去水分的难易程度也不同。

1. 平衡水分与自由水分 在恒定干燥条件下,根据物料中所含水分能否被除去,将物料中的水分划分为自由水分和平衡水分。

(1)平衡水分:在干燥操作条件下,物料与空气中水分交换达到平衡时,物料中所含的水分称为平衡水分(图 6-1 中的 X^*)。物料表面水的蒸汽压与空气中水蒸汽分压相等时,物料中的水分与空气处于动平衡状态,物料中的水分不再因与空气接触时间的延长而增减,此时物料中所含的水分称为该空气状态下物料的平衡水分(如图 6-1 所示)。平衡水分属于物料中的结合水分。研究一定条件下药物的平衡含水量,对药物的干燥工艺参数选择、贮藏和保质都具有指导性意义。

(2)自由水分:在干燥操作条件下,物料中能够被去除的水分称为自由水分。自由水分包括了物料中的全部非结合水分和部分结合水分。自由水可从实验测定的平衡水分求得,由已知的物料含水量 X 减去平衡水分 X^*,即可得到该物料的自由水含量。

2. 结合水分和非结合水分 根据物料与水分结合力的不同,物料中的水分分为结合水分与非结合水分。

(1)结合水分:结合水分是借化学力或物理化学力与固体相结合的,即图 6-1 中的 x'。由于这类水分结合力强,其蒸汽压低于同温度下纯水的饱和蒸汽压,从而使干燥过程的传质推动力较小,除去这种水分较难。通常包括物料中的结晶水、物料细胞壁内的水分、物料内毛细管结构中的水分等。

(2)非结合水分:非结合水分是与物料以机械方式结合,即水分附着于固体物料表面,存积于大孔隙内及颗粒堆积层中。物料中非结合水分与物料的结合力弱,其蒸汽压与同温度下纯水的饱和蒸汽压相同,因此非结合水分的汽化与纯水的汽化相同,在干燥过程中较易除去。通常包括:物料表面的水分、颗粒堆积层中较大空隙中的水分等。

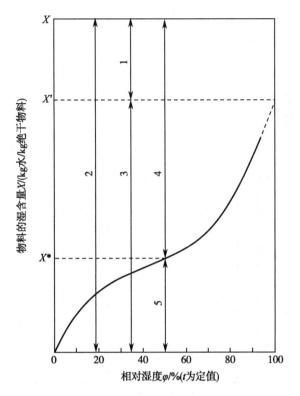

图 6-1 固体物料中水分性质示意图

1-非结合水；2-总水分；3-结合水；4-自由水；5-平衡水分

一、干燥特性曲线

干燥机制和干燥过程比较复杂，通常干燥速率是从实验测得的干燥曲线中求得。根据物料在生产中的干燥条件，干燥可分为恒定条件的干燥与非恒定条件的干燥。所谓恒定条件的干燥是指在干燥过程中，各干燥条件的工艺参数（不包括物料）不随时间变化而变化。为了简化影响因素，干燥实验往往是选在恒定条件下进行的。

1. 干燥曲线 在恒定的干燥条件下（干燥介质的温度、湿度、流速及物料的接触方式恒定不变），湿物料在实验过程中，随着干燥时间的延长，水分不断汽化，湿物料质量逐渐减少，此时记录各个时间间隔内物料的含水量、物料的表面温度 t 随干燥时间 τ 的变化数据，直至物料质量不再变化，物料中所含水分基本为平衡水分。整理不同时间测取的数据即可绘制成图 6-2 所示的曲线，该曲线称为干燥曲线。

2. 干燥速率曲线 干燥速率是指在单位时间内、单位干燥面积上汽化的水分质量，用 U 表示，即

$$U = \frac{\mathrm{d}W}{A\mathrm{d}\tau} \tag{6-1}$$

式中，U 为干燥速率，单位为 kg 水/（m² · s）；W 为物料实验操作中汽化的水分，单位为 kg；A 为干燥面积（即物料与空气的接触面积），单位为 m²；τ 为干燥时间，单位为 s。

由于 $\mathrm{d}W = -m_\mathrm{d}\mathrm{d}x$ 故式（6-1）可写成：

$$U = \frac{\mathrm{d}W}{A\mathrm{d}\tau} = \frac{-m_\mathrm{d}\mathrm{d}x}{A\mathrm{d}\tau} \tag{6-2}$$

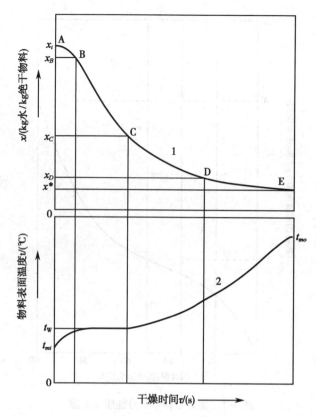

图6-2   恒定干燥条件下的干燥曲线示意图

1：x-τ 曲线；2：t-τ 曲线

式中，m_d 为干燥操作中湿物料中绝干物料的质量，单位为 kg；式(6-2)中的负号表示物料含水量 x 随干燥时间 τ 的增加而减小。

由干燥曲线6-2可以求出任意一点斜率 $\mathrm{d}x/\mathrm{d}\tau$，由式(6-2)得到各点干燥速率 U，所以可将干燥曲线变换成干燥速率曲线，如图6-3所示。

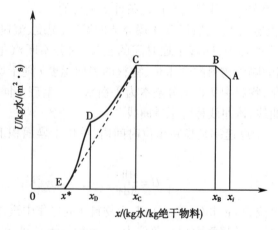

图6-3   恒定干燥条件下的干燥速率曲线

AB-预热阶段；BC-恒速干燥阶段；CD-第一降速阶段；

DE-第二降速阶段

二、干燥过程及影响因素

从图 6-2 和图 6-3 中可见,湿物料在干燥过程中,可分为几个不同的干燥阶段:预热阶段、恒速阶段和降速阶段。不同阶段物料的含水量随时间变化趋势明显不同,说明各阶段在干燥过程中的干燥机制和影响因素各不相同,因此,各个阶段都表现出各自的特点。

1. 物料预热阶段　AB 段称为干燥预热阶段。该段时间较短。图 6-3 中 A 点表示物料进入干燥器时含水量 x_i、温度 t_{mi}。在恒定的干燥条件下,干燥介质(热空气)温度为 t_g,湿度为 H_i。物料一旦被加热,水分开始逐渐汽化,在气固两相间进行热量和质量的传递,到达 B 点前,物料表面温度随时间增加而升高,干燥速率也随时间而增加。

2. 恒速干燥阶段　BC 段称为恒速干燥阶段。到达 B 点时,物料含水量降至 x_B,此刻物料表面润湿性良好,物料中的水分由内部迁移到物料表面的速率大于或等于水分从表面向空气中的汽化速率。此时的物料表面蒸汽压等于同温度下纯水的蒸汽压,物料表面温度始终保持空气的湿球温度 t_w(不计湿物料受辐射传热的影响),传热速率保持不变,直至到达 C 点。一般来说,到达 C 点前,汽化的水分为非结合水分。因此干燥速率的大小主要取决于空气的性质即取决于物料表面水分的汽化速率,所以恒速干燥阶段又称为表面汽化控制阶段。

3. 降速干燥阶段　CD 段称为第一降速干燥阶段。干燥过程进行到 C 点后,干燥速率曲线会出现一转折点,即图 6-3 曲线上的 C 点,该点称为临界点,该点对应的湿物料的含水量为 x_c,称为临界含水量。该阶段物料内部水分扩散到表面的速率开始小于表面水分在湿球温度下的汽化速率。随后物料表面出现局部结合水分被去除,物料内部的水分不能及时扩散传递到表面的情况,致使物料表面不能继续维持全部湿润。水分汽化量减少,干燥速率逐渐减小,物料表面温度稍有上升,到达 D 点时,全部物料表面都不含非结合水。

DE 段称为第二降速阶段。干燥过程进行到 D 点后,物料表面温度的逐渐升高,物料中结合水分及剩余非结合水分的汽化则由表面开始向内部移动,空气传递的热量必须达到物料内部才能使物料内部的水分汽化,干燥速率逐渐下降。到达 E 点时速率降为零,物料的含水量降至为该空气状态下的平衡含水量 x^*,再继续干燥亦不可能降低物料的含水量。

需要说明的是,以上干燥过程是为取得干燥数据而制定的,干燥时间可以延续至物料干燥到平衡含水量 x^*。但在实际干燥时,干燥时间不可能如上述那样长,因此,物料的含水量 x 也不可能达到平衡含水量 x^*,只能接近平衡含水量,因此,最终物料的干燥速率也不等于零。

由以上讨论可知,在干燥过程中,物料一般都要经历预热阶段、恒速干燥阶段和降速干燥阶段。在恒速干燥阶段,干燥速率不仅与物料的性质、状态、内部结构、物料厚度等物料因素有关,还与热空气的参数有关,此时物料温度低,干燥速率最大;在降速干燥阶段,干燥速率主要取决于物料的性质、状态、内部结构、物料厚度等,而与热空气的参数关系不大,干燥过程又称为内部扩散控制阶段,此时,空气传给湿物料的热量大于汽化所需的热量,故物料表面温度不断升高,干燥的速率越来越小,蒸发同样量的水分所需的时间加长。

干燥过程阶段的划分是由物料的临界含水量 x_C 确定的,x_C 是一项影响物料干燥速率和干燥时间的重要特性参数。x_C 值越大,则干燥进入降速阶段越早,蒸发同样的水分量时间越长。临界含水量 x_C 值的大小,因物料性质、厚度和干燥速率的不同而异。在一定干燥速率下,物料愈厚,x_C 愈高。根据固体内水分扩散的理论推导表明,扩散速率与物料厚度的平方成反比。因此,减薄物料厚度可有效地提高干燥速率。了解影响 x_c 值的因素,有助于选择强化干燥的措施、开发新型的高效干燥设备、提高干燥速率。物料临界含水量值通常由实验测定或查阅有关手册来获取。

三、干燥时间的计算

在恒定干燥条件下,物料从初始含水量 x_i 干燥至最终含水量 x_o,干燥时间包括预热时间、恒速干燥时间和降速干燥时间。由于干燥预热阶段时间很短,一般将其并入恒速干燥阶段。

1. 恒速干燥时间 τ_1　因恒速干燥阶段的干燥速率 U 等于临界干燥速率 U_c,则式(6-2)可变换为:

$$U_c = -\frac{m_d \mathrm{d}x}{A \mathrm{d}\tau} \tag{6-3}$$

分离变量积分得:$\int_0^{\tau_1} \mathrm{d}\tau = \int_{x_i}^{x_c} -\frac{m_d}{U_c A}\mathrm{d}x \tag{6-4}$

则　$\tau_1 = \frac{m_d}{U_c A}(x_i - x_c) \tag{6-5}$

式中,τ_1 为恒速阶段干燥时间,单位为 s 或 h;U_c 为物料的临界干燥速率,单位为 kg 水/(m^2 · s);x_c 为物料临界含水量,单位为 kg 水/kg 绝干料。

2. 降速干燥时间 τ_2　物料在降速阶段时,干燥速率 U 不是常数,会随着物料含水量 x 减少而降低。对式(6-2)分离变量积分得:

$$\tau_2 = \int_{x_c}^{x_0} -\frac{md}{A}\frac{\mathrm{d}x}{U} \tag{6-6}$$

式中,τ_2 为恒速阶段干燥时间,单位为 s 或 h。

当通过与实际条件相同的实验获得干燥速率 U 与物料干基含水量 x 的数量关系后,式(6-6)中积分项可以采用图解积分法求取。具体方法是:以 x 为横坐标,$1/U$ 为纵坐标,在直角坐标系上绘制出曲线,如图 6-4 所示,用图解法求出阴影部分的面积即为积分项的值。代入式(6-6)就可以求出降速阶段的干燥时间 τ_2。

用图解积分法求得的干燥时间,结果较为准确,但必须知道干燥速率 U 与物料干基含水量 x 的数量关系,当缺乏这一关系的完整数据,而仅通过部分实验知道一些关键点的数据时,可以用解析方法,近似求算 τ_2 值。这种方法是假定在降速

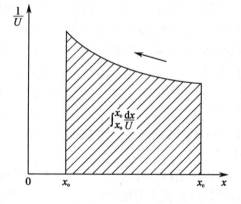

图 6-4　图解积分法

阶段,物料干燥速率 U 与干基含水量 x 成线性关系,这样 U 和 x 的关系可写成下式:

$$U = ax + b$$

微分得　$\mathrm{d}U = a\mathrm{d}x$

带入式(6-6)得　$\tau_2 = \frac{md}{aA}\int_{U_0}^{U_c}\frac{\mathrm{d}U}{U} = \frac{md}{aA}\ln\frac{U_c}{U_0}$

式中,U_0 为物料的干燥速率,单位为 kg/(m^2 · s);α 为干燥曲线降速干燥阶段的斜率。

根据干燥曲线中的 CE 段,可得

$$a = \frac{U_C}{x_c - x^*} \quad \text{或} \quad a = \frac{U_O}{x_o - x^*}$$

将上述式子变换带入 得

$$\tau_2 = \frac{m_d}{A} \cdot \frac{x_c - x^*}{U_c} \ln \frac{x_c - x^*}{x_o - x^*} \tag{6-7}$$

3. 干燥过程总时间 对于连续干燥,物料干燥所需的全部时间为:

$$\tau = \tau_1 + \tau_2 \tag{6-8}$$

对于间歇式干燥,若每批卸料时间为 τ_3,物料干燥所需的全部时间为:

$$\tau = \tau_1 + \tau_2 + \tau_3 \tag{6-9}$$

【例6-1】 已知某物料在恒定空气条件下,将含水量从 0.1kg 水/kg 绝干物料干燥至 0.04kg 水/kg 绝干物料共需 5 小时,问将此物料继续干燥至 0.01kg 水/kg 绝干物料还需多长时间(该物料 $x_c = 0.05$kg 水/kg 绝干物料,$x^* = 0.005$kg 水/kg 绝干物料)。

解:干燥包括恒速与降速两阶段,干燥时间分别设为 τ_1 和 τ_2。

由题意知:$\tau_1 + \tau_2 = 5$ 小时,$x_i = 0.1$kg 水/kg 绝干物料,$x_o = 0.04$kg 水/kg 绝干物料。

$$\frac{\tau_2}{\tau_1} = \frac{x_c - x^*}{x_i - x_c} \ln \frac{x_c - x^*}{x_o - x^*} = \frac{0.05 - 0.005}{0.1 - 0.05} \ln \frac{0.05 - 0.005}{0.04 - 0.005} = \frac{0.045}{0.05} \ln \frac{0.045}{0.035} = 0.226$$

由 $\tau_1 + \tau_2 = 5$,$\tau_2 = 0.226\tau_1$

解得:

$\tau_1 = 4.08$ 小时,$\tau_2 = 0.92$ 小时

设继续干燥至 0.01kg 水/kg 绝干物料时间为 τ_3,则此时 $x'_o = 0.01$kg 水/kg 绝干物料,有:

$$\frac{\tau_3}{\tau_2} = \frac{\ln \dfrac{x_c - x^*}{x'_o - x^*}}{\ln \dfrac{x_c - x^*}{x_o - x^*}} = \frac{\ln \dfrac{0.05 - 0.005}{0.01 - 0.005}}{\ln \dfrac{0.05 - 0.005}{0.04 - 0.005}} = \frac{2.197}{0.251} = 8.742$$

则 $\tau_3 = 8.742\tau_2 = 8.742 \times 0.92 = 8.04$

答:将此物料继续干燥至 0.01kg 水/kg 绝干物料还需 $8.04 - 0.92 = 7.12$ 小时。

第二节 干燥器的选择

制药生产中的干燥与其他行业的干燥相比,干燥机制基本相同,但由于其行业的特殊性,又有其自身的特殊要求和限制,必须根据被干燥物料的性质和产量、工艺要求和环境保护等多方面综合考虑。

一、干燥分类

日常生活中的物资成千上万,需要干燥的物质种类繁多,所以生产中的干燥方法亦是多种多样,从不同角度考虑也有不同的分类方法。

1. 按操作压力 干燥可分为常压干燥和减压(真空)干燥。常压干燥适合对干燥没有特殊要求的物料干燥;减压(真空)干燥适合于特殊物料的干燥,如热敏性、易氧化和易燃易

爆物料的干燥。

2. 按操作方式   干燥可分为连续式干燥和间歇式干燥。连续式的特点是生产能力大，干燥质量均匀，热效率高，劳动条件好；间歇式的特点是品种适应性广，设备投资少，操作控制方便，但干燥时间长，生产能力小，劳动强度大。

3. 按供给热能的方式   干燥可分为对流干燥、传导干燥、辐射干燥和介电干燥，以及由几种方式结合的组合干燥。干燥设备通常就是根据供给热能的方式进行设计制造的。

（1）对流干燥：利用加热后的干燥介质（常用的是热空气），将热量带入干燥器内并传给物料，使物料中的湿分汽化，形成的湿气同时被空气带走。这种干燥是利用对流传热的方式向湿物料供热，又以对流方式带走湿分，空气既是载热体，也是载湿体。如气流干燥、流化干燥、喷雾干燥等都属于这类干燥方法。此类干燥目前应用最为广泛，其优点是干燥温度易于控制，物料不易过热变质，处理量大；缺点是热能利用程度低。

（2）传导干燥：湿物料与设备的加热表面相接触，将热能直接传导给湿物料，使物料中湿分汽化，同时利用空气将湿气带走。干燥时设备的加热面是载热体，空气是载湿体。如转鼓干燥、真空干燥、冷冻干燥等。传导干燥的优点是热能利用程度高，湿分蒸发量大，干燥速度快；缺点是当温度较高时易使物料过热而变质。

（3）辐射干燥：利用远红外线辐射作为热源，向湿物料辐射供热，湿分汽化带走湿气。这种方式是用电磁辐射波作热源，空气作载湿体。如红外线辐射干燥。其优点是安全、卫生、效率高；缺点是耗电量较大，设备投入高。

（4）介电干燥：在微波或高频电磁场的作用下，湿物料中的极性分子（如水分子）及离子产生偶极子转动和离子传导等为主的能量转换效应，辐射能转化为热能，湿分汽化，同时用空气带走汽化的湿分，如微波干燥。优点是内外同时加热，物料内部温度高于表面温度，从而使温度梯度和湿分扩散方向一致，可以加快湿分的汽化，缩短干燥时间。

二、干燥器的选择

干燥器的选择受多种因素影响和制约，正确的步骤为：根据物料中水分的结合性质，选择干燥方式；依据生产工艺要求，在实验基础上进行热量衡算，为选择预热器和干燥器的型号、规格及确定空气消耗量、干燥热效率等提供依据；计算得出物料在干燥器内的停留时间，确定干燥器的工艺尺寸。

1. 干燥器选用基本原则   在保证产品质量（如湿含量、粒度分布、外表形状及光泽等）的前提下，应尽可能地选择干燥速率大、热效率高、干燥时间短、设备体积小、生产能力高的干燥器；干燥系统的流体阻力要小，以降低流体输送机械的能耗；要保证环境污染小、劳动条件好、操作简便、安全、可靠；同时对于易燃、易爆、有毒物料，要采取特殊的技术措施。

2. 干燥器选择的影响因素

（1）被干燥物料的性质：选择干燥器前首先要了解被干燥物料的性质特点，必须采用与工业设备相似的试验设备来做试验，以提供物料干燥特性的关键数据，并探测物料的干燥机制，为选择干燥器提供理论依据。通过经验和预试验了解以下内容：工艺流程参数；原料是否经预脱水及将物料供给干燥器的方法；原料的化学性质、起火爆炸的危险性、温度极限及腐蚀性等；干燥后产品的规格和性质等。

（2）被干燥物料形态：根据被干燥物料的物理形态，可分为液态料、滤饼料、固态可流动料和原药材等。物料形态和部分常用干燥器的对应选择关系如表6-1所示，可供参考。

表 6-1　被干燥物料与干燥器的选择关系

干燥器	物料形态									
	固态可流动物料		滤饼物料				液态物料			原药材
	溶液	浆料	粉料	颗粒	结晶	扁料	膏状物	过滤滤饼	离心滤饼	
厢式干燥器	−	−	+	+	+	+	−	+	+	+
带式干燥器	−	−	−	+	+	+	−	−	−	+
转鼓干燥器	+	+	−	−	−	−	+	−	−	−
隧道干燥器	−	−	−	+	+	+	−	−	−	+
流化床干燥器	−	−	−	+	+	+	−	+	+	−
闪蒸干燥器	−	−	+	+	+	+	−	+	+	−
喷雾干燥器	+	+	−	−	−	−	+	−	−	−
真空干燥器	−	−	−	+	+	+	−	+	+	+
冷冻干燥器	−	−	−	−	+	+	−	+	+	+

注：＋表示物料形态与干燥器匹配；－表示物料形态与干燥器不匹配。

（3）物料处理方法：在制定药品生产工艺时，被干燥物料的处理方法对干燥器的选择是一个关键的因素。有些物料需要经过预处理或预成形，才能使其适合于某种干燥器。如使用喷雾干燥就必须要将物料预先液态化，使用流化床干燥则最好将物料进行制粒处理；液态或膏状物料不必处理即可使用转鼓干燥器进行干燥，对温度敏感的生物制品则应设法使其处在活性状态时进行冷冻干燥。

（4）温度与时间：药物的有效成分对温度比较敏感。高温会使有效成分发生分解、活性降低至完全失活；但低温又不利于干燥。所以，药品生产中的干燥温度和时间与干燥设备的选用关系密切。一般来说，对温度敏感的物料可以采用快速干燥、真空或真空冷冻干燥、低温慢速干燥、化学吸附干燥等。表 6-2 列出了一些干燥器中物料的停留时间。

表 6-2　干燥器中物料的停留时间

干燥器	干燥器内的典型停留时间				
	1~6s	0~10s	10~30s	1~10min	10~60min
厢式干燥器	−	−	−	+	+
带式干燥器	−	−	−	+	+
隧道干燥器	−	−	−	−	−
流化床干燥器	−	−	+	−	−
喷雾干燥器	+	+	−	−	−
闪蒸干燥器	+	+	−	−	−
转鼓干燥器	−	+	+	−	−
真空干燥器	−	−	−	−	+
冷冻干燥器	−	−	−	−	+

注：＋表示物料在该干燥器内的典型停留时间。

(5)生产方式:被干燥湿物料的量也是选择干燥器时需要考虑的主要问题之一。一般来说,处理量小、品种多、连续加卸料有困难的物料干燥宜选用间歇操作的干燥器如厢式干燥器等;当物料处理量较大时,更适宜选择连续操作的干燥器。

(6)干燥量:干燥量包括干燥物料总量和湿分蒸发量,它们都是重要的生产指标,主要用于确定干燥设备的规格,而非干燥器的型号。但若多种类型的干燥器都能适用时,则可根据干燥器的生产能力来选择相应的干燥器。

(7)能源价格、安全操作和环境因素:为节约能源,在满足干燥的基本条件下,应尽可能地选择热效率高的干燥器。若排出的废气中含有污染环境的粉尘或有毒物质,应对排出的废气能加以处理。此外,还必须考虑噪声问题。

干燥设备的最终确定通常是对设备价格、操作费用、产品质量、安全、环保、节能和便于控制、安装、维修等因素综合考虑后,提出一个合理化的方案,选择最佳的干燥器。在不肯定的情况下,应做一些初步的试验以查明设计和操作数据及对特殊操作的适应性。对某些干燥器,做大型试验是建立可靠设计和操作数据的唯一方法。

第三节   干 燥 设 备

在制药工业中,由于被干燥的物料形态多样(如颗粒状、粉末状、浓缩液状、膏状流体等),物料的理化性质又各不相同(如热敏性、黏度、酸碱性等),生产规模和产品要求各异等因素,在实际生产中采用的干燥方法和干燥器的类型也各不相同。

一、厢式干燥器

厢式干燥器是制药生产中常用的一类干燥器,它是一种间歇、对流式干燥设备,小型的称为烘箱,大型的称为烘房。根据干燥气流在干燥器内的流动方向,一般分为如下三种类型:

1. 水平气流厢式干燥器   水平气流厢式干燥器(如图 6-5 所示)主要由若干长方形的烘盘、箱壳、通风系统(包括风机、分风板和风管等)等组成。烘盘承载被干燥的物料,物料层不宜过厚(一般为 10～100mm)。干燥的热源主要为蒸汽加热管道,干燥介质为自然空气及部分循环热风。新鲜空气由风机吸入,经加热器预热后沿挡板水平地进入各层挡板之间,与湿物料进行热交换并带走湿气;部分废气经排出管排出,余下的循环使用,以提高热利用率。废气循环量可以用吸入口及排出口的挡板进行调节。空气的速度由物料的粒度而定,应使物料不被带走为宜。该种干燥器主要缺点是热效率和生产效率低,热风只在物料表面流过,干燥时间长,不能连续操作,劳动强度大,物料在装卸、翻动时易扬尘,环境污染严重。

2. 穿流气流厢式干燥器   对于颗粒状物料的干燥,可将物料放在多孔的烘盘上均匀地铺上一薄层,可以使气流垂直的通过物料层,以提高干燥速率。这种结构称为穿流气流厢式干燥器(如图 6-6 所示)。从图中可看出物料层与物料层之间有倾斜的挡板,从一层物料中吹出的湿空气被挡住而不致再吹入另一层。这种干燥对粉状物料适当造粒后也可应用。实验表明,穿流气流干燥速度比水平气流干燥速度快 2～4 倍。

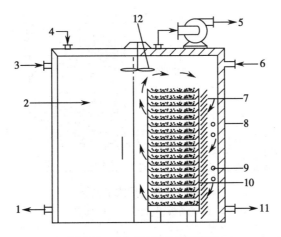

图6-5　水平气流厢式干燥器

1,11-冷凝水;2-干燥器门;3,6-加热蒸汽;4-空气;

5-尾气;7-气流导向板;8-隔热器壁;9-下部加热管;

10-干燥物料;12-循环风扇

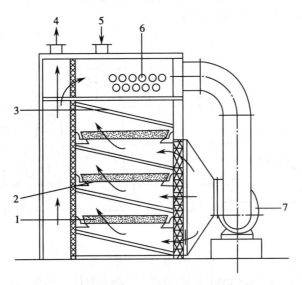

图6-6　穿流气流厢式干燥器

1-物料;2-网状料盘;3-气流挡板;4-尾气排放口;

5-空气进口;6-加热器;7-风机

二、真空干燥器

若所干燥的物料热敏性强、易氧化及易燃烧,或排出的尾气需要回收以防污染环境,则在生产中需要使用真空干燥器(如图6-7所示)。该类干燥器分为真空箱式干燥器和真空筒式干燥器。

1. 真空箱式干燥器　真空箱式干燥器的干燥箱是密封的,外壳为钢制,内部安装有多层空心隔板,工作状态时,用真空泵抽走由物料中汽化的水汽或其他蒸汽,从而维持干燥器中的真空度,使物料在一定的真空度下达到干燥。真空厢式干燥器的热源为低压蒸汽或热水,热效率高,被干燥药物不受污染;设备结构和生产操作都较为复杂,相应的费用也较高。

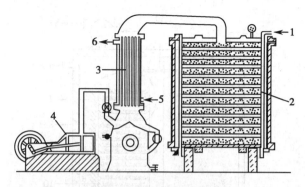

图 6-7　真空厢式干燥器

1-加热蒸汽;2-真空隔板;3-冷凝器;4-真空泵;5,6-冷凝水

2. **真空耙式干燥器**　真空耙式干燥器由蒸汽夹套和耙式搅拌器组成(如图 6-8 所示)。由于搅拌器的不断搅拌,使得物料得以均匀干燥。物料由间接蒸汽加热,汽化的气体被真空抽出。真空耙式干燥器与箱式干燥器相比,劳动强度低,物料可以是膏状、颗粒状或粉末状,物料含水量可降至 0.05%。缺点是干燥时间长,生产能力低;由于有搅拌桨的存在,卸料不易干净,对于需要经常更换品种的干燥操作不适合。

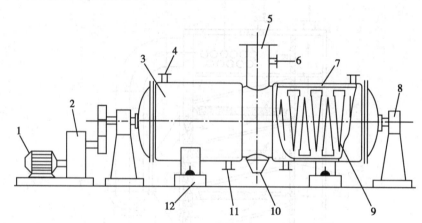

图 6-8　真空耙式干燥器

1-电动机;2-变速箱;3-干燥筒体;4-蒸汽入口;5-加料口;6-抽真空;7-蒸汽夹套;
8-轴承座;9-耙式搅拌器;10-卸料口;11-冷凝水出口;12-干燥器支座

三、带式干燥器

在制药生产中带式干燥器是一类最常用的连续式干燥设备,简称带干机。湿物料置于连续传动的运送带上,用红外线、热空气、微波辐射对运动的物料加热,使物料温度升高而被干燥。根据结构,可分为单级带式干燥器、多级带式干燥器、多层带式干燥器等。制药行业中主要使用的是单级带式干燥器和多层带式干燥器。

1. **单级带式干燥器**　一定粒度的湿物料从进料端由加料装置被连续均匀地分布到传送带上,传送带具有用不锈钢丝网或穿孔不锈钢薄板制成网目结构,以一定速度传动;空气经过滤、加热后,垂直穿过物料和传送带,完成传热传质过程,物料被干燥后传送至卸料端,循环运行的传送带将干燥料自动卸下,整个干燥过程是连续的。见图 6-9。

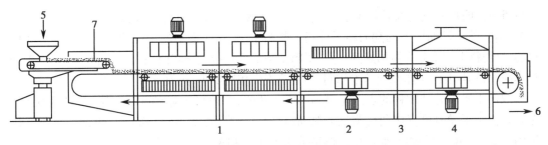

图6-9　单级带式干燥器

1-上吹;2-下吹;3-隔离段;4-冷却;5-加料端;6-卸料端;7-摆动加料装置

由于干燥有不同阶段,干燥室一般被分隔成几个区间,每个区间可以独立控制温度、风速、风向等运行参数。例如,在进料口湿含量较高区间,可选用温度、气流速度都较高的操作参数;中段可适当降低温度、气流速度;末端气流不加热,用于冷却物料。这样不但能使干燥有效均衡地进行,而且还能节约能源,降低设备运行费用。

2. 多层带式干燥器　多层带式干燥器的传送带层数通常为3~5层,多的可达15层。工作状态时,上下两层传送方向相反,热空气以穿流流动进入干燥室,物料从上而下依次传送。传送带的运行速度由物料性质、空气参数和生产要求决定,上下层可以速度相同,也可以不相同,许多情况是最后一层或几层的传送带运行速度适当降低,这样可以调节物料层厚度,达到更合理地利用热能。见图6-10。

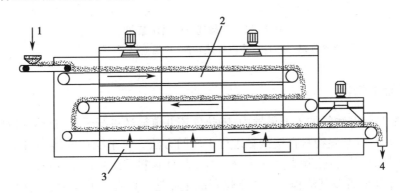

图6-10　多层带式干燥器

1-加料端;2-链式输送器;3-热空气入口;4-卸料端

多层带式干燥器的优点是物料与传送带一起传动,同一层带上的物料相对位置固定,具有相同的干燥时间;物料在传送带上转动时,可以使物料翻动,能更新物料与热空气的接触表面,保证物料干燥质量的均衡,因此特别适合于具有一定粒度的成品药物干燥;可以使用多种能源进行加热干燥(如红外线辐射和微波辐射、电加热器等)。缺点是被干燥物料状态的选择性范围较窄,只适合干燥具有一定粒度,没有黏性的固态物料,且生产效率和热效率较低,占地面积较大,噪声也较大。

四、转筒式干燥器

转筒干燥器是一种间接加热、连续热传导类干燥器,主要用于溶液、悬浮液、胶体溶液等流动性物料的干燥。根据结构分为单转筒干燥器、双转筒干燥器。双转筒干燥器工作时(如图6-11所示),两转筒进行反向旋转且部分表面浸在料槽中,液态物料以膜(厚度为

0.3~5mm)的形式黏附在转筒上。加热蒸汽通入转筒内部,通过筒壁的热传导,使物料中的水分汽化,然后转筒壁上的刮刀将干燥后的物料铲下,这一类型的干燥器是以热传导方式传热的,湿物料中的水分先被加热到沸点,干料则被加热到接近于转筒表面的温度。双筒干燥器与单筒干燥器相比,工作原理基本相同,但是热损失相对要小,热效率和生产效率则高很多。

　　双筒干燥器处理物料的含水量可为10%~80%,一般可干燥到3%~4%,最低为0.5%左右。由于干燥时可直接利用蒸汽潜热,故热效率较高,可达70%~90%。单位加热蒸汽耗量为1.2~1.5kg蒸汽/kg水。总传热系数为180~240W/(m²·K)。

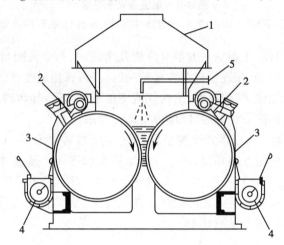

图6-11　双转筒干燥器示意图
1-蒸汽罩;2-刮刀;3-蒸汽加热转筒;4-运输器;5-原料液入口

五、气流干燥器

　　气流干燥是将湿物料加入干燥器内,随热气流并流输送进行干燥,在热气流中分散成粉粒状,是一种热空气与湿物料直接接触进行干燥的方法。对于能在气体中自由流动的颗粒物料,可采用气流干燥方法除去其中水分。对于块状物料需要附设粉碎机。

　　1. 气流干燥装置及其流程　气流干燥器的主体是一根直立的圆筒,湿物料通过螺旋加料器进入干燥器,由于空气经加热器加热,做高速运动,使物料颗粒分散并悬浮在气流中,热空气与湿物料充分接触,将热能传递给湿物料表面,直至湿物料内部。同时,湿物料中的水分从湿物料内部扩散到湿物料表面,并扩散到热空气中,达到干燥目的。干燥后的物料被旋风除尘器和袋式除尘器回收。一级直管式气流干燥器是气流干燥器最常用的一种,如图6-12。

　　2. 气流干燥器的特点　气流干燥器适用于干燥非结合水分及聚集不严重又不怕磨损的颗粒状的物料,尤其适宜于干燥热敏性物料或临界含水量低的细粒或粉末状物料。

　　(1)干燥效率高:干燥器中气体的流速通常为20~40m/s,被干燥的物料颗粒被吹起呈悬浮状态,气固间的传热系数和传热面积都很大。同时,由于干燥器中的物料被气流吹散,被高速气流进一步粉碎,颗粒的直径逐渐较小,物料的临界含水量可以降得很低,从而缩短干燥时间。物料在气流干燥器中的停留时间只需0.5~2秒,最长不超过5秒。

　　(2)热损失小:由于气流干燥器的散热面积较小,热损失低,一般热效率较高,干燥非结合水分时,热效率可达60%左右。

　　(3)结构简单:活动部件少,造价低,易于建造和维修,操作稳定,便于控制。

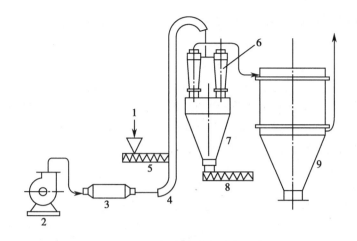

图6-12　一级直管式气流干燥器

1-湿料；2-风机；3-加热器；4-干燥管；5-螺旋加料器；6-旋风除尘器；

7-储料斗；8-螺旋出料器；9-袋式除尘器

由于气速高以及物料在输送过程中与壁面的碰撞及物料之间的相互摩擦，整个干燥系统的流体阻力很大，因此动力消耗大。干燥器的主体较高，约在10m以上。此外，对粉尘回收装置的要求也较高，且不适用于干燥有毒的物质。尽管如此，还是目前制药工业中应用较广泛的一种干燥设备。

六、流化床干燥器

流化床干燥又称沸腾床干燥，是流化态技术在干燥过程中的应用。利用热空气流使湿颗粒悬浮，呈流化态，似"沸腾状"，热空气与湿颗粒间在动态下进行热交换，达到干燥目的的一种方法。各种流化干燥器的基本结构都由原料输入系统、热空气供给系统、干燥室及空气分布板、气-固分离系统、产品回收系统和控制系统等几部分组成。

其基本工作原理是利用加热的空气向上流动，穿过干燥室底部的多孔分布床板，床板上面加有湿物料；当气流速度增加到一定程度时，床板上的湿物料颗粒就会被吹起，处于似沸腾的悬浮状态，即流化状态，称之为流化床。气流速度区间的下限值称为临界流化速度，上限值称为带出速度。只要气流速度保持在颗粒的临界流化速度与带出速度（颗粒沉降速度）之间，颗粒即能形成流化状态。处于流化状态时，颗粒在热气流中上下翻动互相混合、碰撞，与热气流进行传热和传质，达到干燥的目的。

流化床干燥器的优点：①固体颗粒体积小，单位体积内的表面积却极大，与干燥介质能高度混合；同时固体颗粒在床层中不断地进行激烈运动，表面更新机会多，传热、传质效果好。②物料在设备中停留时间短，适用于某些热敏性物料的干燥。③设备生产能力高，可以实现小设备大生产的要求。④在同一个设备中，可以进行连续操作，也可以进行间歇操作。⑤物料在干燥器内的停留时间，可以按需要进行调整。对产品含水量要求有变化或物料含水量有波动的情况更适用。⑥设备简单，费用较低，操作和维修方便。

流化床干燥器的缺点：①对物料颗粒度有一定的限制，一般要求不小于30μm，不大于6mm；②湿含量高而且黏度大、易粘壁和结块的物料，一般不适用；③流化干燥器的物料纵向返混剧烈，对单级连续式流化床干燥器，物料在设备中停留时间不均匀，有可能未经干燥的物料随着产品一起排出。

制药行业使用的流化床干燥装置主要分为：单层流化床干燥器、多层流化床干燥器、卧式多室流化床干燥器、塞流式流化床干燥器、振动流化床干燥器、机械搅拌流化床干燥器等。

1. 单层流化床干燥器　该干燥器的基本结构如图6-13所示。干燥器工作时，空气被空气过滤器过滤，由鼓风机送入加热器加热至所需温度，经气体分布板喷入流化干燥室，将由螺旋加料器抛在气体分布板上的物料吹起，形成流化工作状态。物料悬浮在流化干燥室经过一定时间的停留而被干燥，大部分干燥后的物料从干燥室旁侧卸料口排出，部分随尾气从干燥室顶部排出，经旋风分离器和袋滤器回收。

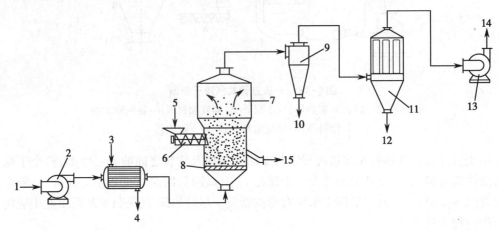

图6-13　单层流化床干燥器

1-空气；2-鼓风机；3-加热蒸汽；4-冷凝水；5-加料斗；6-螺旋加料器；7-流化干燥室；8-气体分布板；
9-旋风分离器；10-粗粉回收；11-袋滤器；12-细粉回收；13-抽风机；14-尾气；15-干燥产品

该干燥器操作方便，生产能力大。但由于流化床层内粒子接近于完全混合，物料在流化床停留时间不均匀，所以干燥后所得产品湿度也不均匀。如果限制未干燥颗粒由出料口带出，则须延长颗粒在床内的平均停留时间，解决办法是提高流化层高度，但是压力损失也随之增大。因此，单层圆筒流化床干燥器适用于处理量大、较易干燥或干燥程度要求不高的粒状物料。一般要求干燥粉状物料含水量不超过5%，颗粒状物料不超过15%。

2. 多层流化床干燥器　该干燥器的基本结构如图6-14所示。湿物料从顶部加料口加入，逐渐向下移动，干燥后由底部出料口排出。热气流由底部送入，向上通过各层，从顶部排出。物料与气体逆向流动，层与层之间的颗粒没有接触，但每一层内的颗粒可以互相混合，所以停留时间分布均匀，可实现物料的均匀干燥。气体与物料的多次逆流接触，提高了废气中水蒸汽的饱和度，因此热利用率较高。多层流化床可改善单层流化床的操作状况。

多层圆筒流化床干燥器适合于对产品含水量及湿度均匀有很高要求的情况。其缺点为：结构复杂，操作不易控制，难

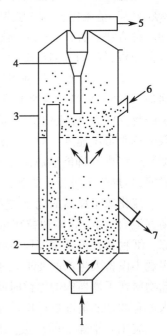

图6-14　多层流化床干燥器
1-热空气；2-第二层；3-第一层；
4-床内分离器；5-气体出口；
6-加料口；7-出料口

以保证各层流化稳定及定量地将物料送入下层。此外,由于床层阻力较大所导致的高能耗也是其缺点。

3. 卧式多室流化床干燥器 该干燥器的基本结构如图6-15所示。为了克服多层干燥器的缺点,在制药生产中较多应用负压卧式多室流化床干燥器。其主要结构由流化床、旋风分离器、细粉回收室和排风机组成。在干燥室内,通常用挡板将流化床分隔成多个小室,挡板下端与分布板之间的距离可以调节,使物料能逐室通过。使用时,将观察窗和清洗门关闭,在终端抽风机作用下,空气由于负压被抽进系统,由加热器加热,高速进入干燥器,湿颗粒立即在多孔板上上下翻腾,与空气快速进行热交换。另外,在负压的作用下,导入一定量的冷空气,送入最后一室,用于冷却产品。进入各小室的热、冷空气向上穿过气体分布板,物料从干燥室的入料口进入流化干燥室,在穿过分布板的热、冷空气吹动下,形成流化床,以沸腾状向出口方向移动,完成传热、传质的干燥过程,最后由出料口排出。

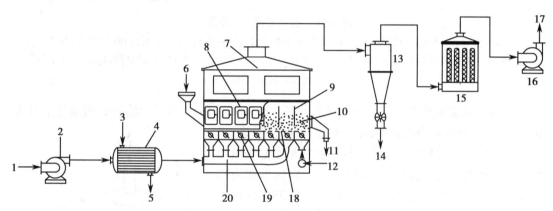

图6-15 卧式多室流化床干燥器

1-空气;2-空气过滤器;3-加热蒸汽;4-空气加热器;5-冷凝水;6-加料器;7-多室流化干燥室;
8-观察窗;9-挡板;10-流化床;11-干燥物料;12-冷空气;13-旋风分离器;14-粗粉回收;15-细粉回收室;
16-抽风机;17-尾气;18-气体分布板;19-可调风门;20-热空气分配管

干燥室的上部有扩大段,空气流速降低,物料不能被吹起,大部分物料将与空气分离,部分细小物料随分离的空气被抽离干燥室,用旋风分离器进行回收,极少量的细小粉尘由细粉回收室回收。

卧式多室流化床干燥器结构简单,操作方便,易于控制,且适应性广。不但可用于各种难以干燥的粒状物料和热敏性物料,也可用于粉状及片状物料的干燥。干燥产品湿度均匀,压力损失也比多层床小。不足的是热效率要比多层床低。

4. 振动流化床干燥器 该干燥器的基本结构如图6-16所示。为避免普通流化床的沟流、死区和团聚等情况的发生,人们将机械振动施加于流化床上,形成振动流化床干燥器。振动能使物料流化形成振动流化态,可以降低临界流化气速,使流化床层的压降减小。调整振动参数,可以使普通流化床的返混基本消除,形成较理想的定向塞流。振动流化床干燥器的不足是噪声大,设备磨损较大,对湿含量大、团聚性较大的物料干燥不很理想。

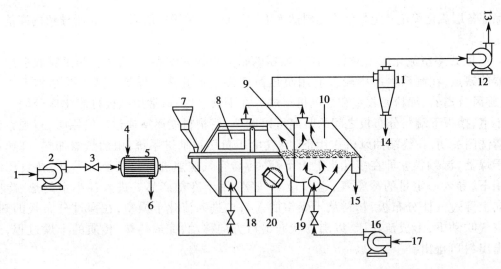

图6-16　振动流化床干燥器

1,17-空气;2,16-送风机;3-阀门;4-加热蒸汽;5-加热器;6-冷凝水;7-加料机;8-观察窗;9-挡板;10-干燥室;11-旋风分离器;12-抽风机;13-尾气;14-粉尘回收;15-干燥物料;18,19-空气进口;20-振动电机

5. 塞流式流化床干燥器　该干燥器的基本结构如图6-17所示。给料必须是完全可流化的,从气体分布板中心进料,在分布板边缘出料,进、出料口之间设有一道螺旋形塞流挡板。物料从中心进料导管输入后即被热空气流化,并被强制沿着螺旋形塞流挡板通道移动,一直到达边缘的溢流堰出料口卸出。由于连续的物料流动和窄的通道限制了物料的返混,停留时间得到很好的控制,因此,在多种复杂的操作中能够保持颗粒停留时间基本一致,产品湿含量低,与热空气接近平衡,且无过热现象。

七、喷雾干燥器

喷雾干燥器是将流化技术应用于液态物料干燥的一种有效的设备。喷雾干燥的物料可以是溶液、乳浊液、混悬液等,干燥产品可根据工艺要求制成粉状、颗粒状,甚至空心球状,因此在制药工业中得到了广泛的应用。

1. 喷雾干燥器的工作原理　该干燥器的基本结构如图6-18所示。喷雾干燥器是利用雾化器将液态物料分散成粒径为 $10\sim60\mu m$ 的雾滴,将雾滴抛掷于温度为

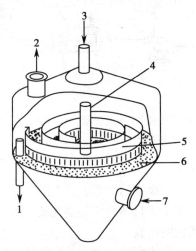

图6-17　塞流式流化干燥器

1-出料口;2-排气口;3-进料口;4-进料导管;5-塞流挡板;6-气体分布板;7. 进气口

$120\sim300℃$ 的热气流中,由于高度分散,这些雾滴具有很大的比表面积和表面自由能,其表面的湿分蒸汽压比相同条件下平面液态湿分的蒸汽压要大。热气流与物料以逆流、并流或混合流的方式相互接触,通过快速的热量交换和质量交换,使湿物料中的水分迅速汽化而达到干燥,干燥后产品的粒度一般为 $30\sim50\mu m$。喷雾干燥的物料可以是溶液、乳浊液、混悬液或是黏糊状的浓稠液。干燥产品可根据工艺要求制成粉状、颗粒状、团粒状甚至空心球状。

由于喷雾干燥时间短,通常为5～30秒,所以特别适用于热敏性物料的干燥。

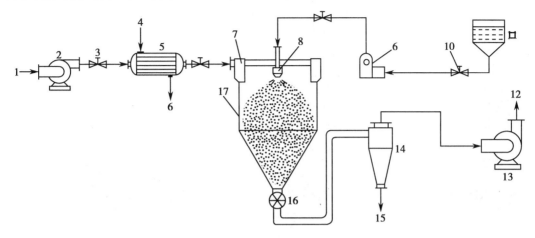

图6-18 喷雾干燥装置示意图

1-空气;2-送风机;3,10-阀门;4-加热蒸汽;5-加热器;6-冷凝水;7-热空气分布器;8-压力喷嘴;
9-高压液泵;11-贮液罐;12-尾气;13-抽风机;14-旋风分离器;15-粉尘回收;16-星形卸料器;
17-喷雾干燥室

喷雾干燥的设备有多种结构和型号,主要由空气过滤器、空气加热系统、雾化系统(喷嘴)、干燥系统(干燥塔)、气固分离系统(旋风分离器)组成。不同型号的设备,其空气加热系统、气固分离系统和控制系统区别不大,但雾化系统和干燥系统则有多种配置。

2. **雾化系统的分类** 雾化系统是喷雾干燥器的重要部分。料液经雾化系统喷出,粒径极小,表面积很大,从而增加了传热、传质速度,极大地提高了干燥速度。同时,其对生产能力、产品质量、干燥器的尺寸及干燥过程的能量消耗均有重要影响。按液态物料雾化方式不同,可以将雾化系统分为3种,如图6-19。

(1)气流喷雾法:如图6-19A所示,将压力为150～700kPa的压缩空气或蒸汽以≥300m/s的速度从环形喷嘴喷出,利用高速气流产生的负压力,将液体物料从中心喷嘴以膜状吸出,液膜与气体间的速度差产生较大的摩擦力,使得液膜被分散成为雾滴。气流式喷嘴结构简单,磨损小,对高、低黏度的物料,甚至含少量杂质的物料都可雾化,处理物料量弹性也大,调节气液量之比还可控制雾滴大小,即控制了成品的粒度,但它的动力消耗较大。

(2)压力喷雾法:如图6-19B所示,高压液泵以2～20MPa的压力,将液态物料带入喷嘴,喷嘴内有螺旋室,液体在内高速旋转喷出。压力式喷嘴结构简单,制造成本低,操作、检修和更换方便,动力消耗较气流式喷嘴要低得多;但应用这种喷嘴需要配置高压泵,料液黏度不能太大,而且要严格过滤,否则易产生堵塞,喷嘴的磨损也比较大,往往要用耐磨材料制作。

(3)离心喷雾法:如图6-19C所示,将料液从高速旋转的离心盘中部输入,在离心盘加速作用下,料液形成薄膜、细丝或液滴,由转盘的边缘甩出,立刻受到周围热气流的摩擦、阻碍与撕裂等作用而形成雾滴。离心式喷嘴操作简便,适用范围广,料路不易堵塞,动力消耗小,多用于大型喷雾干燥;但结构较为复杂,制造和安装技术要求高,检修不便,润滑剂会污染物料。

喷雾干燥要求达到的雾滴平均直径一般为10～60μm,它是喷雾干燥的一个关键参数,对技术经济指标和产品质量均有很大的影响,对热敏性物料的干燥更为重要。在制药生产

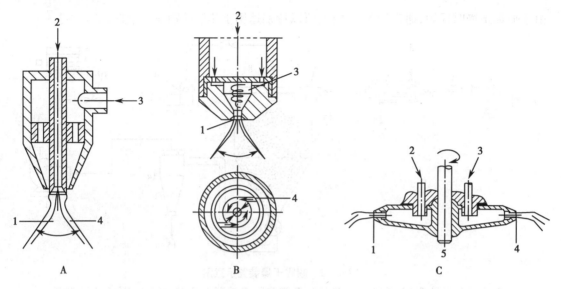

图 6-19　雾化系统（喷嘴）

A:气流式喷嘴　1-空气心;2-原料液;3-压缩空气;4-喷雾锥　B:压力式喷嘴　1-喷嘴口;
2-高压原料液;3-旋转室;4-切线入口　C:离心式喷嘴　1,4-喷嘴;2,3-原料液;5-旋转轴

中,应用较多的是气流喷雾法和压力喷雾法。

3. 喷雾干燥法的特点　喷雾干燥器的最大特点是能将液态物料直接干燥成固态产品,简化了传统所需的蒸发、结晶、分离、粉碎等一系列单元操作,且干燥的时间很短;物料的温度不超过热空气的湿球温度,不会产生过热现象,物料有效成分损失少,故特别适合于热敏性物料的干燥(逆流式除外);干燥的产品疏松、易溶;操作环境粉尘少,控制方便,生产连续性好,易实现自动化;缺点是单位产品耗能大,热效率和体积传热系数都较低,设备体积大,结构较为复杂,一次性投资较大等。

4. 喷雾干燥的粘壁现象　当喷嘴喷出的雾滴还未完全干燥且带有黏性时,一旦和干燥塔的塔壁接触,就会黏附在塔壁上,积多结成块,这就是粘壁现象。为了避免粘壁现象的发生可从以下三个方面进行改进:

(1)喷雾干燥塔的结构:干燥塔的结构取决于气固流动方式和雾化器的种类。如并流气流式喷雾干燥塔往往要设计得较为细长,逆流和混合流干燥塔一般设计得较低矮和粗大。

(2)雾化器的调试:雾化器喷出的雾滴应锥形分布,垂线应该是和喷嘴的轴线完全重合,喷出的雾滴大小和方向才能一致;安装雾化器若偏离干燥塔中心,雾滴就会喷射到附近或对面的塔壁上造成粘壁现象;另外,雾化器工作时振动也会引起粘壁现象,应控制好料液和压缩空气的供给,保证供给压力恒定。

(3)热风进入塔内的方式:热空气进入干燥塔时,若采用"旋转风"和"顺壁风"相结合的方法,可防止雾滴接触器壁。

八、红外线辐射干燥器

红外线辐射干燥是利用红外线辐射器产生的电磁波被物料表面吸收后转变为热量,使物料中的湿分受热汽化而干燥的一种方法。红外线辐射加热器的种类较多,结构上主要由三部分组成:涂层、热源、基体。涂层为加热器的关键部分,其功能是在一定温度下能发射所需波段、频谱宽度和较大辐射功率的红外辐射线。涂层多用烧结的方式涂布在基体上。热源的功能是向涂层提供足够的能量,以保证辐射涂层正常发射辐射线时具有必需的工作温度。常用的热源有电阻发热体、燃烧气体、蒸汽和烟道气等。基体的作用是安装和固定热源或涂层,多用耐温、绝缘、导热性能良好、具有一定强度的材料制成。

红外线辐射干燥器和对流传热干燥器在结构上有很大的相似之处,区别主要在于热源的不同,制药厂中常用石英红外辐射加热器和碳化硅红外辐射加热器。

1. 红外线辐射干燥器　常见的有带式红外线干燥器(图6-20)和振动式远红外干燥器(图6-21)。

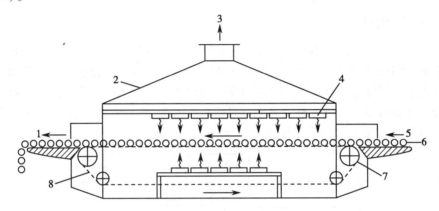

图6-20　带式红外线干燥器

1-出料端;2-排风罩;3-尾气;4-红外辐射热器;5-进料端;6-物料;7-驱动链轮;8-网状链带

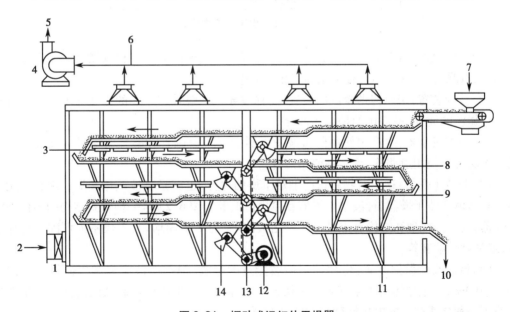

图6-21　振动式远红外干燥器

1-空气过滤器;2-进气;3-红外辐射加热器;4-抽风机;5-尾气;6-尾气排出口;7-加料器;
8-物料层;9-振动料槽;10-卸料;11-弹簧连杆;12-电动机;13-链轮装置;14-振动偏心轮

2. 红外线干燥的特点

(1)红外线干燥器结构简单,调控操作灵活,易于自动化,设备投资较少,维修方便。

（2）干燥时间短，速度快，比普通干燥方法要快 2～3 倍。

（3）干燥过程无须干燥加热介质，蒸发水分的热能是物料吸收红外线辐射能后直接转变而来，能量利用率高。

（4）物料内外均能吸收红外线辐射，适合多种形态物料的干燥，产品质量好。

（5）红外线辐射穿透深度有限，干燥物料的厚度受到限制，只限于薄层物料。

（6）电能耗费大。

已经证明，若设计完善，红外辐射加热干燥的节能效果和干燥环境要优于对流传热干燥，否则，效果不如对流传热干燥。

九、微波干燥器

微波干燥属于介电加热干燥。物料中的水分子是一种极性很大的小分子物质，属于典型的偶极子，介电常数很大，在微辐射作用下，极易发生取向转动，分子间产生摩擦，辐射能转化成热能，温度升高，水分汽化，物料被干燥。制药生产中常使用微波频率为 2450MHz。

1. 微波干燥设备　微波干燥设备主要是由直流电源、波导装置、微波发生器、微波干燥器、传动系安全保护系统及控制系统组成，见图 6-22。

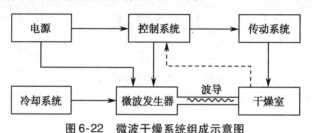

图 6-22　微波干燥系统组成示意图

（1）直流电源：将普通交流电源经变压、整流成为直流高压电。根据微波发生器的要求不同，对电源的要求也不同，有单相和三相整流电源。

（2）波导装置：用以传送微波的装置，简称波导。一般采用空心的管状导电金属装置作为传送微波的波导，最常用的是矩形波导。

（3）微波发生器：生产中使用的微波发生器主要有速调管和磁控管两种。高频率及大功率的场合常使用速调管，反之则使用磁控管。

（4）微波干燥器：这是对物料进行加热干燥的地方，也就是微波应用装置。现在应用较多的有多模微波干燥器、行波型干燥器和单模谐振腔。图 6-23 是一种箱式结构的多模微波干燥器，其工作原理和结构有点类似于家用微波炉，为了干燥均匀，干燥室内可配置搅拌装置，或料盘转动装置。

（5）微波漏能保护装置：生命体对微波能量的吸收，根据微波频率和生命体的不同达 20%～100%，对生命体产生生理影响和伤害作用，因此，必须严格控制微波的泄漏。生产中多使用一种金属结构的电抗性微波漏能抑制器。

2. 微波干燥器的特点

（1）干燥温度低：微波干燥与其他普通干燥相比，加热温度低（最高 100℃），整个干燥环境的温度也不高，操作过程属于低温干燥。

（2）加热、干燥速度快：微波干燥与其他普通干燥相比，加热速度要快数十倍至上百倍；干燥中传质动力是压差，所以干燥速度非常快，干燥时间大大缩短，生产效率得以提高。

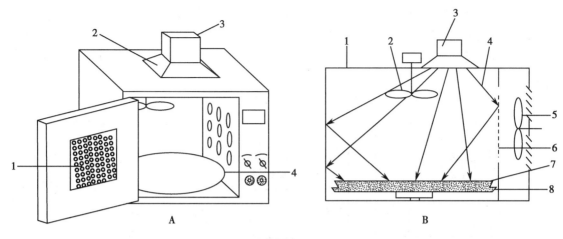

图 6-23 箱式微波干燥器

A:结构示意图 1-带屏蔽网视窗;2-波导入口;3-波导管;4-非金属料盘

B:干燥工作原理图 1-金属反射腔体;2-金属模式搅拌器;3-微波输入;

4-辐射微波;5-排湿风扇;6-排湿孔;7-干燥物料;8-非金属旋转盘

(3)产品质量好:由于是内外同时加热,很少发生结壳现象。适于干燥过程中容易结壳以及内部的水分难以去尽的物料。

(4)具有灭菌功能:微波能抑制或致死物料中的有害菌体,达到杀菌灭菌的效果。

(5)操控简单:能量的输入可以通过开关电源实现,操作简便,且加热速度和强度可通过功率输入的大小调节实现。

(6)设备体积小:由于生产效率高,能量利用率高,加热系统体积小,因此整个干燥设备体积小,占地面积少。

(7)安全性高:对于易燃易爆及温度控制不好易分解的化厂产品,微波干燥较安全。

(8)费用高:微波干燥的设备投入费用较大,微波发射器容易损坏,技术含量高,使得传热传质控制要求比较苛刻;而且微波对人体具有伤害作用,应用受到一定的限制。

微波干燥的设备具有广阔的发展前景,由于技术上和经济上的局限,目前较为普遍的应用方法是将微波干燥和普通干燥联合使用,如热空气干燥与微波干燥联合,喷雾干燥与微波干燥联合,真空冷冻与微波干燥联合等。

十、冷冻干燥器

冷冻干燥简称冻干,是将物料预先冻结至冰点以下,使物料中的水分变成冰,然后降低体系压力,冰直接升华为水蒸汽,因而又称为升华干燥。冷冻干燥特别适用于热敏性、易氧化的物料,如生物制剂、抗生素等药物的干燥处理,属于热传导式干燥器。

1. 冷冻干燥器的组成 如图 6-24 所示的冷冻干燥机组示意图。设备主要由冷冻干燥箱、真空机组、制冷系统、加热系统、冷凝系统、控制及其他辅助系统组成。冷冻干燥器的设备要求高,干燥装置也比较复杂。

(1)冷冻干燥箱:该部分是密封容器,是冷冻干燥器的核心部分。当干燥进行时,内部被抽成真空,箱内配有冷冻降温装置和升华加热搁板,器壁上有视窗。

(2)真空系统:真空条件下冰升华后的水蒸汽体积比常压下大得多,要维持一定的真空度,对真空泵系统要求较高。一般采取的方法有两种:第一种是在干燥箱和真空泵之间加设冷凝器,使抽出的水分冷凝,以降低气体量;第二种是使用两级真空泵抽真空,前级泵先将大量气体抽走,达到预抽真空度的要求后,再使用主泵。前者用于大型冻干机,后则用于小型冻干机。

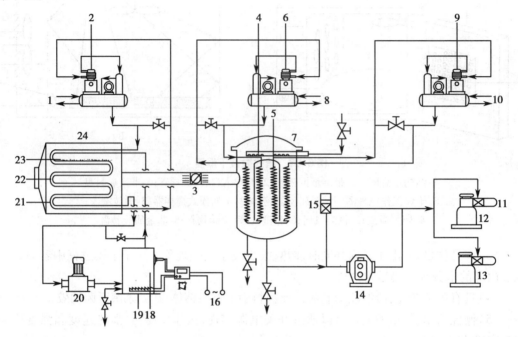

图6-24　冷冻干燥机组示意图

1,8,10-冷凝水进出管;2,6,9-冷冻机;3-蝶阀;4-化霜喷水管;5-冷凝管;7-水汽凝华器;11-电磁放气截止阀;12,13-旋转真空泵;14-罗茨真空泵;15-电磁阀;16-加热电源;17-加热温度控制仪;18-油箱;19-加热器;20-循环油泵;21-冷冻管;22-油加温管;23-搁板;24-冻干箱

(3)制冷系统:用于干燥箱和水汽凝华器的制冷。根据制冷的循环方式,制冷分为单级压缩制冷、双级压缩制冷和复叠式制冷。单级压缩制冷只使用一台压缩机,设备结构简单,但动力消耗大,制冷效果不佳。双级压缩制冷和复叠式制冷使用两台压缩机。双级压缩制冷使用低、高压两种压缩机。复叠式制冷则相当于高温和低温两组单级压缩制冷通过蒸发冷凝器互联而成,这种配置能获得较低的制冷温度,应用较广泛,但动力消耗较大。

(4)加热系统:其供热方式可分为热传导和热辐射。传导供热又分为直热式和间热式。直热式以电加热直接给搁板供热为主;间热式用载热流体为搁板供热。热辐射主要采用红外线加热。

冷冻干燥器一般按冻干面积可分为大型、中型和小型三种。制药生产中使用的大型冻干机搁板面积一般在6m² 以上;中型冻干机搁板面积为1~5m²;小型或实验用冻干机搁板面积一般在1m² 以下。

2. 冷冻干燥的特点

(1)冷冻干燥具有以下优点:①产品理化性质与生物活性稳定。由于冷冻干燥是将水分以冰的状态直接升华成水蒸汽而干燥,故物料的物理结构以及组分的分子分布变化小。另外药物于低温、真空环境中干燥,可避免有效成分的热分解和热变性失活,降低有效成分的氧化变质,药品的有效成分损失少,生物活性受影响小。②产品复溶性好。由于冷冻干燥后的物料是被除去水分的原组织不变的多孔性干燥产品,添加水分后,在短时间内即可恢复干燥前的状态。③产品含水量低,质量稳定。真空条件使得产品含水量很低,加上真空包装,产品保存时间长。④适用于热敏性、易氧化及具有生物活性类制品的干燥。

(2)冷冻干燥的缺点:①由于对设备的要求较高,设备投资和操作的费用较大,动力消耗大。②由于低温时冰的升华速度较慢,装卸物料复杂,导致干燥时间比较长,生产能力低。因此,这种方法的应用受到一定的限制。

十一、组合干燥

组合干燥是运用干燥技术、实验技术、制药工程与设备、系统工程和可行性论证,结合物料的特性进行干燥方法的选择与优化组合。组合干燥器有两种类型结合方式:一种是两种不同的干燥器串联组合,如气流-卧室流化组合式干燥器(如图6-25)、喷雾-带式干燥器、喷雾-振动流化干燥器,另一种是利用各自技术特长结合在一个干燥器内组成一个干燥系统,如喷雾流化造粒干燥器(如图6-26)。一般来说,前一个干燥器主要进行快速干燥,即除掉非结合水;后一个干燥器除掉降速干燥阶段的水分或冷却产品。优点是提高了设备利用率,同时可以获得优质产品。

1. 气流-流化床干燥器　当产品的含水量要求非常低,仅用一个气流干燥器达不到要求时,应该选择气流干燥器与流化床干燥器的二级组合(如图6-25所示)。物料由螺旋加料器定量地加入脉冲气流管,与热空气一起上移,同时进行传热、传质。物料的表面水分脱出,进入旋风分离器,分离出的物料经旋转阀进入流化床干燥器继续干燥,直至达到合格的含水率,从流化床内排出,经旋转筛后进入料仓。尾气从旋风分离器,由引风机排出。

如在气流干燥器的底部装一套搅拌装置,就可组成粉碎气流-流化床干燥器。总之,在干燥装置的设计和操作过程中,如果用一种干燥器不能完成生产任务时,可以考虑两级(或多级)组合干燥技术,从而使产品达到质量、产量的要求。

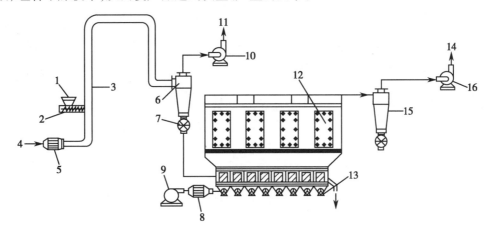

图6-25　气流-卧式流化组合式干燥机组示意图

1-加料斗;2-螺旋加料器;3-气流管;4-空气;5,8-加热器;6,15-旋风分离器;7,13-星形卸料斗;9-鼓风机;10-风机;11,14-尾气;12-卧室流化床干燥器;16-引风机

2. 喷雾流化造粒干燥器　喷雾流化造粒干燥器是在喷雾技术与流化技术相结合的基础上发展起来的一种新型干燥器(如图 6-26 所示),可在一个床内完成多种操作。首先,在床内放置一定高度小于产品粒径的细粒子作为晶种。热空气进入流化床后,晶种处于流化状态,料液通过雾化器喷入分散在流化床物料层内,部分雾滴涂布于原有颗粒上,物料表面增湿,热空气和物料本身的显热足以使表面水分迅速蒸发,因此颗粒表面逐层涂布而成为较大的颗粒,称为涂布造粒机制。另一部分雾滴在没碰到颗粒之前就被干燥结晶,形成新的晶种。这样,颗粒不断长大,新的小粒子不断生成,周而复始。同时利用气流分级原理,将符合规格的粗颗粒不断排出,新颗粒继续

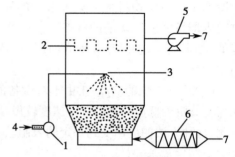

图 6-26　喷雾流化造粒干燥器示意图
1-泵;2-袋滤器;3-喷嘴;4-料液;
5-排风机;6-加热器;7-空气

长大,实现连续操作。如果雾滴没有迅速干燥,则产生多颗粒黏结团聚成为较大的颗粒,称为团聚造粒机制。

组合干燥是一个综合性的课题,目的是在满足产品质量要求的同时,能省时、节能和提高经济效益,其具有巨大的发展空间,前景非常广阔。

(王　立)

第七章 蒸发设备

将含有不挥发性溶质的溶液加热至沸腾,使溶液中的部分溶剂汽化为蒸汽并被排出,从而使溶液得到浓缩的过程称为蒸发,能够完成蒸发过程的设备称为蒸发设备。蒸发操作在制药过程中应用广泛,其目的主要有:将稀溶液蒸发浓缩到一定浓度直接作为制剂过程的原料或半成品;通过蒸发操作除去溶液中的部分溶剂,使溶液增浓到饱和状态,再经冷却析晶从而获得固体产品;蒸发操作还可以除去杂质,获得纯净的溶剂。

第一节 蒸发过程

蒸发过程是一个传热的过程,工业生产中通常是利用饱和水蒸汽作为加热介质,通过换热器,将被加热的混合溶液加热至沸腾,利用混合溶液中溶剂的易挥发性和溶质的难挥发性,使溶剂汽化变为蒸汽并被移出蒸发器,而溶质仍然留在混合溶液中的浓缩过程。需要蒸发的混合溶液主要为水溶液;中药制药过程中也经常用乙醇作为溶剂提取中药材中某些有效成分,或用醇沉除去水提取液中的某些杂质,故乙醇溶液的蒸发在制药过程中也普遍存在;此外还有其他一些有机溶液的蒸发。

一、蒸发过程

1. 蒸发过程的条件 蒸发过程能够顺利完成必须有两个条件:一是要有热源参与,使混合溶液达到并保持沸腾状态,常用的加热剂为饱和水蒸汽,又称加热蒸汽、生蒸汽或一次蒸汽;二是要及时排除蒸发过程中因溶液不断沸腾而产生的溶剂蒸汽,也称二次蒸汽,否则蒸发室里会逐渐达到气液相平衡状态,致使蒸发过程无法继续进行。

2. 蒸发过程的分类 蒸发过程按蒸发室的操作压力不同可以分为常压蒸发和减压蒸发(真空蒸发);蒸发过程按产生的二次蒸汽是否作为下一级蒸发器的加热热源分为单效蒸发和多效蒸发;根据进料方式不同,也可将蒸发过程分为连续蒸发和间歇蒸发。

蒸发过程排出的二次蒸汽如果直接进入冷凝器被冷凝或作为其他加热过程的加热剂,这种蒸发过程称为单效蒸发;如果前一效蒸发器产生的二次蒸汽直接用于后一效蒸发器的加热热源,同时自身被冷凝,这种蒸发过程称为多效蒸发。

单效蒸发的工艺流程:单效蒸发过程的设备主要有加热室和分离室,其加热室的结构主要有列管式、夹套式、蛇管式及板式等类型。蒸发过程的辅助设备包括冷凝器、冷却器、原料预热器、除沫器、贮罐、疏水器、原料输送泵、真空泵、各种仪表、接管及阀门等。见图7-1。

图7-1所示为单效减压蒸发的工艺流程图。饱和水蒸汽通入加热室,将管内混合溶液加热至沸腾,从混合溶液中蒸发出来的溶剂蒸汽夹带部分液相溶液进入分离室,在分离室中气相和液相由于密度的差异而分离,液相返回加热室或作为完成液采出,而气相从分离室经

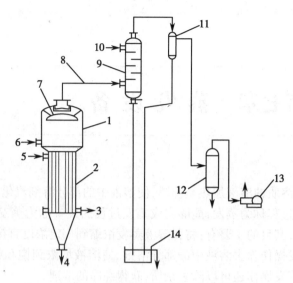

图7-1 单效减压蒸发的工艺流程图

1- 分离室；2- 加热室；3- 冷凝水出口；4- 完成液出口；5- 加热蒸汽入口；6- 原料液进口；7- 除沫器；8- 二次蒸汽；9- 混合冷凝器；10- 冷却水进口；11- 气液分离器；12- 缓冲罐；13- 真空泵；14- 溢流水箱

除沫器进入冷凝器,经与冷却水逆流接触冷凝为水,冷凝水与冷却水一起从气压腿排出,而冷凝器中的不凝气体从冷凝器顶部由真空泵抽出。

3. 蒸发过程的特点　蒸发过程的实质就是热量的传递过程,溶剂汽化的速率取决于传热速率,因此传热过程的原理与计算过程也适用于蒸发过程。但蒸发过程是含有不挥发性溶质的溶液的沸腾传热过程,与普通传热过程相比有如下特点:

（1）属于两侧都有相变化的恒温传热过程:进行蒸发操作时,一侧壁面是饱和水蒸汽不断冷凝释放出大量的热,而饱和蒸汽的冷凝液多在饱和温度下排出;另一侧壁面是混合溶液处于沸腾状态,溶剂不断吸收热量,由液态变为二次蒸汽。因此,蒸发过程是属于两侧都有相变化的恒温传热过程。

（2）溶液沸点的变化:被蒸发的混合溶液由易挥发性的溶剂和难挥发性的溶质两部分组成,因此,溶液的沸点受溶质含量的影响,其值比同一操作压力下纯溶剂的沸点高,而溶液的饱和蒸汽压比纯溶剂的低。沸点升高指在相同的操作压力下,混合溶液的沸点与纯溶剂沸点的差值,影响沸点升高的因素包括溶液中溶质的浓度、加热管中液柱的静压力及流体在管道中的流动阻力损失等,一般溶液的浓度越高,沸点升高越高。当加热蒸汽的温度一定时,蒸发溶液的传热温度差要小于蒸发纯溶剂的传热温度差,溶液的浓度越高,该影响越大。

（3）溶液性质的变化:蒸发过程中,随着蒸发时间的延长,溶液的浓度越来越高,不仅溶液的沸点逐渐升高,而且溶液的黏度也逐渐增大,在加热壁面形成垢层的概率也增大。溶液性质的变化不仅对蒸发器的结构有一些特殊要求,并且也会影响到传热速率、传热系数及垢阻等。随着蒸发时间的延长,壁面的污垢热阻会增大,传热系数相应变小,传热速率会降低,蒸发速率也会降低。因此,应根据溶液的性质及完成液浓度要求选择合适的蒸发设备。

（4）雾沫夹带问题:蒸发过程中产生的二次蒸汽被排出分离室时会夹带许多细小的液滴和雾沫,冷凝前必须设法除去,否则会损失有效物质,并且也会污染冷凝设备。一般蒸器的分离室要有足够的分离空间,并加设除沫器除去二次蒸汽夹带的雾沫。

(5)节能降耗问题:蒸发过程一方面需要消耗大量的饱和蒸汽来加热溶液使其处于沸腾状态,而其冷凝液多在饱和温度下排出;另一方面又需要用冷却水将蒸发产生的二次蒸汽不断冷凝;同时完成液也是在沸点温度下排出的;此外还要考虑过程的热损失问题。因此,应充分利用二次蒸汽的潜热,全方位考虑整个蒸发过程的节能降耗问题。

二、单效蒸发量

单效蒸发过程中,若想核算加热蒸汽的消耗量及加热室的传热面积,首先需要计算单位时间内二次蒸汽的产生量即单效蒸发量,一般由生产任务给出原料液的进料量、原料液的浓度及完成液的浓度,对溶质进行物料衡算就可以得到单效蒸发量。单效蒸发计算的流程如图 7-2 所示,因蒸发过程处理的混合溶液多数为水溶液,故以下计算过程以水溶液的蒸发过程为例。

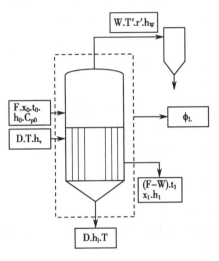

由于溶质为不挥发性物质,在蒸发前后其质量不变,对溶质进行物料衡算,以 W 表示单效蒸发量,单位为 kg/h,即

$$Fx_0 = (F - W)x_1 \tag{7-1}$$

则

$$W = F\left(1 - \frac{x_0}{x_1}\right) \tag{7-2}$$

图 7-2 单效蒸发计算示意图

式中,W 为单效蒸发量,单位为 kg/h;F 为原料液的质量流量,单位为 kg/h;x_0 为原料液中溶质的质量分率;x_1 为完成液中溶质的质量分率。

三、加热蒸汽消耗量

蒸发过程中,常用饱和水蒸汽作为加热热源,因饱和水蒸汽的温度与其饱和蒸汽压成正比,且饱和水蒸汽冷凝时会放出大量的热量,这些热量主要用于将混合溶液加热至沸腾并保持沸腾状态、蒸发出二次蒸汽以及向周围散失的热量等。一般工艺条件中应给出原料液的进料温度、定压比热容、加热蒸汽的温度或压力、蒸发室或冷凝器的操作压力等,由热量衡算计算加热蒸汽消耗量 D。如图 7-2 所示,对整个蒸发器进行热量衡算得

$$Dh_v + Fh_0 = Wh_w + (F - W)h_1 + Dh_1 + \Phi_L \tag{7-3}$$

$$\Phi = D(h_v - h_1) = W(h_w - h_1) + F(h_1 - h_0) + \Phi_L \tag{7-4}$$

式中,W 为单效蒸发量,单位为 kg/h;D 为加热蒸汽消耗量,单位为 kg/h;F 为原料进料量,单位为 kg/h;h_v 为加热蒸汽的焓,单位为 kJ/kg;h_1 为冷凝水的焓,单位为 kJ/kg;h_w 为二次蒸汽的焓,单位为 kJ/kg;h_0 为原料液的焓,单位为 kJ/kg;h_1 为完成液的焓,单位为 kJ/kg;Φ_L 为蒸发器的热损失,单位为 kJ/h;Φ 为蒸发器的热流量,单位为 kJ/h 或 kW。

若加热蒸汽的冷凝液在其饱和温度下排出,则 $h_v - h_1 = r$;二次蒸汽的气相和液相的焓差可用其汽化潜热近似表示,即 $h_w - h_1 = r'$。混合溶液的焓值可以查该溶液的焓浓图,考虑到混合溶液的浓缩热较少可以忽略,此时溶液焓值的变化也可以用其定压比热容与温度变化之积近似表示,并且计算时用原料液的定压比热容来代替完成液的定压比热容,即 $h_1 -$

$h_0 = C_{p0}(t_1 - t_0)$。则

$$Dr = Wr' + FC_{p0}(t_1 - t_0) + \Phi_L \tag{7-5}$$

式中，r 为饱和水蒸汽的汽化潜热，单位为 kJ/kg；r' 为二次蒸汽的汽化潜热，单位为 kJ/kg；C_{p0} 为原料液的定压比热容，单位为 kJ/(kg·℃)；t_1 为完成液的温度，单位为℃；t_0 为原料液的进料温度，单位为℃。

一般完成液排出蒸发室的温度近似等于混合溶液的沸点温度，即 t_1 为溶液的沸点温度。溶液的沸点一般高于相同操作压力下纯溶剂的沸点，其差值称为溶液的沸点升高，溶液的沸点温度可以直接测量，也可由下式计算

$$t_1 = T' + \Delta \tag{7-6}$$

式中，t_1 为溶液的沸点，单位为℃；T' 为二次蒸汽的温度，单位为℃；Δ 为溶液的沸点升高，单位为℃。

二次蒸汽的温度由蒸发室的操作压力决定，而蒸发室的操作压力近似等于冷凝器的压力，对于水溶液的蒸发过程，二次蒸汽的温度可以由蒸发室的操作压力直接查饱和水蒸汽表获得。原料液的定压比热容可由下式计算

$$C_{p0} = C_{pw}(1 - x_0) + C_{pB}x_0 \tag{7-7}$$

式中，C_{pw} 为纯溶剂的定压比热容，单位为 kJ/(kg·℃)；C_{pB} 为纯溶质的定压比热容，单位为 kJ/(kg·℃)。

若原料液经预热器预热到沸点进料，即 $t_0 = t_1$，并且当热损失可以忽略时，式(7-5)改写为

$$Dr = Wr' \tag{7-8}$$

则令

$$e = \frac{D}{W} = \frac{r'}{r} \tag{7-9}$$

式中 e 称为单位蒸汽消耗量，表示加热蒸汽的利用程度，也称蒸汽的经济性。由于饱和蒸汽的汽化潜热数值随压力的变化不大，所以 e 近似等于 1，即单效蒸发时，消耗 1kg 的加热蒸汽，可以获得约 1kg 的二次蒸汽。在实际蒸发操作过程中，由于原料的预热及热损失等原因，e 应大于 1，也即单效蒸发的能耗很大，经济性较差。

四、蒸发室的传热面积

蒸发过程也属于传热过程，因此传热过程的热负荷及传热速率方程也适用于蒸发过程，即

$$\Phi = Dr = KA\Delta t_m \tag{7-10}$$

则

$$A = \frac{Dr}{K\Delta t_m} \tag{7-11}$$

式中，A 为加热室的传热面积，单位为 m^2；K 为加热室的总传热系数，单位为 W/(m²·℃)；Δt_m 为平均传热温度差，单位为℃。

蒸发过程属于两侧都有相变化的恒温传热过程，平均传热温度差可用下式计算

$$\Delta t_m = T - t_1 \tag{7-12}$$

式中，T 为加热蒸汽的温度，单位为℃。

总传热系数 K 是设计和计算蒸发器的重要因素之一，影响蒸发过程中总传热系数 K 的因素有溶液的种类、浓度、物性及沸点温度等；加热室壁面的形状、位置及垢阻；加热蒸汽的

温度压力等。因此 K 值多取经验值或估算值,表7-1列出部分蒸发设备传热系数 K 的经验值范围,总传热系数 K 也可用下式计算获得

$$\frac{1}{K} = \frac{1}{\alpha_o} + \frac{1}{\alpha_i} + R_i + R_o + \frac{b}{\lambda} \tag{7-13}$$

式中,α_i、α_o 为加热管内、外的给热系数,单位为 $W/(m^2 \cdot ℃)$;R_i、R_o 为加热管内、外的污垢热阻,单位为 $(m^2 \cdot ℃)/W$;λ 为加热壁面的导热系数,单位为 $W/(m \cdot ℃)$;b 为加热壁面的厚度,单位为 m。

表7-1　不同蒸发器的传热系数 K 值的范围

蒸发器的类型		传热系数 $K[W/(m^2 \cdot ℃)]$
刮板式 (溶液黏度 mPa·s)	1~5	5800~7000
	100	1700
	1000	1160
	10000	700
外加热式 (长管型)	自然循环	1160~5800
	强制循环	2300~7000
	无循环膜式	580~5800
内部加热式 (标准式)	自然循环	580~3500
	强制循环	1160~5800
升膜式		580~5800
降膜式		1200~3500

第二节　蒸 发 设 备

蒸发浓缩是将稀溶液中的溶剂部分汽化并不断排出,使溶液增浓的过程。蒸发过程多处在沸腾状态下,因沸腾状态下传热系数高,蒸发速率快。对于热敏性物料可以采用真空低温蒸发,或采用在相对较高的温度下的膜式瞬时蒸发,以保证产品的质量。膜式蒸发时,溶液在加热壁面以很薄的液层流过并迅速受热升温、汽化、浓缩,溶液在加热室停留约几秒至几十秒,受热时间短,可以较好地保证产品质量。

能够完成蒸发操作的设备称为蒸发器(蒸发设备),属于传热设备,对各类蒸发设备的基本要求是:应有充足的加热热源,以维持溶液的沸腾状态和补充溶剂汽化所带走的热量;应及时排除蒸发所产生的二次蒸汽;应有一定的传热面积以保证足够的传热量。

根据蒸发器加热室的结构和蒸发操作时溶液在加热室壁面的流动情况,可将间壁式加热蒸发器分为循环型(非膜式)和单程型(膜式)两大类。蒸发器按操作方式不同又分为间歇式和连续式,小规模多品种的蒸发多采用间歇操作,大规模的蒸发多采用连续操作,应根据溶液的物性及工艺要求选择适宜的蒸发器。

一、循环型蒸发器

在循环型(非膜式)蒸发器的蒸发操作过程中,溶液在蒸发器的加热室和分离室中做连续的循环运动,从而提高传热效果、减少污垢热阻,但溶液在加热室滞留量大且停留时间长,不适宜热敏性溶液的蒸发。按促使溶液循环的动因,循环型蒸发器分为自然循环型和强制循环型。自然循环型是靠溶液在加热室位置不同,溶液因受热程度不同产生密度差,轻者上浮重者下沉,从而引起溶液的循环流动,循环速度较慢(约 0.5~1.5m/s);强制循环型是靠外加动力使溶液沿一定方向作循环运动,循环速度较高(约 1.5~5m/s),但动力消耗高。

1. 中央循环管型蒸发器 中央循环管型蒸发器属于自然循环型,又称标准式蒸发器,如图 7-3 所示,主要由加热室、分离室及除沫器等组成。中央循环管型蒸发器的加热室与列管换热器的结构类似,在直立的较细的加热管束中有一根直径较大的中央循环管,循环管的横截面积为加热管束总横截面积的 40%~100%。加热室的管束间通入加热蒸汽,将管束内的溶液加热至沸腾汽化,加热蒸汽冷凝液由冷凝水排出口经疏水器排出。由于中央循环管的直径比加热管束的直径大得多,在中央循环管中单位体积溶液占有的传热面积比加热管束中的要小得多,致使循环管中溶液的汽化程度低,溶液的密度比加热管束中的大,密度差异造成了溶液在加热管内上升而在中央循环管内下降的循环流动,从而提高了传热速率,强化了蒸发过程。在蒸发器加热室的上方为分离室,也叫蒸发室,加热管束内溶液沸腾产生的二次蒸汽及夹带的雾沫、液滴在分离室得到初步分离,液体从中央循环管向下流动从而生产循环流动,而二次蒸汽通过蒸发室顶部的除沫器除沫后排出,进入冷凝器冷凝。

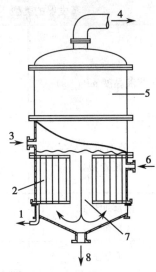

图 7-3 中央循环管式蒸发器
1-冷凝水出口;2-加热室;3-原料液进口;4-二次蒸汽;5-分离室;6-加热蒸汽进口;7-中央循环管;8-完成液出口

中央循环管型蒸发器的循环速率与溶液的密度及加热管长度有关,密度差越大,加热管越长,循环速率越大。通常加热管长 1~2m,加热管直径 25~75mm,长径比 20~40。

中央循环管型蒸发器的结构简单、紧凑,制造较方便,操作可靠,有"标准"蒸发器之称。但检修、清洗复杂,溶液的循环速率低(小于 0.5m/s),传热系数小。适宜黏度不高、不易结晶结垢、腐蚀性小且密度随温度变化较大的溶液的蒸发。

2. 外加热式蒸发器 外加热式蒸发器属于自然循环型蒸发器,其结构如图 7-4 所示,主要由列管式加热室、蒸发室及循环管组成。加热室与蒸发室分开,加热室安装在蒸发室旁边,特点是降低了蒸发器的总高度,有利于设备的清洗和更换,并且避免大量溶液同时长时间受热。外加热式蒸发器的加热管较长,长径比为 50~100。溶液在加热管内被管间的加热蒸汽加热至沸腾汽化,加热蒸汽冷凝液经疏水器排出,溶液蒸发产生的二次蒸汽夹带部分溶液上升至蒸发室,在蒸发室实现气液分离,二次蒸汽从蒸发室顶部经除沫器除沫后进入冷凝器冷凝。蒸发室下部的溶液沿循环管下降,循环管内溶液不受蒸汽加热,其密度比加热管内的大,形成循环运动,循环速率可达 1.5m/s,完成液最后从蒸发室底部排出。外加热式蒸发器的循环速率较高,传热系数较大[一般 1400 至 3500W/(m²·℃)],并可减少结垢。外加热式蒸发器的适应性较广,传热面积受限较小,但设备尺寸较高,结构不紧凑,热损失较大。

3. 强制循环型蒸发器 在蒸发较大黏度的溶液时,为了提高循环速率,常采用强制循环型蒸发器,其结构见图 7-5 所示。强制循环型蒸发器主要由列管式加热室、分离室、除沫器、循环管、循环泵及疏水器等组成。与自然循环型蒸发器相比,强制循环型蒸发器中溶液的循环运动主要依赖于外力,在蒸发器循环管的管道上安装有循环泵,循环泵迫使溶液沿一定方向以较高速率循环流动,通过调节泵的流量来控制循环速率,循环速率可达 1.5～5m/s。溶液被循环泵输送到加热管的管内并被管间的加热蒸汽加热至沸腾汽化,产生的二次蒸汽夹带液滴向上进入分离室,在分离室二次蒸汽向上通过除沫器除沫后排出,溶液沿循环管向下再经泵循环运动。

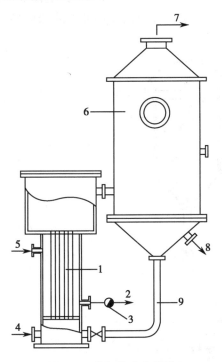

图 7-4 外加热式蒸发器

1-加热室;2-冷凝水出口;3-疏水器;4-原料液进口;5-加热蒸汽入口;6-分离室;7-二次蒸汽;8-完成液出口;9-循环管

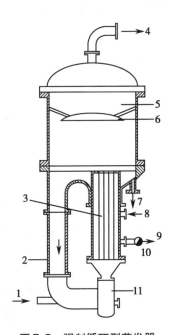

图 7-5 强制循环型蒸发器

1-原料液进口;2-循环管;3-加热室;4-二次蒸汽;5-分离室;6-除沫器;7-完成液出口;8-加热蒸汽进口;9-冷凝水出口;10-疏水器;11-循环泵

强制循环型蒸发器的传热系数比自然循环的大,蒸发速率高,但其能量消耗较大,每平方米加热面积耗能 0.4～0.8kW。强制循环蒸发器适于处理高黏度、易结垢及易结晶溶液的蒸发。

二、单程型蒸发器

单程型(膜式)蒸发器的基本特点是溶液只通过加热室一次即达到所需要的浓度,溶液在加热室仅停留几秒至几十秒,停留时间短,溶液在加热室滞留量少,蒸发速率高,适宜热敏性溶液的蒸发。在单程型蒸发器的操作中,要求溶液在加热壁面呈膜状流动并被快速蒸发,离开加热室的溶液又得到及时冷却,溶液流速快,传热效果佳,但对蒸发器的设计和操作要求较高。

1. 升膜式蒸发器　在升膜式蒸发器中,溶液形成的液膜与蒸发产生二次蒸汽的气流方向相同,由下而上并流上升,在分离室气液得到分离。升膜式蒸发器的结构如图7-6所示。主要由列管式加热室及分离室组成,其加热管由细长的垂直管束组成,管子直径为25～80mm,加热管长径比约为100～300。原料液经预热器预热至近沸点温度后从蒸发器底部进入,溶液在加热管内受热迅速沸腾汽化,生成的二次蒸汽在加热管中高速上升,溶液则被高速上升的蒸汽带动,从而沿加热管壁面成膜状向上流动,并在此过程中不断蒸发。为了使溶液在加热管壁面有效地成膜,要求上升蒸汽的气速应达到一定的值,在常压下加热室出口速率不应小于10m/s,一般为20～50m/s,减压下的气速可达到100～160m/s或更高。气液混合物在分离室内分离,浓缩液由分离室底部排出,二次蒸汽在分离室顶部经除沫后导出,加热室中的冷凝水经疏水器排出。

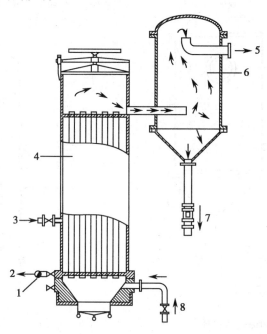

图7-6　升膜式蒸发器
1-疏水器;2-冷凝水出口;3-加热蒸汽进口;
4-加热室;5-二次蒸汽;6-分离室;7-完成
液出口;8-原料液进口

在升膜式蒸发器的设计时要满足溶液只通过加热管一次即达到要求的浓度。加热管的长径比、进料温度、加热管内外的温度差、进料量等都会影响成膜效果、蒸发速率及溶液的浓度等。加热管过短溶液浓度达不到要求,过长则易在加热管子上端出现干壁现象,加重结垢现象且不易清洗,影响传热效果。加热蒸汽与溶液沸点间的温差也要适当,温差大,蒸发速率较高,蒸汽的速率高,成膜效果好一些,但加热管上部易产生干壁现象且能耗高。原料液最好预热到近沸点温度再进入蒸发室中进行蒸发,如果将常温下的溶液直接引入加热室进行蒸发,在加热室底部需要有一部分传热面用来加热溶液使其达到沸点后才能汽化,溶液在这部分加热壁面上不能呈膜状流动,从而影响蒸发效果。升膜式蒸发器适于蒸发量大、稀溶液、热敏性及易生泡溶液的蒸发;不适于黏度高、易结晶结垢溶液的蒸发。

2. 降膜式蒸发器　降膜式蒸发器的结构如图7-7所示,其结构与升膜式蒸发器大致相同,也是由列管式加热室及分离室组成,但分离室处于加热室的下方,在加热管束上管板的上方装有液体分布板或分配头。原料液由加热室顶部进入,通过液体分布板或分配头均匀进入每根换热管,并沿管壁呈膜状流下同时被管外的加热蒸汽加热至沸腾汽化,气液混合物由加热室底部进入分离室分离,完成液由分离室底部排出,二次蒸汽由分离室顶部经除沫后排出。在降膜式蒸发器中,液体的运动是靠本身的重力和二次蒸汽运动的拖带力的作用,溶液下降的速度比较快,因此成膜所需的气速较小,对黏度较高的液体也较易成膜。

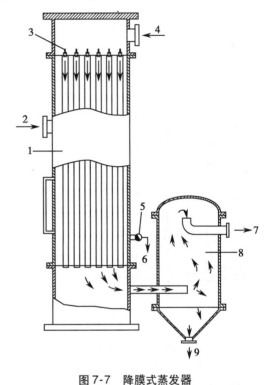

图7-7　降膜式蒸发器
1-加热室;2-加热蒸汽进口;3-液体分布装置;4-原料液进口;5-疏水器;6-冷凝水出口;7-二次蒸汽;8-分离室;9-完成液出口

降膜式蒸发器的加热管长径比为100~250,原料液从加热管上部流至下部即可完成浓缩。若蒸发一次达不到浓缩要求,可用泵将料液进行循环蒸发。

降膜式蒸发器可用于热敏性、浓度较大和黏度较大的溶液的蒸发,但不适宜易结晶结垢溶液的蒸发。

3. 升-降膜式蒸发器　当制药车间厂房高度受限制时,也可采用升-降膜式蒸发器,如图7-8所示,将升膜蒸发器和降膜蒸发器安装在一个圆筒形壳体内,将加热室管束平均分成两部分,蒸发室的下封头用隔板隔开。原料液由泵经预热器预热至近沸点温度后从加热室底部进入,溶液受热蒸发汽化生产的二次蒸汽夹带溶液在加热室壁面呈膜状上升。在蒸发室顶部,蒸汽夹带溶液进入降膜式加热室,向下呈膜状流动并再次被蒸发,气液混合物从加热室底部进入分离室,完成气液分离,完成液从分离室底部排出。

4. 刮板搅拌式蒸发器　刮板搅拌式蒸发器是通过旋转的刮板使液料形成液膜的蒸发设备,如图7-9所示,为可以分段加热的刮板搅拌式蒸发器,主要由分离室、夹套式加热室、刮板、轴承、动力装置等组成。夹套内通入加热蒸汽加热蒸发筒内的溶液,刮板由轴带动旋转,刮板的边缘与夹套内壁之间的缝隙很小,一般0.5~1.5mm。原料液经预热后沿圆筒壁的切线方向进入,在重力及旋转刮板的作用下在夹套内壁形成下旋液膜,液膜在下降时不断被夹套内蒸汽加热蒸发浓缩,完成液由圆筒底部排出,产生的二次蒸汽夹带雾沫由刮板的空隙向上运动,旋转的带孔刮板也可把二次蒸汽所夹带的液沫甩向加热壁面,在分离室进行气液分离后,二次蒸汽从分离室顶部经除沫后排出。

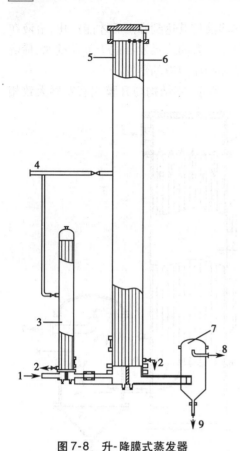

图7-8　升-降膜式蒸发器

1-原料液进口;2-冷凝水出口;3-预热
器;4-加热蒸汽进口;5-升膜加热室;
6-降膜加热室;7-分离室;8-二次蒸
汽出口;9-完成液出口

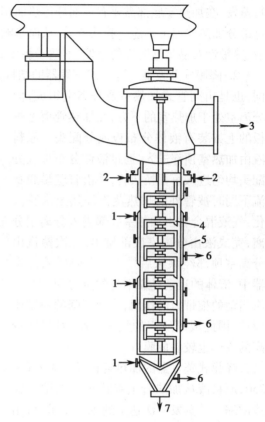

图7-9　刮板搅拌式蒸发器

1-加热蒸汽;2-原料液进口;3-二次蒸汽出口;
4-刮板;5-夹套加热;6-冷凝水出口;
7-完成液出口

刮板搅拌式蒸发器的蒸发室是一个圆筒,圆筒高度与工艺要求有关,当浓缩比较大时,加热蒸发室长度较大,此时可选择分段加热,采用不同的加热温度来蒸发不同的液料,以保证产品质量。加大圆筒直径可相应地加大传热面积,但也增加了刮板转动轴传递的力矩,增加了功率消耗,一般圆筒直径在 300～500mm 为宜。

刮板搅拌式蒸发器采用刮板的旋转来成膜、翻膜,液层薄膜不断被搅动,加热表面和蒸发表面不断被更新,传热系数较高。液料在加热区停留时间较短,一般几秒至几十秒,蒸发器的高度、刮板导向角、转速等因素会影响蒸发效果。刮板搅拌式蒸发器的结构比较简单,但因具有转动装置且多真空操作,对设备加工精度要求较高,并且传热面积较小。刮板搅拌式蒸发器适用于浓缩高黏度液料或含有悬浮颗粒的液料的蒸发。

5. 离心薄膜式蒸发器　离心薄膜式蒸发器是利用高速旋转的锥形碟片所产生的离心力对溶液的周边分布作用而形成薄薄的液膜,其结构如图 7-10 所示。杯形的离心转鼓内部叠放着几组梯形离心碟片,转鼓底部与主轴相连。每组离心碟片都是由上、下两个碟片组成的中空的梯形结构,两碟片上底在弯角处紧贴密封,下底分别固定在套环的上端和中部,构成一个三角形的碟片间隙,起到夹套加热的作用。两组离心碟片相隔的空间是蒸发空间,它们上大下小,并能从套环的孔道垂直相连并作为原液料的通道,各离心碟片组的套环叠合面用O形密封圈密封,上面加上压紧环将碟组压紧。压紧环上焊有挡板,它与离心碟片构成环形液槽。

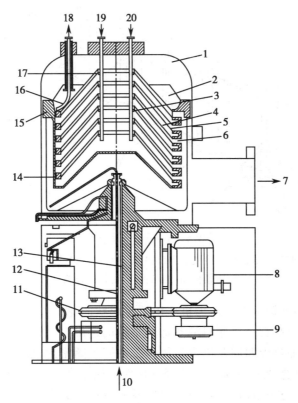

图7-10 离心式薄膜蒸发器结构

1-蒸发器外壳;2-浓缩液槽;3-物料喷嘴;4-上碟片;5-下碟片;6-蒸汽通道;7-二次蒸汽出口;8-马达;9-液力联轴器;10-加热蒸汽进口;11-皮带轮;12-排冷凝水管;13-进蒸汽管;14-浓液通道;15-离心转鼓;16-浓缩液吸管;17-清洗喷嘴;18-完成液出口;19-清洗液进口;20-原料液进口

蒸发器运转时原料液从进料管进入,由各个喷嘴分别向各碟片组下表面喷出,并均匀分布于碟片锥顶的表面,液体受惯性离心力的作用向周边运动扩散形成液膜,液膜在碟片表面被夹层的加热蒸汽加热蒸发浓缩,浓缩液流到碟片周边就沿套环的垂直通道上升到环形液槽,由吸料管抽出作为完成液。从碟片表面蒸发出的二次蒸汽通过碟片中部的大孔上升,汇集后经除沫再进入冷凝器冷凝。加热蒸汽由旋转的空心轴通入,并由小通道进入碟片组间隙加热室,冷凝水受离心作用迅速离开冷凝表面,从小通道甩出落到转鼓的最低位置,并从固定的中心管排出。

离心薄膜式蒸发器是在离心力场的作用下成膜的,料液在加热面上受离心力的作用,液流湍动剧烈,同时蒸汽气泡能迅速被挤压分离,成膜厚度很薄,一般膜厚0.05~0.1mm,原料液在加热壁面停留时间不超过一秒,蒸发迅速,加热面不易结垢,传热系数高,可以真空操作,适宜热敏性、黏度较高的料液的蒸发。

三、板式蒸发器

板式蒸发器的结构如图7-11及图7-12所示,主要由长方形加热板、机架、固定板及压紧板、螺栓、进出口组成。

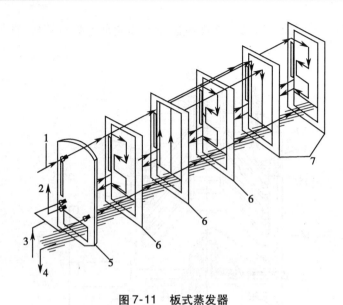

图7-11　板式蒸发器
1-加热蒸汽进口;2-冷凝水出口;3-原料液进口;4-二次蒸汽出口;
5-压紧板;6-加热板;7-密封橡胶圈

　　在薄的长方形不锈钢板上用压力机压出一定形状的花纹作为加热板,每块加热板上都有一对原料液及加热蒸汽的进出口,将加热板装配在机架上,加热板四周及进出口周边都由密封圈密封,加热板的一侧流动原料液,另一侧流动加热蒸汽从而实现加热蒸发过程。一般四块加热板为一组,在一台板式蒸发器中可设置数组,以实现连续蒸发操作。

　　板式蒸发器的传热系数高,蒸发速率快,液体在加热室停留时间短、滞留量少,板式蒸发器易于拆卸及清洗,可以减少结垢,并且加热面积可以根据需要而增减。但板式蒸发器加热板的四周都用密封圈密封,密封圈易老化,容易泄漏,热损失较大,应用较少。

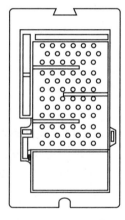

图7-12　板式蒸发
器板片

　　各种蒸发器的基本结构不同,蒸发效果不同,选择时应考虑:满足生产工艺的要求并保证产品质量;生产能力大;结构简单,维修操作方便;单位质量二次蒸汽上所需加热蒸汽越少,经济性越好。

　　实际选择蒸发设备时首先要考虑溶液增浓过程中溶液性质的变化,如是否有结晶生成、传热面上是否易结垢、是否易生泡、黏度随浓度的变化情况、溶液的热敏感性问题、溶液是否有腐蚀性等。蒸发过程中有结晶析出及易结垢的溶液,宜采用循环速度高、易除垢的蒸发器;黏度较大、流动性差的,宜采用强制循环或刮板式蒸发器;若为热敏性溶液,应选择蒸发时间短、滞留量少的膜式蒸发器;蒸发量大的不适宜选择刮板搅拌式蒸发器,应选择多效蒸发过程。

第三节　蒸发器的节能

　　蒸发过程需要消耗大量的饱和蒸汽作为加热热源,蒸发过程产生的二次蒸汽又需要用冷却水进行冷凝,同时也需要有一定面积的加热室及冷凝器以确保蒸发过程的顺利进行。因此蒸发过程的节能问题直接影响药品的生产成本和经济效益。

蒸发过程的节能主要从如下几方面考虑:①充分利用蒸发过程中产生的二次蒸汽的潜热,如采用多效蒸发;②加热蒸汽的冷凝液多在饱和温度下排出,可以将其加压使其温度升高再返回该蒸发器代替生蒸汽作为加热热源;③将加热蒸汽的冷凝液减压使其产生自蒸过程,将获得的蒸汽作为后一效蒸发器的补充加热热源。

一、多效蒸发计算

在单效蒸发过程中,每蒸发 1kg 的水都要消耗略多于 1kg 的加热蒸汽,若要蒸发大量的水分必然要消耗更大量的加热蒸汽。为了减少加热蒸汽的消耗量,降低药品的生产成本,对于生产规模较大,蒸发水量较大,需消耗大量加热蒸汽的蒸发过程,生产中多采用多效蒸发操作。

1. 多效蒸发的原理 多效蒸发指将前一效产生的二次蒸汽引入后一效蒸发器,作为后一效蒸发器的加热热源,而后一效蒸发器则为前一效的冷凝器。多效蒸发过程是多个蒸发器串联操作,第一效蒸发器用生蒸汽作为加热热源,其他各效用前一效的二次蒸汽作为加热热源,末效蒸发器产生的二次蒸汽直接引入冷凝器冷凝。因此,多效蒸发时蒸发 1kg 的水,可以消耗少于 1kg 的生蒸汽,使二次蒸汽的潜热得到充分利用,节约了加热蒸汽,降低了药品成本,节约能源,保护环境。

多效蒸发时,本效产生的二次蒸汽的温度、压力均比本效加热蒸汽的低,所以,只有后一效蒸发器内溶液的沸点及操作压力比前一效产生的二次蒸汽的低,才可以将前一效的二次蒸汽作为后一效的加热热源,此时后一效为前一效的冷凝器。

要使多效蒸发能正常运行,系统中除一效外,其他任一效蒸发器的温度和操作压力均要低于上一效蒸发器的温度和操作压力。多效蒸发器的效数以及每效的温度和操作压力主要取决于生产工艺和生产条件。

2. 多效蒸发的流程 多效蒸发过程中,常见的加料方式有并流加料、逆流加料、平流加料及错流加料。下面以三效蒸发为例来说明不同加料方式的工艺流程及特点,若多效蒸发的效数增加或减少时,其工艺流程及特点类似。

(1)并流(顺流)加料多效蒸发:最常见的多效蒸发流程为并流加料多效蒸发,三效并流(顺流)加料的蒸发流程如图 7-13 所示。三个传热面积及结构相同的蒸发器串联在一起,需要蒸发的溶液和加热蒸汽的流向一致,都是从第一效顺序流至末效,这种流程即为并流加料法。在三效并流蒸发流程中,第一效采用生蒸汽作为加热热源,生蒸汽通入第一效的加热室使溶液沸腾,第一效产生的二次蒸汽作为第二效的加热热源,第二效产生的二次蒸汽作为末效的加热热源,末效产生的二次蒸汽则直接引入末效冷凝器冷凝并排出;与此同时,需要蒸发的溶液首先进入第一效进行蒸发,第一效的完成液作为第二效的原料液,第二效的完成液作为末效的原料液,末效的完成液作为产品直接采出。

并流加料多效蒸发具有如下特点:①原料液的流向与加热蒸汽流向相同,顺序由一效至末效;②后一效蒸发室的操作压力比前一效的低,溶液在各效间的流动是利用效间的压力差,而不需要泵的输送,可以节约动力消耗和设备费用;③后一效蒸发器中溶液的沸点比前一效的低,前一效溶液进入后一效可产生自蒸发过程,自蒸发指因前一效完成液在沸点温度下被排出并进入后一效蒸发器,而后一效溶液的沸点比前一效的低,溶液进入后一效即可呈过热状态而自动蒸发的过程,自蒸发可产生更多的二次蒸汽,减少了热量的消耗;④后一效中溶液的浓度比前一效的高,而溶液的沸点温度反而低一些,因此各效溶液的浓度依次增高,而沸点反而依次降低,沿溶液流动的方向黏度则会逐渐增高,导致各效的传热系数逐渐降低,故对于黏

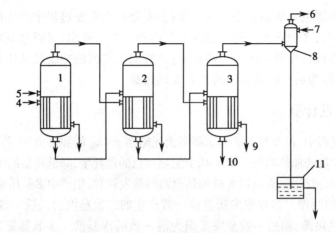

图7-13　并流加料三效蒸发流程

1-一效蒸发器;2-二效蒸发器;3-三效蒸发器;4-加热蒸汽进口;5-原料
液进口;6-不凝气体排出口;7-冷却水进口;8-末效冷凝器;9-冷凝水出
口;10-完成液出口;11-溢流水箱

度随浓度迅速增加的溶液不宜采用并流加料工艺,并流加料蒸发适宜热敏性溶液的蒸发过程。

（2）逆流加料蒸发流程:三效逆流加料的蒸发流程如图7-14所示,加热蒸汽的流向依次由一效至末效,而原料液由末效加入,末效产生的完成液由泵输送到第二效作为原料液,第二效的完成液也由泵输送至第一效作为原料液,而第一效的完成液作为产品采出,这种蒸发过程称为逆流加料多效蒸发。

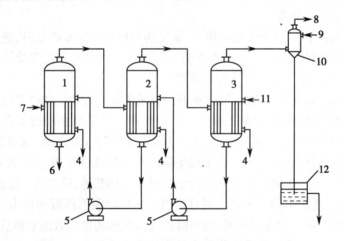

图7-14　逆流加料三效蒸发流程

1-一效蒸发器;2-二效蒸发器;3-三效蒸发器;4-冷凝水出口;5-泵
6-完成液出口;7-加热蒸汽进口;8-不凝气体排出口;9-冷却水进口;
10-末效冷凝器;11-原料液进口;12-溢流水箱

逆流加料多效蒸发特点为:①原料液由末效进入,并由泵输送到前一效,加热蒸汽由一效顺序至末效;②溶液浓度沿流动方向不断提高,溶液的沸点温度也逐渐升高,浓度增加黏度上升与温度升高黏度下降的影响基本上可以抵消,因此各效溶液的黏度变化不大,各效传热系数相差不大;③后一效蒸发室的操作压力比前一效的低,故后一效的完成液需要由泵输送到前一效作为其原料液,能量消耗及设备费用会增加;④各效的进料温度均低于其沸点温度,与并流加料流程比较,逆流加料过程不会产生自蒸发,产生的二次蒸汽量会减少。

逆流加料多效蒸发适宜处理黏度随温度、浓度变化较大的溶液的蒸发,不适宜热敏性溶液的蒸发。

(3)平流加料多效蒸发:平流加料三效蒸发的流程如图7-15所示,加热蒸汽依次由一效至末效,而每一效都通入新鲜的原料液,每一效的完成液都作为产品采出。平流加料蒸发流程适合于在蒸发过程中易析出结晶的溶液。溶液在蒸发过程中若有结晶析出,不便于各效间输送,同时还易结垢影响传热效果,故采用平流加料蒸发流程。

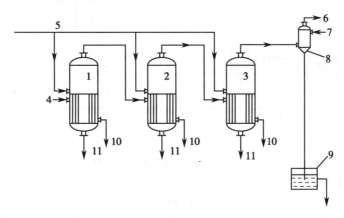

图7-15 平流加料三效蒸发流程

1-一效蒸发器;2-二效蒸发器;3-三效蒸发器;4-加热蒸汽入口;5-原料液
入口;6-不凝气体排出口;7-冷却水进口;8-末效冷凝器;9-溢流水箱;
10-冷凝水排出口;11-完成液排出口

(4)错流加料多效蒸发:错流加料三效蒸发流程如图7-16所示,错流加料的流程中采用部分并流加料和部分逆流加料,其目的是利用两者的优点,克服或减轻两者的缺点,一般末尾几效采用并流加料以利用其不需泵输送和自蒸发等优点。

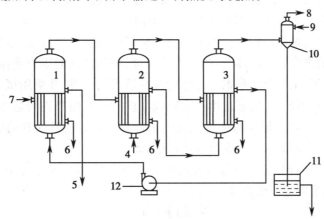

图7-16 错流加料三效蒸发流程

1-一效蒸发器;2-二效蒸发器;3-三效蒸发器;4-原料液进口;5-完成液
出口;6-冷凝水出口;7-加热蒸汽进口;8-不凝气体排出口;9-冷却水进
口;10-末效冷凝器;11-溢流水箱;12-泵

图 7-17 所示为三效蒸发设备流程简图,由三组结构及传热面积相同的蒸发器构成,属于外加热式蒸发设备,可用于中药水提取液及乙醇液的蒸发浓缩过程,可以连续并流蒸发,也可以间歇蒸发,可以得到较高的浓缩比,浓缩液的相对密度可大于 1.1。

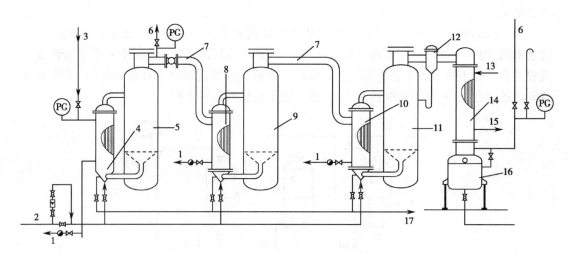

图 7-17   三效蒸发设备流程简图

1-冷凝水出口;2-原料液进口;3-加热蒸汽进口;4-一效加热室;5-一效分离室;6-抽真空;7-二次蒸汽;8-二效加热室;9-二效分离室;10-三效加热室;11-三效分离室;12-气液分离器;13-冷却水进口;14-末效冷凝器;15-冷凝水出口;16-冷凝液接收槽;17-完成液出口

在实际的蒸发过程中,选择蒸发流程的主要依据是物料的特性及工艺要求等,并且要求操作简便、能耗低,产品质量稳定等。采用多效蒸发流程时,原料液需经适当的预热再进料,同时,为了防止液沫夹带现象,各效间应加装气液分离装置,并且及时排放二次蒸汽中的不凝性气体。

3. 多效蒸发的计算   多效蒸发过程的计算与单效蒸发的计算类似,也是利用物料衡算、热量衡算和总传热速率方程等,但多效蒸发的计算过程更复杂一些,多效蒸发的效数越多,计算过程越繁杂。多效蒸发过程需要计算的内容包括各效的蒸发量、各效排出液的浓度、加热蒸汽消耗量及传热面积等。而生产任务会提供原料药的流量、浓度、温度及定压比热容,最终完成液的浓度,末效冷凝器的压力或温度,加热蒸汽的压力或温度等。为了简化多效蒸发的计算过程,工程上多根据实际经验进行适当的假设,并采用试差法来计算,得到的计算结果也多是近似值,需要通过生产实践或实验对计算结果进行适当调整。若要得到较准确的计算结果,应采用相应的计算机软件来计算。多效蒸发计算的流程如图 7-18 所示,以三效并流蒸发为例对多效蒸发过程进行估算。

(1)通过物料衡算计算总蒸发量及各效排出液的浓度:因蒸发过程中溶质总量不变,故对整个蒸发系统的溶质进行衡算得

$$Fx_0 = (F - W)x_3 \tag{7-14}$$

或

$$W = F\left(1 - \frac{x_0}{x_3}\right) \tag{7-15}$$

总蒸发量等于各效蒸发量之和,即 $W = W_1 + W_2 + W_3 \tag{7-16}$

对第一效和第二效的溶质进行物料衡算,得

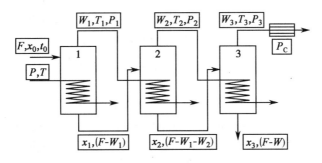

图 7-18 三效并流加料计算示意图

$$Fx_0 = (F - W_1)x_1 \tag{7-17}$$

$$Fx_0 = (F - W_1 - W_2)x_2 \tag{7-18}$$

式中,F 为原料液质量流量,单位为 kg/h;x_0 为原料液中溶质的质量分率;x_1、x_2、x_3 为各效完成液中溶质的质量分率;W 为总蒸发量,单位为 kg/h;W_1、W_2、W_3 为各效蒸发量,单位为 kg/h。

(2)根据经验估算各效的蒸发量:各效蒸发量及排出液的浓度需根据各效的热量衡算及物料衡算获得,也可通过假设估算获得。对于并流加料三效蒸发过程,因有自蒸发现象存在,蒸发量的估算公式为

$$W_1 : W_2 : W_3 = 1 : 1.1 : 1.2 \tag{7-19}$$

对于逆流及其他加料过程的多效蒸发,各效蒸发量可假设其近似相等,即

$$W_1 = W_2 = W_3 = \frac{W}{3} \tag{7-20}$$

估算出各效的蒸发量后,再按式(7-17)及式(7-18)估算出各效排出液中溶质的浓度。

(3)各效溶液的沸点:当各效溶液沸点为未知而热量衡算又需要溶液的沸点时,可用经验方法估算出各效溶液的沸点。假定蒸汽通过各效的压力降相等,相邻两效的压力差为

$$\Delta p = \frac{p - p_c}{3} \tag{7-21}$$

则第一效蒸发室的操作压力约为

$$p_1 = p - \Delta p \tag{7-22}$$

第二效蒸发室的操作压力约为

$$p_2 = p - 2\Delta p \tag{7-23}$$

第三效蒸发室的操作压力 $p_3 = p_c$,由各效的操作压力查出各效二次蒸汽的温度,再由各效浓度的变化、液柱静压力变化及流动阻力引起的温度差损失估算各效溶液的沸点升高,从而估算各效溶液的沸点温度。

式中,p 为第一效加热蒸汽的压力,单位为 Pa;p_c 为冷凝器中蒸汽的压力,单位为 Pa;Δp 为各效的压力降,单位为 Pa。

4. 多效蒸发与单效蒸发的比较 与单效蒸发相比,多效蒸发具有如下特点:

(1)溶液的温度差损失:在单效蒸发和多效蒸发过程中,溶液的沸点均有升高并使传热温度差损失的现象,若在加热生蒸汽及冷凝器的压力相同的条件下,由于多效蒸发的各效蒸

发器中都有因浓度变化、加热管内液柱静压力及流动阻力损失而引起的沸点升高,使蒸发器的每一效都有传热温度差损失,导致多效蒸发的总传热温度差损失比单效蒸发的总传热温度差损失要大一些。效数越多,各效的操作压力越低,溶液的沸点升高越明显,传热温度差损失越大。

(2)经济效益:采用多效蒸发可以降低生蒸汽的用量,提高了生蒸汽的经济性,效数越多,生蒸汽的经济性越高,若蒸发水量较大宜采用多效蒸发。但二次蒸汽的蒸发量随着效数增加而减少,而各效蒸发器的结构及传热面积相同,效数越多,设备投资越多,但后面几效的蒸发量反而变少,所以多效蒸发的效数一般 3~5 效为宜。

二、冷凝水自蒸发的应用

各效加热蒸汽的冷凝液多在饱和温度下排出,这些高温冷凝液的残余热能可以用来预热原料液或加热其他物料,也可采用如图7-19所示的流程进行自蒸发来利用冷凝水的残热,将加热室排出的高温冷凝水送至自蒸发器中减压,减压后的冷凝水因过热产生自蒸发过程。自蒸发产生的低温蒸汽一般可与本效产生的二次蒸汽一同送入下一效的加热室,作为下一效的加热热源,由此冷凝水的部分显热得以回收再利用,提高了蒸汽的经济性。

总之,充分利用各效加热蒸汽冷凝液的残余热量,可以减少加热蒸汽的消耗量,降低能耗,提高产品的经济效益,并且冷凝水自蒸发的设备和流程比较简单,现已被生产广泛采用。

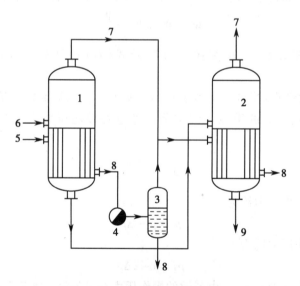

图7-19 冷凝水自蒸发的流程图
1,2-蒸发器;3-自蒸发器;4-疏水器;5-加热蒸汽入口;
6-原料液进口;7-二次蒸汽出口;8-冷凝水出口;
9-完成液出口

三、低温下热泵循环的蒸发器

饱和蒸汽的汽化潜热随蒸汽温度的变化不大,因此溶液蒸发所产生的二次蒸汽的热焓并不比加热蒸汽的低,仅因二次蒸汽的压力和温度都低而不能合理利用。若将蒸发器产生的二次蒸汽通过压缩机压缩,提高其压力及温度,使二次蒸汽的压力达到本效加热蒸汽的压力,然后将其送入本效蒸发器加热室中作为加热蒸汽循环使用,这样无须再加入新鲜的加热蒸汽,即可使蒸发器能正常工作,这种蒸发过程称为热泵蒸发。

热泵蒸发的流程如图 7-20 所示,由蒸发室产生的二次蒸汽被压缩机沿管吸入压缩机中,在压缩机内二次蒸汽被绝热压缩,其压力及温度升高至加热室所需的温度和压力后,二次蒸汽从压缩机沿管进入加热室,在加热室中蒸汽冷凝放出的热量将壁面另一侧的溶液加热蒸发同时自身被冷凝,冷凝水从加热室经疏水器排出,不凝气体用真空泵从蒸发室内抽出。

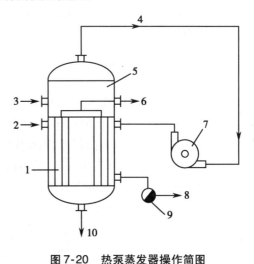

图 7-20 热泵蒸发器操作简图

1-加热室;2-加热蒸汽进口;3-原料液进口;4-二次蒸汽;5-分离室;6-空气放空口;7-压缩机;8-冷凝水排出口;9-疏水器;10-完成液出口

热泵蒸发可以实现二次蒸汽的再利用,可大幅度节约生蒸汽的用量,操作时仅需在蒸发的初始阶段采用生蒸汽进行加热,一旦蒸发操作达到稳定状态,就只采用压缩的二次蒸汽作为加热热源,而无须再补充生蒸汽,从而达到节能降耗的目的。热泵蒸发适用于沸点升高较小、浓度变化不大的溶液的蒸发,若溶液的浓度变化大、沸点升高较高,因压缩机的压缩比不宜太高,即二次蒸汽的温升有限,传热过程的推动力变小,则热泵蒸发的效率降低,经济性差,甚至不能满足蒸发操作的要求。热泵蒸发所使用的压缩机的热力学效率约为 25%～30%,同时将高温的二次蒸汽压缩对压缩机的要求较高,压缩机的投资费用较大,维护保养复杂,二次蒸汽中应避免雾沫夹带,这些缺点也限制了热泵蒸发过程的应用。热泵蒸发过程适宜在二次蒸汽的压缩比不大的情况下使用,热泵蒸发可提高蒸发器的热利用率,节能效果明显。

第四节　蒸馏水器

制药工艺生产中使用各种水作为不同剂型药品的溶剂或包装容器的洗涤水等,这些水统称为工艺用水。药品生产工艺中使用的水包括饮用水、纯化水及注射用水。饮用水是制备纯水的原料水;纯化水包括去离子水及蒸馏水,纯化水是制备注射用水的原料水,纯化水可采用蒸馏法、离子交换法、反渗透法、电渗析及超滤等方法制备;注射用水指将蒸馏水或去离子水再经蒸馏而制得的水,再蒸馏的目的是去除热原,注射用水主要采用重蒸馏法制备,反渗透法也可制备注射用水。

把饮用水加热至沸腾使之汽化,再把蒸汽冷凝所得的水,称为蒸馏水。水在蒸发汽化过程中,易挥发性物质汽化逸出,原溶于水中的多数杂质和热原都不挥发,仍留在残液中。因而饮用水经过蒸馏,可除去其中的各种不挥发性物质,包括悬浮体、胶体、细菌、病毒及热原等杂质,从而得到纯净蒸馏水。经过两次蒸馏的水,称为重蒸馏水。重蒸馏水中不含热原,可作为医用注射用水。制备蒸馏水的设备称为蒸馏水器,蒸馏水器主要由蒸发锅、除沫装置和冷凝器三部分构成。蒸馏水器的加热方法主要有水蒸汽加热及电加热两种。蒸馏水器分为单蒸馏水器和重蒸馏水器两种。

制药工艺用水的质量直接影响到药品的质量,各类工艺用水应符合中国药典的具体要求。注射用水的 pH、硫酸盐、氯化物、铵盐、钙盐、二氧化碳、易氧化物、不挥发性物质及重金属等都应符合药典规定。

一、电热式蒸馏水器

电热式蒸馏水器的结构如图 7-21 所示,主要由蒸发锅、电加热器、冷凝器及除沫器等组成,其蒸发锅内安装有若干个电加热器,电加热器必须没入水中操作,否则可能烧坏。电热式蒸馏水器的工作流程如下:原料饮用水先经过冷凝器被预热,再进入蒸发锅内被电加热器加热,饮用水被加热至沸腾汽化,产生的蒸汽经除沫器除去其夹带的雾状液滴,然后进入冷凝器被冷凝为蒸馏水并作为纯化水使用。电热式蒸馏水器的出水量小于 $0.02\,m^3/h$,属于小型的单蒸馏水器,适宜无汽源的场合。

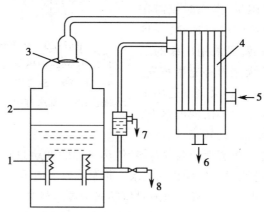

图 7-21　电热式蒸馏水器
1-电加热器;2-蒸发锅;3-除沫器;4-冷凝器;
5-饮用水进口;6-蒸馏水出口;7-液位控制器;
8-浓缩水出口

二、气压式蒸馏水器

气压式蒸馏水器又称热压式蒸馏水器,主要由蒸发室、换热器、蒸发冷凝器、压气机、电加热器、除沫器、液位控制器及泵等组成。其结构流程图如图 7-22 所示。

气压式蒸馏水器的工作原理如下:将原水加热使其沸腾汽化,产生的二次蒸汽经压缩使其压力及温度同时升高,再将压缩的蒸汽冷凝得蒸馏水,蒸汽冷凝所释放的潜热作为加热原水的热源使用。

气压式蒸馏水器的操作流程如下:用泵将饮用水由进水口压入换热器预热后,再由泵送入蒸发室冷凝器的管内,管内水位由液位控制器进行调节。蒸发冷凝器下部的蒸汽加热蛇管和电加热器作为辅助加热使用(蒸发室温度约 105℃),原料水被加热至沸腾,产生的蒸汽由蒸发室上部经除沫器除去其中夹带的雾滴及杂质后,进入压气机,蒸汽在压气机中被压

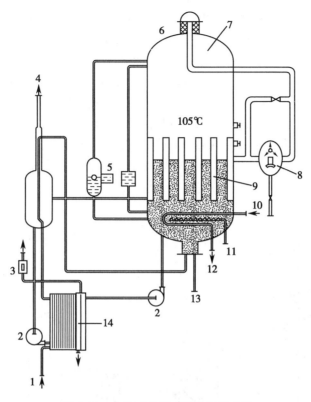

图 7-22 气压式蒸馏水器结构示意图

1-原水进口;2-泵;3-蒸馏水出口;4-不凝气体排出口;5-液位控制器;
6-除沫器;7-蒸发器;8-压缩机;9-蒸发冷凝器;10-加热蒸汽进口;
11-电加热器;12-冷凝水出口;13-浓缩液出口;14-板式换热器

缩,温度升高到约120℃。将高温压缩蒸汽送入蒸发冷凝器的管间冷凝放出潜热,其冷凝水即为蒸馏水,纯净的蒸馏水经泵送入换热器中,用其余热将原水预热,成品水由蒸馏水出口排出。而蒸发冷凝器管内的原水受热沸腾汽化,产生的二次蒸汽从蒸发室经除沫器进入压气机压缩……重复前面过程,过程中产生的不凝气体由放气口排出。

气压式蒸馏水器的优势在于:在制备蒸馏水的生产过程中不需用冷却水;换热器具有回收蒸馏水中余热及对原水预热的作用;二次蒸汽经净化、压缩、冷凝等过程,在高温下停留约45分钟,从而保证了蒸馏水的无菌、无热原;生产能力大,工业用气压式蒸馏水器的产水量在 0.5m³/h 以上,有的高达 10m³/h;自动化程度高,自动型的气压式蒸馏水器,当设备运行正常后即可实现自动控制。气压式蒸馏水器的缺点是有传动和易磨损的部件,维修工作量大,而且调节系统复杂,启动慢,噪声较高,占地面积大。

气压式蒸馏水器适合于供应蒸汽压力较低,工业用水比较紧缺的厂家使用,虽一次性投资较高,但蒸馏水的生产成本较低,经济效益较好。

三、多效蒸馏水器

为了节约加热蒸汽,可利用多效蒸发原理制备蒸馏水。多效蒸馏水器是由多个蒸馏水器串接而成,各蒸馏水器之间可以垂直串接,也可水平串接。多效蒸馏水器按换热器的结构不同可分为列管式、盘管式和板式三种类型。列管式多效蒸馏水器加热室的结构与列管换热器类似,各效蒸馏水器之间多水平串接;盘管式多效蒸馏水器加热室的结构与蛇管换热器类似,各效蒸馏水器之间多垂直串接;板式蒸馏水器应用较少。

1. 列管式多效蒸馏水器　列管式多效蒸馏水器主要由列管室加热室、分离室、圆筒形壳体、除沫装置、冷凝器、机架、水泵、控制柜等构成,是采用多效蒸发的原理制备蒸馏水的,各效蒸发室按结构不同可分为降膜式、外循环管式及内循环管式等。不同列管蒸馏水器蒸发室的结构如图 7-23 所示,其蒸发室都是列管式结构,但气液分离装置有所不同,图 7-23(a)的气液分离装置为螺旋板式除沫器;(b)、(c)及(d)的气液分离装置为丝网式除沫器。螺旋板式除沫器除去雾沫、液滴及热原的效果较好,重蒸馏水的水质更佳。

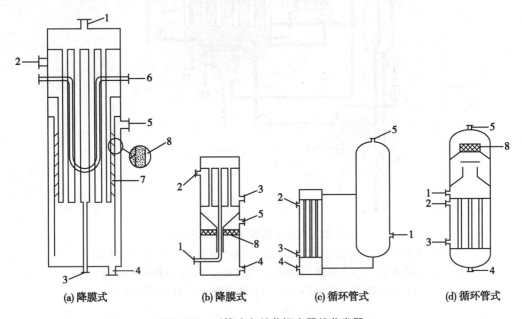

图 7-23　列管式多效蒸馏水器的蒸发器
1-原水进口;2-加热蒸汽进口;3-冷凝水出口;4-排水口;5-纯蒸汽;
6-发夹型换热器;7-分离筒;8-除沫器

图 7-23(a)的结构是目前我国较常用的列管式降膜多效蒸馏水器,其工作原理如下:经过预热的原水从 1 进入列管管束的管内,被从 2 进入到管间的加热蒸汽加热沸腾汽化,加热蒸汽冷凝后由 3 排出,产生的二次蒸汽先在蒸发器的下部汇集,再沿内胆与分离筒间的螺旋叶片旋转向上运动,蒸汽中夹带的雾滴被分离,雾滴在分离筒 7 的壁面形成液层,液体从分离筒 7 与外壳形成的疏水通道向下汇集于器底,从排水口 4 排出,干净的蒸汽继续上升至分离筒顶端,从蒸汽出口 5 排出,其蒸发室中还附有发夹式换热器 6 用以预热进料水。

图 7-23(b)也是降膜式蒸馏水器,其丝网除沫器置于蒸发室的下部作为气液分离装置;图 7-23(c)及(d)分别为外循环长管式蒸发器及内循环短管式蒸发器,其丝网除沫装置都置于蒸发室的上部。

图 7-24 为五效列管降膜式蒸馏水器结构示意图,该设备由五座圆柱型蒸馏塔水平串接组成,是常用的多效蒸馏水器,各效蒸馏水器的结构如图 7-23(a)所示,其工作流程如下:

进料水(去离子水)先进入末效冷凝器(也是预热器),被由蒸发器 5 产生的纯蒸汽预热,然后依次通过各蒸发器的发夹形换热器进行预热,被加热到 142℃后进入蒸发器 1 中,并在列管的管内由上向下呈膜状分布。外来的加热生蒸汽(约 165℃)由蒸发器 1 的蒸汽进口进入列管的管间,生蒸汽与管内的进料水进行间壁式换热,将进料水加热沸腾汽化,其冷凝液由蒸发器1底部的冷凝水排放口排出,蒸发器1中的进料水约有30%被加热汽化,生成的二次蒸汽(约141℃)由蒸发器1的纯蒸汽出口排出,作为加热热源进入蒸发器2的列管的管间,蒸发器1内其余的进料水(约130℃)也从其底部排出再从蒸发器2顶部进料水口进入其列管的管内。在蒸发器2中,进料水再次被蒸发,而来自蒸发器1的纯蒸汽被全部冷凝为蒸馏水并从蒸发器2底部的排放水口排出,蒸发器3~5均以同一原理依此类推。最后蒸发器5产生的纯蒸汽与从蒸发器2~5底部排出的蒸馏水一同进入末效冷凝器,被冷却水及进料水冷凝冷却后,从蒸馏水出口排出(97~99℃),进料水经五次蒸发后其含有杂质的浓缩水由蒸发器5的底部排出,末效冷凝器的顶部也需排出不凝气体。

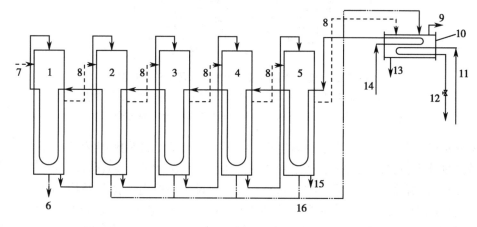

图7-24　水平串接式五效蒸馏水器工作原理示意图
1~5-五效降膜列管式蒸发器;6-冷凝水出口;7-加热蒸汽进口;8-纯蒸汽;9-放空口;
10-冷凝器;11-冷却水进口;12-冷却水出口;13-重蒸水出口;14-纯化水进口;
15-浓缩水出口;16-纯蒸汽冷凝水

2. 盘管式多效蒸馏水器　盘管式多效蒸馏水器属于蛇管降膜式蒸发器,各效蒸发器多垂直串接,一般3~5效。该设备的外部多为圆筒形,内部的加热室由多组蛇形管组成,蛇管上方设有进料水分布器,辅助设备包括冷凝冷却器、气液分离装置、水泵及储罐等。

图7-25所示为三效盘管蒸馏水器,其工作流程如下:进料水(去离子水)经泵升压后,进入冷凝冷却器预热后,再经蒸发器1的蛇形预热器预热后进入蒸发器1的液体分布器,进料水经液体分布器均匀喷淋到蒸发器1的蛇形加热管的管外,蛇形加热管的管内通入由锅炉送来的生蒸汽,通过间壁式换热,蛇管内的生蒸汽将管外的进料水加热至沸腾汽化,生蒸汽被冷凝为冷凝水并经疏水器排出,进料水在蛇管外被部分蒸发,产生的二次蒸汽经过气液分离装置后,作为加热热源进入蒸发器2的蛇形加热管内,而在蒸发器1中未被蒸发的进料水进入蒸发器2的液体分布器,喷淋到蒸发器2的蛇管的管外并被部分蒸发,蛇管内的蒸汽冷凝液作为蒸馏水排出,依此类推。蒸发器3产生的二次蒸汽与蒸发器2及蒸发器3的蒸馏水一同进入冷凝冷却器中冷凝冷却,并作为蒸馏水采出(95~98℃),未被蒸发的含有杂质的浓缩水由蒸发器3的底部排出,部分通过循环泵作为进料水使用,冷凝冷却器上应设有不凝气体的排放口。

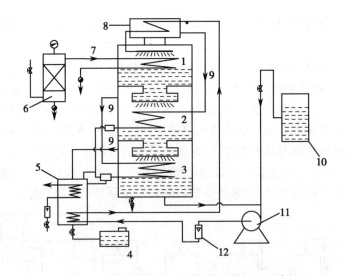

图7-25 垂直串接盘管三效蒸馏水器工作示意图

1~3-三效蒸发器;4-重蒸水贮罐;5-冷凝冷却器;6-气液分离器;7-加热蒸汽;
8-原料水贮罐;9-泵;10-料水;11-泵;12-转子流量计

多效蒸馏水器的性能取决于加热生蒸汽的压力及蒸发器的效数,生蒸汽的压力越大,蒸馏水的产量越大;效数越多,热能利用率越高,一般3~5效为宜。多效蒸馏水器的制造材料均选择无毒、耐腐蚀的316L或304L不锈钢,且整台设备为机电一体化结构,采用微机全自动控制,符合GMP要求。多效蒸馏水器的操作简便,运行稳定,可大大节约加热蒸汽及冷却水的用量,能耗低,热利用率高,产水量高。用多效蒸馏水器制备的蒸馏水,能有效地去除细菌、热原,水质稳定可靠,各项指标均可达到药典的要求,是制备注射用水的理想设备。

(庞 红 王宝华)

第八章　输送机械设备

输送机械设备是生产过程中最常见的,是不可缺少的。输送机械设备根据工艺要求可将一定量的物料进行远距离输送,从低处送向高处输送,从低压设备向高压设备输送。在制药生产过程中,被输送物料的性质有很大的差异,所用的输送机械设备必须能满足生产上不同的要求。因此,必须熟悉输送机械设备的主要结构性能与工作原理,以便对其进行合理的选择。

第一节　液体输送机械

输送液体的机械设备通常被称为泵,根据不同的工作原理,可将其分为离心泵、往复泵、齿轮泵等几种,其中以离心泵在生产上的应用最为广泛。

一、离心泵

离心泵由于其结构简单、调节方便、适用范围广、便于实现自动控制而在生产中应用最为普遍。

1. 离心泵的基本结构　离心泵主要由叶轮、泵壳和轴封装置等组成,由若干个弯叶片组成的叶轮安装在蜗壳形的泵壳内,并且叶轮紧固于泵轴上。泵壳中央的吸入口与吸入管相连,侧旁的排出口与排出管连接,如图 8-1 所示。一般在吸入管端部安装滤网、底阀,排出管上装有调节阀。滤网可以阻拦液体中的固体杂质,底阀可防止启动前灌入的液体泄漏,调节阀供开、停车和调节流量时使用。

(1)叶轮:叶轮是离心泵的主要结构部件,其作用是将原动机的机械能直接传递给液体,以提高液体的静压能和动能。离心泵的叶轮类型有开式、半开式和闭式三种。

开式叶轮:在叶片两侧无盖板,如图 8-2(a)所示,这种叶轮结构简单、不易堵塞,适用于输送含大颗粒的溶液,效率低。

半开式叶轮:没有前盖而有后盖,如图 8-2(b)所示,适用于输送含小颗粒的液体,其效率也较低。

闭式叶轮:在叶片两侧有前后盖板,流道是封闭

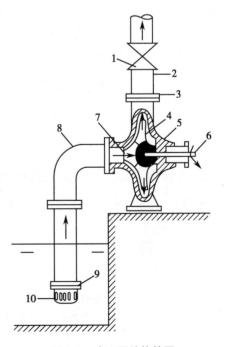

图 8-1　离心泵结构简图

1- 调节阀;2- 排出管;3- 排出口;4- 叶轮;5- 泵壳;6- 泵轴;7- 吸入口;8- 吸入管;9- 底阀;10- 滤网

的,液体在通道内无倒流现象,如图 8-2(c)所示,适用于输送清洁液体,效率较高。一般离心泵大多采用闭式叶轮。

(a) 开式   (b) 半开式   (c) 闭式

图 8-2 离心泵的叶轮类型

闭式或半开式叶轮在工作时,部分离开叶轮的高压液体,可由叶轮与泵壳间的缝隙漏入两侧,使叶轮后盖板受到较高压强作用,而叶轮前盖板的吸入口侧为低压,故液体作用于叶轮前后两侧的压强不等,便产生指向叶轮吸入口侧的轴向推力,导致叶轮与泵壳接触而产生摩擦,严重时会造成泵的损坏。为平衡轴向推力,可在叶轮后盖板上钻一些平衡孔,使漏入后侧的部分高压液体由平衡孔漏向低压区,以减小叶轮两侧的压强差,但同时也会降低泵的效率。

根据离心泵不同的吸液方式,叶轮还可分为单吸式和双吸式。如图 8-3(a)所示,单吸式叶轮结构简单,液体从叶轮一侧被吸入。如图 8-3(b)所示,双吸式叶轮是从叶轮两侧同时吸入液体,显然具有较大的吸液能力,而且可以消除轴向推力。

(2)泵壳:离心泵的泵壳亦称为蜗壳、泵体,构造为蜗牛壳形,其内有一个截面逐渐扩大的蜗形通道,如图 8-4 所示。其作用是将叶轮封闭在一定空间内,汇集引导液体的运动,从而使由叶轮甩出的高速液体的大部分动能有效地转换为静压能,因此蜗壳不仅能汇集和导出液体,同时又是一个能量转换装置。为减少高速液体与泵壳碰撞而引起的能量损失,有时还在叶轮与泵壳间安装一个固定不动而带有叶片的导轮,以引导液体的流动方向,如图 8-4 所示。

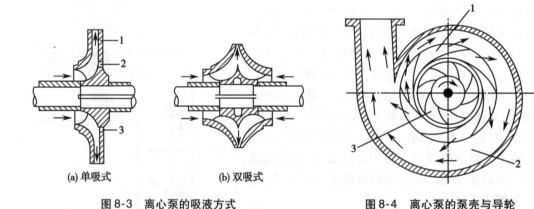

(a) 单吸式   (b) 双吸式

图 8-3 离心泵的吸液方式
1-后盖板;2-平衡孔;3-平衡孔

图 8-4 离心泵的泵壳与导轮
1-导轮;2-蜗壳;3-叶轮

(3)轴封装置:在泵轴伸出泵壳处,转轴和泵壳间存有间隙,在旋转的泵轴与泵壳之间的密封,称为轴封装置。其作用是为了防止高压液体沿轴向外漏,以及防止外界空气漏入泵内。常用的轴封装置是填料密封和机械密封。

1)填料密封:如图 8-5 所示,填料密封装置主要由填料函壳、软填料和填料压盖构成。

软填料一般选用浸油或涂石墨的石棉绳,缠绕在泵轴上,用压盖将其紧压在填料函壳和转轴之间,迫使其产生变形,以达到密封的目的。

填料密封结构简单,耗功率较大,而且有一定量的泄漏,需要定期更换维修。因此,填料密封不适于输送易燃、易爆和有毒的液体。

2)机械密封:如图8-6所示,机械密封装置主要由装在泵轴上随之转动的动环和固定在泵体上的静环所构成的。动环一般选用硬质金属材料制成,静环选用浸渍石墨或酚醛塑料等材料制成。两个环的端面由弹簧的弹力使之贴紧在一起达到密封目的,因此机械密封又称为端面密封。

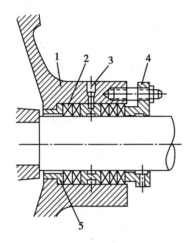

图8-5　离心泵的填料密封

1-填料函壳;2-软填料;3-液封圈;
4-填料压盖;5-内衬套

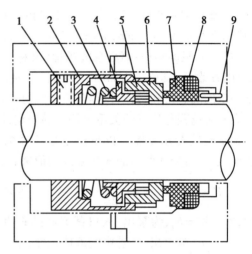

图8-6　离心泵的机械密封

1-螺钉;2-传动座;3-弹簧;4-推环;5-动环密封圈;
6-动环;7-静环;8-静环密封圈;9-防转销

机械密封结构紧凑,功率消耗少,密封性能好,性能优良,使用寿命长。但部件的加工精度要求高,安装技术要求比较严格,造价较高。适用于输送酸、碱以及易燃、易爆和有毒液体。

2. 离心泵的工作原理　离心泵启动前应在吸入管路和泵壳内灌满所输送的液体。电机启动之后,泵轴带动叶轮高速旋转。在离心力的作用下,液体向叶轮外缘做径向运动,液体通过叶轮获得了能量,并以很高的速度进入泵壳。由于蜗壳流道逐渐扩大,液体的流速逐渐减慢,大部分动能转变为静压强,使压强逐渐提高,最终以较高的压强从泵的排出口进入排出管路,达到输送的目的,此即为排液原理。

图8-7　离心泵内液体流动
情况示意图

图8-7示意出了离心泵内液体流动情况。当液体由叶轮中心向外缘做径向运动时,在叶轮中心形成了低压区,在液面压强与泵内压强差的作用下,液体便经吸入管进入泵内,以填补被排出液体的位置,此即为吸液原理。只要叶轮不断地转动,液体就会被连续地吸入和排出。这

就是离心泵的工作原理。离心泵之所以能输送液体,主要是依靠高速转动的叶轮所产生的离心力,故称之为离心泵。

若离心泵在启动前泵壳内不是充满液体而是空气,则由于空气的密度远小于液体密度,产生的离心力很小,不足以在叶轮中心区形成使液体吸入所必需的低压,这种现象称为气缚。于是,离心泵就不能正常地工作。

3. 离心泵的性能参数 为了正确地选择和使用离心泵,就必须熟悉其工作特性和它们之间的相互关系。反映离心泵工作特性的参数称性能参数,主要有流量、扬程、功率、效率等。

(1)离心泵的流量:离心泵的流量是指离心泵在单位时间内所输送的液体体积,用 Q 表示,其单位为 m^3/s,m^3/min,m^3/h。离心泵的流量与其结构尺寸、转速、管路情况有关。

(2)离心泵的扬程:离心泵的扬程(又称压头)是指单位重量液体流经离心泵所获得的能量,用 H 表示,其单位为 m(指米液柱)。离心泵的扬程与其结构尺寸、转速、流量等有关。对于一定的离心泵和转速,扬程与流量间有一定的关系。

离心泵扬程与流量的关系可用实验测定,图8-8 为离心泵实验装置示意图。以单位重量流体为基准,在离心泵入、出口处的两截面 a 和 b 间列伯努利方程,得

$$H = (Z_2 - Z_1) + \frac{u_2^2 - u_1^2}{2g} + \frac{p_2 - p_1}{\rho g} + \sum H_f \quad (8-1)$$

式中,$Z_2 - Z_1 = h_0$,为泵出、入口截面间的垂直距离,单位为 m;u_2、u_1 为泵出、入管中的液体流速,单位为 m/s;p_2、p_1 为泵出、入口截面上的绝对压强,单位为 Pa;$\sum H_f$ 为两截面间管路中的压头损失,单位为 m。

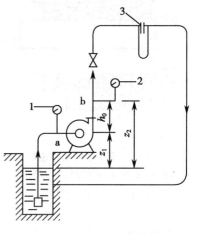

图8-8 离心泵实验装置图
1-真空表;2-压力表;3-流量计

$\sum H_f$ 中不包括泵内部的各种机械能损失。由于两截面间的管路很短,因而 $\sum H_f$ 值可忽略。此外,动能差项也很小,通常也不计,故式(8-1)可简化为

$$H = h_0 + \frac{p_2 - p_1}{\rho g} \quad (8-2)$$

(3)离心泵的功率

1)离心泵的轴功率 N:离心泵的轴功率是指泵轴转动时所需要的功率,亦即电动机传给离心泵的功率,用 N 表示,其单位为 W 或 kW。由于能量损失,离心泵的轴功率必大于有效功率。

2)离心泵的有效功率 Ne:离心泵的有效功率是指液体从离心泵所获得的实际能量,也就是离心泵对液体作的净功率,用 Ne 表示,其单位为 W 或 kW。

$$Ne = Q\rho g H \quad (8-3)$$

(4)离心泵的效率:离心泵的效率是指泵轴对液体提供的有效功率与泵轴转动时所需功率之比,用 η 表示,无因次,其值恒小于100%。η 值反映了离心泵工作时机械能损失的相对大小。一般小泵约50%~70%,大泵可达90%左右。

$$\eta = \frac{Ne}{N} \quad (8-4)$$

离心泵造成功率损失的原因有容积损失、水力损失、机械损失。

在开启或运转时,离心泵可能会超负荷,因此要求所配置的电动机功率要比离心泵的轴功率大,以保证正常生产。

4. 离心泵的特性曲线　由于离心泵的种类很多,前述各种泵内损失难以准确计算,因而离心泵的实际特性曲线 H-Q、N-Q、η-Q 只能靠实验测定,在泵出厂时列于产品样本中。

(1)离心泵的特性曲线:在规定条件下由实验测得的离心泵的 H、N、η 与 Q 之间的关系曲线称为离心泵的特性曲线。图 8-9 表示某型号离心水泵在转速为 2900r/min 下,用 20℃清水测得的特性曲线:

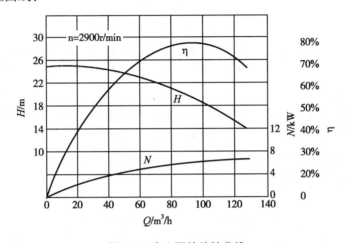

图 8-9　离心泵的特性曲线

1)H-Q 曲线:表示离心泵的扬程 H 与流量 Q 的关系。通常离心泵的扬程随流量的增大而下降,在流量极小时可能有例外。

2)N-Q 曲线:表示离心泵的轴功率 N 与流量 Q 的关系。轴功率随流量的增大而增加。当流量为零时,轴功率最小。所以,在离心泵启动时,应当关闭泵的出口阀,使启动电流减至最小,以保护电机,待电机运转正常后,再开启出口阀调节到所需流量。

3)η-Q 曲线:表示离心泵效率 η 与流量 Q 的关系,开始效率随流量增加而增大,当达到一个最大值以后效率随流量的增大反而下降,曲线上最高效率点,即为泵的设计点。在该点下运行时最为经济。在选用离心泵时,应使其在设计点附近工作。

(2)影响离心泵性能的主要因素

1)液体物理性质对离心泵特性曲线的影响

A. 黏度对离心泵特性曲线的影响:当液体黏度增大时,会使泵的扬程、流量减小,效率下降,轴功率增大。于是特性曲线将随之发生变化。通常,当液体的运动黏度 $\upsilon > 2 \times 10^{-5} \mathrm{m^2/s}$ 时,泵的特性参数需要换算。

B. 密度对离心泵特性曲线的影响:离心泵的流量与叶轮的几何尺寸及液体在叶轮周边上的径向速度有关,而与密度无关。离心泵的扬程与液体密度也无关。一般地离心泵的 H-Q 曲线和 η-Q 曲线不随液体的密度而变化。只有 N-Q 曲线在液体密度变化时需进行校正,因为轴功率随液体密度增大而增大。

2)转速对离心泵特性曲线的影响:离心泵特性曲线是在一定转速下测定的,当转速 n 变化时,离心泵的流量、扬程及功率也相应变化。设泵的效率基本不变,Q、H、N 随 n 有以下变化关系：

$$\frac{Q_2}{Q_1} = \frac{n_2}{n_1} , \frac{H_2}{H_1} = \left(\frac{n_2}{n_1}\right)^2 , \frac{N_2}{N_1} = \left(\frac{n_2}{n_1}\right)^3 \tag{8-5}$$

式中，Q_1、H_1、N_1 为在转速 n_1 下的泵的流量、扬程、功率；Q_2、H_2、N_2 为在转速 n_2 下的泵的流量、扬程、功率。

式(8-5)称为比例定律。

3)叶轮直径对特性曲线的影响：当转速一定时，对于某一型号的离心泵，若将其叶轮的外径进行切削，如果外径变化不超过 5%，泵的 Q、H、N 与叶轮直径 D 之间有以下变化关系：

$$\frac{Q_2}{Q_1} = \frac{D_2}{D_1} , \frac{H_2}{H_1} = \left(\frac{D_2}{D_1}\right)^2 , \frac{N_2}{N_1} = \left(\frac{D_2}{D_1}\right)^3 \tag{8-6}$$

式中，Q_1、H_1、N_1 为在直径 D_1 下的泵的流量、扬程、功率；Q_2、H_2、N_2 为在直径 D_2 下的泵的流量、扬程、功率。

式(8-6)称为切割定律。

5. 离心泵的流量调节　安装在一定管路系统中的离心泵，以一定转速正常运转时，其输液量应为管路中的液体流量，所提供的扬程 H 应正好等于液体在此管路中流动所需的压头 He。因此，离心泵的实际工作情况是由泵的特性和管路的特性共同决定的。

（1）管路特性曲线：在泵输送液体的过程中，泵和管路是互相联系和制约的。因此，在研究泵的工作情况前，应先了解管路的特性。

管路特性曲线表示液体在一定管路系统中流动时所需要的压头和流量的关系。如图 8-10 所示的管路输液系统，若两槽液面维持恒定，输送管路的直径一定，在 1-1′和 2-2′截面间列伯努利方程，可得到液体流过管路所需的压头（也即要求泵所提供的压头）为

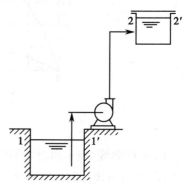

图 8-10　管路输液系统示意图

$$He = \Delta z + \frac{\Delta p}{\rho g} + \frac{\Delta u^2}{2g} + \sum H_f \tag{8-7}$$

$\sum H_f$ 为该管路系统的总压头损失可表示为

$$\sum H_f = \left(\lambda \frac{l + \sum l_e}{d} + \sum \xi\right)\frac{u^2}{2g} \qquad 将 u = \frac{Q}{\frac{\pi}{4}d^2} 代入得$$

$$\sum H_f = \frac{8}{\pi^2 g}\left(\lambda \frac{l + \sum l_e}{d^5} + \frac{\sum \xi}{d^4}\right)Q^2 \tag{8-8}$$

式中，$l + \sum l_e$ 为管路中的直管长度与局部阻力的当量长度之和，单位为 m；d 为管子的内径，单位为 m；Q 为管路中的液体流量，单位为 m^3/s；λ 为摩擦系数；ζ 为局部阻力系数。

因为两槽的截面比管路截面大很多，则槽中液体流速很小，可忽略不计，即：

$$\frac{\Delta u^2}{2g} = 0$$

令 $A = \Delta z + \frac{\Delta p}{\rho g}$，$B = \frac{8}{\pi^2 g}\left(\lambda \frac{l + \sum l_e}{d^5} + \frac{\sum \xi}{d^4}\right)$

则(8-7)式可写成　$H_e = A + BQ^2$　　　　　　　　　　　　　　　　　(8-9)

式(8-9)称为管路特性方程。将式(8-9)绘于在 $H\text{-}Q$ 关系坐标图上,得曲线 $H_e\text{-}Q$,此曲线即为管路特性曲线。此曲线的形状由管路布置和操作条件来确定,与离心泵的性能无关。

(2)离心泵的工作点:把离心泵的特性曲线与其所在的管路特性曲线标绘于同一坐标图中,如图8-11。两曲线的交点即为离心泵在该管路中的工作点。工作点表示离心泵所提供的压头 H 和流量 Q 与管路输送液体所需的压头 H_e 和流量 Q 相等。因此,当输送任务已定时,应当选择工作点处于高效率区的离心泵。

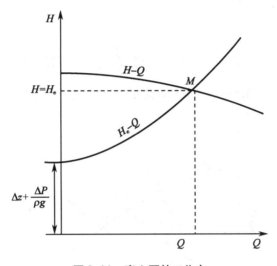

图8-11　离心泵的工作点

(3)离心泵的流量调节:在实际操作过程中,经常需要调节流量。从泵的工作点可知,离心泵的流量调节实际上就是设法改变泵的特性曲线或管路特性曲线,从而改变泵的工作点。

1)改变泵的特性:由式(8-5)、式(8-6)可知,对一个离心泵改变叶轮转速或切削叶轮可使泵的特性曲线发生变化,从而改变泵的工作点。这种方法不会额外增加管路阻力,并在一定范围内仍可保证泵在高效率区工作。切削叶轮显然不如改变转速方便,所以常用改变转速来调节流量,如图8-12所示。特别是近年来发展的变频无级调速装置,调速平稳,也保证了较高的效率。

2)改变管路特性:管路特性曲线的改变一般是通过调节管路阀门开度来实现的。如图8-13所示,在离心泵的出口管路上通常都装有流量调节阀门,改变阀门的开度调节流量,实质上就是通过关小或开大阀门来增加或减小管路的阻力。阀门关小,管路特性曲线变陡,反之,则变平缓。这种方法是十分简便的,在生产中应用广泛,但机械能损失较大。

3)离心泵的并联或串联操作:当实际生产中用一台离心泵不能满足输送任务时,可采用两台或两台以上同型号、同规格的泵并联或串联操作。

离心泵的并联操作是指在同一管路上用两台型号相同的离心泵并联代替原来的单泵,在相同压头条件下,并联的流量为单泵的两倍。

离心泵的串联操作是指两台型号相同的离心泵串联操作时,在流量相同时,两串联泵的压头为单泵的两倍。

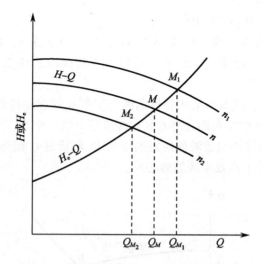

图 8-12   泵转速改变时工作点的变化情况图

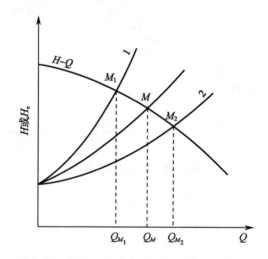

图 8-13   阀门开度改变时工作点的变化情况图

6. 离心泵的安装高度   离心泵在安装时,如图 8-14 中,当叶轮入口处压力下降至被输送液体在工作温度下的饱和蒸汽压时,液体将会发生部分汽化,生成蒸汽泡。含有蒸汽泡的液体从低压区进入高压区,在高压区气泡会急剧收缩、凝结,使其周围的液体以极高的速度涌向原气泡所占的空间,产生非常大的冲击力,冲击叶轮和泵壳。日久天长,叶轮的表面会出现斑痕和裂纹,甚至呈海绵状损坏,这种现象,称为汽蚀。离心泵在汽蚀条件下运转时,会导致液体流量、扬程和效率的急剧下降,破坏正常操作。

为避免汽蚀现象的发生,叶轮入口处的绝压必须高于工作温度下液体的饱和蒸汽压,这就要求泵的安装高度不能太高。一般离心泵在出厂前都需通

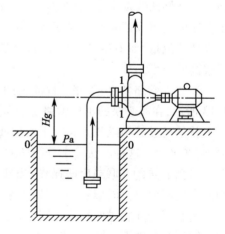

图 8-14   离心泵吸液示意图

过实验,确定泵在一定条件下发生汽蚀的条件,并规定了允许吸上真空度和气蚀余量来表示离心泵的抗气蚀性能。

(1)允许吸上真空度:离心泵的允许吸上真空度是指离心泵入口处可允许达到的最大真空度,如图8-14所示,H'_s(以液柱高表示)可以写成

$$H'_s = \frac{p_a - p_1}{\rho g} \qquad (8-10)$$

式中,H'_s为离心泵的允许吸上真空度,单位为 m;P_a 为大气压强,单位为 Pa;P_1 为入口静压力,单位为 Pa。

允许安装高度是指泵的吸入口中心线与吸入贮槽液面间可允许达到的最大垂直距离,一般以 H_g 表示。故:

$$H_g = H'_s - \frac{u_1^2}{2g} - \sum H_{f0-1} \qquad (8-11)$$

式中,u_1 为泵入口处液体流速,单位为 m/s;$\sum H_{f0-1}$ 为吸入管路压头损失,单位为 m。

一般铭牌上标注的 H'_s 是在 10m(水柱)的大气压下,以 20℃清水为介质测定的,若操作条件与上述实验条件不符,可按下式校正,即

$$H_s = \left[H'_s + (H_a - 10) - \left(\frac{p_v}{9.807 \times 10^3} - 0.24 \right) \right] \frac{1000}{\rho} \qquad (8-12)$$

式中,H_s 为操作条件下输送液体时的允许吸上真空度,单位为 m;H_a 为当地大气压,单位为 m(水柱);P_v 为操作条件下液体饱和蒸汽压,单位为 Pa。

(2)汽蚀余量:汽蚀余量为离心泵入口处的静压头与动压头之和超过被输送液体在操作温度下的饱和蒸汽压头之值,用 Δh 表示:

$$\Delta h = \left(\frac{p_1}{\rho g} + \frac{u_1^2}{2g} \right) - \frac{p_v}{\rho g} \qquad (8-13)$$

离心泵发生气蚀的临界条件是叶轮入口附近(截面 k-k,图8-14 中未画出)的最低压强等于液体的饱和蒸汽压 P_v,此时,泵入口处(1-1 截面)的压强必等于某确定的最小值 $P_{1,\min}$,故,

$$\frac{p_{1,\min}}{\rho g} + \frac{u_1^2}{2g} = \frac{p_v}{\rho g} + \frac{u_k^2}{2g} + \sum H_{f1-k} \qquad (8-14)$$

整理得,$\Delta h_c = \dfrac{p_{1,\min} - p_v}{\rho g} + \dfrac{u_1^2}{2g} = \dfrac{u_k^2}{2g} + \sum H_{f1-k} \qquad (8-15)$

式中,Δh_c 为临界气蚀余量,单位为 m。

为确保离心泵正常操作,将测得的 Δh_c 加上一定安全量后称为必需气蚀余量 Δh_r,其值可由泵的样本中查得。

离心泵的允许安装高度也可由气蚀余量求得:

$$H_g = \frac{p_a - p_v}{\rho g} - \Delta h_r - \sum H_{f0-1} \qquad (8-16)$$

7. 离心泵的类型 根据实际生产的需要,离心泵的种类很多。按泵输送的液体性质不同可分为清水泵、油泵、耐腐蚀泵、杂质泵等;按叶轮吸入方式不同可分为单吸泵和双吸泵;按叶轮数目不同可分为单级泵和多级泵等。下面介绍几种主要类型的离心泵。

（1）清水泵：清水泵应用广泛，一般用于输送清水及物理、化学性质类似于水的清洁液体。

IS 型单级单吸式离心泵系列是我国第一个按国际标准（ISO）设计、研制的，结构可靠，效率高，应用最为广泛。以 IS50-32-200 为例说明型号意义。IS 为国际标准单级单吸清水离心泵；50 为泵吸入口直径，单位为 mm；32 为泵排出口直径，单位为 mm；200 为叶轮的名义直径，单位为 mm。

当输送液体的扬程要求不高而流量较大时，可以选用 S 型单级双吸离心泵。当要求扬程较高时，可采用 D、DG 型多级离心泵，在一根轴上串联多个叶轮，被送液体在串联的叶轮中多次接受能量，最后达到较高的扬程。

（2）耐腐蚀泵（F 型）：用于输送酸、碱等腐蚀性的液体，其系列代号 F。以 150F-35 为例，150 为泵入口直径，单位为 mm；F 为悬臂式耐腐蚀离心泵；35 为设计点扬程，单位为 m。主要特点是与液体接触的部件是用耐腐蚀材料制成。

（3）油泵（Y 型）：用于输送不含固体颗粒、无腐蚀性的油类及石油产品，以 80Y100 为例，80 为泵入口直径，单位为 mm；Y 表示单吸离心油泵；100 为设计点扬程，单位为 m；

（4）杂质泵：采用宽流道、少叶片的敞式或半闭式叶轮，用来输送悬浮液和稠厚浆状液体等。

（5）屏蔽泵：叶轮与电机连为一体密封在同一壳体内无轴封装置的，用于输送易燃易爆或有剧毒的液体；

（6）液下泵：垂直安装于液体贮槽内浸没在液体中的，因为不存在泄漏问题，故常用于腐蚀性液体或油晶的输送。

二、往复泵

往复泵是一种典型的容积式输送机械。依靠泵内运动部件的位移，引起泵内容积变化而吸入和排出液体，并且运动部件直接通过位移挤压液体做功，这类泵称为容积式泵（或称正位移泵）。

1. 往复泵的结构　如图 8-15 所示，往复泵是由泵缸、活塞、活塞杆、吸入阀和排出阀构成的一种正位移式泵。活塞由曲柄连杆机构带动做往复运动。

2. 往复泵的工作原理　当活塞向右移动时，泵缸的容积增大形成低压，排出阀受排出管中液体压强作用而被关闭，吸入阀被打开，液体被吸入泵缸。当活塞向左移动时，由于活塞挤压，泵缸内液体压强增大，吸入阀被关闭，排出阀被打开，泵缸内液体被排出，完成一个工作循环。可见，往复泵是利用活塞的往复运动，直接将外功以提高压强的方式传给液体，完成液体输送作用。活塞在两端间移动的距离称为冲程。图 8-15 所示为单动泵，即活塞往复运动一次，只吸入和排出液体各一次。它的排液是间歇的、周期性的，而且活塞在两端间的各位置上的运动并非等速，故排液量不均匀。

为改善单动泵排液量的不均匀性，可采用双动泵。活

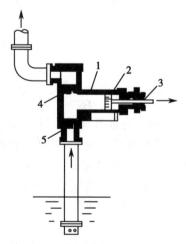

图 8-15　往复泵工作原理图
1-泵缸；2-活塞；3-活塞杆；
4-排出阀；5-吸入阀

塞左右两侧都装有阀室,可使吸液和排液同时进行,这样排液可以连续,但单位时间的排液量仍不均匀。往复泵是靠泵缸内容积扩张造成低压吸液的,因此往复泵启动前不需灌泵,能自动吸入液体。

依靠泵内运动部件的位移,引起泵内容积变化而吸入和排出液体,并且运动部件直接通过位移挤压液体做功,这类泵称为正位移泵(或称容积式泵)。

3. 往复泵的理论平均流量

单动泵
$$Q_T = ASn \tag{8-17}$$

双动泵
$$Q_T = (2A - a)Sn \tag{8-18}$$

式中,Q_T 为往复泵的理论流量,单位为 m^3/min;A 为活塞截面积,单位为 m^2;S 为活塞的冲程,单位为 m;n 为活塞每分钟的往复次数;a 为活塞杆的截面积,单位为 m^2。

在实际操作过程中,由于阀门启闭有滞后,阀门、活塞、填料函等处又存在泄漏,故实际平均输液量为

$$Q = \eta Q_T \tag{8-19}$$

式中,η 为往复泵的容积效率,一般在 70% 以上,最高可超过 90%。

4. 往复泵的流量调节　由于往复泵的流量 Q 随变化很小,故流量调节不能采取调节出口阀门开度的方法,一般可采取以下的调节手段:①旁路调节:如图 8-16 所示,使泵出口的一部分液体经旁路分流,从而改变了主管中的液体流量,调节比较简便,但不经济。②改变原动机转速,从而改变活塞的往复次数。③改变活塞的冲程。

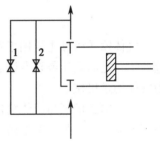

图 8-16　往复泵旁路流量调节示意图
1-安全阀　2-旁路阀

三、齿轮泵

齿轮泵主要由为椭圆形泵壳和两个齿轮组成,如图 8-17 所示,其中一个为主动齿轮由传动机构带动,当两齿轮按图中箭头方向旋转时,上端两齿轮的齿向两侧拨开产生空的容积而形成低压并吸入液体,下端齿轮在啮合时容积减少,于是压出液体并由下端排出。液体的吸入和排出是在齿轮的旋转位移中发生的。齿轮泵是正位移泵的一种。它适合于输送小流量、高黏度的液体,但不能输送含有固体颗粒的悬浮液。

四、旋涡泵

旋涡泵是一种特殊类型的离心泵,其结构如图 8-18 所示,它由叶轮和泵体构成。泵壳呈圆形,叶轮是一个圆盘,四周由凹槽构成的叶片以辐射状排列。泵壳与叶轮间有同心的流道,泵的吸入口与排出口由间壁隔开。

其工作原理也是依靠离心力对液体做功,液体不仅随高速叶轮旋转,而且在叶片与流道间作多次运动。所以液体在旋涡泵内流动与在多级离心泵中流动效果相类似,在液体出口时可达到较高的扬程。它在启动前需灌泵。

它适用于小流量、高扬程和低黏度的液体输送。其结构简单,制造方便,所以效率一般较低,约为 20% ~ 50%。

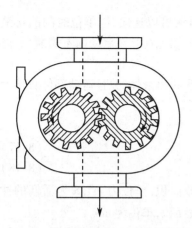

图8-17　齿轮泵工作原理示意图

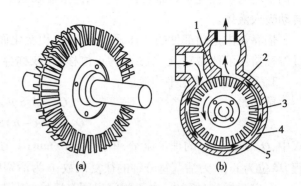

图8-18　旋涡泵工作原理示意图

1-间壁;2-叶轮;3-叶片;4-泵壳;5-流道

第二节　气体输送机械

气体输送机械主要用于克服气体在管路中的流动阻力和管路两端的压强差以输送气体或产生一定的高压或真空以满足各种工艺过程的需要。我们把输送和压缩气体的设备统称为气体输送机械。

气体输送机械与液体输送机械的结构和工作原理大致相同,其作用都是向流体做功以提高流体的静压强。但是由于气体具有可压缩性和密度较小,对输送机械的结构和形状都有一定影响,其特点是:对一定质量的气体,由于气体的密度小,体积流量就大,因而气体输送机械的体积大。气体在管路中的流速要比液体流速大得多,输送同样质量流量的气体时,其产生的流动阻力要多,因而需要提高的压头也大。由于气体具有可压缩性,压强变化时其体积和温度同时发生变化,因而气体输送和压缩设备的结构、形状有一定特殊要求。

气体输送机械一般以其出口表压强(终压)或压缩比(指出口与进口压强之比)的大小分类:

（1）通风机:出口表压强不大于 15kPa,压缩比为 1～1.15;

（2）鼓风机:出口表压强为 15～300kPa,压缩比小于4;

（3）压缩机:出口表压强大于 300kPa,压缩比大于4;

（4）真空泵:用于产生真空,出口压强为大气压。

一、离心式通风机

工业上常用的通风机有轴流式和离心式两种。轴流式通风机的风量大,但产生的风压小,一般只用于通风换气,而离心式通风机则应用广泛。

离心式通风机的结构和工作原理与离心泵相似。图8-19是离心通风机的简图,它由蜗形机壳和多叶片

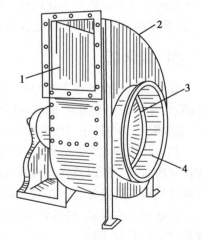

图8-19　低压离心通风机工作原理图

1-排出口;2-机壳;3-叶轮;4-吸入口

的叶轮组成。叶轮上的叶片数目虽多但较短。蜗壳的气体通道一般为矩形截面。

离心通风机选用时,首先根据气体的种类(清洁空气、易燃气体、腐蚀性气体、含尘气体、高温气体等)与风压范围,确定风机类型;然后根据生产要求的风量和风压值,从产品样本上查得适宜的风机型号规格。

二、离心式鼓风机

离心式鼓风机的工作原理与离心式通风机相同,结构与离心泵相似,蜗壳形通道的截面为圆形,但是外壳直径和宽度都较离心泵大,叶轮上的叶片数目较多,转速较高。单级离心鼓风机的出口表压一般小于30kPa,所以当要求风压较高时,均采用多级离心鼓风机。为达到更高的出口压力,要用离心压缩机。

三、旋转式鼓风机

罗茨鼓风机是最常用的一种旋转式鼓风机,其工作原理和齿轮泵类似,如图8-20所示。机壳中有两个转子,两转子之间、转子与机壳之间的间隙均很小,以保证转子能自由旋转,同时减少气体的泄漏。两转子旋转方向相反,气体由一侧吸入,另一侧排出。

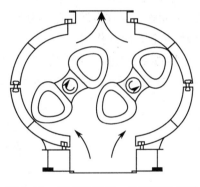

罗茨鼓风机的风量与转速成正比,在一定的转速时,出口压力增大,气体流量大体不变(略有减小)。流量一般用旁路调节。风机出口应安装安全阀或气体稳定罐,以防止转子因热膨胀而卡住。

图8-20　罗茨鼓风机工作原理示意图

四、离心式压缩机

离心式压缩机又称透平压缩机,其工作原理及基本结构与离心式鼓风机相同,但叶轮级数多,在10级以上,且叶轮转速较高,因此它产生的风压较高。由于压缩比高,气体体积变化很大,温升也高,故压缩机常分成几段,每段由若干级构成,在段间要设置中间冷却器,避免气体温度过高,离心式压缩机具有流量大,供气均匀,机内易损件少,运转可靠,容易调节,方便维修等优点。

五、往复式压缩机

往复式压缩机的结构与工作原理与往复泵相似。如图8-21所示,它依靠活塞的往复运动将气体吸入和压出,主要部件为气缸、活塞、吸气阀和排气阀。但由于压缩机的工作流体为气体,其密度比液体小得多,因此在结构上要求吸气和排气阀门更为轻便而易于启闭。为移除压缩放出的热量来降低气体的温度,必须设冷却装置。

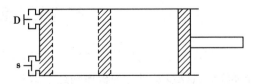

图8-21　往复式压缩机工作原理图

六、真空泵

在化工生产中要从设备或管路系统中抽出气体,使其处于绝对压强低于大气压强状态,所需要的机械称为真空泵。下面仅就常见的型式作以介绍。

1. 水环真空泵 如图 8-22 所示,其外壳呈圆形,外壳内有一偏心安装的叶轮,上有辐射状叶片。泵的壳内装入一定量的水,当叶轮旋转时,在离心力的作用下将水甩至壳壁形成均匀厚度的水环。水环使各叶片间的空隙形成大小不同的封闭小室,叶片间的小室体积呈由小而大、又由大而小的变化。当小室增大时,气体由吸入口吸入,当小室从大变小时,小室中的气体即由压出口排出。

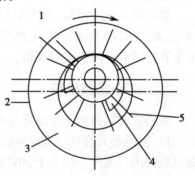

图 8-22 水环真空泵简图
1- 排出口;2- 外壳;3- 水环;
4- 吸入口;5- 叶片

水环真空泵属湿式真空泵,吸入时可允许少量液体夹带,真空度一般达到83%的真空度。水环真空泵的特点是结构紧凑,易于制造和维修,但效率较低,一般为30%~50%。泵在运转时要不断充水以维持泵内的水环液封,并起到冷却作用。

2. 喷射真空泵 喷射泵属于流体动力作用式的流体输送机械。如图 8-23 所示,它是利用工作流体流动时静压能转换为动能而造成真空将气体吸入泵内的。

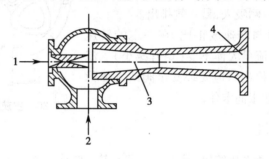

图 8-23 单级蒸汽喷射泵工作原理图
1- 工作蒸气入口;2- 气体吸入口;3- 混合室;4- 压出口

这类真空泵当用水作为工作流体时,称为水喷射泵;用水蒸汽作为工作流体时,称为蒸汽喷射泵。单级蒸汽喷射泵可以达到 90% 的真空度,若要达到更高的真空度,可以采用多级蒸汽喷射泵。喷射泵的结构简单,无运动部件,但效率低,工作流体消耗大。

第三节 固体输送机械

制药生产中常用到的固体输送机械是指沿给定线路输送散粒物料或成件物品的机械。固体输送机械设备可分为机械输送设备和气流输送设备,其中机械输送设备又可分为带式输送机、斗式运输机和螺旋式运输机三种,气流输送又可分为吸引式输送和压送式输送。

一、带式输送机

带式输送机属于连续式输送机械,适用于块状、颗粒及整件物料进行水平方向或倾斜方向的运送,还可作为清洗和预处理操作台等。

1. 带式输送机的主要结构 带式输送机的主要结构部件有环形输送带、机架和托辊、驱动滚筒、张紧装置等,如图 8-24 所示。

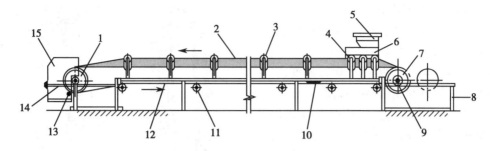

图 8-24　带式输送机结构图
1- 驱动滚筒;2- 输送带;3- 上托辊;4- 缓冲托辊;5- 漏斗;6- 导料槽;7- 改向滚筒;
8- 尾架;9- 螺旋张紧装置;10- 空段清扫器;11- 下托辊;12- 中间架;
13- 弹簧清扫器;14- 头架;15- 头罩

（1）输送带:常用输送带有橡胶带（常用）、各种纤维织带、钢带及网状钢丝带、塑料带。对输送带的要求是强度高、挠性好、本身重量小、延伸率小、吸水性小、对分层现象的抵抗性能好、耐磨性好。①橡胶带:橡胶带由 2～10 层（由带宽而定）棉织品或麻织品、人造纤维的衬布用橡胶加以胶合而成。上层两面附有优质耐磨的橡胶保护层为覆盖层。衬布的作用是给予皮带以机械强度和用来传递动力。覆盖层的作用是连接衬布,保护其不受损伤及运输材料的磨损,防止潮湿及外部介质的侵蚀。②钢带:钢带机械强度大、不易伸长、耐高温、不易损伤（烘烤设备中）,造价高、黏着性很大,用于灼热的物料对胶带有害的时候。③网状钢丝带:网状钢丝带强度高、耐高温、具有网孔（孔大小可选择）,故适用于一边输送,一边用水冲洗的场合。④塑料带:塑料带耐磨、耐酸碱、耐油、耐腐蚀,适用于温度变化大的场合,已推广使用。其分为多层芯式（类似橡胶带）和整芯式（制造简单、生产率成本低,质量好,但挠性差）。⑤帆布带:帆布带的抗拉强度大,柔性好,能经受多次反复折叠而不疲劳。

（2）机架和托辊:机架多用槽钢、角钢和钢板焊接而成。托辊作用是支承运输带及其上面的物料,减少输送带下垂度,保证带子平稳运行。

（3）驱动滚筒:驱动滚筒是传递动力的部件,输送带的运行滚筒间的摩擦力而运行。滚筒的宽度比带宽大 100～200mm,驱动滚筒做成鼓形,可自动纠正胶带的跑偏。

（4）张紧装置:张紧装置作用是补偿输送带因工作的松弛,保持输送带有足够的张力,防止带于驱动滚筒间的打滑。

2. 带式输送机的主要特点　带式输送机与其他运输设备相比,工作速度快（0.02～4.0m/s）、输送距离长、生产效率高、构造简单,而且其使用方便、维护检修容易、无噪声、能够在全机身中任何地方进行装料和卸料。但是,带式输送机不密封,故输送轻质粉状物料时易飞扬。

二、斗式提升机

斗式提升机是利用均匀固接于环形牵引构件上的一系列料斗,将物料由低处提升到高处的连续输送机械。

1. 斗式提升机的主要结构　斗式提升机结构见图 8-25,主要由环形牵引带或链、滚筒、料斗、驱动轮（头轮）、改向轮（尾轮）、传动装置、张紧装置、导向装置、加料和卸料装置、机壳等部件构成。

工作时料斗把物料从下面的储槽中舀起,随着输送带或链提升到顶部,绕过顶轮后向下翻转,将物料倾入接受槽内。斗式提升机的提升能力与料斗的容量、运行速度、料斗间距及斗内物料的充满程度有关。

2. 斗式提升机的主要特点　斗式提升机具有提升高度高(一般输送高度最高可达40m),运行平稳可靠,占地面积小等优点;缺点是输送物料的种类受到限制,结构复杂,输送能力低,不能超载,必须均匀给料。故其适用于垂直或大角度倾斜时输送粉状、颗粒状及小块状物料。

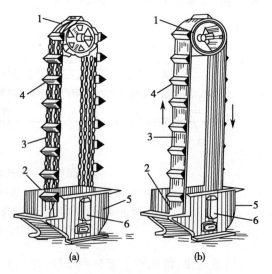

图8-25　斗式提升机结构示意图
1-驱动轮;2-改向轮;3-挠性牵引构件;
4-料斗;5-底座;6-拉紧装置

三、螺旋输送机

螺旋输送机的主要结构如图 8-26 所示,螺旋输送机主要结构为机槽、螺旋转轴、驱动装置、机壳等。工作时由具有螺旋片的转动轴在一封闭的或敞开口的料槽内旋转,利用螺旋的推进原理使料槽内的物料沿料槽向前输送。螺旋输送机的装载和卸载比较方便,可以是一端进料另一端卸料,或两端进料中间卸料,或中间进料两端卸料。螺旋输送机一般为水平输送,也可以有较大倾斜角度输送,甚至可以直立输送。常用于较短距离内运输散状颗粒或小块物料。由于它能够较准确地控制单位时间内的运输量,因而也常被用于定量供料或出料装置,如气力输送系统中的螺旋式加料器等。螺旋叶片有实体式、带式、桨叶式、齿形等。

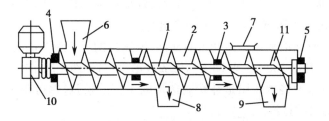

图8-26　螺旋输送机示意图
1-轴;2-料槽;3-中间轴承;4-首端轴承;5-末端轴承;
6-装载漏斗;7-中间装载口;8-中间卸载口;9-末端卸
载口;10-驱动装置;11-螺旋片

螺旋输送机的优点是结构简单,操作方便,占地面积小,可同时向相反两个方向输送物料,输送过程中可进行搅拌、混合、加热、冷却等操作,可调节流量,密封性好。缺点是单位物料动力消耗高。有强烈磨损,易发生堵塞。故其适用于输送小块状和粉状物料。不适于输送易黏附和缠绕转轴的物料。

四、气流输送装置

气流输送又称为风力输送,是借助一定速度和压力的空气在密闭管道内的高速流动,带动粒状物料或相对密度较小的物料在气流中被悬浮输送到目的地的一种运输方式。气流输送根据输送方式可分为吸送式和压送式,根据颗粒在输送管内密集程度又可分为稀相输送和密相输送。输送介质可以是滤过空气或惰性气体。

1. 气流输送装置的工作原理　气流输送装置由进料装置、输料管道、分离装置、卸料器、除尘器、风机和消声器等部件构成,其工作原理是利用气流的动能使散粒物料呈悬浮状态随气流沿管道输送。

吸送式气流输送在风机启动后,整个系统呈一定的真空度,在压差作用下空气流使物料进入吸嘴,并沿输料管送至卸料处的旋风分离器内,物料从空气流中分离后由分离器底卸出,气流经除尘器净化后再经消声器排入大气。吸送式气流输送特点是供料简单,能同时从几处吸取物料;但输送距离短,生产率低,密封性要求高。

压送式气流输送由鼓风机将空气压入输送管,物料从供料器供入,空气和物料的混合物沿输料管被压送至卸料处,物料经旋风分离器分离后卸出,空气经除尘器净化后排入大气。压送式与吸送式相反,可同时将物料输送到几处,输送距离较长,生产率较高,但结构复杂。

2. 气流输送的主要特点　气流输送的优点是可简化生产流程,对于化学性质不稳定物料可用惰性气体输送,高密封性可避免粉尘和有害气体对环境的污染,较高的生产能力可进行长距离输送,在输送过程中可同时进行对物料的加工操作,可灵活安装布置管路,简单的结构容易实现自动化控制。缺点是不宜输送颗粒大和含水量高的物料,不宜输送磨损性大和易破碎物料,风机噪声大,对管路和物料的磨损较大,能耗高,设备初期投资大。

(于　波)

第九章　生物制品反应设备

生物制品是以微生物、细胞、动物或人源组织和体液等为原料,应用传统技术或现代生物技术制成,用于人类疾病的预防、治疗和诊断的药品。目前我国人用生物制品包括细菌类疫苗,病毒类疫苗、抗毒素及抗血清、血液制品、细胞因子、生长因子、酶、体内及体外诊断制品,以及其他生物活性制剂(包括毒素、抗原、变态反应原、单克隆抗体、抗原-抗体复合物、免疫调节剂及微生态制剂等)。

生物制品自18世纪诞生以来,消灭和控制危害人类健康的传染病,增强人的免疫力,为改善人类生活质量,延长人类寿命做出了巨大贡献。随着生物技术在新型生物药剂与生物制品开发中的应用发展,大大加速了新生物制品的研究步伐,使其愈来愈成为现代生物药物的主流,也使得以细胞培养技术为手段大量获取重组蛋白、单克隆抗体、细胞因子、酶、干扰素以及病毒疫苗等生物产品成为社会化大生产的主流趋势。体外细胞大规模培养技术作为目前最受关注的生产手段,是在人工控制条件下,设定 pH、温度、各营养成分比例等,结合自动化生产设备,达到大量培养细胞用于生产生物制品,而整个反应过程的最关键的设备是生物反应器。

第一节　生物反应器的分类与设计基础

生物反应器(bioreactor)是利用酶或生物体(如微生物、动植物细胞)所具有的生物功能,通过生化反应或生物的自身代谢获得目标产物的装置系统。广义地说,小到一只斜面或一只培养皿,大到几千立方米的发酵罐都是生物反应器。生物反应器实质是一种生物功能模拟机,为微生物、动植物细胞增殖或生化反应提供适宜的环境。在生物反应过程中生物反应器发挥中心作用,是连接原料和产品的桥梁,是实现生物技术产品产业化的关键设备。一个良好的生物反应器应具备严密的结构、良好的流体混合性能与高效的传质和传热性能、可靠的检测与控制系统。判断生物反应器性能好坏的两个主要标准:一是能否满足生物反应的要求,二是能否取得最大的生产效率,降低成本。

一、生物反应器的分类

生物反应器有很多种类型,根据化学反应工程的分类方法可从不同角度对其进行分类。

1. 按反应器的结构特征和几何构形(长径比或高径比),可分为罐式(槽式或釜式)、管式、塔式和膜式等。罐式反应器的高径比较小,一般为 1~3;管式反应器长径比较大,一般大于30;塔式的高径比介于槽式和管式之间,通常竖直安放;而膜式反应器一般是在其他形式的反应器中装有膜组件,以使游离酶、固定化酶或固定化细胞保留在反应器内防止随反应产物排出,起固定生物催化剂或分离的作用。

2. 根据操作方式的不同,可分为间歇(分批)式操作、连续式和半连续式操作三种类型。

(1)间歇式操作反应器的基本特征是反应物料一次加入一次卸出,物系的组成仅随时间而变化,属于非稳态过程,适合于多品种、小批量、反应速率较慢的反应过程,又可以经常进行灭菌操作。

(2)连续式反应器的主要特点是原料连续输入,反应产物也连续从反应器中流出,物系的组成均不随时间而变,多属于稳态操作。连续式反应器可以克服间歇操作时,细胞反应所存在的由于营养基质耗尽或有害代谢产物积累所造成的反应只能在一定有限时间内进行的缺点,但连续操作一般易发生杂菌污染,且操作时间过长,细胞易退化变异。

(3)半连续式反应器的基本特点是原料与产物只有其中的一种为连续输入或输出,而其余则为分批加入或输出,同时兼有间歇操作和连续操作的某些特点。半间歇操作对生物反应有着特别重要的意义,例如对于基质浓度过高会对细胞生长产生抑制作用的反应过程,采用半分批式操作可使基质浓度处于较低水平,解除其抑制作用。

3. 根据反应器内物料混合方式的不同,可分为机械搅拌式、气体搅拌式和液体环流式反应器。机械搅拌式反应器是利用机械搅拌器的作用实现反应体系内物料的混合,工艺容易放大,产品质量稳定,非常适合工厂化生产,缺点主要是搅拌易产生较大的剪切力而损害细胞。气体搅拌式反应器是以压缩空气作为动力实现反应体系的混合,具有培养环境较为均质,剪切力小,工业生产上容易放大等优点,缺点主要是气泡的破碎对动物细胞的损伤大,泡沫问题较严重;液体环流式反应器则通过外部的液体循环泵实现反应体系的混合。目前,工业规模的以机械搅拌式为多,而液体环流式还处于研究阶段。

4. 根据反应物系相态的不同,可分为均相反应器和非均相反应器。非均相反应器又分为气液相、液固相和气液固三相等多相反应器,根据流体与催化剂的接触方式,它们又可分为固定床和流化床等类型。

5. 根据细胞培养方式的不同,可分为悬浮培养生物反应器、贴壁培养生物反应器、包埋生物反应器。悬浮培养生物反应器中,不需使用微载体,细胞不贴壁而是悬浮于细胞培养液中生长,操作简单,规模较易放大;贴壁培养生物反应器中,细胞贴附于固定的表面生长,不因搅拌等而跟随培养液一起流动,故比较容易更换培养液,不需要特殊的分离细胞和培养液的设备,可以采用灌流培养获得高细胞密度,能有效地获得一种产品;包埋培养生物反应器使用多孔载体或微囊,细胞被截留在载体中或包埋于微囊中,既可采用悬浮培养,也可采用贴壁培养,其优点是能在最大程度上降低搅拌剪切力对细胞的伤害,细胞容易生长,但反应器体积增大后溶氧供给受到限制,工艺放大较难。

6. 根据采用生物催化剂的不同,可分为酶反应器和细胞反应器两大类。

(1)酶反应器内通常仅是利用游离或固定化酶进行酶催化反应过程,反应比较简单,条件温和,通常在常温、常压下进行。若为游离酶,常用搅拌槽式反应器,可分批式或半分批式操作,适于小规模生产,但不能进行酶的回收和利用。还可采用超滤膜反应器,利用膜的选择透过性,对酶进行截留回收重新使用,特别适合于产物对酶有抑制作用的反应体系。若为固定化酶,较多采用固定床和流化床反应器,前者是一种单位体积催化剂负载量多、反应效率高的反应器,但其床层压力降较大、传质和传热效率较低,不适于含有颗粒或黏度大的底物溶液。后者则是一种装有较小固定化酶颗粒的塔式反应器,底物以足够大的流速使颗粒处于流化状态,适于处理黏度高的底物,传质、传热性能较好,但固定化酶颗粒易破损,操作成本较高。此外,还可采用膜状或板状固定化酶膜式反应器。

（2）细胞反应器是反应过程中伴随着活细胞的生长和代谢,细胞既是生物反应的催化剂,又是反应的主要产物之一,根据细胞类型的不同,可分为微生物细胞反应器、动物细胞反应器和植物细胞反应器。若根据细胞反应过程是否需氧,又有厌氧反应器和好氧反应器之分。根据细胞反应时底物(基质)相态的不同,细胞反应器又可分为液态生物反应器和固态生物反应器。细胞反应器内的反应过程比酶催化反应器的要复杂,利用细胞中的酶经过一系列的生物反应将培养基组分转化为细胞的组成以及各种代谢产物。细胞生物反应器应用较多的有机械搅拌槽式反应器、鼓泡塔和气升式反应器、适用于固定化细胞的固定床反应器、流化床反应器、膜式反应器以及固态发酵反应器和适用于动植细胞培养的特殊生物反应器等。

二、生物反应器的设计基础

生物反应器作为生物技术工艺的中心环节,为生物体代谢提供一个优化的物理及化学环境使其能更好地生长,得到更多所需的生物量或代谢产物,所以生物反应器的选择和设计不仅与传递过程因素有关,还与生物的生化反应机制、生理特性等因素有关。一个良好的生物反应器应满足以下条件:①结构严密,内壁光滑,耐蚀性好,利于灭菌彻底和减少金属离子对生物反应的影响;②良好的气液固接触和混合性能以及高效的热量、质量、动量传递性能;③很好的生物相容性,能较好地模拟细胞的体内生长环境;④良好的热量交换性能,有能力移除或输入过程的热量,以维持生物反应最适温度;⑤能提供足够的时间,达到反应所需的程度,符合过程反应动力学的要求;⑥能够对培养环境中多项物理、化学参数进行自动检测和控制调节,控制精度高且能保持环境的均一;⑦便于操作和维修。

选择和设计生物反应器时主要考虑的是最大限度地降低成本,用最少的投资最大限度地增加单位体产率,其设计原理是基于强化传质、传热等操作,将生物体活性控制在最佳状态,降低总操作费用。此外,生物反应器内部状态也是不可忽视的影响因素。

1. 生物反应过程的剪切力　剪切力是单位面积流体上的切向力,单位为 N/m^2 或 Pa。在生物反应过程中,严格地讲,对细胞的剪切作用仅指作用于细胞表面且与细胞表面平行的力,由于反应器中流体力学的情况非常复杂,因而,剪切力是指影响细胞的各种机械力的总称,是设计和放大生物反应器设的重要参数。

（1）剪切力及其度量:通常可以用以下几种方法表示反应器中的剪切力。

1）桨叶尖速度 $u_t = \pi N D_i$,其中 N 为搅拌桨转速,D_i 为桨直径。

2）平均剪切速率 $\gamma_{av} = KN$,其中 K 为常数,大小因搅拌桨尺寸及流体性质而变,一般为 10～13。该式主要应用于层流和过渡流,但在湍流中也可成功应用。

3）平均剪切速率

$$\gamma_{av} = \frac{112.8 N R_i^{1.8} \left[(D_t/2)^{0.2} - R_t^{0.2} \right] (R_c/R_i)^{1.8}}{(D_t/2)^2 - R_i^2} \tag{9-1}$$

式中,R_i 为叶轮直径,D_t 为罐直径,参数 R_c 与雷诺准数有关。

$$R_c/R_i = Re(1000 + 1.6Re) \tag{9-2}$$

4）在动物细胞培养中,Sinskey 等运用积分剪切因子 ISF(integrated shear factor)来定义剪切力。

$$ISF = \frac{2\pi N D_i}{D_R - D_i} \tag{9-3}$$

5）为估算鼓泡塔中剪切力，Niskikawa 通过测量传热速率，发现剪切速率与表观气速成正比，即 $\gamma = ku_G$，u_G 为表观气速，该方程在鼓泡塔中被广泛应用。

6）湍流旋涡长度：一般反应器都在湍流下操作，可促进传质与混合。湍流由大小不同的旋涡及能量状态构成，大旋涡间通过内部作用产生小旋涡并向其传递能量。小旋涡间又通过内部作用产生更小旋涡并向其传递能量。湍流中流体和颗粒间的相互作用，取决于旋涡及颗粒的相对大小。若旋涡比细胞（颗粒）大，细胞将被旋涡夹带随旋涡一起运动，旋涡将不对细胞造成影响，细胞不会受到剪切力作用。但当旋涡比细胞小时，细胞受到旋涡剪切力的作用而损伤。漩涡大小可由 Kolmogorov 各向同性湍流理论计算。

Kolmogorov 理论认为，在足够高的雷诺准数下，湍流处于统计平衡状态，在各向同性下，旋涡长度 λ（eddy length 或 eddy microscale）可由式（9-4）计算。

$$\lambda = (v^3/\varepsilon)^{0.25} \tag{9-4}$$

式中，v 为动力黏度；ε 为该处能量耗散速率，即单位质量流体消耗的功率，表 9-1 列出摇瓶及搅拌罐中能量耗散速率 ε 的计算公式。该理论被广泛接受，细胞损伤与湍流旋涡长度密切相关。

表 9-1　摇瓶及搅拌罐中能量耗散速率 ε 的计算公式

反应器	该点能量耗散速率 ε/W·kg^{-1}	平均能量耗散速率/W·kg^{-1}	备注
摇瓶	$\varepsilon = 1.09 \times 10^{-3} V_t^{-0.25} N^{2.81} \rho_L^{-1}$	$\varepsilon_{av} = 1.09 \times 10^{-3} V_t^{-0.25} N^{2.81} \rho_L^{-1}$	$\varepsilon = \varepsilon_{av}$
搅拌罐	$\varepsilon_{max} = (\gamma_{max}/\gamma_{av})^2 \varepsilon_{av}$	$\varepsilon_{av} = 2\pi N M_s$	$\varepsilon \propto \gamma^2$

注：V_t 为反应器的工作体积；M_s 为搅拌轴转动产生的扭矩。

（2）剪切力对微生物的影响：一般认为，细菌对剪切力是不敏感的，因其大小比反应器内中常见的旋涡要小，且有坚硬的细胞壁。但剪切对某些菌的影响比较大，例如细菌发酵生产黏多糖（如黄原胶）时，增加剪切力适当到一定程度，可将其表面积累的多糖除去，消除细胞内外物质交换的障碍而增加产量。

酵母菌虽比一般细菌大，但大小仍比常见的湍流旋涡小，且其细胞壁也较厚，具有一定抵抗剪切力的能力，但其细胞壁上的芽痕和蒂痕对剪切力的抗性较弱。

丝状微生物在深层液体培养中可形成自由丝状和球状两种特别颗粒。在自由丝状态下，菌丝的缠绕会使发酵液黏度增高，从而使混合和传质非常困难，需强烈搅拌增强传质过程，但高速搅拌产生的剪切力会打断损伤菌丝。而菌丝形成球状时，虽发酵液黏度较低，混合和传质比较容易，但菌球中心的菌可能因供氧困难死亡，也需搅拌，搅拌可消去菌球外围的菌膜，减小粒径，使菌球破碎。除颗粒外，发酵液中还存在自由菌丝体，为避免剪切力使菌丝断裂，需控制搅拌强度。搅拌强度会对菌丝形态、生长和产物生成造成影响，还可能导致胞内物质的释放。

动物细胞对剪切力非常敏感，因其尺寸相对大且无坚固的细胞壁，仅有一层细胞膜，如何克服剪切力也就成为动物细胞大规模培养的一个重要问题。动物细胞可分为贴壁依赖性的和非贴壁依赖性两类，剪切力对它们的破坏机制也是不同的，对于以载体方式培养的贴壁依赖性细胞，剪切力的破坏主要是由小的湍流漩涡及载体间、载体与浆及反应器壁间的碰撞造成的，而对于自由悬浮培养的非贴壁性细胞则主要是由于气泡破碎造成的。

植物细胞因有细胞壁,对剪切力的抗性比动物细胞的大,但其细胞个体相对较大,细胞壁较脆,无柔韧性,所以与微生物相比对剪切力仍然很敏感,高剪切力的环境下会受到损伤、死亡、解体。植物细胞悬浮培养过程中一般会出现结团,尺寸大小受剪切力的影响,小的结团对代谢产物产生和传质过程是有利的。此外,不同的植物细胞对剪切力的耐受能力不同,不同生长阶段的细胞对剪切力的耐受能力也不同。

酶是一种有活性的蛋白质,剪切力会在一定程度上破坏其空间结构,造成酶活性部分失活。一般认为酶的活性随剪切强度和时间的增加而减小。在同样搅拌时间下,酶活力的损失与叶轮尖速度呈线性关系。不同类型的叶轮对酶活性的影响有差异。

为克服剪切力的不利影响,目前主要是对传统反应器特别是搅拌器进行改造,开发研制出了一些低剪切力搅拌器,其中以轴向流式翼型搅拌桨为主,特点是能耗低,轴向速度大,主体循环好,剪切作用温和,代表性的有 Prochem Maxflo T 和 Lightnin A315。此外还有开发全新反应器,因气泡破碎时会产生很大的剪切力,开发出了一种新式的旋涡膜式反应器,剪切力很低,无泡反应器也是开发的另一热点。目前,对剪切作用机制的了解还不够深入,许多实验结果不能与流体力学理论联系起来,今后仍需作大量工作,以便为生物反应器的设计、开发及操作提供依据。

2. 生物反应器的质量传递   质量传递在选择反应器形式(搅拌式、鼓泡式、气升式等)、生物催化剂状态(悬浮或固定化细胞)和操作参数(通气率、搅拌速度、温度)中起决定性的作用,影响过程中各步骤以及系统周期性单元设计的很多方面。生物反应器中的质量传递可分为气-液传递和液-固相传递。在固态发酵中还有气-固和气-液-固三相传递。

生物反应中的气-液传递主要是好氧过程中氧的传递以及厌氧反应中甲烷气和 CO_2 排除等。在需氧细胞反应过程,只有氧进入细胞内部时,才能被细胞利用,但因氧在水溶液中的溶解度很低,要维持正常的氧代谢,过程中必须始终保持氧从气相到液相的传递,氧的传递是许多好氧反应过程的限制性步骤。

氧从气相到微生物细胞内部的传递可分为以下 7 个步骤:①从气泡中的气相扩散,通过气膜到气液界面;②通过气液界面;③从气液界面扩散,通过气泡的液膜到液相主体;④液相溶解氧的传递;⑤从液相主流扩散,通过包围细胞的液膜到达细胞表面;⑥氧通过细胞壁;⑦微生物细胞内氧的传递。经过以上步骤后在细胞内部发生酶反应,通常步骤③和⑤的传递阻力是最大的,是整个过程的控制步骤。

一般氧传递速率方程可表示为

$$OTR = k_{La}(c^* - c) \tag{9-5}$$

式中,OTR 为氧传递速率,单位为 $mol/(m^3 \cdot s)$;c^* 为与气相分压相平衡的液相浓度,单位为 mol/m^3;c 为培养液中溶解氧的浓度,单位为 mol/m^3;k_{La} 为体积传质系数,单位为 s^{-1}。

由式(9-5)可见,氧的传递速率取决于传质推动力($c^* - c$)和体积传质系数 k_{La},由于氧在水中溶解度较低,且通常溶氧浓度是由工艺条件决定的,故一般推动力($c^* - c$)值较小,所以氧传递速率主要取决于体积传质系数 k_{La} 的大小。

体积传质系数(体积质量传递系数)k_{La} 是指在单位浓度差下,单位时间、单位界面面积所吸收的气体。一般来讲,k_{La} 越大,好氧生物反应器的传质性能越好,其大小主要与物系的性质、操作条件和反应器的结构因素有关。常用测定 k_{La} 的方法有亚硫酸盐法、动态法和定态法。此外,体积传质系数 k_{La} 数据可从相关文献得到,但须注意哪些是基于有限实验数据的概括,所设计的设备与原来实验系统的几何结构及物理参数越接近就越可靠。

液-固传递主要发生在生物反应器体系存在固相(微生物絮凝体、细胞组织、固定化细胞、固定化酶、菌膜等)的过程,由于微生物不是悬浮生长,增加了传质过程的步骤,细胞所需的基质要先从液相主体扩散到颗粒表面,再经颗粒内的微孔达到颗粒内表面上的酶或细胞表面,最后才进入细胞进行反应。而反应产物经相反步骤进入液相主体。从液相主体到颗粒表面的扩散称为外扩散,从颗粒表面到细胞及产生产物的过程称为内扩散,弄清控制的关键步骤是在细胞内还是在周围,进而预测流体的物理特性可能对过程速率所造成的影响。

3. 生物反应器的混合 将两种不同的液体置于搅拌釜中,搅拌器旋转时会使釜内液体产生一定的循环流动,称为总体流动。总体流动过程中,一种液体被分散成一定尺寸的液团,并被带到釜内各处,造成设备大尺度上的宏观均匀混合。大尺度混合重要的是将产生的液团分布到容器的每一角落,不存在死角,并不关注液团的尺寸。但单靠总体流动不足以将液团破碎到很小的程度,尺寸很小的液团由总体流动中的湍动造成的,并非搅拌器直接打击的结果,搅拌器的作用只是向液体提供能量造成高度湍动的总体流动。总流中高速旋转的旋涡与液体微团之间产生很大的相对运动和剪切力,使微团破碎得更加细小。总流中湍动程度越高,旋涡的尺寸越小,强度越高,破碎作用越大,达到更小尺寸上的均匀混合,所以单靠机械搅拌,不可能达到微观均匀,只能大大缩短达到微观均匀所需的时间。

对不互溶液体,分散相液滴在运动过程中不断地碰撞,从而使部分液滴聚并成较大的液滴,大液滴被带至高剪切区(桨叶附近)又重新破碎。这样在釜内同时发生着液滴的破碎和聚并,使釜内液滴形成大小不等的某种分布。如果在混合液中加入少量保护胶或表面活性剂,使液滴在碰撞时难以合并,则经过一定时间搅拌后,液滴尺寸将趋于一致。

可见,为了达到宏观上的均匀,必须有足够大的总体流动;为了达到小尺寸上的均匀,必须提高总流的湍动程度。通过搅拌釜内单位体积液体的功率消耗可判断搅拌过程进行得好坏。在等功率条件下,采用大直径、低转速搅拌器,更多的功率消耗于总体流动,有利于宏观混合;采用小直径、高转速搅拌器,则更多的功率消耗于湍流,有利于小尺度上的混合。因此,为达到混合效果好且消耗功率少,必须根据混合的要求,正确选择搅拌器的直径和转速。此外,通过釜内壁面安装挡板或将搅拌器偏心或偏心且倾斜安装,可有效阻止圆周运动,消除"打旋"现象,增加湍动;还可在釜中设置导流筒控制流动方向,使釜内所有物料均通过导流筒内的强烈混合区,既可提高混合效果,又有助于消除短路与死区。

第二节 生物反应器

生物制品作为生物产业的核心部分,体外细胞大规模培养技术已成为目前最受关注的生产手段。反应器作为实现其工业化生产的关键设备,主要是结合培养特点对传统生物反应设备直接利用和进行改进研究而逐步发展起来的。随着微生物发酵工业和动、植物细胞大量培养技术的不断发展,生物反应器在传统的搅拌式生物反应器的基础上,又出现了许多类型生物反应器,如气升式生物反应器、固定床生物反应器、流化床生物反应器、膜式生物反应器以及制备载体等的固定化培养生物反应器等,新型生物反应器也正不断出现,使得生物制品的生产已由原来传统的手工作坊式操作逐渐向自动化改变,生产规模由小规模向大规模转化,质量控制手段由传统经验型向现代目标型转化,生产设施和管理实现了由质量管理(quality control,QC)向质量保证(quality assurance,QA)转化,引入了 ISO(international organization for standardization)、GMP(good manufacturing practice)等现代生物制药企业规范管理的理念,使生物制品走向国际市场。本节主要结合微生物、动植物细胞的培养特点介绍典型的生物反应器。

一、机械搅拌式生物反应器

机械搅拌式生物反应器是最经典和最早应用的一种生物反应器,医药工业中第一个大规模微生物发酵过程——青霉素生产就是在机械搅拌式反应器中进行的。目前,对新的生物过程,首选的生物反应器也仍然是机械搅拌式反应器。它适用于大多数的生物过程,既可用于微生物的发酵,也广泛用于动植物细胞培养,对不同的生物过程具有较大的灵活性,已形成标准化的通用产品。一般,只有在机械搅拌式反应器的气-液传递性能或剪切力不能满足生物过程时,才会考虑用其他类型的反应器。

机械搅拌式生物反应器是利用机械搅拌器的作用,使空气和培养液充分混合以促进氧的溶解,保证供给微生物生长、繁殖和代谢的需要。该类反应器的主要特征是有机械搅拌装置和通入压缩空气装置。其基本结构如图9-1所示,主要包括罐体、搅拌器、挡板、轴封、换热装置、空气分布器、传动装置、消泡器、人孔、视镜等。

1. 罐体　罐体由圆筒体和椭圆形或碟形封头焊接而成,材料以不锈钢为好,并能承受一定的压力和温度,罐壁厚度取决于罐径、材料及其所需耐受的压力。为获得较好的混合和溶氧效果,一般用于培养微生物罐体的高径比为2~3:1,培养动物细胞时,因其对搅拌剪切力敏感,搅拌速度较低,高径比一般采用1~1.5:1。此外,罐体适当部位还装有溶氧、pH、温度、压力等检侧装置接口,排气、取样、放料接种口以及人孔或视镜等部件。

2. 搅拌器和挡板　搅拌的主要作用是混合和传质,即使细胞悬浮并均匀分布于培养液中,维持适当的气-液-固(细胞)三相的混合与质量传递,同时使通入的空气分散成较小气泡与液体充分混合,增大气液界面以获得所需的氧传递速率,同时也可强化传热过程。所以搅拌器的选择和设计应使罐内液体有足够径向流动和适当的轴向流动,以实现搅拌的目的。

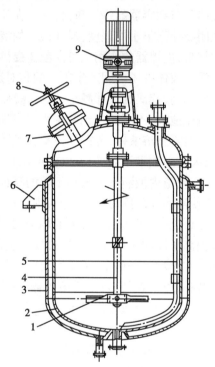

图9-1　机械搅拌式生物反应器结构示意图
1-搅拌器;2-罐体;3-夹套;4-搅拌轴;
5-压出管;6-支座;7-人孔;8-轴封;
9-传动装置

搅拌器作为此类反应器的核心部件,一般装配在罐体的中心轴向位置,由于培养基中的固体颗粒或可溶性成分形成的结晶会损坏轴封,一般多采用上搅拌,即搅拌器的搅拌轴从顶部伸入罐体。搅拌轴上一般有1~4层的搅拌桨,搅拌桨数目由罐内液位高度、培养液的流动特征和搅拌桨的直径等因素而定。

搅拌器可分为径向流搅拌器和轴向流搅拌器。前者将流体向外推进,使流体沿叶轮半径方向排出,当遇到反应器内壁和挡板后再向上下两侧折返,产生次生流,即轴向流;后者使流体一开始就沿轴向流动。一般径向流的圆周运动对混合和传质所起作用较小,相比之下,轴向流对其影响大。径向流动速度仅与搅拌器的转速成正比,而轴向流动速度与搅拌器转速的平方成正比,因此提高搅拌速度,轴向流动产生的混合和传质效果较好。一般而言,径向流搅拌器搅拌时造成的剪切力大于轴向流搅拌器,更有利于打碎气泡,增大氧的传递速率,但同时也会对有些细胞造成伤害。因此,径向流搅拌器多用于对剪切力不敏感的好氧细菌和酵母的培养,而轴向流搅拌器多用于对剪切力敏感的生物反应体系。

生产中大多采用的涡轮式是比较典型的径向流搅拌器,具有结构简单、传递能量高、溶氧速率大等优点,缺点主要是轴向混合差,搅拌强度随着与搅拌轴距离的增大而减弱,所以当培养液较黏稠时,混合效果就会大大下降。常用的涡轮式搅拌器有平叶式、弯叶式、箭叶式三种,叶片数一般为6个,如图9-2所示。

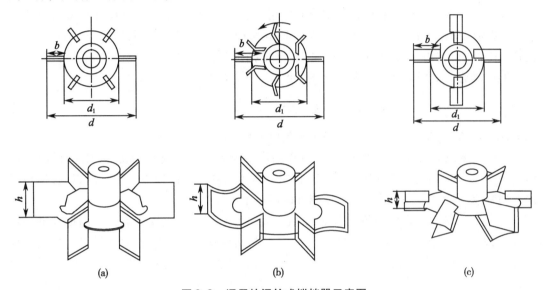

图9-2 通用的涡轮式搅拌器示意图

d-叶轮直径;d_1-叶轮圆盘直径;b-叶片长度;h-叶片宽度

(a)六平叶;(b)六弯叶;(c)六箭叶

轴向流搅拌器中最典型的是螺旋桨搅拌器,它可使器内液体向上或向下推进形成轴线螺旋运动,主要特点是产生的循环量大、混合效果好,适合于反应器内流体要求混合均匀、剪切性能温和的细胞培养过程。

对于大型生物反应器,可采用涡轮式和螺旋桨式搅拌器组合配置的设计,上层用螺旋式而下层用涡轮式,既可利用涡轮式搅拌器强化小范围的气液混合,又可利用螺旋桨式搅拌器强化大范围的气液混合,充分发挥各自的优点。

当采用固定化酶或固定化细胞为催化剂时,因催化剂用量大、颗粒小,或因所处理的底物为非水溶性,或因反应物黏性很大,为减少剪切力对催化剂的损伤和有利于黏性物料的混合,常采用框锚式和螺旋螺杆式搅拌桨,如图9-3所示。

搅拌器一般采用传统的机械驱动,即搅

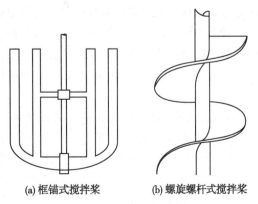

(a) 框锚式搅拌桨　　(b) 螺旋螺杆式搅拌桨

图9-3 轴向流搅拌桨示意图

拌器轴由电动机通过减速器带动搅拌液体。此外,目前还可采用磁力传动带动搅拌器,即磁力搅拌反应器,其关键部件磁力耦合传动器是一种利用永磁材料进行耦合的传动装置,由电机减速机驱动外磁钢体转动,外磁钢体通过磁力线带动密封罐体的内磁钢体转动,从而带动搅拌轴及搅拌桨叶转动,达到搅拌的目的。采用磁力驱动,以静密封取替了传统的填料密封和机械密封,实现了器内介质完全处于密封腔内进行反应,彻底解决了填料密封和机械密封因动密封而造成的无法克服的泄漏问题,使反应介质绝无任何泄漏和污染。磁力驱动虽有利于罐体密封,但不适合大容积的反应器,生产上还是多采用机械搅拌,通过搅拌器实现搅拌的目的。

反应器内设置挡板具有形成次生流的作用,且可以防止液面中央因搅拌形成大的旋涡流动,增强湍动和溶氧、传质过程。通常设 4~6 块挡板,要达到全挡板条件。全挡板条件是达到消除液面旋涡的最低条件,即在器内再增设挡板或其他附件时,搅拌功率不再增加,基本不形成涡流。全挡板条件须满足下述条件:

$$\left(\frac{b}{D}\right)_n = \frac{(0.1 \sim 0.12)D}{D} n = 0.5 \qquad (9\text{-}6)$$

式中,D 为反应器直径;b 为挡板宽度;n 为挡板个数。

挡板高度从罐底到设计液面高度,且挡板和器壁要留有一定的空隙,一般为$(1/8 \sim 1/5)D$。此外,反应器内热交换器、通气管、排料管等也起到一定的挡板作用。所以,若换热装置为列管或排管,且数量足够多时,反应器内可以不另设挡板。

3. 轴封 轴封的作用是防止染菌和泄漏。生产时,反应器是固定静止的而搅拌轴是转动的,两者之间存在相对运动,此时密封为动密封,目前最普遍使用的动密封有填料函密封和机械密封两种。填料密封是通过弹性填料受压后产生形变,堵塞填料和轴之间的间隙而起到密封作用,虽具有结构简单、拆装方便的优点,但因存在多死角,难彻底灭菌,易渗漏,易染菌、轴磨损较严重等缺点,生物反应器中已经很少使用,现常采用的是机械密封。

机械密封主要由摩擦副(动环和静环)、弹簧加载装置、辅助密封圈(动环密封圈和静环密封圈)3 部分组成,它是靠弹性元件及密封介质在两个精密的平面(动环和静环)间产生压紧力,并相对旋转运动而达到密封。与填料函密封比较,机械密封具有泄漏量极少(约为填料函密封的 1%)、轴和轴套不受磨损、安装长度较短、工作寿命长等优点,但机械密封存在着结构复杂、密封加工精度要求高、安装技术要求高、拆装不便、初次成本高等缺点。

4. 换热装置 生物反应器对温度的控制要求比较苛刻,允许的温度波动范围较小,特别是低温培养。反应器对温度控制主要通过换热装置实现。

对于小型机械搅拌式反应器,多采用外部夹套作为换热装置达到控温的目的,优点是结构简单,加工容易,器内无冷却装置,死角少,容易清洗和灭菌。缺点是传热壁厚,夹套内液体流速低,换热效果差。而对于大型反应器则需要在内部另加盘管,优点是管内流体流速大,传热效率高,缺点是占用反应器空间,且给反应器清洗和灭菌增加了难度。此外,还采用焊接半圆管结构或螺旋角钢结构(见图 9-4)代替夹套式结构。这样,不但能提高传热介质的流速,取得较好的传热效果,又可简化内部结构,便于清洗。

5. 消泡装置 在通气和搅拌下,反应液中含有的大量蛋白质、多肽等发泡物质会产生泡沫,过量的泡沫会堵塞空气出口过滤器,严重时会导致液体随排气而外溢,造成跑料,增加染菌机会,所以要控制泡沫。生产中可使用消泡剂和机械消泡装置,通常是上述两种方法联合使用。

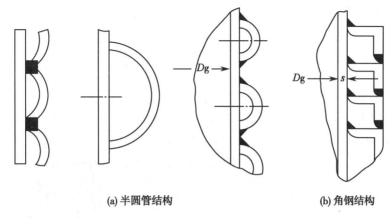

(a) 半圆管结构　　　　　　　　　　(b) 角钢结构

图 9-4　半圆管结构和角钢结构示意图

Dg- 釜径；s- 壁厚

采用植物油、聚醚类非离子型表面活性剂作为化学消泡剂,直接加入培养基中,或在反应过程中加入进行化学消泡。通常装有液位电极,一旦泡沫达到相应高度,就可通过消泡控制装置自动向反应器中流加消泡剂。最简单实用的消泡装置是耙式消泡器,直接安装在搅拌轴上,此外还有涡轮消泡器、旋风离心和叶轮离心式消泡器、碟片式消泡器和刮板式消泡器等,通过机械作用消除泡沫。另外,在设计方面反应器装液量一般不超过总体积的 70%~80%,一方面由于通气后反应器内的液位会有所升高,另一方面是可预留部分空间,为消除泡沫提供缓冲空间。

6. 通气装置　除了厌氧菌,其他微生物和动植物细胞都需要不断供氧才能生长。通气装置是指将无菌空气引入到器内的装置。一般空气分布器主要有单管式和环形管式。单孔管是最简单一种通气装置,位于搅拌器的下方,管口正对器底中央,以免培养液中固体物质在开口处堆积。环形空气分布器,一般要求管上的空气喷孔应在搅拌叶轮叶片内之下,孔口向下以尽可能减少培养液在环形分布管上的滞留。

机械搅拌式生物反应器的优点是在操作上有较大的适应能力,气体分散良好,特别适合于放热量大和需要较高气含率的生物反应过程,是应用最多的一类反应器。在反应器内可培养悬浮生长细胞,也可利用微载体等培养贴壁生长的细胞,能满足高密度细胞培养的要求,培养工艺放大相对容易,产品质量稳定,非常适合于工业化生产生物制品。目前,超过70% 的动物细胞反应器是机械搅拌式生物反应器,且最大规模已经放大到 25 000L。但其不足之处在于内部结构复杂,不易清洗,动力消耗较大,搅拌桨的剪切力对细胞有伤害。

由于机械搅拌反应器中产生的剪切力大,容易损伤细胞,所以对于剪切力敏感的动植物细胞培养,传统的机械搅拌反应器并不适用,为此对搅拌反应器进行了改造研究。如植物细胞培养中,人们对搅拌形式、叶轮结构和类型、空气分布器等进行改变,力求减少剪切力。Kanan 等采用带有 1 个双螺旋带状叶轮和 3 个表面挡板的搅拌罐,证明适于剪切力敏感的高密度细胞培养。钟建江等研究发现带以微孔金属丝网作为空气分布器的三叶螺旋桨反应器优于六平叶涡轮桨反应器,能提供较小的剪切力和良好的供氧即混合状态,并认为在高密度细胞培养时,可显示更大的优越性。此外,不同形式的机械搅拌罐用于动植物细胞培养的生产和研究表明,不同叶轮产生剪切力大小顺序为,涡轮状叶轮 > 平叶轮 > 螺旋状叶轮。

而动物细胞培养研究中,针对剪切力问题,在传统搅拌反应器的基础上进行改进,出现了通气搅拌式动物细胞培养反应器,适用于悬浮培养或贴壁培养。其中比较典型的是笼式通气搅拌反应器,结构如图9-5所示。

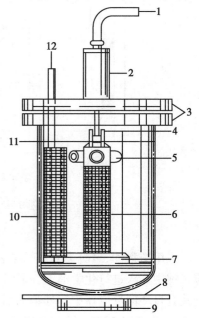

与一般反应器相比,笼式通气搅拌反应器主要是其搅拌结构与众不同,主要分为搅拌笼体和搅拌支撑两部分。搅拌笼体由搅拌内筒、其顶端的吸管搅拌叶和网状笼壁组成。搅拌内筒上端密封,下端开口,在吸管搅拌叶搅拌产生的负压驱动下,液体从搅拌内筒底部开口进入,从吸管搅拌叶的斜切口部分回到罐内,形成罐内液体的上下循环。笼壁包裹在搅拌内筒外面,并与搅拌内筒外壁有一定距离,从而在内筒和笼壁间形成一个环状空间,气体由搅拌内筒底部经进气管进入的环状空间,并与从笼外进入的液体混合,形成气液混合室。这样整个搅拌笼体内部形成两个区域,搅拌内管和吸管搅拌叶的内部空腔构成液体流动区,液体自下而上通过该区域与搅拌内管外部的液体形成循环;搅拌内管和笼壁之间形成气液混合区,液体和气体在此混合,由于笼壁上的孔直径非常小,混合的气液经笼壁后不形成气泡。反应器的搅拌和通气功能集中在一个装置上,因其外形像一个笼子,被称为笼式搅拌。

图9-5　笼式通气搅拌生物
反应器结构示意图

1-进气;2-搅拌悬挂装置;3-出气口;
4-空心管;5-吸管搅拌叶;6-搅拌笼体;
7-磁铁转子;8-垫板;9-电磁搅拌;
10-出液口滤网;11-液面;12-出液口

该反应器的优点:①搅拌速度缓慢,剪切力对细胞的破坏降低到比较小的程度,液体在比较柔和的搅拌下达到比较理想的搅拌效果;②搅拌器内单独分出一个区域供气液接触,且由于笼壁的作用,此区域内只允许液体进出而细胞被挡在外面,气体进入时鼓泡产生的剪切力不会伤害到细胞;③反应器的气道也可以用于通入液体营养液,与出液口滤网配合进行营养液置换培养,可增加反应器的功能。但缺点是虽然气体混合效率比不通气仅靠搅拌的气体混合效率提高10倍,但比直接通气搅拌要小,约是其50%左右。此外,这种反应器只能培养悬浮生长细胞或进行微载体细胞培养。

在笼式通气搅拌器基础上进行改进,出现了Cell-lift双筛网搅拌系统,装置中分为笼式通气腔和笼式消泡腔,气液交换在不锈钢制成的通气腔内实现,产生的泡沫在笼式消泡腔内经丝网破碎分成气、液两部分,达到深层通气而不产生泡沫的目的。

二、气升式生物反应器

气升式生物反应器(air-lift bioreactor,ALR)是应用较广泛的一类无机械搅拌的生物反应器,其工作原理是利用空气的喷射功能和流体密度差,通过气液混合物的湍动使空气泡分割细碎,依靠导流装置的引导,形成气液混合物的总体有序循环流动,以气流搅拌来实现气液混合物的搅拌、混合和溶氧传质。

1. 基本结构和主要参数　气升式反应器是在单一的由底部鼓入气体的圆筒鼓泡塔的基础上,针对鼓泡塔内气体分布和流体混合分布随机性,传质效率和混合效果较差的缺点,进行结构改进发展起来的一种气流式搅拌反应器。一般器内分为升液管和降液管,向升液管通入气体,管内含气率升高,密度减小,气液混合物向上升,气泡变大,至液面处部分气泡破裂,气体由排气口排出。剩下气液混合物的密度较升液管内的大,由降液管下沉,在密度差的推动下形成了循环流动,使其传递与混合过程得到强化。

根据升液管和降液管的布置,气升式反应器可分为外循环式和内循环式,如图9-6所示。外循环式通常将降液管置于反应器外部,以便加强传热;内循环式的升液管和降液管都在反应器内,循环在器内进行,结构较紧凑,多数器内置同心轴导流筒,也有内置偏心导流筒或隔板的。导流筒的主要作用:①将反应体系隔离为通气区和非通气区,流体产生上下流动,增强流体的轴向循环;②使流体沿固定方向运动,减少气泡的兼并,有利于提高溶氧传递速率;③使反应器内剪切应力分布更加均匀。

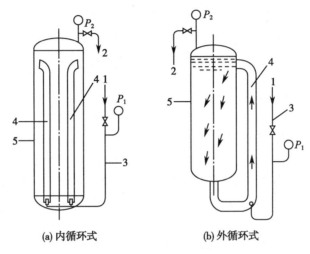

图9-6　气升式生物反应器示意图
1-空气;2-排气;3-进气管;4-导流筒;5-罐体;P_1,P_2-压力表

气体导入方式基本可以分为鼓泡和喷射两种,鼓泡式常用气体分布器,气体分布器有单孔的、环形的,也有采用分布板的。喷射式通常是气液混合进入反应器的,驱动气体进入的方式有气泵压入和依靠液体速度吸入两种。

多数气升式反应器内部除导流筒外就是一个空筒体,结构比较简单,但也有为特殊目的增加内部构件的,如为降低循环速度和提高气液分散度在上升管内增加隔板,还有为均匀分布底物和分散发酵热,沿上升管轴向增加多个底物输入口。著名ICI公司的加压内循环反应器,年生产5000吨单细胞蛋白,为了降低循环速度和改善相分离,在上升管加了19块多孔板,为了均匀分布底物,反应器沿轴向还分布了5000~8000个进料点。

气升式反应器内部分为4个流动状况差别较大的区域,升液管区、降液管区、气液分离区(升液管顶部与反应器物料液面之间的顶部区域)和底部澄清区(导流筒底边与反应器底部之间的区域)。内循环式反应器的重要结构参数如表9-2所示,表中,H_L为反应器液面高度;D为反应器直径;h_s为升液管顶部与反应器物料液面间距离,为气液分离区的参数;h_B为导流筒底边与反应器底部间距离,为底部澄清区的特征参数;A_D和A_R分别为降液管和升液管的横截面积;D_s为气液分离器的直径。对外循环气升式反应器,主要参数包括降液管与升液管的横截面积之比A_D/A_R、升液管未通气时的液柱高度H_R、降液管未通气时的液柱高度H_D。

表9-2　内循环气升式反应器的主要结构参数

参数类型	计算式	参数类型	计算式
反应器的高径比	$S = H_L/D$	降液管与升液管横截面积之比	$R = A_D/A_R$
气液分离区无量纲高度	$T = h_s/D$	气液分离系数	$Y = (h_S + D)/D_S$
底部澄清区无量纲高度	$B = h_B/D$	反应器直径	D

气升式反应器与流动和传递相关的参数主要包括气含率、体积氧传递速率系数、流体流动速度、循环周期和通气功率等。其中气含率是一个重要参数，气含率太低，氧传递不够，反之，则反应器的利用率降低。通过对流动速度的分析可了解氧的传递效率、流体的混合、底物浓度的分布等重要性能参数，一般内循环式反应器液体流动速度主要取决于反应器的几何结构。循环周期是指液体微元在器内循环一周所需的平均时间，适合的循环周期可保证液体进入上升管时，重新补充所需氧气，通常为 2.5~4 分钟，细胞的需氧量不同，所能耐受的循环周期也不同。

2. 气升式反应器的特点及应用　气升式反应器内无机械搅拌且有定向循环，这类反应器具有以下优点：①反应溶液分布均匀，气升式反应器能很好地满足反应器对气、液、固三相均匀混合和溶液成分混合分散良好的要求。②具有较高气含率和比气液接触面积，故传质速率和溶氧速率较高，体积溶氧效率通常比机械搅拌式高，且溶氧功耗相对低。③剪切力小，对细胞的剪切损伤可减至最低。④结构简单，易于加工制造，设备投资低，便于放大设计制造大型或超大型反应器。⑤操作和维修方便，不易发生机械搅拌轴封容易出现渗漏染菌等问题。

气升式反应器被广泛应用于生物工程领域，早期气升式生物反应器都应用于微生物培养，生产单细胞蛋白和处理废液。因反应器内流体剪切力分布比较均匀，动植物细胞培养过程中对氧的传质效率要求也不高，气升式反应器后被逐渐用于动植物细胞的培养，是动物细胞悬浮培养反应器的主要类型，也比较适合于植物细胞培养过程，已成功应用于 BHK21（baby hamster syrian kindey）细胞、CHO（Chinese hamster ovary）细胞、杂交瘤细胞的悬浮培养，对于培养过程中存在气液面更新时产生较大剪切力的问题，一般的解决方法是在培养液中加入血清、多聚醇和聚乙二醇等物质，以改变气液界面的物理化学性质。近年来也有一些关于气升式反应器进行微藻培养的报道，对混合、通气速率和反应器结构与细胞光合生长关系进行研究。

三、膜生物反应器

膜生物反应器（membrane bioreactor，MBR）是一种新型生物反应器，它是通过膜的作用使反应和产物的分离同时进行，也称为反应和分离耦合反应器，即在反应器内既可控制微生物的培养，同时又可排除全部或部分培养液，用指定新鲜培养基来代替它。过程中液相是不间断的，固相是周期性的。膜生物反应器将膜分离技术和生物技术有机地结合在一起，主要优点是减少产物抑制，提高反应速率，提高反应的选择性和转化程度，将生物催化剂截留在反应器内可以反复利用，不但降低成本，并可获得细胞高密度培养，简化下游工艺、节约能耗。

1. 膜生物反应器的结构特点及操作　根据膜反应器的不同特征，可分类如下。

（1）按膜组件结构形式，可分为平板膜、卷式膜、管状膜及中空纤维膜等膜生物反应器。

平板膜是由多层带膜的平板重叠组成,各层均自有出口,膜的维护、清洗、更换比较容易。市售平板膜大多是孔径沿一个方向连续变化的不对称膜,抗阻塞能力较强,允许的透过率高;卷式膜是用平板膜密封成信封状膜袋,在两袋间衬以网状间隔材料后,紧密地卷绕在一根多孔管上形成膜卷,卷式膜通道较窄,易阻塞,损坏时需整体更换,但其占地小,易于安装,操作方便。管式膜是圆管状式膜被置于几层耐压管的内侧,物料进入管内,渗透物穿过膜从外套环隙中流出,其明显优势是膜对堵塞不敏感,易于清洗;中空纤维膜是目前应用较为广泛的,装填密度高,制造费用低,耐压稳定性好,但对堵塞敏感。不同膜组件的性能比较见表9-3。

表9-3 不同形式膜组件的性能比较

膜组件形式	膜填充面积 m²/m³	投资费用	操作费用	稳定运行	膜的清洗
管式	20～50	高	高	好	容易
平板式	400～600	高	低	较好	难
卷式	800～1000	较低	低	不好	难
中空纤维膜	8000～15000	低	低	不好	难

(2)根据底物和产物通过膜的传质推动力,可分为压差推动、浓差推动和电势推动的膜生物反应器。

(3)根据膜材料特性,可分为微滤膜反应器、反渗透膜反应器、超滤膜反应器、纳滤膜反应器和透析膜反应器,以及对称膜和非对称膜反应器等。

(4)按反应器内生物催化剂的状态,可分为游离态和固定化膜生物反应器。

(5)按反应和分离组合方式,可分为分置式和一体式膜反应器。分置式是指膜组件与生物反应器分开设置,而一体式是指膜组件被安置在生物反应器内部,压力驱动依靠水头压差,或用真空泵抽吸,省掉了循环用泵及管道系统。两种形式相比较而言,分置式由于其膜组件自成体系,具有易于清洗、更换及增设等优点,但泵的高速旋转所产生的剪切力对某些微生物菌体会产生失活现象,动力消耗大;一体式通常内设有中空轴,膜随着中空轴的旋转而转动,反应液平行流过膜表面,有利于防止膜污染,但通常膜部分的拆装、清洗较困难。

(6)按反应器内流体与生物催化剂的接触形式,可分为直接接触式、扩散式和多相膜。直接接触式的主要特点是膜只起分离作用,在压差推动下产物在反应液流过膜时透过膜排出系统,反应液可循环返回反应区,提高反应物的转化率,可消除膜阻塞。扩散式的特点是膜具有分离和催化作用,底物以扩散方式通过膜进入含有催化剂一侧进行反应,反应产物则沿着相反方向通过膜进入反应液中,然后排出。多相膜的主要特点是膜通常作为不同相的界面,实现不同相间隔离,提供相界面的反应接触区和界面催化剂。

(7)按膜组件在膜生物反应器中作用机制,可分为分离膜生物应器、曝气膜生物反应器和萃取膜生物反应器。分离膜生物反应器用于固体的分离和截留;曝气膜生物反应器用于在反应器中进行无泡曝气,适于高需氧量的处理过程;萃取式膜生物反应器用于从混合液中萃取优先某种物质。后两者工艺复杂,无实际工程实例。

2. 中空纤维式生物反应器 1972年,Knazek等研制了中空纤维培养系统。1984年,美国Amicon公司研制了中空纤维培养器,称为Vitafiber Ⅰ、Ⅱ、Ⅲ等三种型号。而后美国Endotronics针对中空纤维培养系统存在问题进一步改进,使中空纤维系统从实验室研究发展成为商品生产,包括大规模生产系统和实验研究系统。

中空纤维式反应器主体是由中空纤维管组成,中空纤维是一种细微的管状结构,材质可以是纤维素、醋酸纤维、聚丙烯、聚砜及其他聚合物。纤维孔径的大小对细胞、营养成分和产物的渗透有影响。管壁厚度约为 $50 \sim 75\mu m$,管壁是半透膜,氧和二氧化碳等小分子可透过膜双向扩散,而大分子有机物不能透过。纤维束由外壳(如圆筒)包裹,形成了隔开的管内空间和壳体空间(管和管间空隙),如图9-7所示。管内空间用以灌流充有

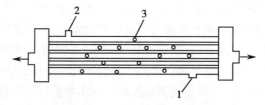

图9-7 中空纤维反应器示意图
1-培养基出口;2-培养基入口;3-细胞

氧气的培养液,壳内空间用以培养细胞。该反应器既适于贴壁细胞培养,也适于悬浮细胞培养,细胞接种于管外后,可附着于纤维表面,也可渗入纤维壁生长繁殖,细胞密度可高达 10^8 个/cm^2。该反应器的优点是占地空间小,产品产量、质量高,适合高密度培养,生产成本低(生产1g纯化单克隆抗体的成本约为搅拌式生物反应器的1/6),由于剪切力小而广泛用于动物细胞培养,主要用于杂交瘤细胞生产单克隆抗体,如 Bioreponse 和 Invitrigen 都用此反应器生产单克隆抗体。

柱状中空纤维反应器是目前最常用的中空纤维反应器类型,引进的 Acusyst-Jr™ 大型中空纤维培养系统生产抗人肝癌细胞的单克隆抗体和人 A 单抗作为血型定型试剂,连续生产分别为 4~6 个月,获得较高效价的产品,显示了显著的社会效益和经济效益。

板框式中空纤维反应器是人们针对柱状中空纤维反应器中营养供应和代谢产物会存在浓度梯度,细胞分布受到影响而不均匀的缺点开发出来的,该反应器的中心是一束中空纤维浅床,营养液通过滤板垂直流向纤维床平面,一定程度上克服了柱状中空纤维反应器的不足,但因为中空纤维浅床厚度有限,培养系统也不可能太大。

膜生物反应器是近年来生物反应器研究开发的一个重要领域,其应用领域由生物法污水处理扩展到有机酸、有机溶剂(乙醇、丙酮、丁醇)、酶制剂、单克隆抗体、抗生素等产品的工业生产,在生物加工过程中已被广泛应用。但它也面临很多问题,例如如何防止膜污染,工艺本身的经济可行性,能耗问题限制了其推广。因此,膜生物反应器在许多领域的应用仍处于研发阶段。

四、固态发酵生物反应器

固态发酵(solid state fermentation,SSF)是指微生物在湿的固体培养基上生长、繁殖、代谢的发酵过程。与液体深层发酵相比,它的基本特征是固态底物作为发酵过程的碳源或能源,在无自由水或接近无自由水情况下进行。研究发现,现代生物制品固态发酵的产率比液体深层发酵高得多,并具有成本低、低能耗、少废水排放的特点。

固态发酵的生物反应器可为6种形式:浅盘式生物反应器、填充床生物反应器、流化床生物反应器、转鼓式生物反应器、搅拌生物反应器和压力脉动固态发酵生物反应器。

1. 浅盘式生物反应器 浅盘式生物反应器(tray fermentor)是比较常用的一种固态发酵设备,其构造最简单,如图9-8所示,由一个密室和许多可移动的托盘组成。托盘可由木料、金属(铝或铁)、塑料等制成,底部打孔,以保证生产时底部通风良好。培养基经灭菌、冷却、接种后装入托盘,托盘放在密室的架子上层层放置,两托盘间有适当空间,保证通风。发酵过程在可控制湿度的密室中进行,培养温度由循环的冷(热)空气来调节。

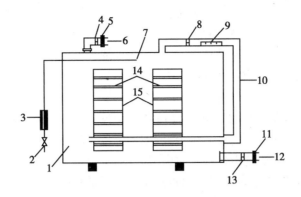

图9-8　浅盘式生物反应器结构示意图

1-反应室;2-水压阀;3-紫外光管;4-空气吹风机;5-空气过滤器;6-空气出口;7-湿度调节器;
8-空气吹风机;9-加热器;10-循环管;11-空气过滤器;12-空气入口;
13-空气吹风机;14-托盘;15-托盘支架

浅盘发酵中因存在对流空气,散热效果不理想,发酵物料的厚度有一定限制,一般最大厚度为15cm。另外,浅盘发酵中还涉及氧气消耗问题,因而对此类生物反应器进行设计时应考虑强制通风,避免这类问题的产生。浅盘反应器操作简便,产率较高,产品均匀,用于规模化生产比较容易,只要增加托盘的数目就可以了,尽管这种技术已经广泛用于工业,但体积过大,耗费劳动力大,无法进行机械化操作。

2. 填充床生物反应器　填充床生物反应器属于静置式反应器,普通使用的通风室式、池式、箱式固态发酵设备即是填充床生物反应器的一种主要结构。与浅盘培养不同的是固态培养基厚度为30cm左右,培养过程利用通风机供给空气及调节温度。通风培养池或箱应用最广泛,可用木材、钢板、水泥板、钢筋混凝土或砖石类材料制成,底部有风道,通风道两旁有10cm左右的边,以便安装用竹帘或由孔塑料板、不锈钢等制成的假底,假底上堆放固态培养基。

与浅盘式生物反应器相比,填充式的优越性在于采用动力通风,通过调节温度及空气风速可更好地控制反应床中的环境条件,反应床边缘对流热量的去除效果比浅盘式的好。大的浅盘式生物反应器会出现的中心缺氧和温度过高问题,在填充床生物反应器可通过通气部分解决这些问题,但在空气出口仍会出现温度过高的问题。因存在径向温度梯度,使反应床的高度受到限制。由于代谢热由蒸发移出,带走热的同时也带走了水分,使基质表面变干燥而影响发酵,因此需改善热传递或增加湿度,可以将通入的空气先用水饱和,变为湿润空气后再进入反应器,还可以在床层中间加间隔冷凝板,为便于出料和通风,冷凝板通常为垂直的。Roussos等在较宽大的填充床生物反应器中插入垂直热交换板促进水平热传递,同时又克服了反应床高度限制的弊端。该类反应设备的缺点是进出料都主要靠手工操作,工作效率低,劳动条件差;湿热空气使生产车间长期处于暖湿环境,对生产卫生及发酵工艺的控制有不利影响。

3. 流化床生物反应器　流化床反应器(fluidized-bed bioreactor)是一种通过流体的上升运动使固体颗粒维持在悬浮状态进行反应的装置。生产操作过程中,液体从设备底部的一个穿孔分布器流入,其流速足以使固体颗粒流态化。流出物从设备的顶部连续地流出。空气(好氧)和氮气(厌氧)可以直接从反应器的底部或者通风槽引入。流化床操作的难易主要取决于颗粒的大小和粒径分布。一般来说,粒径分布越窄的细小颗粒越容易保持流化状态。相反,易聚合成团的颗粒由于撞击、碰撞难以维持流化状态。

流化床中固体颗粒与流体充分接触,传热传质性能好,不存在床层堵塞、高的压力降、混合不充分等问题,但是固体颗粒的磨损较大。流化床可用于絮凝微生物、固定化酶、固定化细胞反应过程以及固体基质的发酵。

4. 转鼓式生物反应器　转鼓式生物反应器(rotary-drum bioreactor)的基本形式是一个圆柱型或鼓型容器支架在一个转动系统上,转动系统主要起支撑和提供动力的作用,其结构如图9-9所示。转鼓反应器是由包括基质床层、气相流动空间和转鼓壁等组成的多相反应系统,与传统固态发酵生物反应器不同的是基质床层不是铺成平面,而是由处于滚动状态的固体培养基颗粒构成。菌体生长在固体颗粒表面,转鼓以较低的转速转动(通常为2~3r/min),就如同设置了搅拌轴一样,使固体颗粒处于不断翻滚状态,同时也加速传质和传热过程。在某些情况下,菌丝体和培养基颗粒(特别是淀粉和黏性原料)会结成块,要分离这些聚合体非常困难,增大鼓的转动速率,剪切力作用会影响菌丝体的生长。这类反应器重点要解决好物料结块和粘壁的问题,其次是反应器容积率低,增加破碎板(网)可以解决结块问题。

转鼓式生物反应器通常是卧式或略微倾斜,鼓内有带挡板的也有不带挡板的,有通气的,也有不通气的,有连续旋转的,也有间歇旋转的,但转速通常很低,否则剪切力会使菌体受损,一般真菌菌丝体的破坏程度对转速较敏感。与填充床相比,转鼓式的优点在于可以防止菌丝体与反应器粘连,筒内基质达到一定的混合程度,细胞所处的环境比较均一,改善传质和传热状况,这类反应器适合固态发酵特点,可满足充足的通风和温度控制。HAN等设计的该反应器配有搅拌轴、料气进出口及接种口等,灭菌、接种、通气和

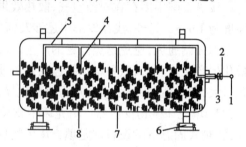

图9-9　转鼓式生物反应器结构示意图
1-空气入口;2-旋转联轴器;3-接合器;
4-空气喷嘴;5-空气通道;6-辊子;
7-转鼓;8-固体培养基

干燥均在器内进行,可有效防止杂菌污染,恒温水浴控制温度,恒温冷水喷雾冷却转鼓,发酵时温度波动小,机械化程度高,且静止式和搅拌式的对比实验表明,该生物反应器操作隔离性能好。浙江工业大学在20世纪90年代开发了全密闭转鼓式固体发酵生物反应器,其主要由罐体、加料口、出料口、通风装置、加热装置、冷却装置、翻料装置和传动装置几部分组成。该反应器采用锥体旋转,并内装固定式搅拌器。罐体转动时,物料被锥体带上然后抛下,被搅拌器打碎。由于搅拌器与罐体有相对运动,达到翻拌的目的,为使物料被带上,在罐体内壁安装有挡板。此反应器集灭菌、降温、接种、发酵多种功能于一体;罐体旋转,罐内搅拌,工作状态处于密封环境中,能严格避免杂菌污染;根据发酵工艺的要求,调节罐内温度、湿度、氧气,可达到较佳的传质传热效果。

5. 搅拌生物反应器　搅拌式发酵反应器有立式和卧式之分,卧式采用水平单轴,多个搅拌桨叶平均分布于轴上,叶面与轴平行。立式多采用垂直多轴的。为减少剪切力的影响,通常采用间歇搅拌的方式,且搅拌转速较低。荷兰Wageningen大学成功研究了一套连续混合的水平搅拌反应器,其结构如图9-10所示,这种无菌的反应器可以用于不同的生产目的,且可以同时控制温度和湿度。在这套反应器里,热传递到器壁的效率提高了,但因为热只能通过器壁移出,使得这个装置在大规模生产时效率较低。

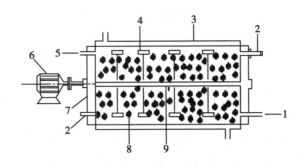

图9-10　Wageningen大学发明的水平桨混合反应器示意图

1-空气进口；2-温度探针；3-水夹套；4-桨；5-空气出口；6-搅拌电动机；7-反应器；8-固体培养基；9-搅拌轴

6. 压力脉动固态发酵生物反应器　压力脉动发酵系统由空气调节系统和发酵罐系统两部分组成，如图9-11所示。空气调节系统主要通过换热器及水雾化处理装置调节压缩空气的温度和湿度，再通过流量计和膜过滤器对压缩空气进行计量和除菌。发酵罐系统是由夹套、隔板、压力表以及压力延时释放控制系统、温度控制等组成，同时设有蒸汽通道以便进行实罐灭菌，减少污染。

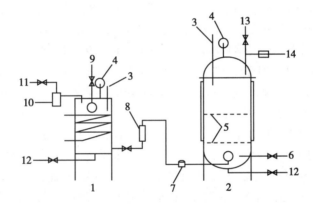

图9-11　压力脉动发酵系统示意图

1-空气调节罐；2-发酵罐；3-温度传感器；4-压力表；5-隔板；6-蒸汽进口；7-膜过滤器；8-空气流量计；9-高压水；10-油水分离器；11-空压机；12-排污口；13-安全阀；14-压力控制装置

压力脉动固态发酵反应器用无菌空气对密闭低压容器的气相压力施以周期性脉动。"压力脉动"对固体培养基是静态的，但对气相则是动态的，其作用是：①因气体分子"无孔不入"，压力脉动很容易在单颗粒水平上变分子扩散为对流扩散，以达到菌体周围小尺度上的温度、湿度的控制和均匀性。②泄压操作中，气相因减压膨胀对固体颗粒起松动作用，为细胞大量繁殖扩充了空间，进行高密度培养。

压力脉动固态发酵反应器是现代生物发酵技术体系的核心部分，是固态发酵实现纯种培养与大规模产业化这一世界技术难题的突破口。已有的实验与生产实践结果表明，无论是细菌，还是霉菌、放线菌，均可采用此技术实现纯种大规模培养。随着该技术体系的不断改进与完善，现代固态发酵技术有着无限广阔的应用与发展前景。

五、固定床和流化床反应器

固定床和流化床反应器主要用于固定化酶反应、固定化细胞反应和固态发酵。

将细胞限制或定位于特定空间位置的培养技术称为细胞固定化培养。固定化酶的主要优点是便于生物催化剂与反应产物分离，不仅可以重复利用酶，且产物不容易受到污染，容易精制。与游离细胞相比，固定化细胞的优点是便于将细胞与发酵液分离，可防止细胞洗出，可达到较高的细胞密度。此外，由于剪切力对动植物细胞培养影响很大，利用细胞固定化可以解决这一问题。适用于固定床和流化床的固定化方法有载体结合法、包埋法、交联法和共价结合法。微胶囊法一般不适用于固定床或流化床反应器。

载体结合法又称吸附法，是指载体和细胞通过物理吸附或离子键合作用结合在一起实现固定化，载体可反复使用，但结合不牢固，细胞容易脱落；包埋法是将细胞用物理方法包埋于各种载体中，操作简单，条件温和，对细胞影响小，是目前研究最广泛的方法；交联法是利用双功能或多功能试剂，直接与细胞表面基团发生反应，形成共价键固定细胞，不需使用载体，但化学反应强烈，对细胞影响大，常与其他方法联合使用。共价结合法是细胞表面功能团和载体表面的反应基团间形成化学共价键固定细胞，细胞与载体结合紧密不易脱落，但反应强烈，条件较难控制，容易造成细胞死亡。通常用以固定化的载体强度较差，其压力稳定性以及承受固定床压缩和流化床磨损的性能都很重要，在反应器设计中必须加以考虑。

1. 固定床生物反应器　固定床反应器（fixed bed bioreactor）是装填有固体催化剂或固体反应物用以实现多相反应过程的一种反应器。固体物通常呈颗粒状，堆积成一定高度（或厚度）的床层。床层静止不动，流体以一定方向通过床层进行反应，与流化床反应器和移动床反应器的显著区别在于固体颗粒处于静止状态。固定床反应器可以由连续流动的液体底物和静止不动的固定化酶或细胞组成，也可由连续流动的气体和静止不动的固体底物和微生物组成，前者常用于固定化酶反应或固定化细胞或菌膜，后者在传统的食品发酵中最常见。

固定床生物反应器可分为填充床反应器、滴流床反应器和固态发酵。填充床是细胞固定在支持物的表面或内部不动，流体按照一定的方向从反应器中流过进行反应过程，方向可以是垂直也可以是水平的。滴流床反应器又称涓流床反应器，细胞固定在反应器内部，气体从上往下流动，液体从下往上流动，由于流量小，只能在固定化细胞表面形成涓涓细流，与填充床反应器不同，固定化细胞不被流体浸没，空隙被大量气流占据，因此适合好氧细胞生长。

固定床反应器的特点是操作风险小，结构简单，装填的材料可以是一切对细胞无毒，有利于细胞贴附的材料，如不锈钢、玻璃环、玻璃珠、光面陶瓷、塑料等实心载体，还可以是有孔的陶瓷、玻璃、聚氨酯塑料等有孔材料。此外还具有返混小，流体同催化剂可进行有效接触；催化剂不易磨损；由于停留时间可以严格控制，温度分布可以适当调节，因此特别有利于达到高选择性和转化率等优点。缺点是传热较差，反应放热量很大时，即使是列管式反应器也可能出现飞温，操作过程中催化剂不能更换，须停产进行更换，催化剂需要频繁再生的反应一般不宜使用，常代之以流化床反应器或移动床反应器。

固定床反应器具有细胞培养所需的许多特征，如高细胞截留和灌注能力，无泡操作，放大简单，高的床层细胞密度，固定化动物细胞的培养可减少无血清培养时的蛋白质用量。一般该反应器多用于贴壁依赖型细胞培养，剪切力小。但实践证实这种反应器也适合于增殖悬浮细胞培养，如杂交瘤细胞。

2. 流化床生物反应器　流化床生物反应器（fluidized bed bioreactor）是流态化技术在生物培养过程中的应用，它的基本原理是无菌培养液通过反应器垂直向上循环流动，不断提供给细胞必要的营养成分，利用流体的上升运动使细胞得以在呈流态化的微粒中生长。同时，不断加入新鲜培养液，培养产物和代谢产物不断排出。这里的微粒起到支持细胞的作用，具有像海绵一样的多孔性,一般是由胶原制备,再用非毒性物质增加其相对密度到1.6以上,以便其在向上流动的培养液中呈流态化。图9-12为生产中应用流化床示意图,循环系统中采用膜式气体交换器,能快速提供高密度细胞所需要的氧气,同时又能及时能排出二氧化碳和代谢产物。

流化床反应器的主要操作参数是流体流速,流体流速须能足以使颗粒悬浮流化,应介于临界流化速度和微粒带出速度之间,但又不会损害细胞为宜,因此选择设计反应器时需要保证适宜的流体流量以同时满足实现流态化,保证长的停留时间从而达到预定反应程度,控制合适的剪应力,以避免细胞等从固定化颗粒上脱落或对颗粒造成机械损伤,此外固定化颗粒与液体要有一合适的密度差。

流化床中细胞团或固定化细胞以及气泡在培养液中悬浮翻动,因而混合均匀,传质传热效果好,有利于细胞生长和次级代谢物的产生。流化床反应器具有培养细胞密度高的优点,既可用于培养贴壁依赖性细胞,也可培养非贴壁依赖性细胞。其最大的缺点是流体流动产生的剪切力以及细胞团或固定化细胞的碰撞会使颗粒受到破坏,此外,流体动力学变化较大,参数复杂,放大较为困难。Dubuis等用新型环回式流化床反应器进行coffeaarabica培养,认为该反应器操作方便,消除了气体直接喷射引起的剪切力,易于测定放大所需的参数,适合中试和工业化生产。

Verax公司推出的CF-IMMO培养系统—多级流化床反应器(图9-13)和SF2000流化床生物反应器专用于多孔微球培养,微球由胶原制成,直径为$500\mu m$,孔径$20\sim40\mu m$,比重为$1.6\sim1.8 g/ml$。当培养液从流化床下部往上以一定流速输入时,微球可以在一定范围内悬浮旋转,从而保证了微球内部细胞可获得充分的营养和氧气。用SF2000培养CHO细胞生产t-PA,细胞密度和产量都达到了很高水平($1\times10^{8}/ml$微球,94ml/L)。

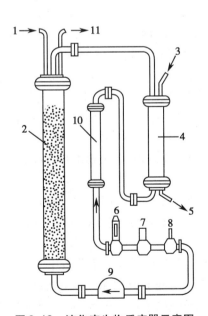

图9-12 流化床生物反应器示意图
1-营养物;2-反应器;3-氧气;4-气体交换器;5-二氧化碳;6-pH传感器;7-DO传感器;8-温度传感器;9-泵;10-加热器;11-收获液

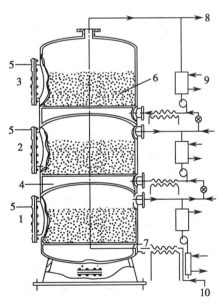

图9-13 多级流化床CF-IMMO生物反应器示意图
1-一级;2-二级;3-三级;4-固相隔膜;5-清洁孔;6-多孔分配板;7-加热器;8-收液;9-膜气体交换器;10-培养基进口

六、其他生物反应器

随着生物产业的不断发展,带动生物反应器产业的技术革新和产品的推陈出新,一些具有新的设计思想和设计理念的生物反应器被开发研制并且有的已投入生产使用,取得了较好经济效益和社会效益。同时,一些传统的生物反应器在一些产品的生产中仍发挥着重要的作用。

1. 细胞培养转瓶机　细胞转瓶机主要由电动机、支架、滚轴和细胞培养转瓶构成。电动机是一个电源控制系统,控制滚轴转动速度,支架起到支撑的作用,是转瓶机的支架系统。滚轴是带动转瓶机进行转动的结构,细胞培养转瓶用来盛装培养液,用于培养细胞。细胞附着在瓶壁上生长,到一定时候将细胞收获。当转瓶旋转时,培养液液面不断更新,有利于氧气和营养物质的传递。

培养贴壁依赖性细胞,最初采用的就是细胞转瓶系统。其结构简单、投资少,技术成熟、重现性好,是最早采用且容易操作的动物细胞培养方式,在实验室和工业化生产中都能够使用,生产规模放大时只需要增加转瓶的数量就可以了。但转瓶系统劳动强度大,单位体积提高细胞生长的表面积小,占用空间大,按体积计算细胞产率低。

转瓶系统主要用于生物制药、疫苗、食品、药物发酵等行业和研究机构中,用来对细胞的贴壁培养和悬浮培养进行研究分析、培养生产。实验室做小量细胞的贴壁和悬浮培养大多选用3~5个瓶位的细胞转瓶机做实验,也有用5~10瓶位。在工业生产中,选用多瓶位的细胞转瓶机,有些多达80个瓶位。目前许多大制药公司仍采用旋转瓶系统培养生产疫苗,一般采用容积为3~5L的旋转瓶。

2. 管式生物反应器　根据反应器的结构特征,分为槽式、管式、塔式和膜式等几种类型,它们之间的主要区别是长径比(高径比)和内部结构不同。管式反应器长径比较大,一般大于30。在管式反应器中,当流体以较小的层流流动时,管内流体呈抛物线分布;当流体以较大的流速湍流流动时,速度分布较为均匀,但边界层中速度缓慢,径向和轴向存在一定程度的混合。流体速度不均或混合,将导致物料浓度分布不同。管式反应器可分为垂直管式、倾斜可调管式、水平管式等多种形式。水平管式采用泵循环、气升循环等方式混合。

与传统的搅拌槽式反应器相比,管式反应器具有较高的产率,较好的传热、传质性能,容易实现优化控制——程序控温、多点加料等。因此管式反应器可用于特殊的生化过程,例如对剪切力敏感的组织培养过程、固定化酶和固定化细胞的反应过程,以及要求严格控制反应时间的生化过程。

管式反应器是封闭式光照生物反应器的主要应用类型,已经进入实用化阶段,意大利已有 20000m³ 的管道式光照生物反应器投入生产。图 9-14 所示为某企业用 1000L 管道式反应器培养小球藻系统,反应器的主体由内径 5cm、长度 200m 若干玻璃管道用法兰和弯管连接而成,反应器与气体分离器连接构成循环系统,气体分离器起到排出培养液中氧气的作用,在系统中安装循环水泵,驱动培养液在反应器和排气装置间的流动和气体交换过程。反应器操作方式为连续式,物料停留时间为 3 天,培养液循环速度为 40~60cm/s,约 10~15 分钟进行一次气体交换。培养结果,细胞(干重)平均密度为 3g/L,细胞产量(干重)达到 0.375g/(L·d)。

3. 空间生物反应器　美国 NASA 公司在20世纪90年代中期开发了一系列的旋转式细胞培养系统,又称为回转生物反应器。其培养容器主要由内、外两个圆筒组成,外筒固定,内

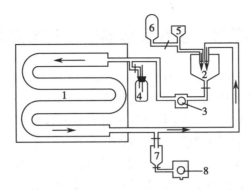

图 9-14 管道式生物反应器组成及工艺示意图

1- 管道式反应器;2- 气体分离器;3- 离心泵;4-CO_2 发生器;

5- 培养基接收槽;6- 净水装置;7- 收获贮槽;8- 离心机

筒可以旋转以悬浮培养物。由于可以模拟空间中的微重力环境,该反应器被誉为空间生物反应器。其模拟空间环境的机制是,它可使培养物的重力向量在旋转过程中产生随机化,导致一定程度的重力降低,使细胞处于一种模拟自由落体状态,模拟微重力环境。

回转生物反应器由于没有搅拌剪切力影响,细胞可以在相对温和的环境中进行三维生长,同时随机的重力向量可能直接影响细胞基因的表达,或者间接促进细胞的自分泌旁分泌,从而影响细胞的增殖分化和组织形成,因而这种反应器可用于当前十分热门的组织工程研究,也可用于探索微重力环境对细胞生长、分化的影响。

4. 一次性生物反应器 自 1999 年以来,研究机构就致力于专注开发一次性生物加工设备,来替代传统的不锈钢培养罐系统,为制药行业和生物技术产业研发和制造创新型生产设备。

一次性生物反应器由预先消毒的,FDA 认可的,对生物无害的聚乙烯塑料箱组成。箱中填充培养基并接种细胞,箱中其余部分是空的,培养过程中空气连续通过。前后摇动箱体使气、液界面产生波动,大大提高了氧气的溶解量,有利于排出二氧化碳,控制 pH,也促进培养液混合均匀,细胞和颗粒不会下沉。废气通过消毒过滤器和止逆阀排出。整个生物反应器可以置于细胞培养用二氧化碳培养箱中,便于控制温度和 pH,或者在箱体底部加热控制温度。使用前箱体用 γ 射线消毒,用后丢弃。特殊的开孔可进行无菌加样、取样,而不必将生物反应器置于层流罩中。

该反应器用一次性使用的细胞培养容器替代传统的不锈钢发酵罐,其显著的特点是由于使用一次性使用的技术和材料,从而消除了日常清洗、消毒以及验证的需要,大大降低了传统罐的常见污染和交叉感染,大幅度减少了企业在细胞培养、培养基制备、缓冲液溶解、生物制品解冻等环节的操作成本和固定资产投资。其次,该系统安装方便,可快速投入工作进行产品的规模化制备,极大缩短了生物技术产品投放到市场的时间。此外,该装置简单,易于操作,成本低,低剪切力,无空气鼓泡,减少了气泡对细胞的损害,可用于培养动、植物细胞,并十分适合生产病毒。目前,世界各地已有数百台该系统已经投入使用,最大规模可达 500L,最高细胞培养密度可达到 6×10^7 个/ml,广泛用于各类动物细胞培养。此反应器已成功悬浮培养重组 NS0 细胞生产单克隆抗体;悬浮培养人 293 细胞生产腺病毒,用昆虫 sf9 细胞生产棒状病毒,用微载体 Cytodex3 培养人 393 细胞。

第三节　生物反应器的检测与控制

为了使生物反应器的各项物化参数处在细胞培养和产物分泌的最佳状态,使生产稳定高产,降低原材料消耗,节省能源和劳动力,实现安全生产,生物反应器都装配有一系列检测用的传感器和控制系统,从而实现对生化过程进行有效的操作和控制。检测参数的全面性和控制系统的精确性也反映了生物反应器的水平。

生物反应器的检测是利用各种传感器及其他检测手段对反应器系统中的各种参变量进行测量,并通过光电转换等技术用二次仪表显示或通过计算机处理,此外,也有通过人工取样,化验分析获得相关参变量的信息。生物反应系统参数的特征是多样性,不仅随时间的变化而变化,且变化规律也不是一成不变的。随着各类传感器的开发和计算机技术的广泛应用,检测和控制技术越来越智能化和自动化,向快捷、多样性发展。

一、培养过程中需检测的物化参数

无论是培养微生物还是培养动植物细胞,所需检测的各种物化参数都大致相同,包括生化过程的各种物理变量信息、化学变量信息和生物变量信息。其中有些参数可直接在线经传感器检出,如压力、温度、pH、溶氧等;有些则需要取样离线检测,如活细胞数、葡萄糖、乳糖和铵离子的测定等;还有些需要经检测后再进行计算才能获得,如细胞生长速率、比生长速率、细胞得率、生物反应器的生产率等,具体参数见表9-4。

表9-4　生物反应过程的主要参数

物理参数	化学参数	间接参数
温度	酸碱度	氧传递系数 Kla
罐压	氧化还原电位	氧传递速率 OTR
搅拌速度	溶氧浓度	氧消耗速率 OUR
搅拌轴功率	排气 O_2 浓度	比氧消耗率 YO_2
装液量	排气 CO_2 浓度	稀释率 D
液位	溶解 CO_2 浓度	比增值率 μ
进出液流量	氨基酸浓度	倍增时间 t_d
物料密度	糖浓度	细胞生产速率 D_x
物料浊度	乳糖浓度	比消耗率 K
物料黏度	NH_4^+ 等无机离子浓度	单位容积生产率 Q_p

二、主要参数的检测和控制方法

尽管测定参数越多,越有利于全面了解培养过程的优劣和优化培养工艺,但各个参数的重要程度并不是相同的,也不是每个生物反应器都必须具备能测定所有这些参数能力。各参数中以温度、pH、溶氧(dissolved oxygen,DO)、转速和进出液流量最为重要,控制了这些参数,加以培养基成分和细胞浓度,也就控制了其他各种参数和整个培养过程。

1. 温度　温度对微生物和动植物细胞的生长非常重要。培养物不同,对温度的要求也不同,各种生物细胞均有最佳的生长温度和产物生成速度,且最佳温度的范围是比较狭窄的,如哺乳动物细胞的最佳温度为37℃左右,昆虫细胞则为27℃,所以需把生物反应器过程的温度控制在某一定值或区间内。此外,在整个反应过程还应根据细胞生长和产物生成需要的不同,在不同的生产阶段选用不同的温度。影响生化反应温度的主要因素有发酵热、电极搅拌热、冷却水温度及环境温度等。

目前常用于反应器检测温度有电阻温度计(铜电阻温度计,铂电阻温度计)和热敏电阻半导体温度计等。铂电阻温度计可耐热、耐腐蚀、精度高,但价格较贵。铜电阻温度计价格较便宜,但容易氧化。半导体热敏电阻灵敏度高,响应时间短,耐腐蚀性好,但其温度与电阻值的关系非线性。使用时,有的直接将探头插入培养基,有的则通过一套管,在套管内装入传热介质,如甘油。直接插入培养基内的温度传感器需耐高压蒸汽灭菌。一般通过控温仪或微处理机以开关或三联方式控制反应器的水套温度,或加热垫的开关达到对温度的控制。当要求培养温度低于室温(如昆虫细胞)时,常需配备冷却设备或对局部室温进行控制。

2. pH　pH 的高低对微生物和动植物细胞的各种酶活性,细胞壁通透性,以及许多蛋白质的功能都有着重要影响。每一种生物细胞均有最佳的生长增殖 pH,细胞及酶的生物催化反应也有相应的最佳 pH 范围,故 pH 是生物细胞生长及产物或副产品生产的指示,是重要的过程参数之一。为了测定 pH,需要一个测量电极和一个参比电极,利用两者在某一溶液中产生电位进行测定。pH 电极的重要部位是玻璃微孔膜,若其受到蛋白质等大分子吸附污染,灵敏度会降低,响应时间延长,须用蛋白酶浸泡使蛋白质酶解溶出。目前普遍采用的是玻璃复合式参比电极,玻璃电极被参比电极包裹着,由于其电极内容会随着使用时间尤其是高温灭菌而发生变化,一般需在每批培养培养灭菌操作前后用标准 pH 缓冲溶液进行标定。

pH 检测后,一般以比例控制或三联控制的方式来控制培养基的 pH。在培养初期,培养基通常偏碱性,此时主要靠电磁阀控制进入培养基的 CO_2 量,增加氢离子浓度使 pH 下降。随着细胞密度提高,代谢产物乳酸不断积累使 pH 开始下降,此时主要靠控制蠕动泵的开关,控制加入 $NaHCO_3$(0.65mol/L)或 NaOH(0.1～0.5mol/L)的量,使 pH 上升。

为了使培养基的 pH 得到更好的控制,常在配制培养基时添加某些缓冲系统,以及加入某些缓冲剂等。此外,用果糖代替葡萄糖作为碳源也有利于 pH 的稳定。

3. 溶氧　除了某些厌氧菌外,所有其他微生物和动植物细胞的生长都需要氧的存在,以满足其呼吸、生长及代谢的需要,所以液体培养基中均需要维持一定水平的溶解氧,且需氧量因种类不同而不同,所以对生物反应系统中溶氧浓度必须进行测定和控制。此外,溶解氧还可以作为判断发酵反应过程是否有杂菌或噬菌体污染的间接参数,若溶氧浓度变化异常,则提示系统出现杂菌污染或其他问题。

目前用于生物反应器检测溶氧的传感器多数是极谱式或电流式覆膜电极,其原理都是一样的,即给浸入稀盐溶液的两根电极间加上合适电压时氧分子在阴极被还原,使线路中产生电流,所产生的电流和被还原的氧量成正比,测定电流值就可确定溶氧浓度。电极可由纯铅或银组成,也可由铂和银组成。其化学反应如下:

Pb 阳极　　　$Pb + 2Ac^+ \rightarrow Pb(Ac)_2 + 2e$

Ag 阴极　　　$O_2 + 2H_2O + 4e \rightarrow 4OH^-$

或 Ag 阳极　　$Ag + Cl^- \rightarrow AgCl + e$

Pb 阴极　　　$O_2 + 2H_2O + 4e \rightarrow 4OH^-$

为了防止裸露的电极表面中毒,降低电流输出,也为了除氧以外的其他可溶成分被还原,以及防止搅拌对电极的干扰,在电极顶端加一透气膜,并用一薄层电解液将其与电极分开,这样就构成了覆膜电极,为提高电极的敏感性应选择薄而透气性高的膜。测定时,要使电极周围的液体适度流动,以加强传质,尽量减少与电极膜接触的液体滞流层的厚度,并减少气泡和生物细胞在膜上的积存,以保证溶氧测定的准确。

在微生物发酵时,对溶解氧的控制主要通过溶氧电极的信号,以三联控制或简单的开关控制方式控制进气阀以及改变搅拌速度。对于动物细胞,由于它们对由气泡和搅拌引起的剪切力都很敏感,因此要保持所需的溶氧比较困难,目前常采用的措施有:①改变进气的组分,为适应动物细胞生长的需要,近代的生物反应器都采用 O_2、N_2、CO_2 和空气 4 种气体供应,并可根据需要以三联控制方式调节进气的比例。培养后期细胞密度很高时,可用氧气替代空气。②加大通气流量,为防止产生气泡,可采用无气泡通气装置、透气硅胶管等。③适当提高转速,为避免剪切力的影响,可加入 Pluronic F68(0.01%~0.1%)等试剂提供一定程度的保护。还可采用微囊和多孔微球等培养技术。④在反应器外通气,先在培养基储液罐内通气,使氧达到所需的饱和度,然后送入反应器,通过控制其循环速度以满足细胞生长对氧的需求,这样就可减小因气泡和搅拌对细胞的损害。

4. 搅拌转速和搅拌功率 搅拌的作用在于使反应器内的物料充分混合,有利于营养物和氧的传递。对一定的发酵反应器,搅拌转速对发酵液的混合状态、溶氧速率、物质传递等有重要影响,同时对生物细胞生长、产物生成、搅拌功率消耗等也有影响。对一确定的反应器,当通气量一定时,搅拌转速升高,溶氧速率增大,消耗的搅拌功率也越大。在完全湍流的条件下,搅拌功率与搅拌速率的 3 次方成正比,即 $P = Np\mu n^3 D_i^5$,其中 n 为搅拌转速。此外,某些生物细胞如动物细胞、丝状菌等,对搅拌剪切敏感,所以搅拌转速和搅拌叶尖速度有临界上限范围。因此,测量和控制搅拌转速具有重要意义。而搅拌功率也与上述搅拌转速相关联的因素有密切关系,它也是机械搅拌式反应器比拟放大的基准,所以直接测定或间接计算出搅拌功率也是非常重要的。

常用测定搅拌转速的方法有磁感应式、光感应式测速仪和测速发电机三种。前两者是通过装配的感应片切割磁场或光束产生脉冲信号,利用此脉冲信号与搅拌转速相等进行测定的。测速发电机则是利用装配在搅拌轴或电机轴上的发电机测定,发电机的输出电压与搅拌转速成线性关系。实验室和中试反应器可用直流电机、调速电机及变频器等对搅拌转速进行无级调速,大型的反应器基本上是固定转速。目前搅拌的控制一般靠实践经验加以人为地设定和调节。

目前,对于生产规模的反应器,搅拌功率一般是测定驱动电机的电压和电流,或直接测定电机搅拌功率,但其包括传动减速机的功率损失。需要较准确测定实际搅拌功率时,常用公式 $P = 2\pi nM$ 计算,其中 n 为搅拌转速,单位为 r/s,M 为搅拌轴转矩,单位为 N·m。

5. 进出液流量 在半连续、连续和灌流培养过程中,都需不断补充新鲜培养液,并抽出部分反应物。随着生化反应的进行,微生物的生长和代谢都要求不断补充营养物质,使微生物沿着优化的生长轨迹生长从而获得产物高产。由于微生物的浓度和代谢状况很难实现在线测定,使得补料控制非常困难。为了进行有效的补料,须充分了解发酵过程中微生物的代谢过滤和对环境条件的要求,选择适当的控制参数,了解这些参数对微生物生长、基质利用及产物形成间的关系。补料控制实际上是流量的控制,控制加入量和加入速度,以实现优化的连续发酵或流加操作,获得最大的发酵速率和生产效率。尽管现在已有可以安装在管线内灭菌的转子或电子流量计,但一般通过对泵的控制达到对流量的控制。在控制进出液流量时需注意如下几点:①采用蜗动泵时,要经常检查以防硅胶管磨损破裂和变换与滚柱相接触的硅胶管部位。②可装配检测液面水平的电接触点探头,利用其控制进液泵,维持罐内的物料量和保持进出液量的平衡。③若无液位计控制系统时,可采用抽液量稍大于进液量的方法,并将出料口置于液面下一定高度,使抽液不致过多,又可防止进液量过大溢出罐外。④在灌流培养时除了要控制进出液平衡外,为保持和提高反应器内细胞的密度,需使细胞与排出液分离。

6. 其他 上述 5 个参数是最基本也是最重要的。此外,在微生物发酵中,罐压、液位、黏度、排出气体中 O_2 和 CO_2 浓度、细胞浓度、产物浓度等也常被采用。动物细胞培养过程,必须重点检测的参数有温度、pH、溶氧及氨、乳酸、CO_2 等,往往还需测定培养基渗透压,培养基营养成分如氨基酸、维生素、盐、有机物添加剂等也需分析检测。由于动物细胞培养可分为悬浮培养和贴壁培养两种基本形式,进行细胞浓度测定时,因悬浮培养类似于微生物发酵过程,可采用类似方法,但对于贴壁培养,须用胰蛋白酶等使动物细胞与依附表面分离后,再按常规方法检测。在植物细胞培养过程中,温度、溶氧浓度和 pH 是最重要的参数,均应进行在线检测和控制,有时光照强度也是重要的检测参数,其他如通气量,培养液营养物质浓度、搅拌转速等如常规微生物培养过程的检测。其他相关参数的检测和控制,有关生化过程检测和控制的更系统深入的知识,请参阅其他相专门教材和著作。

随着生物工程技术的不断发展,生物反应器的种类、规模及其检测和控制手段都有了很大发展和提高,但其生产水平仍大大低于细胞在体内的表达水平,所以仍需改进和提高现有生物反应器生产效率,优化各种理化参数和条件,才能满足生物技术产业发展的需要,真正做到优质、高产、低成本地生产出各种生物制品,以满足人民日益增长的需要。

(礼 彤)

第十章　制剂成型机械设备

药物应用于临床必须具有一定的形式,也就是剂型,能将药物制成一定剂型的设备称之为成型设备。制药企业在特定的生产环节下将药物加工成具有特定形状的剂型,包装成为药品。本章重点介绍临床上应用较为广泛的固体制剂和液体制剂的一般制备程序和所涉及的机械设备。

第一节　片剂生产设备

片剂属于固体制剂范畴,由于其具有剂量准确,便于服用,成本低廉,适宜规模化生产,运输、携带方便等特点,在临床上应用最为广泛。片剂是由一种或多种药物配以适当的辅料经加工而制成,生产方法有粉末压片法和颗粒压片法两种。粉末压片法是直接将均匀的原辅料粉末置于压片机中压成片状;颗粒压片法是先将原辅料粉末制成颗粒,再置于压片机中冲压成片状。而颗粒的制造又分为干颗粒法、湿颗粒法和一步制粒法。压制成片后可进行包衣,包衣片又可分成糖衣片、肠溶衣片和薄膜衣片;根据包衣材料的不同,可实现胃溶、肠溶和缓释、控释等目的。片剂生产的工艺过程主要有制粒、压片、包衣和包装等工序。

一、片剂生产的一般过程

片剂的生产一般需要经过以下工艺过程:原辅料——粉碎、过筛——物料配料混合——制粒——干燥——压片——包装——储存。

1. 粉碎与过筛　粉碎主要是借机械力将大块固体物料碎成适用大小的过程,其主要目的是减少粒径、增加比表面积,固体药物粉碎是制备各种剂型的首要工艺。通常把粉碎前粒度与粉碎后粒度之比称为粉碎度。对于药物所需的粉碎度,要综合考虑药物本身性质和使用要求,例如细粉有利于固体药物的溶解和吸收,可以提高难溶性药物的生物利用度,当主药为难溶性药物时,必须有足够的细度以保证混合均匀及溶出度符合要求。常用的粉碎方法有闭塞粉碎与自由粉碎、开路粉碎与循环粉碎、干法粉碎与湿法粉碎、单独粉碎与混合粉碎以及低温粉碎等,根据被粉碎物料的性质、产品粒度的要求以及粉碎设备的形式等不同条件,可采用不同的粉碎方法。

粉碎后的粉末必须经过筛选才能得到粒度比较均匀的粉末,以适应医疗和药剂生产需要。药筛有冲制筛和编织筛两种,冲制筛又称模压筛,系在金属板上冲出圆形的筛孔而制成;编织筛由具有一定机械强度的金属丝(如不锈钢、铜丝、铁丝等)或其他非金属丝(如丝、尼龙丝、绢丝等)编织而成。冲制筛多用于高速旋转粉碎机的筛板及药丸等粗颗粒的筛分,编织筛单位面积上筛孔较多、筛分效率高,可用于细粉的筛选。与金属易发生反应的药物,需用非金属丝制成的筛,常用尼龙丝,但编织筛的线容易移动,致使筛孔变形,分离效率下降。

2. 配料混合 在片剂生产过程中,主药粉与赋形剂根据处方称取后,必须经过几次混合,以保证充分混匀。混合不均会导致片剂出现斑点,崩解时限、强度不合格,影响药物疗效等。主药粉与赋形剂并不是一次全部混合均匀的,首先加入适量的稀释剂进行干混,而后再加入黏合剂和润湿剂进行湿混,以制成松软适度的软材。在混合时,若主药量与辅料量悬殊,一般不易混匀,应该采用等量递加法进行混合,或者采用溶剂分散法,即将少量的药物先溶于适宜的溶剂中,再均匀地喷洒到大量的辅料或颗粒中,以确保混合均匀。主药与辅料的粒子大小悬殊,容易造成混合不均匀,应将主药和辅料进行粉碎,使各成分的粒子都较小并力求一致,以确保混合均匀。大量生产时采用混合机、混合筒或气流混合机进行混合。物料混合时,粒子的混合状态常以对流混合、剪切混合和扩散混合等运动形式加以混合。

3. 制粒 用于压片的物料必须具备良好的流动性和可塑性,才能保证片剂较小的重量差异和符合要求的硬度,得到合格的片剂。但是,大多数药物粉末的可压性及流动性都很差,需加入适当辅料及黏合剂(胶浆),制成流动性和可压性都较好的颗粒后,再将颗粒压片,这个过程称为制粒。因此,制粒是把熔融液、粉末、水溶液等物料加工成具有一定形状大小的粒状物的操作过程。除某些结晶性药物可直接压片外,一般粉末状药物均需事先制成颗粒才能进行压片,以保证压片过程中无气体滞留,药粉混合均匀,同时避免药粉积聚、黏冲等。制粒的目的在于改善粉末的流动性及片剂生产过程中压力的均匀传递、防止各成分离析及改善溶解性能等。制粒方法主要有湿法制粒、干法制粒、流化床制粒和晶析制粒等。同样,要根据药物的性质选择制粒方法,为压片做好准备。湿法制粒适用于受湿和受热不起化学变化的药物;当片剂中成分对水分敏感,或在干燥时不能经受升温干燥,而片剂组分中具有足够的内在黏合性质时,可采用干法制粒。

4. 干燥 已制好的湿颗粒应根据主药和辅料的性质,于适宜温度下尽快通风干燥。干燥是利用热能除去含湿的固体物质或膏状物中所含的水分或其他溶剂,获得干燥物品的工艺操作。干燥的温度应根据药物性质而定,一般控制在 50~60℃。加快空气流速,降低空气湿度或者真空干燥,均能提高干燥速度。为了缩短干燥时间,个别对热稳定的药物,如磺胺嘧啶等,可适当提高干燥温度。含有结晶水的药物,如硫酸奎宁,要控制干燥温度和时间,防止结晶水的过量丢失,使颗粒松脆而影响压片及崩解。干燥时,温度应逐渐升高,以免颗粒表面快速干燥而影响内部水分挥发。

5. 压片 制得颗粒在压片之前,需要对主药含量进行测定,以主药含量计算片重,进行压片。压片是片剂成型的关键步骤,通常由压片机完成。压片机的基本机械单元是一对钢冲和一个钢冲模,冲模的大小和形状决定了片剂的形状。压片机工作的基本过程为:填充-压片-推片,这个过程循环往复,从而自动完成片剂的生产。

6. 包衣 片剂包衣是指在素片(或片芯)外层包上适宜厚度的衣膜,使片芯与外界隔离。一般片剂不需包衣。包衣后可达到以下目的:①隔离外界环境,避光防潮,增加对湿、光和空气不稳定药物的稳定性;②改善片剂外观,掩盖药物的不良气味,减少药物对消化道的刺激和不适感,提高患者顺应性;③控制药物释放速度和部位,达到缓释、控释的目的,如肠溶衣可避开胃中的酸和酶,在肠中溶出;④隔离配伍禁忌成分,防止复方成分发生配伍变化。根据使用目的和方法的不同,片剂的包衣通常分糖衣、肠溶衣及薄膜衣等数种。糖衣层由内向外的顺序为隔离层、粉衣层、糖衣层、有色糖衣层、打光层。包衣层所使用材料应均匀、牢固,与片芯不起作用,崩解时限应符合《中国药典》片剂项下的规定,不影响药物的溶出与吸收;经较长时期贮存,仍能保持光洁、美观、色泽一致,并无裂片现象。包衣方法有锅包衣法、空气悬浮包衣法、压制包衣法以及静电包衣法、蘸浸包衣法等。

7. 包装   包装系指选用适当的材料或容器,利用包装技术对药物半成品或成品的批量经分(灌)、封、装、贴签等操作,给一种药品在应用和管理过程中提供保护、签订商标、介绍说明,并且经济实效、使用方便的一种加工过程的总称。包装中有单件包装、内包装、外包装等多种形式。药品包装的首要功能是保护作用,起到阻隔外界环境污染及缓冲外力的作用,并且避免药品在贮存期间可能出现的氧化、潮解、分解、变质;其次要便于药品的携带及临床应用。

二、制粒过程与设备

制粒过程能够去掉药物粉末的黏附性、飞散性、聚集性,改善药粉的流动性,使药粉具备可压性,便于压片,是固体制剂生产过程中的重要环节。依据制粒方法不同,有不同的制粒设备。在制粒过程中,需要根据药物的性质选择合适的制粒方法,才能制得合格颗粒,用于片剂的压制。

(一)湿法制粒设备

湿法制粒是最常用的制粒方法,常用的湿法制粒机主要有挤压制粒机、转动制粒机、高速搅拌制粒机及流化床制粒机等。

1. 挤压制粒机   挤压制粒机的基本原理是利用滚轮、圆筒等将物料强制通过筛网挤出,通过调整筛网孔径,得到需要的颗粒。制粒前,按处方调配的物料需要在混合机内制成适于制粒的软材,挤压制粒要求软材必须黏松适当,太黏则挤出的颗粒成条不易断开,太松则不能成颗粒而变成粉末。目前,基于挤压制粒而设计的制粒机主要有摇摆式制粒机、旋转挤压制粒机和螺旋挤压制粒机。挤压制粒设备的结构比较如图 10-1 所示。

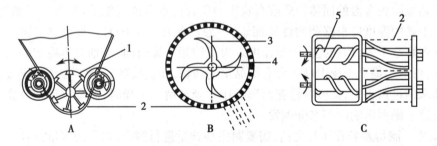

A:摇摆式制粒机;B:旋转挤压制粒机;C:螺旋挤压制粒机
图 10-1   挤压式制粒机示意图
1-七角滚轮;2-筛网;3-挡板;4-刮板;5-螺杆

摇摆式制粒机是目前国内常用的制粒设备,结构简单、操作方便,生产能力大且安装拆卸方便,所得颗粒的粒径大小分布较为均匀,还可用于整粒。

摇摆式制粒机的主要构造是在一个加料斗的底部用一个七角滚轮,借机械动力作摇摆式往复转动,模仿人工在筛网上用手搓压使软材通过筛孔而成颗粒。筛网具有弹性,可通过控制其与滚轴接触的松紧程度来调节制成颗粒的粗细。摇摆式制粒机工作时,七角滚轮由于受到机械作用而进行正反转的运动,筛网不断紧贴在滚轮的轮缘上往复运动,软材被挤入筛孔,将原孔中的原料挤出,得到湿颗粒。工作时,电动机带动胶带轮转动,通过曲柄摇杆机构使滚筒做往复摇摆式转动。在滚筒上刮刀的挤压与剪切作用下,湿物料挤过筛网形成颗粒,并落于接收盘中。

旋转挤压制粒机适合于黏性较大的物料,可避免人工出料所造成的颗粒破损,具有颗粒成型率高的特点。旋转挤压制粒机主要由底座、加料斗、颗粒制造装置、动力装置、齿条等部分组成。颗粒制造装置为不锈钢圆筒,圆筒两端各备有不同筛号的筛孔,一端孔的孔径比较大,另一端孔的孔径比较小,以适应粗细不同颗粒的制备。圆筒的一端装在固定底盘上,所需大小的筛孔装在下面,底盘中心有一个可以随电动机转动的轴心,轴心上固定有十字形四翼刮板和挡板,两者的旋转方向不同。制粒时,将软材投放在转筒中,通过刮板旋转,将软材混合切碎并落于挡板和圆筒之间,在挡板的转动下被压出筛孔而成为颗粒,落入颗粒接收盘而由出料口收集。

2. 转动制粒机　转动制粒是在物料中加入一定量的黏合剂或润湿剂,通过搅拌、振动和摇动形成颗粒并不断长大,最后得到一定大小的球形颗粒。转动制粒过程分为微核形成阶段、微核长大阶段、微丸形成阶段,最终形成具有一定机械强度的微丸。在微核形成阶段,首先将少量黏合剂喷洒在少量粉末中,在滚动和搓动作用下聚集在一起形成大量的微核,在滚动时进一步压实;然后,将剩余的药粉和辅料在转动过程中向微核表面均匀喷入,使其不断长大,得到一定大小的丸状颗粒;最后,停止加入液体和粉料,使颗粒在继续转动、滚动过程中被压实,形成具有一定机械强度的颗粒。转动制粒特别适用于黏性较高的物料。

转动制粒机也叫离心制粒机(图 10-2),主要构造是带有可旋转圆盘以及喷嘴和通气孔的锅体。物料加入锅体后,在高速旋转的圆盘带动下做离心旋转运动,向容器壁集中。聚集的物料又被从圆盘周边吹出的空气流吹散,使物料向上运动,此时黏合剂从物料层斜面上部的喷嘴喷入,与物料相结合,靠物料的激烈运动使物料表面均匀润湿,并使散布的粉末均匀附着在物料表面,层层包裹,形成颗粒。颗粒最终在重力作用下落入圆盘中心,落下的粒子重新受到圆盘的离心旋转作用,从而使物料不停地做旋转运动,有利于形成球形颗粒。如此反复操作,可以得到所需大小的球形颗粒。颗粒形成后,调整气流的流量和温度可对颗粒进行干燥。

转动制粒法的优点是处理量大,设备投资少,运转率高。缺点是颗粒密度不高,难以制备粒径较小的颗粒。在希望颗粒形状为球形、颗粒致密度不高的情况下,大多采用转动制粒。但是由于其同样存在着粉尘及噪声大、清场困难的特点,在使用中受到一定的限制。

3. 高速搅拌制粒机　该机是通过搅拌器混合以及高速造粒刀的切割作用而将湿物料制成颗粒的装置,是一种集混合与造粒功能于一体的高效制粒设备,在制药工业中有着广泛应用。高速搅拌制粒机主要由制粒筒、搅拌桨、切割刀和动力系统组成,其结构如图 10-3 所示。其工作原理是将粉料和黏合剂放入容器内,利用高速旋转的搅拌器迅速完成混合,并在切割刀作用下制成颗粒。搅拌桨主要使物料上下左右翻动并进行均匀混合,切割刀则将物料切割成粒径均匀的颗粒。搅拌桨安装在锅底,能确保物料碰撞分散成半流动的翻滚状态,并达到充分的混合。而位于锅壁水平轴的切割刀与搅拌桨的旋转运动产生涡流,使物料被充分混合、翻动及碰撞,此时处于物料翻动必经区域的切割刀可将团状物料充分打碎成颗粒。同时,物料在三维运动中颗粒之间的挤压、碰撞、摩擦、剪切和捏合,使颗粒摩擦更均匀、细致,最终形成稳定球状颗粒,从而形成潮湿均匀的软材。

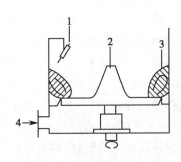

图 10-2 转动制粒机示意图

1-喷嘴;2-转盘;3-粒子层;4-通气孔

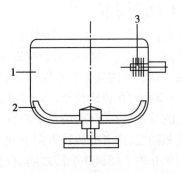

图 10-3 高速搅拌制粒机示意图

1-容器;2-搅拌桨;3-切割刀

4. **流化床制粒机** 流化床制粒装置如图 10-4 所示,主要由容器、气体分布装置(如筛板等)、喷嘴、气-固分离装置(如袋滤器)、空气进口和出口、物料排出口组成。盛料容器的底是一个不锈钢板,布满直径 1~2mm 的筛孔,开孔率为 4%~12%,上面覆盖一层 120 目不锈钢丝制成的网布,形成分布板。上部是喷雾室,在该室中,物料受气流及容器形态的影响,产生由中心向四周的上下环流运动。胶黏剂由喷枪喷出,粉末物料受胶黏剂液滴的黏合,聚集成颗粒,受热气流的作用,带走水分,逐渐干燥。喷射装置可分为顶喷、底喷和切线喷 3 种:①顶喷装置喷枪的位置一般置于物料运动的最高点上方,以免物料将喷枪堵塞;②底喷装置的喷液方向与物料方向相同,主要适用于包衣,如颗粒与片剂的薄膜包衣、缓释包衣、肠溶包衣等;③切线喷装置的喷枪装在容器的壁上。流化床制粒装置结构上分成四部分:空气过滤加热部分构成第一部分;第二部分是物料沸腾喷雾和加热部分;第三部分是粉末收集、反吹装置及排风结构;第四部分是输液泵、喷枪管路、阀门和控制系统。该设备需要电力、压

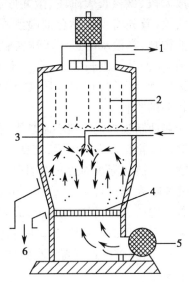

图 10-4 流化床制粒装置示意图

1-空气出口;2-袋滤器;3-喷嘴;
4-筛板;5-空气进口;6-产品出口

缩空气、蒸汽 3 种动力源:电力供给引风机、输液泵、控制柜;压缩空气用于雾化胶黏剂,脉冲反吹装置、阀门和驱动汽缸;蒸汽用于加热流动的空气,使物料得到干燥。

流化床制粒机适用于热敏性或吸湿性较强的物料制粒,且要求所用物料的密度不能有太大差距,否则难以造成颗粒。在符合要求的物料条件下,流化床制粒机所制得的颗粒外形圆整,多为 40~80 目,因此在压片时的流动性和耐压性较好,易于成片,对于提高片剂的质量相当有利。由于其可直接完成制粒过程中的多道工序,减少了企业的设备投资,并且降低了操作人员的劳动强度,因此,该设备具有生产流程自动化、生产效率高、产量大的特点。

(二)喷雾干燥制粒设备

喷雾干燥制粒是一种将喷雾干燥技术与流化床制粒技术结合为一体的新型制粒技术,其原理是通过机械作用,将原料液用雾化器分散成雾滴,分散成很细的像雾一样的微粒,增大水分蒸发面积,加速干燥过程,并用热空气(或其他气体)与雾滴直接接触,在瞬间将大部

分水分除去,使物料中的固体物质干燥成粉末而获得粉粒状产品的一种过程。溶液、乳浊液或悬浮液,以及熔融液或膏状物均可作为喷雾干燥制粒的原料液。根据需要,喷雾干燥制粒设备可得到粉状、颗粒状、空心球或团粒状的颗粒,也可以用于喷雾干燥。

喷雾干燥制粒设备结构如图 10-5 所示,由原料泵、雾化器、空气加热器、喷雾干燥制粒器等部分构成。制粒时,原料液经过滤器由原料泵输送到雾化器雾化为雾滴,空气由鼓风机经过滤器、空气加热器及空气分布器送入喷雾干燥制粒器的顶部,热空气与雾滴在干燥制粒器内接触、混合,进行传热与传质,得到干燥制粒产品。

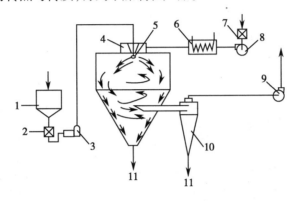

图 10-5　喷雾干燥制粒设备示意图

1-原料罐;2-过滤器;3-原料泵;4-空气分布器;5-雾化器;6-空气加热器;7-空气过滤器;8-鼓风机;9-引风机;10-旋风分离器;11-产品

喷雾干燥制粒过程分为 3 个基本阶段:第一阶段,原料液的雾化。雾化后的原料液分散为微细的雾滴,水分蒸发面积变大,能够与热空气充分接触,雾滴中的水分得以迅速汽化而干燥成粉末或颗粒状产品。雾化程度对产品质量起决定性作用,因此,原料液雾化器是喷雾制粒的关键部件。第二阶段,干燥制粒。雾滴和热空气充分接触、混合及流动,进行干燥制粒。干燥过程中,根据干燥室中热风和被干燥颗粒之间的运动方向,可分为并流型、逆流型和混流型。第三阶段,颗粒产品与空气分离。喷雾制粒的产品采用从塔底出粒,但需要注意废气中夹带部分细粉。因此在废气排放前必须回收细粉,以提高产品收率,防止环境污染。

三、压片过程与设备

片剂是由一种或多种药物配以适当的辅料均匀混合后压制而成的片状制剂。在制备时将物料摆放于模孔中,用冲头进行压制形成片状的机器称为压片机。片剂的生产方法有粉末压片法和颗粒压片法两种。粉末压片法是直接将均匀的原辅料粉末置于压片机中压成片状,这种方法对药物和辅料的要求较高,只有片剂处方成分中具有适宜的可压性时才能使用粉末压片法;颗粒压片法是先将原辅料制成颗粒,再置于压片机中冲压成片状,这种方法通过制粒过程使药物粉末具备适宜的黏性,大多片剂的制备均采用这种方法。片剂成型是药物和辅料在压片机冲模中受压,当到达一定的压力时,颗粒间接近到一定的程度时,产生足够的范德华力,使疏松的颗粒结合成为整体的片状。

压片机基本结构是由冲模、加料机构、填充机构、压片机构、出片机构等组成。压片机又分为单冲冲撞式压片机、旋转式压片机和高速旋转式压片机等。此外,还有二步(三步)压片机和多层片压片机等。

（一）电动单冲冲撞式压片机

电动单冲冲撞式压片机的设备结构如图 10-6 所示，是由冲模（模圈、上冲、下冲）、施料装置（饲料靴、加料斗）及调节器（片重调节器、出片调节器、压力调节器）组成的。其动力装置是转动轮，可以为电动也可以手摇，为上冲单向加压。冲模是直接实施压片的部分，决定了片剂的大小、形状和硬度。调节装置包括压力调节器、片重调节器和推片调节器等。压力调节器是用于调节上冲下降的深度；下冲杆附有上、下两个调节器，上面一个为出片调节器，负责调节下冲抬起的高度，使之恰好与模圈的上缘相平，从而把压成的片剂顺利地顶出模孔；饲粉器负责将颗粒填充到模孔，并把下冲顶出的片剂推至收集器中；下面一个是调节下冲下降深度（即调节片剂重量）的片重调节器。

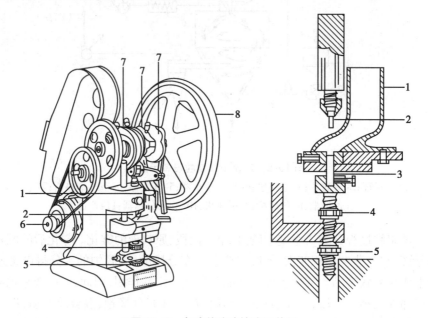

图 10-6   电动单冲冲撞式压片机
1- 加料斗；2- 上冲；3- 下冲；4- 出片调节器；5- 片重调节器；6- 电动机；7- 偏心轮；8- 手柄

工作时，单冲压片机的压片过程是由加料、压片至出片自动连续进行的。这个过程中，下冲杆首先降到最低，上冲离开模孔，饲料靴在模孔内摆动，颗粒填充在模孔内，完成加料。然后饲料靴从模孔上面移开，上冲压入模孔，实现压片。最后，上冲和下冲同时上升，将药片顶出冲模。接着饲料靴转移至模圈上面，把片剂推下冲模台而落入接收器中，完成压片的一个循环。同时，下冲下降，使模内又填满了颗粒，开始下一组压片过程；如是反复压片出片。单冲压片机每分钟能压制 80～100 片。

单冲压片机所制得片剂的质量和硬度（即受压大小）受模孔和冲头间的距离影响，可分别通过片重调节器和压力调节部分调整。片重轻时，将片重调节器向上转，使下冲杆下降，增加模孔的容积，借以填充更多的物料，使片重增加。反之，上升下冲杆，减小模孔的容积可使片重减轻。冲头间的距离决定了压片时压力的大小，上冲下降得愈低，上、下冲头距离愈近，则压力愈大，片剂越硬；反之，片剂越松。

单冲压片机结构简单，操作和维护方便，可方便地调节压片的片重、片厚以及硬度，但是，单冲压片机压片时是一种瞬时压力，这种压力作用于颗粒的时间极短；而且存在空气垫的反抗作用，颗粒间的空气来不及排出，会对片剂的质量产生影响。因此，单冲压片机制得的片剂容易松散,大规模生产时质量难以保证,而且产量也太小。因此,单冲压片机多作为实验室里做小样的设备,用于了解压片原理和教学。

(二) 旋转式压片机

单冲压片机的缺点限制了其在大规模片剂生产中的应用,目前的片剂生产多使用旋转式压片机,其对扩大生产有极大的优越性。旋转式压片机是基于单冲压片机的基本原理,又针对瞬时无法排出空气的缺点,在转盘上设置了多组冲模,绕轴不停旋转,变瞬时压力为持续且逐渐增减的压力,从而保证了片剂的质量。

旋转式压片机主要由动力部分、传动部分和工作部分组成,其核心部件是一个可绕轴旋转的三层圆盘,上层装着若干上冲,在中层与上冲对应的位置装着模圈,下层的对应位置装下冲;另有位置固定的上、下压轮,片重调节器,压力调节器,饲粉器,刮粉器,推片调节器以及附属机构如吸尘器和防护装置等。圆盘位于绕自身轴线旋转的上、下压轮之间,此外还有片重调节器、出片调节器、刮料器、加料器等装置。上层的上冲随机台而转动,并沿着固定的上冲轨道有规律地上、下运动;下冲也随机台并沿下冲轨道做上、下运动;在上冲之上及下冲下面的固定位置分别装着上压轮和下压轮,在机台转动时,上、下冲经过上、下压轮时,被压轮推动使上冲向下、下冲向上运动,并对模孔中的颗粒加压;机台中层有一固定位置的刮粉器,颗粒由固定位置的饲粉器中不断地流入刮粉器中并由此流入模孔;压力调节器用于调节下压轮的高度,从而调节压缩时下冲升起的高度,高则两冲间距离近,压力大;片重调节器装于下冲轨道上,用调节下冲经过刮粉器时的高度以调节模孔的容积。图 10-7 左图是常见的旋转式多冲压片机的结构示意图,右图是工作原理示意图。图中将圆柱形机器的一个压片全过程展开为平面形式,以更直观地展示压片过程中各冲头所处的位置。

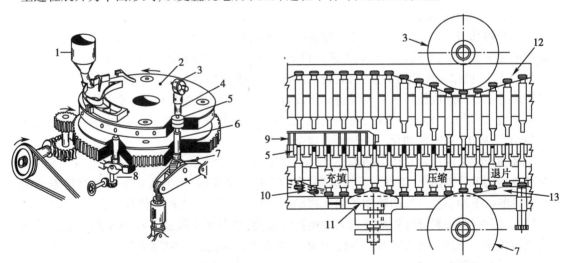

图 10-7　旋转式压片机示意图

1-加料斗;2-旋转盘;3-上压轮;4-上冲;5-中模;6-下冲;7-下压轮;8-片重调节器;
9-栅式加料器;10-下冲下行轨道;11-重量控制用凸轮;12-上冲上行轨道;13-下冲上行轨道

工作时,圆盘绕轴旋转,带动上冲和下冲分别沿上冲圆形凸轮轨道和下冲圆形凸轮轨道运动,同时模圈做同步转动。此时,冲模依次处于不同的工作状态,分别为填充、压片和退片。处于填充状态时,颗粒由加料斗通过饲料器流入位于其下方置于不停旋转平台之中的模圈中,这种充填轨道的填料方式能够保证较小的片重差异。圆盘继续转动,当下冲运行至片重调节器上方时,调节器的上部凸轮使下冲上升至适当位置而将过量的颗粒推出。通过片重调节器调节下冲的高度,可调节模孔容积,从而达到调节片重的目的。推出的颗粒则被刮料板刮离模孔,并在下一次填充时被利用。接着,上冲在上压轮的作用下下降并进入模孔,下冲在下压轮的作用下上升,对模圈中的物料产生较缓的挤压效应,将颗粒压成片,物料中空气在此过程中有机会逸出。最后,上、下冲同时上升,压成的片子由下冲顶出模孔,随后被刮片板刮离圆盘并滑入接收器。此后下冲下降,冲模在转盘的带动下进入下一次填充,开始下一次工作循环。下冲的最大上升高度由出片调节器来控制,使其上部与模圈上部表面相平。

　　旋转式压片机的多组冲模设计使得出片十分迅速,且能保证压制片剂的质量。目前,多冲压片机的冲模数量通常为 19、25、33、51 和 75 等,单机生产能力较大。如 19 冲压片机每小时的生产量为 2 万~5 万片,33 冲为 5 万~10 万片,51 冲约为 22 万片,75 冲可达 66 万片。多冲压片机的压片过程是逐渐施压,颗粒间容存的空气有充分的时间逸出,故裂片率较低。同时,加料器固定,运行时的振动较小,粉末不易分层,且采用轨道填充的方法,故片重较为准确均一。

　　目前国内制药企业常用的旋转式压片机为 ZP-33B 型,与 ZP-33 型相比,ZP-33B 型压片设备改善了其前身压力小、噪声高、粉尘大、不能换冲模压制异型片的缺点。设备的生产能力也有进一步提高,可以达到 4 万~11.8 万片/小时,并且配备了断冲、超压等自我保护系统。但是由于与高速旋转式压片机相比,旋转式压片机具有生产效率低、粉尘大、操作复杂、设备及生产环境清洁困难等缺点,目前仅应用于大企业的生产工艺中试、产量要求不高的中小企业或实验室的教学演示过程中。

(三)高速旋转式压片机

　　传统敞开的压片过程以及压片工序的断裂所导致的压片间粉尘和泄漏在国内大型制药企业中也屡见不鲜,而这已经不能再满足目前 GMP 对于压片间的洁净度要求了。随着制药工程的进步,通过增加冲模的套数,装设二次压缩点,改进饲料装置等,旋转式压片机已逐渐发展成为能以高速度旋转压片的设备。该设备有压力信号处理装置,可对片重进行自动控制及剔废、打印等各种统计数据,对缺角、松裂片等不良片剂也能自动鉴别并剔除。该设备全封闭、无粉尘、保养自动化、生产率高、符合 GMP 要求。

　　高速压片机的压片过程包括填充、定量、预压、主压成型、出片等工序。首先,上、下冲头在冲盘带动下分别沿上、下导轨反向运动,当冲头进入填充区,上冲头向上运动绕过强迫加料器,同时,下冲头经下拉凸轮作用向下移动。此时,下冲头上表面与模孔形成一个空腔,药粉颗粒经过强迫加料器叶轮搅拌填入中模孔空腔内,当下冲头经过下拉凸轮的最低点时形成过量填充。压片机冲头随冲盘继续运动,下冲头经过填充凸轮时逐渐向上运动,并将空腔内多余的药粉颗粒推出中模孔,进入定量段。在定量段,填充凸轮上表面为水平,下冲头保持水平运动状态,由定量刮板将中模上表面多余的药粉颗粒刮出,保证了每一中模孔内的药粉颗粒填充量一致。为防止中模孔中的药粉被甩出,定量刮板后安装了盖板。下冲保护凸轮将下冲头拉下,上冲头由下压凸轮作用也向下运动,当中模孔移出盖板时,上冲头进入中模孔。当冲头经过预压轮时,完成预压动作再继续经过主压轮,通过主压轮的挤压完成压实工序,最后通过出片凸轮,上冲上移,下冲上推并将压制好的药片推出中模孔,药片进入出片装置,完成整个压片流程。

　　以 ZPYG500 系列的高速旋转式压片机为例,设备在工作时,压片机的主电机通过交流变频无级调速器,并经蜗轮减速后带动转台旋转。转台的转动使上、下冲头在导轨的作用下产生上、下相对运动。颗粒经充填、预压、主压、出片等工序被压成片剂。并且,设备配备有间隙式微小流量定量自动润滑系统,可自动润滑上下轨道、冲头,降低轨道磨损;同时配备有传感器压力过载保护装置,当压力超压时,能保护冲钉,自动停机;此外,还配备了强迫加料器各种形式叶轮可满足不同物料需求。

四、包衣方法与设备

包衣是制剂工艺中的一项单元操作,除了片剂的包衣,有时也用于颗粒或微丸的包衣。由于良好的隔离及缓、控释作用,包衣在制药工业中占有越来越重要的地位。包衣操作是一种较复杂的工艺,随着包衣装置的不断改善和发展,包衣操作由人工控制发展到自动化控制,使包衣过程更可靠、重现性更好。

(一) 包衣方法

包衣是指一般药物经压片后,为了保证片剂在储存期间质量稳定或便于服用及调节药效等,在片剂表面包以适宜的物料,该过程称为包衣。片剂包衣后,素片(或片芯)外层包上了适宜的衣料,使片剂与外界隔离,可达到增加对湿、光和空气不稳定药物的稳定性;掩盖药物的不良臭和味;减少药物对消化道的刺激和不适感;达到靶向及缓、控释药的作用;防止复方成分发生配伍变化等目的。合格的包衣应达到以下要求:包衣层应均匀、牢固、与片芯不起作用,崩解时限应符合《中国药典》片剂项下的规定;经较长时期贮存,仍能保持光洁、美观、色泽一致,并无裂片现象;不影响药物的溶出与吸收。

根据使用目的和方法的不同,片剂的包衣通常分糖衣、薄膜衣及肠溶衣等数种。包糖衣的一般工艺为:包隔离层——粉衣层——糖衣层——有色糖衣层——打光。隔离层不透水,可防止在后面的包衣过程中水分浸入片芯,最常用的隔离层材料为玉米朊。包衣时应控制好糖衣层厚度,一般为3~5层,以免影响片剂在胃中的崩解。隔离层之外是一层较厚的粉衣层,可消除片剂的棱角。包粉衣层时,使片剂在包衣锅中不断滚动,润湿黏合剂使片剂表面均匀润湿后,再加入适量撒粉,使之黏着于片剂表面,然后热风干燥20~30分钟(40~55℃),不断滚动并吹风干燥。操作时润湿黏合剂和撒粉交替加入,一般包15~18层后,片剂棱角即可消失。常用的润湿黏合剂有糖浆、明胶浆、阿拉伯胶浆或糖浆与其他胶浆的混合浆,其中糖浆浓度常为65%(g/g)或85%(g/ml),明胶的常用浓度为10%~15%。常用撒粉是滑石粉、蔗糖粉、白陶土、糊精、淀粉等,滑石粉一般为过100目筛的细粉。滑石粉和碳酸钙为包粉衣层的主要物料,当与糖浆剂交替使用时可使粉衣层迅速增厚,芯片棱角也随之消失,因而可增加包衣片的外形美观。因糖浆浓度高,受热后立即在芯片表面析出蔗糖微晶体的糖衣层,包裹药片的粉衣层,使表面比较粗糙、疏松的粉衣层光滑细腻、坚实美观。操作时加入稍稀的糖浆,逐次减少用量(湿润片面即可),在低温(40℃)下缓缓吹风干燥,一般包制10~15层。如需包有色糖衣层,则可用含0.3%左右的食用有色素糖浆。打光一般用川蜡,使用前需精制,然后将片剂与适量蜡粉共置于打光机中旋转滚动,充分混匀,使糖衣外涂上极薄的一层蜡,使药片更光滑、美观,兼有防潮作用。

薄膜衣是指在片芯外包一层比较稳定的高分子材料,因膜层较薄而得名。薄膜包衣的一般工艺为:片芯——喷包衣液——缓慢干燥——固化——缓慢干燥。操作时,先预热包衣锅,再将片芯置入锅内,启动排风及吸尘装置,吸掉吸附于素片上的细粉;同时用热风预热片芯,使片芯受热均匀。然后开启压缩泵,将已配制好的包衣材料溶液均匀地喷雾于片芯表面,同时采用热风干燥,使片芯表面快速形成平整、光滑的表面薄膜。喷包衣液和缓慢干燥过程可循环进行,直到形成满意的薄膜包衣。

（二）包衣设备

目前常用的包衣设备有荸荠型糖衣机、改良的喷雾包衣的荸荠型糖衣机、高效包衣机和沸腾喷雾包衣机等,用于将素片包制成糖衣片、薄膜衣片或肠溶衣片。

荸荠型糖衣机也是滚转式包衣设备,因其锅体为荸荠形而得名。但是,荸荠型糖衣机由于锅内空气交换效率低,干燥速度慢;气路不能密闭,有机溶剂污染环境等不利因素以及噪声大、劳动强度大、成品率低、对操作工人技术要求较高等诸多缺点,目前已经逐步被具有自动化配置的流化床包衣法和压制包衣法所代替。

1. **滚转包衣法**　依据滚转包衣原理,在荸荠型糖衣机基础上改良的设备包括喷雾包衣机和高效包衣机。喷雾包衣机是在荸荠型糖衣机的基础上加载喷雾设备,从而克服产品质量不稳定、粉尘飞扬严重、劳动强度大、个人技术要求高等问题,且投入较小,该设备是目前包制普通糖衣片的常用设备,还常兼用于包衣片加蜡后的刨光。

(1)喷雾包衣机:该设备结构如图10-8所示,主要由喷雾装置、铜制或不锈钢制的糖衣锅体、动力部分和加热鼓风吸尘部分组成。

糖衣锅体的外形也为荸荠形,锅体较浅、开口很大,各部分厚度均匀,内外表面光滑,包衣锅一般倾斜安装于转轴上,倾斜角和转速均可以调节,适宜的倾斜角(一般为30°~45°)和转速能使药片在锅内达到最大幅度的上下前后翻动。这种锅体设计有利于片剂的快速滚动,相互摩擦机会较多,而且散热及液体挥发效果较好,易于搅拌;锅体可根据需要采用电阻丝、煤气辅助加热器等直接加热或者热空气加热;锅体下部通过带轮与电动机相连,为糖衣锅体提供动力。片剂在锅中不断翻滚、碰撞、摩擦,散热及水分蒸发快,而且

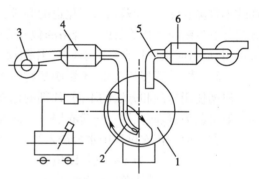

图10-8　喷雾包衣机示意图
1-包衣锅;2-喷雾系统;3-风机;
4-热交换器;5-排风管;6-集尘过滤器

容易用手搅拌,利用电加热器边包层边对颗粒进行加热,可以使层与层之间达到更有效的干燥。

在包衣锅的底部还装有输送包衣溶液、压缩空气和热空气的埋管喷雾装置。包衣溶液在压缩空气的带动下,由下向上喷至锅内的片剂表面,并由下部上来的热空气干燥,所以可以大大减轻劳动强度,加速包衣及其干燥过程,提高劳动生产率。喷雾装置分为"有气喷雾"和"无气喷雾",有气喷雾是包衣溶液随气流一起从喷枪口喷出,适用于溶液包衣。有气喷雾要求溶液中不含或含有极少的固态物质,黏度较小。一般有机溶剂或水溶性的薄膜包衣材料应用有气喷雾的方法。包衣溶液或具有一定黏性的溶液、悬浮液在压力作用下从喷枪口喷出,液体喷出时不带气体,这种喷雾方法称为无气喷雾法。当包衣溶液黏度较大或者以悬浮液的形式存在时,需要较大的压力才能进行喷雾,因此无气喷雾时压力较大。无气喷雾不仅可用于溶液包衣,也可用于有一定黏度或者含有一定比例固态物质的液体包衣,例如用于含有不溶性固体材料的薄膜包衣以及粉糖浆、糖浆等的包衣。

(2)高效包衣机:高效包衣机的结构、工作原理与传统的荸荠型包衣机完全不同。荸荠

型包衣机干燥时,热交换仅限于表面层,热风仅吹在片芯层表面,部分热量直接由吸风口吸出而没有被利用,从而浪费了热源,包衣表面的厚薄也不一致。因此,封闭式的高效包衣机被开发应用。高效包衣机干燥时,热风表面的水分或有机溶剂进行热交换,并能穿过片芯间隙,使片芯表面的湿液充分挥发,因而保证包衣的厚薄一致,且提高了干燥效率、充分利用了热能。其具有密闭、防爆、防尘、热交换效率高的特点,并且可根据不同类型片剂的不同包衣工艺,将参数一次性地预先输入计算机(也可随时更改),实现包衣过程的程序化、自动化、科学化。

高效包衣机由包衣锅、包衣浆贮罐、高压喷浆泵、空气加热器、吸风机、控制台等主辅机组成。包衣锅为短圆柱形并沿水平轴旋转,四周为多孔壁,热风由上方引入,由锅底部的排风装置排出,特别适用于包制薄膜衣。工作时,片芯在包衣锅洁净密闭的旋转转筒内不停地做复杂轨迹运动,翻转流畅,交换频繁。恒温包衣液经高压泵,同时在排风和负压作用下从喷枪喷洒到片芯。由热风柜供给的十万级洁净热风穿过片芯,从底部筛孔经风门排出,包衣介质在片芯表面快速干燥,形成薄膜。

锅型结构高效包衣机的锅型结构大致可分成间隔网孔式、网孔式、无孔式3类。网孔式高效包衣机如图10-9(左)所示。它的整个圆周都带有1.8~2.5mm的圆孔。整个锅体被包在一个封闭的金属外壳内,经过预热和净化的气流并通过右上部和左下部的通道进入和排出。当气流从锅的右上部通过网孔进入锅内,热空气穿过运动状态的片芯间隙,由锅底下部的网孔穿过再经排风管排出。这种气流运行方式称为直流式,在其作用下片芯被推往底部而处于紧密状态。热空气流动的途径可以是逆向的,即从锅底左下部网孔穿入,再经右上方风管排出,称为反流式。反流式气流将积聚的片芯重新分散,处于疏松的状态。在两种气流的交替作用下,片芯不断地变换"紧密"和"疏松"状态,从而不停翻转,充分利用热源。

间隔网孔式外壳的开孔部分不是整个圆周,而是按圆周的几个等分部位,如图10-9(右)所示。在转动过程中,开孔部分间隔地与风管接通,处于通气状态,达到排湿的效果。这种间隙的排湿结构使热量得到更加充分的利用,节约了能源;而且锅体减少了打孔的范围,制作简单,减轻了加工量。

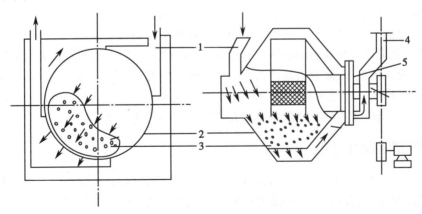

图10-9 高效包衣机示意图
1-进气管;2-锅体;3-片芯;4-排风管;5-风门

而无孔式锅体结构则是通过特殊的锅体设计使气流呈现特殊的运行轨迹,在充分利用热源的同时,巧妙地排出,锅体上没有开孔,不仅简化了制作工艺,而且锅体内光滑平整,对物料没有任何损伤。

2. **流化床包衣法**　流化床包衣设备与流化制粒、流化干燥设备的工作原理相似,是利用气动雾化喷嘴将包衣液喷到药片表面,经预热的洁净空气以一定的速度经气体分布器进入包衣锅,从而使药片在一定时间内保持悬浮状态,并上下翻动,加热空气使片剂表面溶剂挥发而成膜,调节预热空气及排气的温度和湿度可对操作过程进行控制。不同之处在于干燥和制粒时由于物料粒径较小,比重轻,易于悬浮在空气中,流化干燥与制粒设备只要考虑空气流量及流速的因素;而包衣的片剂、丸剂的粒径大,自重力大,难以达到流化状态,因此流化床包衣设备中加包衣隔板,减缓片剂的沉降,保证片剂处于流化状态的时间,达到流化包衣的目的。

流化式包衣机是一种常用的薄膜包衣设备,具有包衣速度快,效率高,用料少(包薄膜衣时片重一般增加2%~4%),对崩解影响小,防潮能力强,不受药片形状限制,自动化程度高等优点。缺点是包衣层太薄,且药片悬浮运动时的碰撞使薄膜衣易碎,造成颜色不均,不及糖衣片美观,需要通过在包衣过程中调整包衣物料比例和减小锅速、锅温来解决。

3. **压制包衣法**　压制包衣设备是以特制的传动器连接两台压片机配套使用,以实施压制包衣的设备。一台压片机专门用于压制片芯,然后由传动器将压成的片芯输送至另一台压片机的包衣转台模孔中,模孔中预先填入包衣材料作为底层,然后在转台的带动下,片芯的上层又被加入等量的包衣材料,然后加压,使片芯压入包衣材料中而得到包衣片剂。

压制包衣生产流程将压片和包衣过程结合在一起,自动化程度高,劳动条件好,大大缩短了包衣时间,简化了包衣流程,且能源利用效率高,不浪费资源,因此从环保、时效和能量利用等包衣工艺方面来看,压制包衣代表了包衣技术未来的发展方向。但由于其对压片机械的精度要求较高,目前国内尚未广泛使用。

第二节　丸剂生产设备

丸剂是将药材细粉或提取物加适宜的黏合剂或其他辅料制成的球形或类球形制剂。根据药材及辅料的性质以及临床应用的要求,丸剂的制备方法包括塑制法、泛制法及滴制法。塑制法是将原辅料混合均匀后,经挤压、切割、滚圆等工序制备丸剂,主要设备有丸条机和制丸机;泛制法是将原辅料在转动的适宜容器中,经交替润湿、撒布而逐渐成丸的方法,可用糖衣锅或连续成丸机生产;滴制法是将药物与适宜的基质混匀,熔融后利用分散装置滴入不相混溶的液体冷却剂中冷凝成丸的方法,应用滴丸机或轧丸机生产。丸剂的生产设备依据生产工艺不同而各异,常用的生产设备包括丸条机、轧丸机、滴丸机等。

一、塑制法制丸过程与设备

塑制法是指用药物细粉或提取物配以适当辅料或黏合剂,制成软硬适宜、可塑性较大的丸块,依次经制丸条、分粒、搓圆而成丸粒的一种制丸方法。辅料多用于蜜丸、糊丸、蜡丸、浓缩丸、水蜜丸的制备。

1. **原辅料的准备**　按照处方将所需药材挑选清洁、炮制合格、称量配齐、干燥、粉碎、过筛。

2. **制丸块**　药物细粉混合均匀后,加入适量胶黏剂,充分混匀,制成湿度适宜、软硬适度的可塑性软材,即丸块,行业术语称"合坨"。丸块取出后应立即搓条;若暂时不搓条,应以保湿盖好,防止干燥。制丸块是塑制法的关键,丸块的软硬程度及黏稠度,直接影响丸粒成型和在贮存中是否变形。优良丸块的标准是能随意塑形而不开裂,手搓捏而不粘手,不黏附器壁。一般用混合机进行生产,如图10-10所示,为槽型混合机。该混合机是由一对互相啮合和旋转的桨叶所产生强烈剪切作用而使半干状态的物料紧密接触,从而获得均匀的混合搅拌。该混合机可以根据需求设计成加热和不加热形式,其换热方式通常有:电加热、蒸汽加热、循环热油加热、循环水加热等。该混合机由金属槽及两组强力的S形桨叶构成,槽底呈半圆形,两组桨叶转速不同,且沿相对方向旋转,根据不同的工艺可以设定不同的转速,最常见的转速是28~42r/min。由于桨叶间的挤压、分裂、搓捏及桨叶与槽壁间的研磨等作用,可形成不粘手、不松散、湿度适宜的可塑性丸块。丸块的软硬程度以不影响丸粒的成型以及在储存中不变形为度。

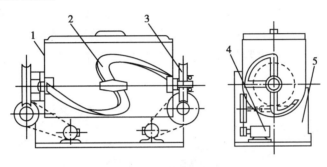

图 10-10 槽型混合机
1-混合槽;2-搅拌桨;3-涡轮减速器;4-电机;5-机座

3. 制丸条 丸条是指由丸块制成粗细适宜的条形,以便于分粒。制备小量丸条可用搓条板,将丸块按每次制成丸粒数称取一定质量,置于搓条板上,手持上板,两板对搓,施以适当压力,使丸块搓成粗细一致且两端齐平的丸条,丸条长度由所预定成丸数决定。大量生产时可用丸条机,分螺旋式和挤压式两种。螺旋式丸条机工作时,丸块从漏斗加入,由轴上叶片的旋转将丸块挤入螺旋输送器中,丸条即由出口处挤出(图10-11)。出口丸条管的粗细可根据需要进行更换。挤压式丸条机工作时,将丸块放入料筒,利用机械能推进螺旋杆,使挤压活塞在绞料筒中不断前进,筒内丸块受活塞挤压由出口挤出,呈粗细均匀状。可通过更换不同直径的出条管来调节丸粒质量。目前企业生产过程中,一般都在丸条机模口处配备丸条微量调节器,以便于调整丸条直径来控制丸重,从而达到保证丸粒的重量差异在《中国药典》规定范围内的目的。

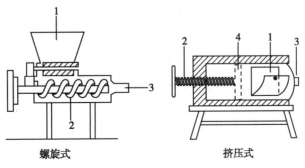

螺旋式   挤压式

图 10-11 丸条机示意图
1-加料口;2-螺旋杆;3-出条口;4-挤压活塞

4. 制丸粒　丸条制备完成后,将丸条按照一定粒径进行切割即得到丸粒。大量生产丸剂时使用轧丸机,有双滚筒式和三滚筒式,其中以三滚筒式最为常见,各滚筒以不同速度同向旋转,滚筒上的半圆形切丸槽将滚筒间的丸条等量切割成小段并搓圆,得到丸剂,可用于完成制丸和搓圆的过程。双滚筒式轧丸机主要由两个半圆形切丸槽的铜制滚筒组成。两滚筒切丸槽的刀口相吻合。两滚筒以不同的速度做同一方向的旋转,转速一快一慢,约为90r/min 和 70r/min。操作时将丸条置于两滚筒切丸槽的刃口上,滚筒转动将丸条切断,并将丸粒搓圆,由滑板落入接收器中。

三滚筒式轧丸机的主要结构是三只槽滚筒,呈三角形排列,底下的一只滚筒直径较小,是固定的,转速约为150r/min,上面两只滚筒直径较大,式样相同,靠里边的一只也是固定的,转速约为200r/min,靠外边的一只定时移动,转速250r/min(图 10-12)。工作时将丸条放于上面两滚筒间,滚筒转动即可完成分割与搓圆工序。操作时在上面两只滚筒间宜随时揩拭润滑剂,以免软材粘滚筒。其适用于蜜丸的成型,通过更换不同槽径的滚筒,可以制得丸重不同的蜜丸。所得成型丸粒呈椭圆形,药丸断面光滑,冷却后即可包装。但是此设备不适于生产质地较松的软材丸剂。

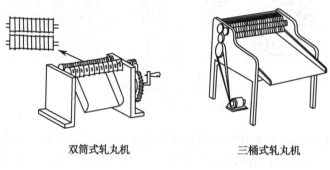

双筒式轧丸机　　　　　三桶式轧丸机

图 10-12　滚筒式轧丸机示意图

5. 干燥　一般成丸后应立即分装,以保证丸药的滋润状态。有时为了防止丸剂的霉变,可进行干燥。

二、泛制法制丸过程与设备

泛制法是指在转动的适宜容器或机械中,将药材细粉与赋形剂交替润湿、撒布,不断翻滚,逐渐增大的一种制丸方法。泛制法制丸工艺包括原辅料的准备、起模、成型、盖面和干燥等过程。

1. 原辅料的准备　泛制法制丸时,药料的粉碎程度要求比塑制法制丸时更为细些,一般宜用120目以上的细粉。某些纤维性组成较多或黏性过强的药物(如大腹皮、丝瓜络、灯心草、生姜、葱、荷叶、红枣、桂圆、动物胶、树脂类等),不易粉碎或不适泛丸时,须先制汁作润湿剂泛丸;动物胶类如龟甲胶等,加水加热熔化,稀释后泛丸;树脂类药物如乳香、没药等,用黄酒溶解作润湿剂泛丸。

2. 起模　起模是泛丸成型的基础,也是制备水丸的关键。泛丸起模是利用水的湿润作用诱导出药粉的黏性,使药粉相互黏着成细小的颗粒,并在此基础上层层增大而成丸模的过程。起模应选用方中黏性适中的药物细粉,包括药粉直接起模和湿颗粒起模两种。

3. 成型　将已筛选均匀的球形模子,逐渐加大至接近成丸的过程。若含有芳香挥发性或特殊气味或刺激性极大的药物,最好分别粉碎后泛于丸粒中层,可避免挥发或掩盖不良气味。

4. 盖面　盖面是指使表面致密、光洁、色泽一致的过程,可使用干粉、清水或清浆进行盖面。盖面是泛丸成型的最后一个环节,作用是使整批投产成型的丸粒大小均匀、色泽一致,提高其圆整度及光洁度。

5. 干燥　控制丸剂的含水量在9%以内。一般干燥温度为80℃左右,若丸剂中含有芳香挥发性或遇热易分解变质的成分时,干燥温度不应超过60℃。可采用流化床干燥,可降低干燥温度,缩短干燥时间,并提高水丸中的毛细管和孔隙率,有利于水丸的溶解。

泛制法多用于水丸的制备,多用手工操作,但具有周期长、占地面积大、崩解及卫生标准难以控制等缺点。近年则多用机械制丸,常用设备有小丸连续成丸机等。

小丸连续成丸机(图10-13)由输送、喷液、加粉、成丸、筛丸等部件相互衔接构成机组,包括进料、成丸、筛选等工序。工作时,药粉由压缩空气运送到成丸锅旁的加料斗内,经过配制的药液存放在容器中,然后由振动机、喷液泵或刮粉机把粉、液依次分别撒入成丸锅内成型。药粉由底部的振动机或转盘定量均匀连续地进入成丸锅内,使锅内的湿润丸粒均匀受粉,逐步增大。最后,通过圆筛筛选合格丸剂。

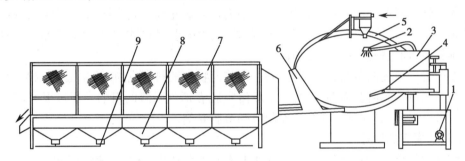

图 10-13　小丸连续成丸机
1-喷液泵;2-喷头;3-加料斗;4-粉斗;5-成丸锅;6-滑板;7-圆筒筛;8-料斗;9-吸射器

第三节　胶囊剂生产设备

胶囊剂系指药物装于空心硬质胶囊或密封于弹性软质胶囊而制成的固体制剂。制成胶囊剂后,可提高药物的稳定性,掩盖药物的不良嗅味,服用后可在胃肠道中迅速分散、溶出和吸收,或者将药物按需要制成缓释、控释颗粒装入胶囊中,达到延效作用;也可制成肠溶胶囊,将药物定位释放于小肠;液态药物或含油量高的药物可充填于软质胶囊中形成固体制剂,液态药物固体剂型化,便于携带服用。

胶囊剂有硬胶囊剂和软胶囊剂(亦称胶丸)两种。硬胶囊剂系将固体药物填充于空硬胶囊中制成。硬胶囊呈圆筒形,由上下配套的两节紧密套合而成,其大小用号码表示,可根据药物剂量的大小而选用。硬胶囊剂的制备包括空胶囊的制备和药物的填充、封口等,填充是硬胶囊生产的关键工艺,目前多由自动的硬胶囊填充机完成。软胶囊剂又称胶丸剂,系将油类或对明胶等囊材无溶解作用的液体药物或混悬液封闭于软胶囊中而成的一种圆形或椭圆形制剂。软胶囊剂又可分有缝胶丸和无缝胶丸,分别采用压制法和滴制法制成。

一、硬胶囊剂生产的一般过程

硬胶囊剂是将粉状、颗粒状、片剂或液体药物直接灌装于胶壳中而成,能达到速释、缓释、控释等多种目的,胶壳有掩味、遮光等作用,利于刺激性、不稳定药物的生产、存储和使用。硬胶囊剂的溶解时限优于丸、片剂,并可通过选用不同特性的囊材以达到定位、定时、定量释放药物的目的,如肠溶胶囊、直肠用胶囊、阴道用胶囊等。硬胶囊剂的生产工艺是:

将物料粉碎——→过筛——→混合——→填充——→封口——→包装。

(一)胶囊壳的原料

明胶为空胶囊的主要成囊材料,是由大型哺乳动物的骨或皮水解制得。以骨骼为原料所制得的骨明胶,质地坚硬,透明度差且性脆;以猪皮为原料所制得的猪皮明胶,透明度好,富有可塑性。因此,为兼顾胶囊壳的强度和可塑性,采用骨、皮的混合胶较为理想。此外,还需要控制明胶的黏度,黏度过大,制得的空胶囊厚薄不均,表面不光滑;黏度过小,干燥需时间长,壳薄而易破损。因此,明胶的黏度一般控制在 $4.3 \sim 4.7$ mPa/s。

同时,为了进一步增加明胶的韧性和可塑性,通常还需加入甘油、山梨醇、羧甲基纤维素钠(sodium carboxyl methyl cellulose,CMC-Na)、油酸酰胺磺酸钠等增塑剂;加入增稠剂琼脂可减少流动性,增加胶动力;对光敏感药物,还需加入遮光剂二氧化钛(2%~3%);食用色素等着色剂、防腐剂尼泊金等辅料可起到美观、防腐的作用。但是以上组分并不是任一种空胶囊都必须具备,而应根据具体情况加以选择。

肠溶胶囊即可先制备肠溶性填充物料,即将药物与辅料制成的颗粒以肠溶材料包衣后,填充于胶囊而制成肠溶胶囊剂,也可制备肠溶空胶囊达到肠溶的目的。通过甲醛浸渍法或肠溶包衣,即可使胶囊壳具有肠溶性而制成肠溶胶囊剂。

(二)胶囊壳的型号

空胶囊的规格由大到小分为 000、00、0、1、2、3、4、5 号共 8 种,一般常用的是 0~5 号,相对应的容积分别为 0.75、0.55、0.40、0.30、0.25、0.15ml。胶囊有平口与锁口两种,生产中一般使用平口胶囊,待填充后封口,以防其内容物泄漏。

(三)空胶囊壳的制备工艺

空胶囊由囊体和囊帽组成,制作过程可分为溶胶、蘸胶制坯、干燥、拔壳、截割及整理等 6 道工序,主要由自动化生产线完成。生产环境的温度应为 10~25℃,相对湿度为 35%~45%,空气净化度 10 000 级。空胶囊可用 10% 环氧乙烷与 90% 卤烃的混合气体进行灭菌。制得空胶囊囊体应光洁、色泽均匀、切口平整、无变形、无异臭;松紧度、脆碎度、崩解时限(10 分钟内全部溶化或崩解)应符合《中国药典》规定。空胶囊应贮存在密闭的容器中,环境温度不应超过 37℃(15~25℃最适宜),相对温度(relative humidity,RH)不得超过 40%(30%~40%最适宜),即应在阴凉干燥处避光保存备用。

(四)硬胶囊剂的填充工艺

若纯药物粉碎至适宜粒度就能满足硬胶囊剂的填充要求,即可直接填充。但多数药物由于流动性差等方面的原因,一般均需加适量的稀释剂、润滑剂等辅料才能满足填充(或临床用药)的要求。常需加入蔗糖、乳糖、微晶纤维素、改性淀粉、二氧化硅、硬脂酸镁、滑石粉、羟丙基纤维素等改善物料的流动性或避免分层等来达到要求。有时也需加入辅料制成颗粒、小丸等后再进行填充。故而胶囊的填充内容物可以是粉末、颗粒、微粒,甚至连固体药物及液体药物都可进行填充。要保证制得的胶囊剂剂量的一致性,在填充时必须达到定量填充。目前,胶囊填充内容物的方式可分为三种。

1. 冲程法 由螺旋钻压进物料,依据药物的密度、容积和剂量之间的关系,直接将粉末及颗粒填充到胶囊中定量。可通过变更推进螺杆的导程,调节充填机速度来增减充填时的压力,从而控制分装重量及差异。半自动充填机就是采取这种充填方式,其对药物的适应性较强,一般的粉末及颗粒均适用此法。如图 10-14 所示。

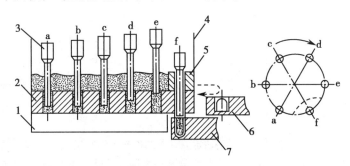

图 10-14 冲塞式间歇定量装置结构与工作原理
1-底盘;2-定量盘;3-剂量冲头;4-粉盒圈;5-刮粉器;6-上囊板;7-下囊板

2. 插管式定量法 这种方法是将空心计量管插入贮料斗中,使药粉充满计量管,并用计量管中的冲塞将管内药粉压紧,然后计量管旋转到空胶囊上方,通过冲塞下降,将孔里药料压入胶囊体中;每副计量管在计量槽中连续完成插粉、冲塞、提升,然后推出插管内的粉团,进入囊体。填充药量可通过计量管中冲杆的冲程来调节,适于流动性差但混合均匀的物料,如针状结晶药物、易吸湿药物等。

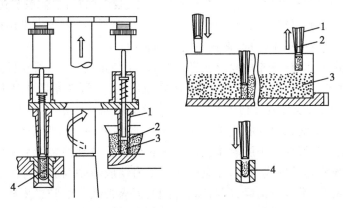

图 10-15 插管定量装置结构与工作原理
1-定量管;2-活塞;3-药粉斗;4-胶囊体

3. 滑块法 这种方法的原理是容积定量,使物料自由流入体积固定的定量杯中,再经过滑块的孔道流入空胶囊。因此,这种方式要求物料具有良好的流动性,常需制粒才能达到,多用于颗粒的填充(图 10-16)。

二、硬胶囊剂的填充设备

硬胶囊生产中多采用全自动硬胶囊充填机,按照其主轴传动工作台的运动方式分为两大类:一类是连续式,另一类是间歇式。按充填形式又可分为两种:重力自流式和强迫式。

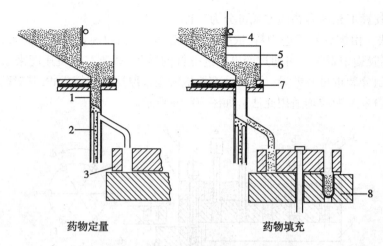

药物定量   **药物填充**

图 10-16 滑块定量装置结构与工作原理

1-定量管;2-定量活塞;3-星形轮;4-料斗;5-物料高度调节板;6-药物颗粒;7-滑块;8-胶囊盘

按计量及充填装置的结构可分为:冲程法、插管式定量法、填塞式。

现以间歇回转式全自动胶囊填充机为例,介绍硬胶囊填充机的结构和工作原理。硬胶囊填充的一般工艺过程为:

空心胶囊自由落料──→空心胶囊的定向排列──→胶囊帽和体的

分离──→剔除未被分离的胶囊──→胶囊的帽体进行水平分离──→胶囊体中被充填药料──→胶囊帽体再次套合及封闭──→充填后胶囊成品被排出机外。

胶囊填充机是硬胶囊剂生产的关键设备,由机架、胶囊回转机构、胶囊送进机构、粉剂搅拌机构、粉剂填充机构、真空泵系统、传动装置、电气控制系统、废胶囊剔出机构、合囊机构、成品胶囊排出机构、清洁吸尘机构、颗粒填充机构组成。

硬胶囊填充机工作时,首先由胶囊送进机构(排序与定向装置)将空胶囊自动地按小头(胶囊身)在下,大头(胶囊帽)在上的状态,送入模块内,并逐个落入主工作盘上的囊板孔中,见图 10-17。然后,拔囊装置利用真空吸力使胶囊帽留在上囊板孔中,而胶囊体则落入下囊板孔中。接着,上囊板连同胶囊帽一起被移开,胶囊体的上口则置于定量填充装置的下方,药物被定量填充装置填充进胶囊体。未拔开的空胶囊被剔除装置从上囊板孔中剔除出去。最后,上、下囊板孔的轴线对正,并通过外加压力使胶囊帽与胶囊体闭合。出囊装置将闭合胶囊顶出囊板孔,进入清洁区,清洁装置将上、下囊板孔中的胶囊皮屑、药粉等清除,胶囊的填充完成,进入下一个操作循环。由于每一工作区域的操作工序均要占用一定的时间,因此主工作盘是间歇转动的。

三、软胶囊剂生产过程

软胶囊剂俗称胶丸,系将一定量的药液直接包封于球形或椭圆形的软质囊中制成的制剂。药物制成软胶囊剂后整洁美观、容易吞服,可掩盖药物的不适恶臭气味,而且装量均匀准确,溶液装量精度可达 ±1%。软胶囊完全密封,其厚度可防氧进入,提高药物稳定性,延长药物的储存期。因此,低熔点药物、生物利用度差的疏水性药物、具不良苦味及臭味的药物、微量活性药物及遇光、湿、热不稳定及易氧化的药物适合制成软胶囊。若是油状药物,还可省去吸收、固化等技术处理,可有效避免油状药物从吸收辅料中渗出,故软胶囊是油性药

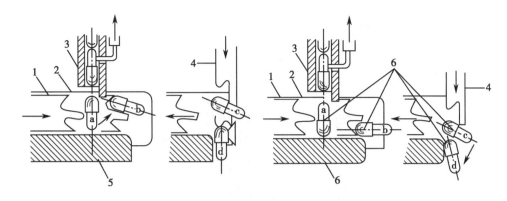

图 10-17　定向装置结构与工作原理
1-顺向推爪;2-定向滑槽;3-落料斗;4-压囊爪;5-定向器座;6-胶囊夹紧点

物最适宜的剂型。

软胶囊的制备工艺包括配料──化胶──滴制或压制──干燥等过程。其生产制造过程要求在洁净的环境下进行,且产品质量与生产环境密切相关。一般来说,要求其生产环境的相对湿度为 30%~40% ,温度为 21~24℃ 。

软胶囊的制法有两种:滴制法和压制法。滴制法和制备丸剂的滴制法相似,冷却液必须安全无害,和明胶不相混溶,一般为液体石蜡、植物油、硅油等。制备过程中必须控制药液、明胶和冷却液三者的密度,以保证胶囊有一定的沉降速度,同时有足够的时间冷却。滴制法设备简单,投资少,生产过程中几乎不产生废胶,产品成本低。但目前因胶囊筛选及去除冷却剂的过程相对复杂困难,使滴制法制备软胶囊在规模化生产时受到限制。压制法是目前广泛采用的生产方法,其首先将明胶与甘油、水等溶解制成胶板,再将药物置于两块胶板之间,调节好出胶皮的厚度和均匀度,用钢模压制而成。压制法产量大,自动化程度高,成品率也较高,计量准确,适合于工业化规模生产。

四、软胶囊剂的生产设备

成套的软胶囊生产设备包括明胶溶液制备设备、药液配制设备、软胶囊压(滴)制设备、软胶囊干燥设备、废胶回收设备。目前,根据生产方法不同,常用的软胶囊生产设备可分为滴丸机(滴制式软胶囊机)和旋转式压囊机两种。

(一)滴丸机

滴丸机(滴制式软胶囊机)是滴制法生产软胶囊的设备(图 10-18),其基本工作原理是将原料药与适当融溶的囊材(一般为明胶液)从双层滴头中以不同速度、连续地前后滴入冷凝的不相混溶的介质中,使定量的胶液包裹定量的药液,在表面张力作用下形成球形,并逐渐冷却、凝固成软胶囊。在滴制过程中,胶液、药液温度、滴头大小、滴制速度、冷却液温度等因素均会影响软胶囊的质量,应通过试验考查筛选适宜的工艺条件。

全自动滴丸机工作时,首先将药液加入料斗中,明胶浆加入胶浆斗中,当温度满足设定值后(一般将明胶液的温度控制在 75~80℃ ,药液的温度控制在 60℃ 左右为宜),机器打开滴嘴,根据胶丸处方,调节好出料口和出胶口,由剂量泵定量。胶浆、药液应当在严格同心的条件下先后有序地从同心管出口滴出,滴入下面冷却缸内的冷却剂(通常为液体石蜡,温度一般控制在 13~17℃)中,明胶在外层,先滴到冷却剂上面并展开,药液从中心管滴出,立即

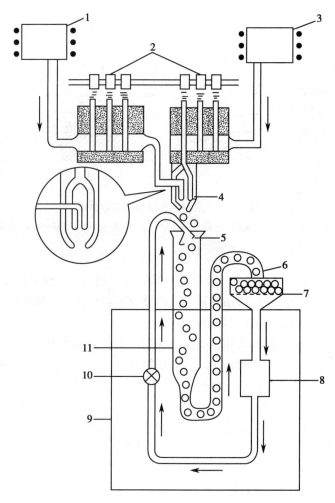

图 10-18　滴制式软胶囊机结构及工作原理

1-药液储罐;2-定量装置;3-明胶储液槽;4-喷嘴;5-液体石蜡出口;6-胶丸出口;
7-过滤器;8-液体石蜡贮槽;9-冷却箱;10-循环泵;11-冷却柱

滴在刚刚展开的明胶表面上,胶皮继续下降,使胶皮完全封口,油料便被包裹在胶皮里面,再加上表面张力作用,使胶皮成为圆球形药滴并在表面张力作用下成型(圆球状)。在冷却磁力泵的作用下,冷却剂从上部向下部流动,并在流动中降温定型,逐渐凝固成软胶囊,将制得的胶丸在室温(20~30℃)冷风干燥,再经石油醚洗涤两次,经过 95% 乙醇洗涤后于 30~35℃烘干,直至水分合格后为止,即得软胶囊。

(二) 压囊机

软胶囊的大规模生产多由压囊机完成,该设备是将胶液制成厚薄均匀的胶片,再将药液置于两个胶片之间,用钢板模或旋转模压制软胶囊的一种方法。压囊机的设备结构如图 10-19 所示,主要由贮液槽、填充泵、导管、楔形注入器和滚模构成。

模具由左右两个滚模组成,并分别安装于滚模轴上。滚模的模孔形状、尺寸和数量可根据胶囊的具体型号进行选择。两根滚模轴做相对运动,带动由主机两侧的胶皮轮和明胶盒共同制备得到的两条明胶带向相反方向移动,相对进入滚模压缝处,一部分已加压结合,此时药液通过填充泵经导管注入楔形喷体内,借助供料泵的压力将药液及胶皮压入两个滚模

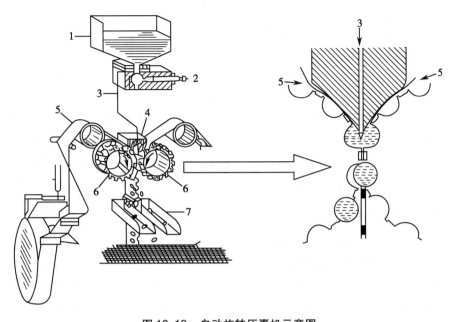

图 10-19　自动旋转压囊机示意图

1-贮液槽;2-填充泵;3-导管;4-楔形注入器;5-明胶带;6-滚模;7-斜槽

的凹槽中,由于滚模的连续转动,胶带全部轧压结合,使两条胶皮将药液包封于胶膜内,剩余的胶带切断即可。

工作时,将配制好的明胶液置于机器上部的明胶盒中,由下部的输胶管分别通向两侧的涂胶机箱。明胶盒由不锈钢制成,桶外设有可控温的夹套装置,一般控制明胶桶内的温度在60℃左右。预热的涂胶机箱将明胶液涂布于温度为 16~20℃ 的鼓轮上。随着鼓轮的转动,并在冷风的冷却作用下,明胶液在鼓轮上定型为具有一定厚度的均匀明胶带。由于明胶带中含有一定量的甘油,因而其塑性和弹性较大。两边所形成的明胶带被送入两滚模之间,下部被压合。同时,药液通过导管进入温度为 37~40℃ 的楔形注入器中,并被注入旋转滚模的明胶带内,注入的药液体积由计量泵的活塞控制。当明胶带经过楔形注入器时,其内表面被加热而软化,已接近于熔融状态,因此,在药液压力的作用下,胶带在两滚模的凹槽(模孔)中即形成两个含有药液的半囊。此后,滚模继续旋转所产生的机械压力将两个半囊压制成一个整体软胶囊,并在 37~40℃ 发生闭合而将药液封闭于软胶囊中。随着滚模的继续旋转或移动,软胶囊被切离胶带,制出的胶丸先冷却固定,再用乙醇洗涤去油,干燥即得。

第四节　注射剂生产设备

注射剂(injections)系指药材经提取、纯化后制成的供注入体内的溶液、乳状液以及供临用前配制或稀释成溶液的粉末或浓溶液的无菌制剂。按《中国药典》收载类型分类,分为注射剂、注射用无菌粉末、注射用浓溶液。注射剂必须无菌并符合《中国药典》无菌检查要求,其中水溶性注射剂是各类注射剂中应用最广泛也是最具代表性的一类注射剂。水溶性注射剂生产设备主要有安瓿洗瓶机、干燥灭菌机,溶液配制机、灌封机等。

生产工艺流程为安瓿洗涤→安瓿灭菌→灌封→灭菌→检漏→灯检→印包→装箱→入库。

一、安瓿洗瓶机

注射剂安瓿洗涤步骤一般包括以下 3 点。①理瓶操作：将输液瓶除去外包装,传入理瓶室,剔出不合规格的输液瓶,将合格的输液瓶摆放在理瓶机的进瓶旋转转盘上,按理瓶机操作规程进行理瓶操作。②洗涤操作：依次开启自来水、离子水、注射用水的水泵,向水槽内注入澄明度合格的注射用水,水温 50～55℃,对安瓿进行粗洗和精洗。其中粗洗是指用自来水喷洗瓶内壁 1 次,再用温水冲洗 2 次。第一次温水冲洗,用循环水内冲 2 次,外冲 2 次。第二次温水冲洗用循环注射用水内冲 2 次,外冲 2 次;精洗是指用注射用水内冲 2 次,外冲 2次。冲洗水压 0.08～0.12MPa。③灭菌操作：采用远红外加热杀菌干燥机进行灭菌。

二、喷淋甩水洗涤机

喷淋甩水洗涤机的组成为：喷淋机、甩水机、蒸煮箱、水过滤器、水泵。灌瓶蒸煮一般采用离子交换水,其工作原理为先用喷淋头喷淋,然后再蒸煮,接下来甩水,如此反复多次,每次约 30 分钟,直至清洗干净。喷淋式安瓿洗瓶机组生产中应定期检查循环水水质,及时对过滤器进行再生,安瓿喷淋水机水循环系统的水 80% 为循环水,20% 为新水,发现水质下降应及时疏通或更换滤芯,控制喷淋水均匀,发现堵塞死角应及时清洗,同时定期对机组进行维修保养。喷淋式安瓿洗瓶机组生产效率较高,设备简单。但是不足的是占地面积大,耗水量大,洗涤时会因个别安瓿内部注水不满而影响洗瓶质量,5ml 以下小安瓿使用效果较好。

三、气水喷射式安瓿洗瓶机组

气水喷射式安瓿洗瓶机组的原理为洗涤用水与高压纯净气体交替喷射于逐支安瓿。其组成为"供水系统＋压缩空气＋过滤系统＋洗瓶机"。气水喷射式安瓿洗瓶机组的优点在于适用于大规格安瓿和曲颈安瓿的洗涤,是目前水针剂生产采用的一般方法。操作时要注意洗涤水必须经过滤处理。压缩空气压力为 0.3MPa,水温≥50℃。气、水的交替分别由偏心轮与电磁阀控制,故应保持喷头与安瓿的动作协调。

四、超声波清洗机组

超声波清洗机组主要由超声波信号发生器换能器及清洗槽组成。超声波信号发生器产生高频振荡信号,通过换能器转换成每秒几万次的高频机械振荡,在清洗液中形成超声波,以正压和负压高频交替变化的方式,在清洗液中疏密相间地向前辐射传播。

1. 超声波清洗原理　超声波清洗是最有效的清洗手段,其清洗效果远远优于其他清洗手段所能达到的清洗效果。例如,超声波清洗法达到 100%,化学溶剂刷洗则为 90%,化学溶剂蒸气清洗为 35%,溶剂压力清洗为 30%,溶剂浸洗为 15%。超声波一方面破坏污物与清洗件表面的吸附,另一方面能引起污物层的疲劳破坏而被剥离,气体型气泡的振动对固体表面进行擦洗,污层一旦有缝可钻,气泡立即"钻入"振动使污层脱落,由于空化作用,两种液体在界面迅速分散而乳化,当固体粒子被油污裹着而黏附在清洗件表面时,油被乳化、固体粒子自行脱落。超声在清洗液中传播时会产生正负交变的声压,形成射流,冲击清洗件,同时由于非线性效应会产生声流和微声流,而超声空化在固体和液体界面会产生高速的微射流,所有这些作用,能够破坏污物,除去或削弱边界污层,增加搅拌、扩散作用,加速可溶性污物的溶解,强化化学清洗剂的清洗作用。由此可见,凡是液体能浸到且声场存在的地方都有清洗作用。

2. 超声波洗瓶机特点 其特点为:①洗瓶简单便利,可以调整洗瓶站的数量,以满足不同产量与不同污染程度产品的清洗工艺要求。②安瓿的传送安全精确,通过连续运动的旋转取瓶夹传送系统运送玻璃瓶。③洗瓶区域内部光滑,方便清洁。④噪声低、运行平稳、单个玻璃瓶独立进料。⑤可设置硅油雾化喷头对玻璃瓶内壁进行硅化处理,改善冻干制品的成型状况。⑥通过循环水对玻璃瓶的内部、外部进行预清洗和清洗,运转能耗低。⑦所有与清洗介质接触的部件,均由316L不锈钢材料制造。⑧倾斜设计的喷淋区域底部保证完全排净残余积水。⑨超声波的预处理保证了较高的倾斜效果。⑩动力系统与倾斜工作区域密封分离。

3. 超声波清洗机工艺 安瓿进瓶斗或瓶杯托→喷淋灌水 + 外表冲洗→缓慢浸入超声波洗槽→预清洗1分钟,使粘于安瓿表面的污垢疏松→分散进栅门通道→分离并逐个定位→针管插入安瓿。见图10-20。

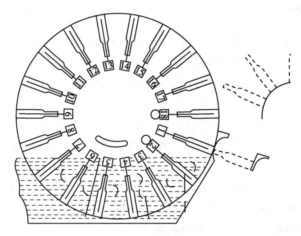

图 10-20 超声波清洗机工位示意图
1-引盘;2,3,4,5,6,7-超声清洗;8,9-空水;10-吹气排水;11,12-循环水冲洗;
13-吹气排水;14-注射新鲜注射用水;15,16-压缩空气吹干;17-缓冲工位;18-吹气送瓶

将安瓿正确摆放,进入第1工位针管插入安瓿,第2个工位,瓶底紧靠圆盘底座,同时由针管注水、从第2个工位至第7个工位,安瓿在水箱内进行超声波用纯化水洗涤,水温控制在60~65℃,使玻璃安瓿表面上的污垢溶解,这一阶段称为粗洗。当转到第10工位,针管喷出净化压缩空气将安瓿内部污水吹净。在第11、12工位,针管冲注循环水(经过过滤的纯化水),再次进行冲洗。13工位重复10工位的送气。14工位针管用洁净的注射用水再次对安瓿内壁进行冲洗。15、16再次送气。17为缓冲工位。18为出瓶工位。

五、安瓿灌封设备

安瓿的灌封操作应在安瓿灌封机上完成。灌封机一般有1~2ml,5~10ml,20ml 3 种规格可供选择,以满足不同规格安瓿灌封的要求。3 种机型不能通用,但其结构特点差别不大,且灌封过程基本相同。灌封设备均由传送部分、灌注部分和封口部分组成,其中最重要的是封口部分,如图10-21所示。

(一)传送部分

送瓶机构是在灌封机的一个动作周期内,将固定支数安瓿按一定的距离间隔排放在灌

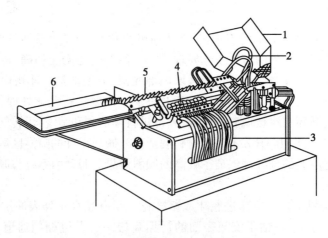

图 10-21　安瓿拉丝灌封机结构示意图

1-加瓶斗;2-灌注系统;3-燃气输送系统;4-封口部分;5-安瓿;6-出瓶斗

封机的传送装置上。其主要部件是固定齿板与移瓶齿板,各有两条且平行安装;两条固定齿板分别在最上和最下,两条移瓶齿板等距离地安装在中间。固定齿板为三角形齿槽,使安瓿上下两端卡在槽中固定。移瓶齿板的齿形为椭圆形,以防在送瓶过程中将安瓿撞碎,并有托瓶、移瓶及放瓶的作用。

1. 洗净的安瓿由人工放入料斗里,料斗下梅花盘由链条带动,每转 1/3 周,可将两只安瓿推入固定齿板上,安瓿与水平成45°角。此时偏心轴做圆周旋转,带动与之相连的移瓶齿板动作。

2. 当随偏心轴做圆周运动的移瓶齿板动作到上半部,先将安瓿从固定齿板上托起,然后越过固定齿板三角形的齿顶,再将安瓿移动两格放入固定齿板上,偏心轴转动 1 周,通过移瓶齿板安瓿向前移两格,这样安瓿不断前移通过灌药和封口区域。

3. 偏心轴带动移瓶齿板运送安瓿的时间,大约为偏心轴 1/3 周,余下的 2/3 周时间供安瓿在固定齿板上停留,这段时间将用来灌药和封口。

(二)灌注部分

灌注部分主要由凸轮杠杆装置、吸液灌液装置和缺瓶止灌装置组成。凸轮上面顶着扇形板,将凸轮的连续转动转换为顶杆的上下往复运动。①当灌装工位有安瓿时,上升的顶杆使压杆一端上升,另一端下压。当顶杆下降时,压簧可使压杆复位。即凸轮的连续转动最终被转换为压杆的摆动。②吸液灌液装置主要由针头、针头托架座、针头托架、单向玻璃阀及压簧、针筒芯等部件组成。③针头固定在托架上,托架可沿托架座的导轨上下滑动,使针头伸入或离开安瓿。④当压杆顺时针摆动时,压簧使针筒芯向上运动,针筒的下部将产生真空,在单向玻璃阀的作用下,药液罐中的药液被吸入针筒。⑤当压杆逆时针摆动而使针筒芯向下运动时,针头注入安瓿药液。

但是,万一灌液工位出现缺瓶时,拉簧将摆杆下拉,并使摆杆触头与行程开关触头接触。此时,行程开关闭合,电磁阀开始动作,将伸入顶杆座的部分拉出,这样顶杆就不能使压杆动作,不能灌装,这就是缺瓶止灌功能。

(三)封口部分

封口部分主要由压瓶装置、加热装置和拉丝装置组成。见图 10-22。封口是用火焰加热已灌注药液的安瓿颈部,使其熔融后密封。加热时安瓿需自转,使颈部均匀受热熔化。为确保封口不留毛细孔隐患,我国要求安瓿灌封机均必须采用拉丝封口工艺,即用拉丝钳将瓶颈上部多余的玻璃靠机械动作强力拉走,加上安瓿自身的旋转动作,可以保证封口严密不漏,且使封口处玻璃薄厚均匀,而不易出现冷爆现象。

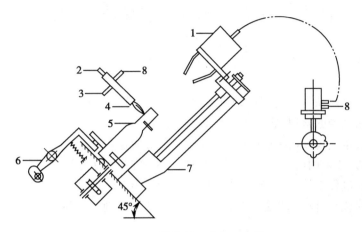

图 10-22　拉丝封口设备示意图
1-拉丝钳;2-煤气入口;3-氧气入口;4-火焰喷口;5-安瓿;
6-摆杆;7-拉丝钳座;8-压缩空气入口

当安瓿被移瓶齿板送至封口工位时,其颈部靠在固定齿板的齿槽上,下部放在蜗轮蜗杆箱的滚轮上,底部则放在呈半球形的支头上,而上部由压瓶滚轮压住;蜗轮转动带动滚轮旋转,从而使安瓿围绕自身轴线缓慢旋转,同时来自喷嘴的高温火焰对瓶颈加热。当瓶颈需加热部位呈熔融状态时,拉丝钳张口向下,当到达最低位置时,拉丝钳收口,将安瓿颈部钳住,随后拉丝钳向上移动将安瓿熔化丝头抽断,从而使安瓿闭合;当拉丝钳运动至最高位置时,钳口启闭两次,将拉出的玻璃丝头甩掉。

（王　锐、刘　琦）

第十一章 药品包装及设备

药品的包装是药品生产过程中的重要环节。药品作为一种特殊商品，要求其生产出来的产品必须采用适当的材料、容器进行包装，从而在运输、保管、装卸、供应和销售过程中均能保护药品的质量。包装(packaging)是指为了在流通过程中保护产品、方便贮运、促进销售，按一定技术方法采用的容器、材料及辅料的总称；亦指为了达到以上目的而在采用容器、材料和辅助物的过程中，施加一定技术方法等的操作活动。药品包装(medicine packaging)是指选用适宜的包装材料或容器，利用一定技术对药物制剂的成品进行分、管、封、贴等加工过程的总称。

药品的包装是药品进入流通领域的最终形式，其操作和最终成品涉及药品生产企业，生产包装材料企业，药品流转过程的交通、运输、仓储、销售等众多部门。现在，药品的包装不再是单纯地作为附属工序和辅助项目，而是已经成为方便临床使用的重要形式，亦会对药品的价值起到重要的影响作用，在发达国家，医药包装可占到医药产品价值的30%。但我国的药厂对药品包装重要性的认识刚刚起步，目前我国医药包装占到医药产品价值的仅有10%左右，未来发展前景巨大。因此，为了加强包装管理工作，提高包装机械化水平和包装质量，保护商品及减少在流通领域的损失，实现合理包装，我国先后颁布了一系列包装的国家标准和行业标准，以及《医药包装管理办法》和《直接接触药品的包装材料、容器生产质量管理规范》。总之，学习、研究和革新药品的包装及其设备并使之更加完善，是一项与保证药品质量、配合临床治疗密切相关的重要课题。

第一节 药品包装分类与功能

药品包装不仅需要具有一般商品包装的共性，还同时具有保证药品安全、有效、使用方便等特殊要求。目前，各国对药品包装都是以安全、有效为工作重心，同时兼顾药品的保护、携带、使用的便利性。药品的包装可以概括为两方面：一是指包装药品所用的物料、容器及辅助物；二是指包装药品时的操作过程，包括包装方法和包装技术。但是需要特别指出的是，因为无菌灌装操作是将待包装品灌至初级容器中，并不进行最后的包装，因此一般来说无菌灌装操作通常不认为是包装工艺的一部分。

一、药品包装的分类

药品的包装按不同剂型采用各种包装材料、容器和包装形态。药品包装的类型很多，根据不同工作的具体需要可进行不同的类型划分。

1. 按药品使用对象分类　如医疗用包装、市场销售用包装、工业用包装。
2. 按使用方法分类

（1）单位包装：将一次用量药品进行包装。

（2）批量包装。

3. 按包装形态分类　如铝塑泡罩包装、玻璃瓶包装、软管、袋装等。

4. 按提供药品方式分类　如临床用药品、制剂样品、销售用药品等。

5. 按包装层次及次序分类　可分为内包、中包、大包等。

6. 按包装材料分类　分为纸质材料包装、塑料包装、玻璃容器包装、金属容器包装等。

7. 按包装技术分类　可分为防潮包装、避光包装、灭菌包装、真空包装。充惰性气体包装、收缩包装、热成型包装、防盗包装等。

8. 按包装方法分类　如充填法包装、灌装法包装、裹包法包装、封口包装。

二、药品包装的功能

药品包装是药品生产的延续，是对药品施加的最后一道工序。一个药品，从原料、中间体、成品、包装到使用，一般要经过生产和流通两个领域。在整个转化过程中，药品包装起到了桥梁的作用。药品包装作用可概括为：保护、使用、流通和销售四大功能。

1. 药品包装的保护功能　包装材料的保护功能是防止药品变质的重要因素，合适的药品包装对于药品的质量起到关键性的保护作用，其主要表现在三方面，即稳定性、机械性和防替换性。

（1）稳定性（stability）：药品包装必须保证药品在整个有效期内药效的稳定性，防止有效期内药品变质。

（2）机械性（protection）：防止药品在运输、贮存过程中受到破坏。药品运输和贮存过程中难免受到堆压、冲击、振动，可能造成药品的破坏和散失。要求外包装应当具有一定的机械强度，起到防震、耐压的作用。

（3）防替换性（prevent substitution）：是采用具有识别标志或结构的一种包装，如采用封口、封堵、封条或使用防盗盖、瓶盖套等，总之采用那些一旦开启后就无法恢复原样的包装设计来达到防止人为故意替换药品的目的。

2. 药品包装的使用功能　包装不仅要做到可供消费者方便使用，更要做到让消费者安全使用，如避免在包装上使用带有尖刺、锋利的薄边或细环等不恰当设计，尤其是针对儿童使用的包装设计。

3. 药品包装的流通功能　药品的包装必须保证药品从生产企业经由贮运、装卸、批发、销售到消费者手里的流通全过程，均能符合其出厂标准。如：以方便贮运为目的的集合包装、运输包装，以方便销售为目的的营销包装，以保护药品为目的的防震包装、隔热包装等。

4. 药品包装的销售功能　药品包装是吸引消费者购买的最好媒介，其消费功能是通过药品包装的装潢设计来体现的。因此，药品的包装不仅是传递信息的媒介，更是一种商业手段。特别是醒目的包装，能使患者产生信任感，从而起到促进销售的作用。例如，有的包装采用特殊颜色的瓶子，有的包装采用仿古包装，有的包装采用特制容器等。

此外，药品包装还有标示性功能。主要是为了药品分类、运输、贮存和临床使用时便于识别和防止差错。因此,剧毒、易燃、易爆、外用等药品的包装上,一般除印有品名、装量等常规标识外,还应印有特殊的安全标志和防伪标志。

第二节　药用包装材料

常用的包装材料和容器按照其成分可划分为塑料、玻璃、橡胶、金属及组合材料5类。按照所使用的形状可分为容器、片、膜、袋、塞、盖及辅助用途等类型。常用药用包装材料、容器适用范围见表11-1。

表11-1　常用药用包材料、容器适用范围

常见制剂形式	常用药用包材料、容器名称	材料
注射剂(≥50ml)	塑料瓶(膜、袋)玻璃瓶	聚丙烯、聚氯乙烯、共挤膜、玻璃等
注射剂(<50ml)、粉针	安瓿、西林瓶	玻璃
片剂、胶囊、丸剂	药用复合硬片	铝塑泡罩、铝箔
口服液、糖浆剂、混悬剂等	玻璃管制口服液瓶、塑料瓶	玻璃、药用塑料
滴眼剂、滴鼻剂、滴耳剂等	药用滴剂瓶	药用塑料
软膏剂	药用软膏管	药用铝管、药用铝塑管
原料药	药用铝瓶、包装袋	铝、药用聚氯乙烯膜、袋

药品包装容器按密封性能可分为密闭容器、气密容器及密封容器3类。3种不同材质包装的密封对比如下。

(1)密闭容器:可防止固体异物侵入。常用材料为纸箱、纸袋等。

(2)气密容器:可防止固体异物、液体侵入。常用材料为塑料袋、玻璃瓶等。

(3)密封容器:可防止气体、微生物侵入。常用材料为玻璃制密闭瓶(安瓿、西林瓶等)。

药品包装材料的选择原则应符合对等性、适应性与协调性、美学性、相容性和无污染等五大原则。

(1)对等性原则:指选择包装材料时,除了考虑保证药品的质量外,还要考虑药品的品性和相应的价值,既不能出现过度包装,也不能出现高价药低档包装。

(2)适应性与协调性原则:即药品的包装应与该包装所承担的功能相协调。药品包装应能满足药品在有效期内能保护药品的质量稳定,药品的包装要满足药品对其包装的需求。

(3)美学性原则:要求药品的包装设计符合美学,从一定角度上来说,美学性原则往往会影响一个药品的销售命运。

(4)相容性原则:即指药品包装材料与药物相容性。广义上两者的相互影响或迁移包括物理相容、化学相容和生物相容。特别强调的是,选用对药物无影响、对人体无害的药品包装材料,必须是建立在大量的实验基础上,不能仅凭经验摸索。

(5)无污染原则:要求不仅要重视包装保护药物的功能,还要关注材料一经使用后,后续处理是否困难等问题。寻找使用可降解的药品包装材料是药物工作者、药品包装材料生产企业应该且付诸实施的发展方向,也是包装材料选择的重要原则之一。

一、玻璃容器

药用玻璃是玻璃制品的一个重要组成部分。国际标准 ISO12775—1997 规定药用玻璃主要有 3 类:国际中性玻璃、硼硅玻璃和钠钙玻璃。我国将玻璃分为 11 大类,药用玻璃按照制造工艺过程属于瓶罐玻璃类,按照性能及用途分类属于仪器玻璃类。

1. 玻璃容器的分类 按照制造方法分类可分为模制瓶和管制瓶,其相应标准见表 11-2。

表 11-2 模制瓶和管制瓶标准

	名称	标准
模制瓶	模制抗生素玻璃瓶	GB2640—1990
	钠钙玻璃模制注射剂瓶	YBB0031—2002
	玻璃输液瓶	GB2639—1990
	钠钙玻璃输液瓶	YBB0003—2002
	玻璃药瓶	GB2638—1981
	钠钙玻璃药瓶	YBB0027—2002
管制瓶	安瓿	GB2637—1995
	硼硅玻璃安瓿	YBB0032—2002
	低硼硅玻璃安瓿	YBB0033—2002
	管制抗生素玻璃瓶	GB2641—1990
	低硼硅玻璃管制注射剂瓶	YBB0030—2002
	管制口服液瓶	YY0056—1991
	低硼硅玻璃管制口服液瓶	YBB0028—2002
	药用玻璃管	GB12414—1995

2. 药用玻璃容器选择原则和适用范围 各类不同剂型的药品对药用玻璃的选择应遵循:①具有良好的化学稳定性,保证药品在有效期内不受到玻璃化学性质的影响。②具有良好适宜的抗温度急变性,以适应药品的灭菌、冷冻、高温干燥等工艺。③具有稳定的规格尺寸和良好的机械强度。④适宜的避光性能。⑤良好的外观和透明度。⑥其他,如经济性、配套性等。各类玻璃容器与剂型适用范围见表 11-3。

表 11-3　各类玻璃容器与剂型适用范围

剂型	玻璃类型
小容量注射剂	管制注射剂瓶、安瓿
大输液	输液瓶
口服液	口服液瓶
粉针剂	模制、管制注射剂瓶
冻干制剂、疫苗等	硼硅玻璃管制冻干粉针瓶

3. 药用玻璃成型工艺及设备简介　玻璃的成型是指熔融的玻璃液转变为具有固定几何形状的过程。我国常用制瓶设备见表 11-4。

表 11-4　常用制瓶设备

设备名称		适用规格
玻璃管	拉管生产线	9~42mm 各种直径规格的玻璃管
管制瓶	立式制瓶机	多种规格
	ZP-18 管瓶机	
安瓿	36D 立式安瓿机	两种类型安瓿"点刻痕安瓿"和"色环安瓿"
	WADL 横式安瓿机	
	WA-Ⅱ型安瓿机	
模制瓶	QB6/4 行列式制瓶机	抗生素瓶
	BLH-108 行列式制瓶机	输液瓶、玻璃药瓶

制备工艺分为两个阶段:第一阶段为赋形阶段,第二阶段为固形阶段。玻璃瓶按照成型工艺的不同,分为玻璃管、模制瓶、安瓿和管制瓶 3 类。

(1)玻璃管:是一种半成品,可采用水平拉制和垂直拉管工艺制备。

(2)模制瓶:模制瓶系指在玻璃模具中成型的产品。成型方式分为"吹-吹法"和"压-吹法"两类。一般小规格瓶和小口瓶采用"吹-吹法";大规格瓶和大口瓶因体积较大,需要在初型模中用金属冲头压制成瓶子的雏形,再在成型模中吹制,故采用"压-吹法"。

(3)安瓿和管制瓶:两者的工艺类似,均需要对所需要的玻璃管进行二次加工成型,采用火焰对玻璃管进行切割、拉丝、烤口、封底和成型。

二、高分子材料

高分子材料通常指以无毒的高分子聚合物为主药原料,采用先进的成型工艺和设备生产的各种药用包装材料,广泛应用于制药行业,如:聚氯乙烯(PVC)、聚酯(PET)、聚丙烯(PP)、聚乙烯(PE)等。

聚氯乙烯(PVC):欧美已限制或禁止使用 PVC,主要原因是 PVC 对人体有害和对环境有影响,而且 PVC 的阻隔性不是很理想。

聚酯(PET):阻隔性、透明性、耐菌性、耐寒性较好,加工适应性较好,毒性小,有利于药品保护、保存。

聚丙烯(PP):透明性良,阻隔性好,无毒性,有良好的加工适应性,可以回收再利用。

聚乙烯(PE):阻隔性好,透明性良,无毒性,加工适应性较好,可以回收再利用。

聚偏二氯乙烯(PVDC):高分子量,密度大,结构规整,优异的阻湿能力,良好的耐油、耐药品和耐溶剂性能,尤其是对空气中的氧气、水蒸汽、二氧化碳气体具有优异的阻隔性能、封口性能、抗冲击、抗拉。在厚度相同的情况下,PVDC对氧气的阻隔性能是PE的1500倍,是PP的100倍,是PET的100倍。

目前,高分子材料包装容器的主要生产设备是美国IB506-3V制瓶机。该机由注射、吹塑、脱瓶3个工位组成。全程工艺均由数字操控,且精度极高,如注射时间可从0.1秒到9.9秒任意选择和设置,生产循环周期可在10~20秒内设定和调节,精度可达±0.1秒,温度可在0~300℃,精度±0.1℃。设备采用垂直螺杆,注、吹、脱一步成型,成品光电检验,与输送机联动,实现火焰处理、自动计数、变位落瓶组成高效自动流水线,适用于多种高分子聚合物的大批量、小容量、高质量的药用塑料瓶的生产。

三、金属材料

包装用金属材料常用的有铁质包装材料、铝质包装材料。容器形式多为桶、罐、管、筒。

铁:分为镀锡薄钢板、镀锌薄钢板等。镀锡板俗称马口铁,为避免金属进入药品中,容器内壁常涂覆一层保护层,多用于药品包装盒、罐等。镀锌板俗称白铁皮,是将基材浸镀而成,多用于盛装溶剂的大桶等。

铝:铝由于易于压延和冲拔,可制成更多形状的容器,广泛应用于铝管、铝塑泡罩包装与双铝箔包装等,是应用最多的金属材料。

药用铝管设备包括:冲挤机、修饰机、退火炉或清洗机、内涂机、固化炉、底涂机、印刷机、上光机、烘箱、盖帽机、尾涂机。组成的生产线又分为自动线和半自动线两种,目前国外以高速全自动生产线为主,速度可达到150~180支/分钟,国产一般为50~60支/分钟。从帽盖机或硬质铝管收口机开始,包括尾涂机和包装必须在净化环境中生产,一般为十万级。

四、纸质材料

纸是使用最广泛的药用包装材质,可用于内、中、外包装。包装是药品形象的重要组成部分,药品的外包装应当与内在品质一致,应追求包装给药品所带来的附加值。尤其是外包装纸特别重要,很难想象外包装纸张质量低劣,印刷粗糙的药品能给消费者良好的第一印象。且现在医药企业一般都采用全自动包装生产线,质量低劣的纸板因挺度不高,自动装盒时会对开盒率造成影响,降低生产速度。而且很多全自动生产线上都带有自动称重复检程序,低质纸板质量不稳定,克重偏差大,检测系统有可能会误认为药品漏装或少装,而把已经包装好的药物剔除,给企业带来浪费。所以优质的纸材料是药厂的必需选择。

目前用于药品包装盒的纸板,主要有以新鲜木浆为原料的白卡纸、以回收纸浆为原料的白底白板纸和灰底白板纸。

白卡纸市场上主要分为白芯白卡纸(SBS)和黄芯白卡纸(FBB)两种。SBS以漂白化学浆为原料,结构为两层或三层,特点是白度较高,但同等克重纸板的挺度和厚度一般,印刷面积相对较小;FBB以漂白化学浆作为纸板的表层和底层,而以机械浆或热敏漂白化学机械浆为原料构成中间层,形成三层结构的纸板。可见,在同等克重的条件下,FBB 型白板纸厚度高,挺度高,模切和折痕效果高,单位重量的印刷面积大。

五、复合膜材

复合膜是指由各种塑料与纸、金属或其他材料通过层合挤出贴面、共挤塑料等工艺技术将基材结合一起形成的多层结构的膜。其具有防尘、防污、隔阻气体、保持香味、防紫外线等功能。

任何一种包装材料均不能达到以上功能,而将其复合后,则基本上可以满足药品包装所需的各种要求。但是复合膜同时也有难以回收、易造成污染的缺点。

复合膜的表示方法为:表层/印刷层/黏合层/铝箔/黏合内层(热封层)。典型复合材料结构与特点见表 11-5,常用包装材料英文符号见表 11-6。

表 11-5   典型复合材料结构与特点

	典型结构	生产工艺	产品特点
普通复合膜	PET/DL/AL/PE 或 PET/AD/PE/AL/DL/PE	干法复合法或先挤后干复合法	良好的印刷适应性,气体、水分阻隔性
条状易撕包装	PT/AD/PE/AL/AD/PE	挤出复合	良好的易撕性、气体、水分阻隔性、降解性等
纸铝塑包装	纸/PE/AL/AD/PE	挤出复合	良好的印刷性、具有较好的挺度、气体、水分阻隔性、降解性等
高温蒸煮膜	BOPA/CPP 或 PET/CPP PET/AL/CPP 或 PET/AL/NY/CPP	干法复合	基本能杀死包装内所有细菌,可常温放置,无需冷藏,具有较好的挺度、气体、水分阻隔性。耐高温,良好的印刷性

表 11-6   常用包装材料英文缩写

中文名称	英文缩写	中文名称	英文缩写
聚对苯二甲酸乙二醇酯	PET	胶黏剂	AD
玻璃纸	PT	铝	Al
聚乙烯	PE	双向拉伸聚酰胺	BOPA
聚偏二氟乙烯	PVDC	流延聚丙烯	CPP
聚四氟乙烯	PTFE	环状烯烃共聚物	COC
聚苯乙烯	PS	干式复合	DL
聚酰胺	PA	天然橡胶	NR

第三节 药用包装机械简介

包装机械在国标 GB/T 4122—1996 中被定义为完成全部或部分包装过程的机器,包装过程包括充填、裹包、封口等主要包装工序,以及与其相关的前后工序,如清洗、堆码和拆卸等。

一、包装机械的分类

1. 按包装机械的自动化程度分类

(1)全自动包装机:是指能够自动提供包装材料和内容物,并能自动完成其他包装工序的机器。

(2)半自动包装机:是指包装材料和内容物的供送必须由人工完成,机器可自动完成其他包装工序的机器。

(3)手动包装机:是指由人工供送包装材料和内容物,并通过手动操作机器完成包装工序的机器。

2. 按包装产品的类型分类

(1)专用包装机:是专门用于包装某一种产品的机器。

(2)多用包装机:可以包装两种或两种以上同一类型药品,一般是通过调整或更换有关工作部件,实现多品种包装的机器。如同一种片剂但直径大小不同的包装。

(3)通用包装机:是指在指定范围内适用于包装两种或两种以上不同类型药品的机器。

3. 按包装机械的功能分类 包装机械又可分为充填机械、灌装机械、裹包机械、封口机械、贴标机械、清洗机械、干燥机械、杀菌机械、捆扎机械、集装机械、多功能机械、辅助包装机械等。

二、包装机械的组成

无论何种包装机械,大体组成基本一致,都是由七个主要部分构成,包括计量与供送装置、整理与供送系统、物料传送系统、包装执行机构、成品输出机构、机械控制系统和动力传输系统。

1. 药品的计量与供送装置 指对被包装的药品进行计量、整理、排列,并输送到预定工位的装置系统。

2. 包装材料的整理与供送系统 指将包装材料进行定长切断或整理排列,并逐个输送至锁定工位的装置系统。

3. 物料传送系统 指将被包装药品和包装材料由一个包装工位顺序传送到下一个包装工位的装置系统。

4. 包装执行机构 指直接进行裹包、充填、封口、贴标、捆扎和容器成型等包装操作的机构。

5. 成品输出机构 将包装成品从包装机上卸下、定向排列并输出的机构。

6. 机械控制系统 由各种自动和手动控制装置等组成。包括包装过程及其参数的控制、包装质量、故障与安全的控制等。

7. 动力传输系统与机身等。

三、包装工艺与程序

包装的工艺过程就是对生产成品进行加工处理,最终将成品包装起来使之成为商品的过程。在 GMP 中对制药厂的包装操作规程、包装场所、从事包装的人员以及使用的包装容器、包装材料、包装设备、包装标志等都做了明确的规定,提出了严格的要求。药品的种类不同,采用的包装形式亦不相同,其所采用的工艺程序亦不相同。一般来说,包装的程序如下。

1. 准备工作　做好清场检查。包装前后必须做好清场工作,经检查认可后,方可进行包装工序;对领用的小盒、纸箱、瓶签、说明书等逐项检查核对品名、批号、数量、规格、印刷质量等内容,检查无误后,方可使用。

2. 包装工作　要求严格按标准操作规程进行操作。

(1)贴标签:要求贴牢贴正,适中且不留污渍。贴标签前要检查有无破损,装量差异是否符合要求,是否有松动、凸起、不洁、不整等质量问题。

(2)装盒:要求端正、不松、不紧,特别需要注意的是,装盒必须在标签干后方可进行,严防弄破标签。注意核对每盒内物品的完整性,切勿漏装说明书等。

(3)装箱:按要求放入底面板、格挡、不能有漏装、仔细核对合格证、装箱单,确保无误后方可封箱。注意打捆要牢固可靠、不得松散,堆码整齐,按批号进库。

第四节　常用包装设备

药品因其制剂的种类多样,其包装形式亦更为多样,其包装设备的类型也不一而同。

一、泡罩包装机

以泡罩包装机为代表的热成型包装机是目前应用最广泛的药用包装设备。热成型包装机是指在加热条件下,对热塑性片状包装材料进行深冲形成包装容器,然后进行充填和封口的机器。在热成型包装机上能分别完成包装容器的热成型、包装物料的定量和充填、包装封口、裁切、修整等工序。其中热成型是包装的关键工序,此工序中片材历经加热、深拉成型、冷却、定型并脱模,成为包装物品的装填容器。热成型包装的形式多样,一般制药业较常用的方式有:托盘包装、软膜预成型包装、泡罩包装。目前制药业应用最广泛的包装形式为泡罩包装(press through packaging,PTP)。

1. 泡罩包装的结构形式　泡罩包装是将一定数量的药品单独封合的包装。底面均采用具有足够硬度的某种材质的硬片,如:可以加热成型的聚氯乙烯胶片,或可以冷压成型的铝箔等。上面是盖上一层表面涂敷有热熔黏合利的铝箔,并与下面的硬片封合构成密封的包装。泡罩包装使用时,只需用力压下泡罩,药片便可穿破铝箔而出,故又称其为穿透包装;又因为其外形像一个个水泡,又被俗称为水泡眼包装。

2. 泡罩包装的材料　目前市场上最常见的为铝塑泡罩包装。因其具有的独特泡罩结构,包装后的成品可使药品互相隔离,即使在运输过程中药品之间也不会发生碰撞。又因为其包装板块尺寸小、方便携带和服用,且只有在服用前才需打开最后包装,可有效增加安全感和减少患者用药时细菌污染。此外,还可根据需要,在板块表面印刷与产品有关的文字,以防止用药混乱等多项优点,因此深受消费者欢迎。

常见的板块规格有:35mm × 10mm、48mm × 110mm、64mm × 100mm、78mm × 56.5mm

等。但每个板块上药品的粒数和排列,可根据板块尺寸、药片尺寸和服用量决定,甚至取决于药厂的特殊需求。

一般来说,每板块排列的泡罩数大多为:10 粒、12 粒、20 粒,在每个泡罩中的药片数一般为 1 粒。当然药厂可根据临床应用需要,在每个泡罩中放入一次性的用量如 2~3 片,甚至更多。

(1)硬片:可作为泡罩包装用的硬质材料主要为塑料片材,包括纤维素、聚苯乙烯和乙烯树脂,以及聚氯乙烯、聚偏二氯乙烯、聚酯等。

目前最常用的是硬质(无毒)聚氯乙烯薄片,因其用于药品和食品包装,故其生产时对所用树脂原料的要求较高,不仅要求硬质聚氯乙烯薄片透明度和光泽感好,还有严格的卫生要求,如必须使用无毒聚氯乙烯树脂、无毒改性剂和无毒热稳定剂。

聚氯乙烯薄片厚度一般为 0.25~0.35mm,因其质地较厚、硬度较高,故常称其为硬膜。因为泡罩包装成型后的坚挺性取决于硬膜本身,所以其硬膜厚度亦是影响包装质量的关键因素。

除聚氯乙烯薄片外,常用泡罩包装用复合塑料硬片还有 PVC/PVDC/PE,PVDC/PVC,PVC/PE 等。若包装对阻隔性和避光性有特别要求,还可采用塑料薄片与铝箔复合的材料,PET/Al/PP、PET/Al/PE 的复合材料。

(2)铝箔:铝箔通常有 4 类,分别为可触破式铝箔、剥开式铝箔、剥开-触破式铝箔、防伪铝箔。

1)可触破式铝箔:是最广泛应用的覆盖铝箔,其表面带有 0.02mm 厚的涂层,由纯度为 99% 的电解铝压延而制成。

目前铝箔是泡罩包装首选,甚至可以说是唯一首选的金属材料,尤其是我国,在药品包装方面使用的泡罩包装铝箔,只有可触破式铝箔这一种形式。其具有三大优点:①压延性好,可制得最薄、密封性又好的包裹材料。②高度致密的金属晶体结构,无毒无味,有优良的遮光性,有极高的防潮性、阻气性和保味性,能最有效地保护被包装物。③铝箔光亮美观,极薄,稍锋利的锐物可轻易撕破。

可触破式铝箔可以是硬质也可以是软质,厚度一般从 15μm 到 30μm,其基本结构为保护层/铝箔/热封层,可以和聚氯乙烯(PVC)、聚丙烯(PP)、聚对苯二甲酸乙二醇酯(PET)、聚苯乙烯(PS)和聚乙烯(PE)及其他复合材料等封合覆盖泡罩,具有非常好的气密性。

2)剥开式铝箔:剥开式铝箔的气密性与可触破式铝箔基本一样,区别在于其与底材的热封强度不是太高而易于揭开,此外它只能使用软质铝箔制造的复合材料,而不能使用硬质材料。其基本结构为:纸/PET/Al/热封胶层,PET/Al/热封层,纸/Al/热封层等,其热封强度没有最低值要求,适合于儿童安全包装以及一些怕受压力的包装物品。

3)剥开-触破式铝箔:这种包装主要用于儿童安全保护,同时也便于老人的开启。开启的方式是先剥开铝箔上的 PET 或纸/PET 复合膜,然后触破铝箔取得药品,其基本结构为:纸/PET/特种胶/Al/热封层,PET/特种胶/Al/热封层。美国和德国的泡罩包装大多要求采用这种铝箔,用于儿童安全包装。

4)防伪铝箔:防伪铝箔除了对位定位双面套印铝箔外,还在铝箔表面进行了特殊的印刷、涂布和转移了特殊物质,或者其铝箔本身经机械加工而制成特殊形式的泡罩包装铝箔,从而达到防伪目的,故称为防伪铝箔。防伪铝箔总体可分为油墨印刷防伪、激光全息防伪、标贴防伪和版式防伪等,通过防伪铝箔的使用,可使药厂的利益得到一定的保护。但是目前我国药厂使用极少,是未来泡罩包装的发展方向。

3. 药用铝塑泡罩包装机工艺流程　泡罩包装可根据其所采用的材料不同,分为铝塑泡罩包装、铝铝泡罩包装两类。药用铝塑泡罩包装机又称为热塑成型铝塑泡罩包装机。常用的药用铝塑泡罩包装机共有 3 类,分别是:辊筒式铝塑泡罩包装机、平板式铝塑泡罩包装机、辊板式铝塑泡罩包装机。三者的工作原理一致,以平板式铝塑泡罩包装机为例:一次完整的包装工艺至少需要完成①PVC 硬片输送;②加热;③泡罩成型;④加料;⑤盖材印刷;⑥压封;⑦批号压痕;⑧冲裁共 8 项工艺过程。工作原理如图 11-1 所示。

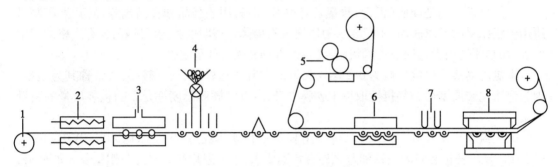

图 11-1　平板式泡罩包装工艺流程图
1-PVC 硬片输送;2-加热;3-泡罩成型;4-加料;5-盖材印刷;6-压封;7-批号压痕;8-冲裁

工艺流程:首先需在成型模具上加热硬片,使 PVC 硬片变软,再利用真空或正压将其吸塑或吹塑成型,形成与待装药物外形相近的形状和尺寸的凹泡,再将药物充填于泡罩中,检整后以铝箔覆盖,用压辊将无凹泡处的塑料片与贴合面涂有热熔胶的铝箔加热挤压粘结成一体,打印批号,然后根据药物的常用剂量(如按一个疗程所需药量),将若干粒药物切割成一个四边圆角的长方形,剩余边材可进行剪碎或卷成卷,供回收再利用,即完成铝塑包装的全过程。

铝塑泡罩包装机主要有七大机构,结构原理如下。

(1)PVC 硬片步进机构:泡罩包装机多以具有和泡罩一致凹陷的圆辊或平板,作为其带动硬塑料前进的步进机构。现代的泡罩包装机更是设置若干组 PVC 硬片输送机构,使硬片通过各工位,完成泡罩包装工艺。

(2)加热:凡是以 PVC 为材质的硬片,必须采用加热成型法。其成型的温度范围为 110~130℃,因为只有在此温度范围内 PVC 硬片才可能具有足够的热强度和伸长率。过高或过低的温度对热成型加工效果和包装材料的延展性必定会产生影响,因此制剂的关键就是要求严格控制温度,且必须相当准确。

按热源的不同,泡罩包装机的加热方式可分为热气流加热和热辐射加热两类。

1)热气流加热:用高温热气流直接喷射到被加热塑料薄片表面进行加热,这种方式加热效率不高,且不够均匀。

2)热辐射加热:是利用远红外线加热器产生的光辐射和高温来加热塑料薄片,加热效率高,而且均匀。

根据加热方式的不同,泡罩包装机的加热方式亦可分成间接加热和传导加热两类。

1)间接加热:系指利用热辐射将靠近的薄片进行加热。其加热效果透彻而均匀,但速度较慢,对厚薄材料均适用。一般采用可被热塑性包装材料吸收的波长为 $3.0~3.5\mu m$ 的红外线进行加热,其加热效率高,而且均匀,是目前最理想的加热方式。

2)传导加热:又称接触加热、直接加热。将 PVC 硬片夹在成型模与加热辊之间,薄片直接与加热器接触。加热速度快,但不均匀,适于加热较薄的材料。

(3)成型机构:成型是泡罩包装过程的重要工序。泡罩成型的方法有 4 种:真空负压成型、压缩空气正压成型、冲头辅助压缩空气正压成型、冷压成型。

1)真空负压成型:又称为吸塑成型,系指利用抽真空将加热软化了的薄膜吸入成型模的泡窝内成一定几何形状,从而完成泡罩成型的一种方法。吸塑成型一般采用辊式模具,模具的凹槽底设有吸气孔,空气经吸气孔迅速抽出。其成型泡罩尺寸较小,形状简单,但是因采用吸塑成型,导致泡罩拉伸不均匀,泡窝顶和圆角处较薄,泡易瘪陷。

2)压缩空气正压成型:又称为吹塑成型,系指利用压缩空气(0.3~0.6MPa)的压力,将加热软化的塑料吹入成型模的泡窝内,形成所需要的几何形状的泡罩。模具的凹槽底设有排气孔,当塑料膜变形时,膜模之间的空气经排气孔迅速排出。其设备关键是加热装置一定要正对着对应模具的位置上,才能使压缩空气的压力有效地施加到因受热而软化的塑料膜上。正压成型的模具多制成平板形,在板状模具上开有行列小矩阵的凹槽作为步进机构,平板的尺寸规格可根据药厂的实际要求而确定。

3)冲头辅助压缩空气正压成型:俗称有冲头吹塑成型。系指借助冲头将加热软化的薄膜压入凹模腔槽内,当冲头完全进入时,通入压缩空气,使薄膜紧贴模腔内壁,完成成型工艺。应注意冲头尺寸大小是重要的参数,一般说来其尺寸应为成型模腔的 60%~90%。恰当的冲头形状尺寸、推压速度和距离,可以获得壁厚均匀、棱角挺实、尺寸较大、形状复杂的泡罩。另外,因为其所成泡罩的尺寸较大、形状较为奇特,所以它的成型机构一般都是平板式而非圆辊式。

4)冷压成型:又称凸凹模冷冲压成型。当采用金属材质作为硬片时,如铝,因包装材料的刚性较大,可采用凸凹模冷冲压成型方法,将凸凹模具合拢,将金属膜片进行成型加工。凸凹模具之间的空气由成型凹模的排气孔排出即可。

目前,最常用的成型方式为真空负压成型、压缩空气正压成型、冲头辅助压缩空气正压成型 3 种。真空负压成型结构特点见图 11-2,压缩空气正压成型结构特点见图 11-3,冲头辅助压缩空气正压成型结构特点见图 11-4。

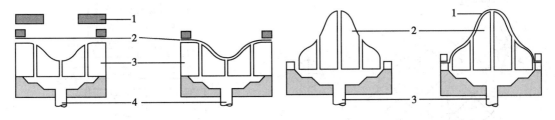

图 11-2 真空负压成型结构   图 11-3 压缩空气正压成型结构
1- 加热机构;2- PVC 硬片;3- 模具;4- 真空管   1- PVC 硬片;2- 模具;3- 真空管

(4)充填与检整机构:充填即向成型后的泡罩窝中充填药物。常用的加料器有 3 种形式:行星轮软毛刷推扫器、旋转隔板式加料器和弹簧软管加料器。检整多利用人工或光电检测装置,在加料器后边及时检查药物充填情况,必要时可以人工补片或拣取多余的丸粒。

1)行星轮软毛刷推扫器:此结构特别适合片剂和胶囊充填。其是利用调频电机带动简单行星轮系的中心轮,再由中心轮驱动 3 个下部安装有等长软毛刷的等径行星轮做既有自转又有公转的回转运动,将制剂推入泡罩中。行星轮软毛刷推扫器是应用最广泛的一种充填机构,其结构简单、成本低廉、充填效果好。此外,落料器的出口有回扫毛刷轮和挡板作为检整机构,防止推扫药物时撒到泡罩带宽以外。

2)旋转隔板式加料器:其又可分为辊式和盘式两种。可间歇地下料于泡窝内,也可以定速均匀铺散式下料,同时向若干排凹窝中加料。旋转隔板的旋转速度与泡窝片移动速度的匹配性是工艺操作的关键,是保证泡窝片上每排凹窝均落入单粒药物的关键机构。

3)弹簧软管加料器:常用于硬胶囊剂一类制剂的铝塑泡罩包装,软管多用不锈钢细丝缠绕而成,其密纹软管的内径略大于胶囊外径,以保证管内只容单列胶囊通过。此设备的关键之处在于,要时刻保证

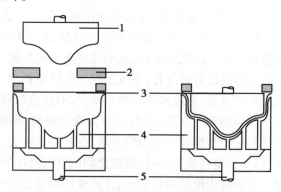

图 11-4   冲头辅助压缩空气正压成型结构
1- 冲头;2- 加热机构;3- PVC 硬片;
4- 模具;5- 真空管

软管不发生曲率较大的弯曲或死角折弯,要能保证胶囊一类的制剂在管内通畅运动。其物料的运行是依靠设备的振动,使胶囊依次运行到软管下端出口处,再依靠出管的棘轮间歇拨动卡簧的启闭进行充填,并保证每次只放出 1 粒胶囊。

(5)封合机构:首先将铝箔膜覆盖在充填好药物的成型泡罩之上,再将承载药物的硬片和软片封合。究其基本原理即通过内表面加热,然后加压使其紧密接触,再利用胶液形成完全热封动作。此外为了确保压合表面的密封性,一般都以菱形密点或线状网纹封合。

热封机构共有两种形式:辊压式和板压式。辊压式结构原理如图 11-5 所示,板压式结构原理如图 11-6 所示。

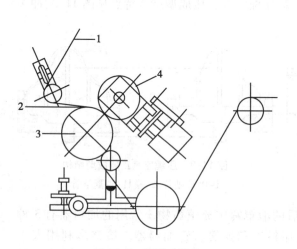

图 11-5   辊压式结构
1- 铝箔;2- PVC 泡窝片;3- 主动辊;4- 热压辊

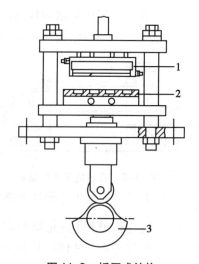

图 11-6   板压式结构
1- 上热封板;2- 下热封板;3- 凸轮机构

1)辊压式:又称连续封合。系指通过转动的两辊之间的压力,将封合的材料紧密结合

的一种封合方式。封辊的圆周表面有网纹以使其结合更加牢固。在压力封合的同时还需伴随加热过程。封合辊由两种轮组成，一个为无动力驱转的从动热封辊，另一个是有动力主动辊。从动热封辊可在气动或液压缸控制下产生一定摆角，从而与主动辊接触或脱开，其与主动辊靠摩擦力做纯滚动。因为两辊间接触面积很小，属于线性接触，其单位面积受到的压力极大即相同压力下压强高，因此当两材料进入两辊间，边压合边牵引，较小的压力即可得到优秀的封合效果。

2）板压式：系指两个板状的热封板与到达封合工位的封合材料表面相接触，将其紧密压在一起进行封合，然后迅速离开完成工艺的一种封合方式。板式模具热封包装成品比辊式模具的成品平整，但由于封合面积较之辊式热封面积大得多，即单位压强较小，故封合所需的压力比辊压式大得多。

此外，现代化高速包装机的工艺条件，不可能提供很长的时间进行热封，但是如果热封时间太短，则黏合层与PVC胶片之间就会热封不充分。为此，一般推荐的热封时间为不少于1秒。再者要达到理想的热封强度，就要设置一定的热封压力。如果压力不足，不仅不能使产品的黏合层与PVC胶片充分贴合热封，甚至会使气泡留在两者之间，达不到良好的热封效果。一般推荐的热封压力为 $0.2 \times 10Pa$。

（6）压痕与冲裁机构：压痕包括打批号和压易折痕。我国行业标准中明确规定"药品泡罩包装机必须有打批号装置"。打批号可在单独工位进行，也可以与热封同工位进行。

为多次服用时分割方便，单元板上常冲压出易折裂的断痕，用手即可掰断。将封合后的带状包装成品冲裁成规定的尺寸，则为冲裁工序。无论是纵裁还是横裁，都要以节省包装材料，尽量减少冲裁余边或者无边冲裁，并且要求成品的四角冲成圆角，以便安全使用和方便装盒为原则。冲裁下成品板块后的边角余料如果仍为网格带状，可利用废料辊的旋转将其收拢，否则可剪碎处理。

（7）其他机构

1）铝箔印刷：铝箔印刷是在专用的铝箔印刷涂布机械上进行，因为它是通过印刷辊表面的下凹表面来完成印刷文字或图案，所以又称为凹版印刷。它是将印版辊筒通过外加工制成印版图文，图文部分在辊筒铜层表面上被腐蚀成墨孔或凹坑，非图文部分则是辊筒铜质表面本身，印版辊筒在墨槽内转动，在每一个墨孔内填充以稀薄的油墨，当辊筒转动从表面墨槽中旋出时，上面多余的油墨由安装在印版辊筒表面的刮墨刀刮去，印版辊筒旋转与铝箔接触时，表面具有弹性压印辊筒将铝箔压向印版辊筒，使墨孔的油墨转移到铝箔表面，便完成了铝箔的印刷工作。在印刷中所使用的主要原材料是药用铝箔专用油墨及溶剂材料和铝箔涂布用黏合剂材料。

2）冷却定型装置：为了使热封合后铝箔与塑料平整，往往采用具有冷却水循环的冷压装置将两者压平整。

4.3 种铝塑泡罩包装机结构与工作原理　泡罩式包装机根据自动化程度、成型方法、封接方法和驱动方式等不同可分为多种机型。但一般均按照结构形式将其分成3类：辊筒式、平板式和辊板式。3种机型对比如下。

（1）结构特点对比：3种铝塑泡罩包装机的结构特点对比见图11-7至图11-9，表11-7。

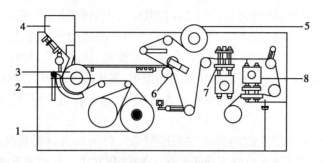

图 11-7 辊筒式铝塑泡罩包装机结构示意图

1- PVC 硬片输送;2- 加热;3- 泡罩成型;4- 加料;5- 铝箔;6- 压封;7- 批号压痕;8- 冲裁

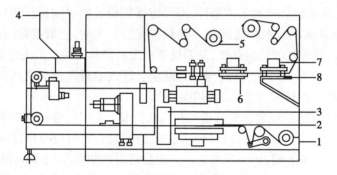

图 11-8 平板式铝塑泡罩包装机结构示意图

1- PVC 硬片输送;2- 加热;3- 泡罩成型;4- 加料;5- 铝箔;6- 压封;7- 批号压痕;8- 冲裁

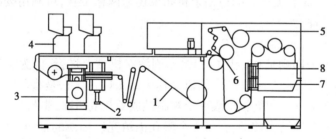

图 11-9 辊板铝塑泡罩包装机结构示意图

1- PVC 硬片输送;2- 加热;3- 泡罩成型;4- 加料;5- 铝箔;6- 压封;7- 批号压痕;8- 冲裁

表 11-7 3 种铝塑泡罩包装机结构特点对比

	辊筒式	平板式	辊板式
加热方式	热辐射间接加热	热传导板直接加热	热板直接加热
成型压力	<1MPa	>4MPa	>4MPa
成型方法	真空负压成型法(辊式模具,结构简单,费用低)	压缩空气正压成型法或具有辅助冲头的压缩空气正压成型法(板式模具,结构复杂,费用高)	压缩空气正压成型法或具有辅助冲头的压缩空气正压成型法(板式模具,结构复杂,费用高)

	辊筒式	平板式	辊板式
热封方法	双辊滚动热封合(两个辊的瞬间线接触,连续运动,封合牢固,效率高,传导到药品的热量少)	热传导板挤压式封合(两个加热板面性接触,间歇性运动,封合效果一般,效率低、消耗功率大)	双辊滚动热封合(两个辊的瞬间线接触,连续运动,封合牢固,效率高,传导到药品的热量少)
工作效率	运行速度2.5~3.5m/min,冲裁28~40次/分钟	运行速度最高2m/min,冲裁最高30次/分钟,相对辊筒式效率较低	因设计上取两者之长,工作效率介于辊筒式和平板式之间
泡罩特点	泡窝壁厚不均,顶部易变薄,精度不高,深度较小	泡窝成型精确度高、壁厚均匀,泡窝拉伸大,深度可达35mm	泡窝成型精确度高、壁厚均匀,泡窝拉伸大,深度可达35mm
适用范围	适合同一品种大批量生产	适合中小批量、特殊形状药品包装	适合同一品种大批量生产,高效率、节省包装材料、泡罩质量好

(2)工作原理对比:3种铝塑泡罩包装机工作原理对比见表11-8。

表11-8 3种铝塑泡罩包装机工作原理对比

工作原理
辊筒式 ①PVC片通过半圆型预热装置预热软化,在圆辊上的转成型站中利用真空吸出空气成型为泡窝; ②PVC泡窝片通过上料器时自动充填药品于泡窝内,在驱动装置作用下进入双圆辊热封装置,使得PVC片与铝箔在一定温度和压力下密封; ③最后由冲裁站冲剪成规定尺寸的板块
平板式 ①PVC片通过平板型预热装置预热软化,在平板型的成型站中吹入高压空气或先以冲头预成型,再加高压空气成型为泡窝; ②PVC泡窝片通过上料器时自动充填药品于泡窝内,在驱动装置作用下进入平板式热封装置,使得PVC片与铝箔在一定温度和压力下密封; ③最后由冲裁站冲剪成规定尺寸的板块
辊板式 ①PVC片通过平板型预热装置预热软化,在平板型的成型站中吹入高压空气或先以冲头预成型,再加高压空气成型为泡窝; ②PVC泡窝片通过上料器时自动充填药品于泡窝内,在驱动装置作用下进入双圆辊热封装置,使得PVC片与铝箔在一定温度和压力下密封; ③最后由冲裁站冲剪成规定尺寸的板块

(3)关键参数对比:3种铝塑泡罩包装机关键参数对比见表11-9。

表11-9 3种铝塑泡罩包装机关键参数对比

关键参数
辊筒式 PVC泡窝片运行速度可达3.5m/min,最高冲裁次数为45次/分钟。成型压力小于1MPa。泡窝深度10mm左右

关键参数	
平板式	PVC 片材宽度有 210mm 和 170mm 等几种。PVC 泡窝片运行速度可达 2m/min,最高冲裁次数为 30 次/分钟。成型压力大于 4MP。泡窝深度可达 35mm
辊板式	PVC 泡窝片运行速度可达 3.5m/min,最高冲裁次数为 120 次/分钟。成型压力可根据需要调整大于 4MPa。泡窝深度可调控

（4）优缺点对比:3 种铝塑泡罩包装机优缺点对比见表 11-10。

表 11-10　3 种铝塑泡罩包装机优缺点对比

优缺点	
辊筒式	①负压成型,所以形状简单,泡罩拉伸不均匀,顶部较薄,板块稍有弯曲。 ②辊式封合及辊式进给,泡罩带在运行过程中绕在辊面上会形成弯曲,因而不适合成型较大、较深及形状复杂的泡罩,被包装物品的体积也应较小。 ③属于连续封合,线接触所以封合压力较大,封合质量易于保证
平板式	①间歇运动,需要有足够的温度和压力以及封合时间;不易高速运转,热封合消耗功率大,封合的牢固程度一般,适用于中小批量药品包装和特殊形状物品的包装。 ②泡窝拉伸比大,深度可达 35mm,可满足大蜜丸、医疗器械行业的需求。由于采用板式成型,板式封合,所以对板块尺寸变化适应性强,板块排列灵活,冲切出的板块平整,不翘曲。 ③充填空间较大,可同时布置多台充填机,更易实现一个板块包多种药品的包装,扩大了包装范围,提高了包装档次
辊板式	①该类机型结构介于辊式和板式包装机之间,其工艺路线一般呈蛇形排布,使得整机布局紧凑、协调,外形尺寸适中,观察操作维修方便,模具更换简便、快捷、调整迅速可靠。 ②由于采用辊筒式连续封合,所以将成型与冲切机构的传动比关系协调好,可大大提高包装效率,一般此类机型的冲切频率最高可达 100 次/分钟以上。 ③一般直径超过 16mm 的片剂、胶囊、异形片在板块上斜角度超过 45°时,不适合用此类包装设备

5. 双铝泡罩包装机　有些药物对避光要求严格,可采用两层铝箔包封(称为双铝包装),即利用一种厚度为 0.17mm 左右的稍厚的铝箔代替塑料(PVC)硬膜,使药物完全被铝箔包裹起来。

利用这种稍厚的铝箔时,由于铝箔较厚,具有一定的塑性变形能力,可以在压力作用下,利用模具形成罩泡。此机的成型材料为冷成型铝复合膜,泡罩是利用模具通过机械方法冷成型而获得,又称为延展成型或深度拉伸。

6. 热成型包装机常见问题与分析

（1）热封不良:热封后板面上产生网纹不清晰,局部点状网纹过浅几近消失等现象,这往往是因为热封网纹板、下模粘上油墨或其他废物以及热封网纹板、下模局部浅表凹陷样损伤所致。热封网纹板、下模被污染时要及时清洗,清洗时先用丙酮或者有机溶剂湿润,然后用铜刷蘸以丙酮反复刷洗,切不要以硬物戳剥,以免损伤平面。如热封网纹板上有毛刺,可将热封网纹板在厚平板玻璃上洒水推磨以消除毛刺。如热封网纹板、下模局部有浅表凹陷,则需要在较精密的平面磨床上磨平,一般情况下,热封网纹板需磨 0.05mm,下模需磨

0.1mm 即可。

（2）热封后铝箔起皱：这是因为铝箔与塑片黏合不整齐而产生的现象。一般都是因为宽度过宽而导致不能很好结合。可采用不改变硬片的宽度，而将软片的宽边从中间裁开的方法，可有效改变这一状况。

（3）适宜压力的掌握：包装机上对吹泡成型、热封、压痕钢字部位合模处的压力要求很严格，因此在调整立柱螺母、压力、拉力螺杆的扭力时，不得随意改变扳手的力臂，以保证其扭力的一致性。或者用扭力扳手对以上螺母或螺杆给予适宜的扭力。

（4）压力与温度设定调整：关于热封合模处的压力与热封的温度设定之间的关系，是包装材料不变形的情况下，设定的温度越高越好，封合压力越低越好，这样可以减少磨损，延长机器运转寿命。

二、自动制袋包装机

制袋成型充填封口包装系指将卷筒状的挠性包装材料制成袋，充填物料后，进行封口切断。常用于包装颗粒剂、片剂、粉状以及流体和半流体物料。工艺流程为直接用卷筒状的热封包装材料，自动完成制袋、计量和充填、排气或充气、封口和切断。

1. 自动制袋包装机的分类　自动制袋装填包装机广泛用于片剂、颗粒剂、粉剂等生产包装中。按包装机的外形不同，可分为立式和卧式两大类；按制袋的运动形式不同，可分为间歇式和连续式两大类。立式自动制袋装填包装机又包括：立式间歇制袋中缝封口包装机、立式连续制袋三边封口包装机、立式双卷膜制袋、立式单卷膜、立式分切对合成型制袋四边封口包装机等。

2. 立式连续制袋装填包装机的结构和原理　立式连续制袋装填包装机整机包括七大部分：传送系统、膜供送系统、袋成型系统、纵封装置、横封及切断装置、物料供给装置及电控检测系统。立式连续制袋装填包装机的结构如图 11-10 所示。

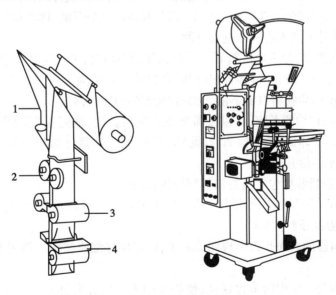

图 11-10　立式连续制袋装填包装机结构示意图

1-制袋成型器；2-纵封滚轮；3-横封滚轮；4-切刀

立式连续制袋装填包装机的机箱内安装有动力装置及传动系统,驱动纵封滚轮和横封滚轮转动,同时传送动力给定量供料器使其工作供料。卷筒薄膜在牵引力作用下,薄膜展开经导向辊(用于薄膜张紧平整以及纠偏),平展输送至制袋成型器。

(1)制袋成型器:使薄膜平展逐渐形成袋型,其设计形式多样,如三角形成型器、U 形成型器、缺口平板式成型器、翻领式成型器、象鼻式成型器。见图 11-11。

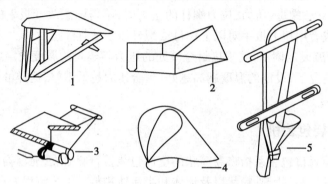

图 11-11 常见袋成型器类型

1-三角形成型器;2-U 形成型器;3-缺口平板式成型器;4-翻领式成型器;5-象鼻式成型器

(2)纵封装置:依靠一对相对旋转的、带有圆周滚花的、内装加热元件的纵封滚轮的作用,相互压紧封合。后利用横封滚轮进行横封,再经切断等工序即可。

1)纵封滚轮作用:①对薄膜进行牵引输送;②对薄膜成型后的对接纵边进行热封合。这两个作用是同时进行的。

2)横封滚轮作用:①对薄膜进行横向热封合,横封辊旋转 1 周进行 1~2 次的封合动作(即当封辊上对称加工有两个封合面时,旋转 1 周,两辊相互压合 2 次)。②切断包装袋,这是在热封合的同时完成的。在两个横封辊的封合面中间,分别装嵌有刀刃及刀板,在两辊压合热封时能轻易切断薄膜。在一些机型中,横封和切断是分开的,即在横封辊下另外配置切断刀,包装袋先横封再进入切断刀进行分割。

(3)物料供料器:均为定量供料器。①粉状及颗粒物料,采用量杯式定容计量;②片剂、胶囊可用计数器进行计数;③量杯容积可调,多为转盘式结构,内有多个圆周分布的量杯计量,并自动定位漏底,靠物料自重下落,充填到袋型的薄膜管内。

(4)其他:①电控检测系统,可以按需要设置纵封温度、横封温度以及对印刷薄膜设定色标检测数据等。②印刷、色标检测、打批号、加温、纵封和横封切断。③防空转机构(在无充填物料时薄膜不供给)。

3. 立式连续制袋装填包装机封口不牢原因排查

(1)检查热封加热器的力度大小。热温度偏低或封口时间偏短,此时应检查和调整相应加热器的热封温度或封口时间。

(2)检查封口器的表面是否出现凹凸不平,此时应仔细修整封口器表面,或及时更换封口器。

(3)考虑是否是颗粒中粉末含量高,使袋子的表面因静电黏附粉尘而不能封合。可筛除颗粒中粉末或采用静电消除装置消除静电。

三、自动装瓶机

自动装瓶机是装瓶生产线的一部分。生产线一般包括理瓶机构、输瓶轨道、计数机构、理盖机构、旋盖机构、封口装置、贴签机构、打批号机构、电器控制部分等九大部分。

1. 输瓶机构　在装瓶生产线上的输瓶机构由理瓶机和输瓶轨道组成,多采用带速可调的直线匀速输送带,或采用梅花轮间歇旋转输送机构输瓶。由理瓶机送至输送带上的瓶相互具有间隔,在落料口前不会堆积。在落料口处设有挡瓶定位装置,间歇地挡住空瓶或满瓶。

2. 计数器　又称为圆盘计数器、圆盘式数片机等。如图 11-12 所示,其外形为与水平呈 30°倾角的带孔转盘,盘上以间隔扇形面相间组成,开有 3～4 组计数模孔(小孔的形状与待装药粒形状相同,且尺寸略大,转盘的厚度要满足小孔内只能容纳 1 粒药的要求),每组孔数即为每瓶所需的装填片剂等制剂的数量。在转盘下面装有一个固定不动、带有扇形缺口的托板,其扇形面积恰好可容纳转盘上的一组小孔。缺口下连接落片斗,落片斗下抵药瓶口。

3. 转盘转速控制器　一般转速为 0.5～2r/min,注意检查:①输瓶带上瓶子的移动频率是否匹配。②是否因转速过快产生过大离心力,导致药粒在转盘转动时,无法靠自身重力而滚动。③为了保证每个小孔均落满药粒和使多余的药粒自动滚落,应使转盘保持非匀速旋转,在缺口处的速度要小于其他处。

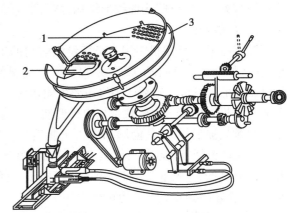

图 11-12　圆盘计数器结构简图
1-计数模孔;2-卸料倾斜槽;3-转鼓

4. 拧盖机构　拧盖机是在输瓶轨道旁,设置机械手将到位的药瓶抓紧,由上部自动落下扭力扳手,先衔住对面机械手送来的瓶盖,再快速将瓶盖拧在瓶口上,当旋拧至一定松紧时,扭力扳手自动松开,并回升到上停位。

5. 空瓶止灌机构　当轨道上无药瓶时,抓瓶定位机械手抓不到瓶子,扭力扳手不下落,送盖机械手也不送盖。直到机械手有瓶可抓时,旋盖头又下落旋盖。

6. 封口机构　药瓶封口分为压塞封口和电磁感应封口两种类型。①压塞封口装置:压塞封口是将具有弹性的瓶内塞在机械力作用下压入瓶口,依靠瓶塞与瓶口间的挤压变形而达到瓶口的密封。瓶塞常用的材质有橡胶和塑料等。②电磁感应封口机:电磁感应是一种非接触式加热方法,位于药瓶封口区上方的电磁感应头,内置通以 20～100kHz 频率的交变电流线圈,线圈产生交变磁力线并穿透瓶盖作用铝箔受热后,粘合铝箔与纸板的蜡层融化,蜡被纸板吸收,铝箔与纸板分离,纸板起垫片作用,同时铝箔上的聚合胶层也受热融化,将铝箔与瓶口黏合在一起。

7. 贴标机构　目前较广泛使用的标签有压敏(不干)胶标签、热黏性标签、收缩筒形标签等。剥标刃将剥离纸剥开,标签由于较坚挺不易变形而与剥离纸分离,径直前行与容器接触,经滚压后贴到容器表面。

四、辅助包装设备

辅助包装设备包括开盒机、印字机、喷码机、捆扎机等,主要应用于注射剂、口服液、糖浆剂等瓶装药品的包工序。

1. 开盒机　开盒机的作用是将堆放整齐的标准纸盒盒盖翻开,以供安瓿、药瓶等进行贮放的设备。

其工作原理为,当纸箱到达"推盒板"位置时,光电管进行检查纸盒的个数并指挥"输送带"和"抵盒板"的动作。当光电管前有纸盒时,光电管即发出信号,指挥"推盒板"将输送带上的纸盒推送至"往复送进板"前的盒轨中。"往复送进板"做往复运动,"翻盒爪"则绕一身轴线不停地旋转。"往复推盒板"与"翻盒爪"的动作是协调同步的,"翻盒爪"每旋转1周,"往复推盒板"即将盒轨中最下面的一只纸盒推移一只纸盒长度的距离。当纸盒被推送至"翻盒爪"位置,已旋转的"翻盒爪"与其底部接触时,即对盒底下部施加了一定的压力,迫使盒底打开;当盒底上部越过弹簧片的高度时,"翻盒爪"也已转过盒底,并与盒底脱离,盒底随即下落,但其盒盖已被弹簧片卡住。随后,"往复推盒板"将此种状态的盒子推送至"翻盒杆"区域。"翻盒杆"为曲线形结构,能与纸盒底的边接触并使已张开的盒口越张越大,直至盒盖完成翻开。

2. 印字机　印字机多用于小容量注射剂的生产,一般于安瓿外表面印上药品名称、规格、生产批号、有效期和生产厂家等标记,以确保使用安全。甚至还能将印好字的安瓿摆放于已翻盖的纸盒中。安瓿印字机主要由输送带、安瓿斗、托瓶板、推瓶板和印字轮系统组成。安瓿斗与机架呈25°倾斜,底部出口外侧装有一对转向相反的拨瓶轮,其作用是防止安瓿在出口窄颈处被卡住,使其能顺利进入出瓶轨道。印字轮系统由5只不同功用的轮子组成。油墨轮上的油墨,经能转动的、具有少量轴向窜动的"匀墨轮"和"着墨轮"均匀地加到"字版轮"上,转动的"字版轮"又将其上的正字模印,反印到"印字轮"上,"印字轮"与安瓿相对滚动,字便会转印到安瓿上成为正字。

已印好字的安瓿从"托瓶板"的末端落入输送带上已经翻开盖的纸盒内,人工完成后续工作,送入下一道工序。

(王　锐)

第十二章　厂址选择与布局

药品是一种特殊商品,国家为强化对药品生产的监督管理,确保药品安全有效,开办药品生产企业除必须按照国家关于开办生产企业的法律法规规定,履行报批程序外,还必须具备开办药品生产企业的条件;同时对企业的选址和厂区布局也提出了要求。

第一节　厂　址　选　择

药品生产企业应有与生产品种和规模相适应的足够面积和空间的生产建筑、辅助建筑和设施。厂房与设施是药品生产企业实施《药品生产质量管理规范》(good manufacturing practice,GMP)的基础,也是开办药品生产企业的一个先决条件,可以说是硬件中的关键部分。

厂址选择是在拟建地区范围内,根据拟建制药项目所必须具备的条件,结合制药工业的特点,进行调查和勘测,并进行多方案比较,提出推荐方案,编制厂址选择报告,经上级主管部门批准后,即可确定厂址的具体位置。

厂址选择是制药企业筹建的前提,是基本建设前期工作的重要环节。厂址选择涉及许多部门,是一项政策性和科学性很强的综合性工作。在厂址选择时,必须采取科学、慎重的态度,认真调查研究,确定适宜的厂址。厂址选择是否合理,不仅关系到该项制药企业筹建项目的建设速度、建设投资和建设质量,而且关系到项目建成后的经济效益、社会效益和环境效益,并对国家和地区的工业布局与城市规划有着深远的影响。

一、厂址选择的基本原则

厂址选择从整体上看,要有今后的发展余地;从综合方面看,应考虑到地理位置,地质状况,水源及清洁污染情况,周围的大气环境,常年的主导风向,电能的输送,通讯方便与否,交通运输方面等因素。

1. 遵守国家法律、法规的原则　选择厂址时,要贯彻执行国家的方针、政策,遵守国家的法律、法规,要符合国家的长远规划、国土开发整治规划和城镇发展规划等。

2. 对环境因素的特殊性要求的原则　药品是一种特殊的商品,其质量好坏直接关系到人体健康和安全。为保证药品质量,药品生产必须符合《药品生产质量管理规范》的要求,在严格控制的洁净环境中生产。

制药企业厂址选择之所以重视周围环境,主要是由于大气污染对厂房的影响和空气净化处理系统的管理各种因素所决定的。制药厂房中车间的空气洁净度合格与否,与室外环境有着密切的关系。从卫生的角度来认识厂址中环境因素在实施GMP中的重要性,可以从防止污染、防止差错的目标要素上来理解。室外大气污染的因素复杂,有的污染发生在自然界,有的是人类活动的产物;有固定污染源,也有流动污染源。若是选址阶段不注重室外环境的污染因素,虽然事后可以依靠洁净室的空调净化系统来处理从室外吸入的空气,但势必会加重过滤装置的负担,并为此而付出额外的设备投资、长期维护管理费用和能源消耗。若是室外环境好,就能相应地减少净化设施的费用,所以一定要在选择厂址中注意环境的情况。

(1)对大气质量的要求:制药企业宜选址在周围环境较洁净且绿化较好,厂址周围应有良好的卫生环境,大气中含尘、含菌浓度低,无有害气体、粉尘等污染源,自然环境好的区域,不宜选在多风沙的地区和严重灰尘、烟气、腐蚀性气体污染的工业区,通常选在大气质量为二级的地区。大气质量分级见表12-1

表12-1　大气环境空气污染物允许浓度限制(mg/ml)

污染物名称	取值时间	一级标准	二级标准	三级标准
总悬浮微粒	日平均数	0.15	0.30	0.50
	任何一次数	0.30	1.00	1.50
飘尘	日平均数	0.05	0.15	0.25
	任何一次数	0.15	0.50	0.70
二氧化硫	日平均数	0.05	0.15	0.25
	任何一次数	0.15	0.50	0.70
氮氧化物	日平均数	0.05	0.10	0.15
	任何一次数	0.10	0.15	0.30
一氧化碳	日平均数	4.00	10.00	6.00
	任何一次数	4.00	10.00	20.00
光化学氧化剂(O_3)	1小时平均	0.12	0.16	0.20

按照表12-1的标准,通常一级为国家自然保护区、风景游览区、名胜古迹和疗养地;二级为城市规划的居民区、商业交通居民混合区、文化区和广大农村;三级为大气污染程度比较严重的城镇和工业区及城市交通枢纽干线等地区。制药厂厂址选在二级大气质量区较为合理。同时注意周围几公里以内无污染排放源,水质未受污染,大气降尘量少,特别要避开大气中的二氧化硫、飘尘和降尘浓度大的化工区。

(2)对人口密度的要求:以人口密度较小为宜。这样可以克服人为造成的各种污染,应尽量远离铁路、公路、机场、码头等人流、物流比较密集的区域和烟囱,离市政干道距离大于50m,避免其散发的大量粉尘和有害气体、振动和噪声干扰生产。

(3)对长年季风风速、风向、频率的要求:掌握全年主导风向和夏季主导风向的资料,对夏季可以开窗的生产车间,常以夏季主导风向来考虑车间厂房的相互位置,但对质量要求高的注射剂、无菌制剂车间应以全年主导风向来考虑。对全年主导风向来说,尽管工业区应设在城镇常年主导风向的下风向,但考虑到药品生产对环境的特殊要求,药厂厂址应设在工业区的上风位置,同时还应考虑目前和可预见的市政规划,是否会使工厂四周环境发生不利变化。

(4)考虑建筑物的方位、形状的要求:保证车间有良好的天然采光和自然通风,避免西晒,同时要考虑将空调设施布置于朝北车间内;由于厂址对药厂环境的影响具有先天性,因此,选择厂址时必须充分考虑药厂对环境因素的特殊要求。

3. 协调处理各种平衡关系的原则 选择厂址时,要正确协调处理好生产与生态的平衡、工业与农业的平衡、生产与生活的平衡、近期与远期的平衡等关系,从实际出发,统筹兼顾。

4. 考虑环境保护和综合利用的原则 保护生态环境是我国的一项基本国策,对药品生产企业来讲,应该选择有利于药品生产的环境,应避开粉尘、烟气、有害有毒气体的地方,也要远离霉菌和花粉的传播源。另一方面,药厂生产过程中产生的"三废"要进行综合治理,不得造成环境污染。从排放的废弃物中回收有价值的资源,开展综合利用,是保护环境的一个积极措施。

5. 节约用地、长远发展的原则 我国是一个人口众多的国家,人均可耕地面积远远低于世界平均水平。因此,选择厂址时要尽量利用荒地、坡地及低产地,少占或不占良田、林地。厂区的面积、形状和其他条件既要满足生产工艺合理布局的要求,又要留有一定的发展余地。

6. 具备基本的生产条件的原则 药厂也是工厂,它的运行与其他工厂是相同的,需要有厂房设备、生产工作人员、原料的运进和成品的运出等,应当符合工厂建设的基本要求。

(1)地质条件方面,应符合建筑施工的要求,地耐力宜在 $150kN/m^2$ 以上。厂址的自然地形应整齐、平坦,这样既有利于工厂的总平面布置,又有利于场地排水和厂内的交通运输。

(2)厂址的交通运输方面,应方便、畅通、快捷,《药品生产质量管理规范》第八条明确指出:"药品生产企业必须有整洁的生产环境;厂区的地面、路面及运输等不应对药品的生产造成污染;生产、行政、生活和辅助区的总体布局应合理,不得互相妨碍"。这就对药厂内部交通状况作出了明确规定。制药企业与外部社会拥有密切的交往,要有畅通的交通,以保证制药原料、辅料、包装材料能够及时运输,确保企业的正常运转,故而通常宜选择在交通便利的城市近郊为宜。不能选在风景名胜区、自然保护区、文物古迹区等特殊区域。

(3)公用设施方面,水、电、汽、原材料和燃料的供应要方便。水、电、动力(蒸汽)、燃料、排污及废水处理在目前及今后发展时容易妥善解决。

1)水源:通常选择药厂厂址的水源(可以是地下水、水库水、自来水),均需要通过当地水质部门的水质分析,达到饮用水标准方可采用。厂址的地下水位不能过高,给排水设施,管网设施,距供水主干线距离等均应考虑其能否满足工业化大生产的需要。

2)供电能力:包括电压、电负荷容量,要满足设计生产能力的要求。

3)通讯设施:包括电线、电缆等通讯设备,是否与现代高科技技术接轨。

4)其他工程设施:包括煤气管线、容量;锅炉排污、排渣,工业"三废"处理设施等,能否与制药企业的生产规模相适应。

以上是厂址选择的一些基本原则。实际上,要选择一个理想的厂址是非常困难的,应根据厂址的具体特点和要求,抓住主要矛盾。首先满足对药厂的生存和发展有重要影响的要求,然后再尽可能满足其他要求,选择适宜的厂址。

二、厂址选择程序

厂址选择程序一般包括调研、实地勘察和编制厂址选择报告三个阶段。

1. 调研阶段 包括组织准备和技术调研阶段。

（1）组织准备阶段：首先组成选址工作组，选址工作组成员的专业配备应视工程项目的性质和内容不同而有所侧重。一般由勘察、设计、城市建设、环境保护、交通运输、水文地质等单位的人员以及当地有关部门的人员共同组成。

（2）技术调研阶段：选址工作人员要编制厂址选择指标和收集资料提纲。选厂指标包括总投资、占地面积、建筑面积、职工总数、原材料及能源消耗、协作关系、环保设施和施工条件等。收集资料提纲包括地形、地势、地质、水文、气象、地震、资源、动力、交通运输、给排水、公用设施和施工条件等。在此基础上，对拟建项目进行初步的分析研究，确定工厂组成，估算厂区外形和占地面积，绘制出总平面布置示意图，并在图中注明各部分的特点和要求，作为选择厂址的初步指标。

2. 实地勘察阶段　实地勘察是厂址选择的关键环节，其目的是按照厂址选择指标，深入现场调查研究，收集相关资料，确定若干个具备建厂条件的厂址方案，以供比较。

实地勘察的重点是按照准备阶段编制的收集资料提纲收集相关资料，并按照厂址的选择指标分析建厂的可行性和现实性。在现场调查中，不仅要收集厂址的地形、地势、地质、水文、气象、面积等自然条件，而且要收集厂址周围的环境状况、动力资源、交通运输、给排水、公用设施等技术经济条件。收集资料是否齐全、准确，直接关系到厂址方案的比较结果。

3. 研究讨论、编制报告阶段　编制厂址选择报告是厂址选择工作的最后阶段。根据准备阶段和现场调查阶段所取得的资料，对可选的几个厂址方案进行综合分析和比较，权衡利弊，提出选址工作组对厂址的推荐方案，编制出厂址选择报告，报上级批准机关审批。

三、厂址选择报告

厂址选择报告一般由工程项目的主管部门会同建设单位和设计单位共同编制，其主要内容如下。

1. 概述　说明选址的目的与依据、选址工作组成员及其工作过程。

2. 主要技术经济指标　根据工程项目的类型、工艺技术特点和要求等情况，列出选择厂址应具有的主要技术经济指标，如项目总投资、占地面积、建筑面积、职工总数、原材料和能源消耗、协作关系、环保设施和施工条件等。

3. 厂址条件　根据准备阶段和现场调查阶段收集的资料，按照厂址选择指标，确定若干个具备建厂条件的厂址，分别说明其地理位置、地形、地势、地质、水文、气象、面积等自然条件以及土地征用及拆迁、原材料供应、动力资源、交通运输、给排水、环保工程和公用设施等技术经济条件。

4. 厂址方案比较　根据厂址选择的基本原则，对拟定的若干个厂址选择方案进行综合分析和比较，提出厂址的推荐方案，并对存在的问题提出建议。

厂址方案比较侧重于厂址的自然条件、建设费用和经营费用三个主要方面的综合分析和比较。其中自然条件的比较应包括对厂址的位置、面积、地形、地势、地质、水文、气象、交通运输、公用工程、协作关系、移民和拆迁等因素的比较；建设费用的比较应包括土地补偿和拆迁费用、土石方工程量以及给排水、动力工程等设施建设费用的比较；经营费用的比较应包括原料、燃料和产品的运输费用、污染物的治理费用以及给排水、动力等费用的比较。

5. 厂址方案推荐　对各厂址方案的优劣进行综合论证，并结合当地政府及有关部门对厂址选择的意见，提出选址工作组对厂址选择的推荐方案。

6. 结论和建议　论述推荐方案的优缺点，并对存在的问题提出建议。最后，对厂址选择作出初步的结论意见。

7. 主要附件　包括各试选厂址的区域位置图和地形图,各试选厂址的地质、水文、气象、地震等调查资料,各试选厂址的总平面布置示意图,各试选厂址的环境资料及工程项目对环境的影响评价报告,各试选厂址的有关协议文件、证明材料和厂址讨论会议纪要等。

四、厂址选择报告的审批

大、中型工程项目,如编制设计任务书时已经选定了厂址,则有关厂址选择报告的内容可与设计任务书一起上报审批。在设计任务书批准后,选址的大型工程项目厂址选择报告需经国家城乡建设环境保护部门审批。中、小型工程项目,应按项目的隶属关系,由国家主管部门或省、直辖市、自治区审批。

附:制药工程项目设计的基本程序

制药工程项目从设想到交付施工、投产整个过程的基本工作程序如图12-1所示。此工作程序分为设计前期、设计中期和设计后期三个阶段,这三个阶段是互相联系的,不同的阶段所要进行的工作不同,而且是步步深入的。

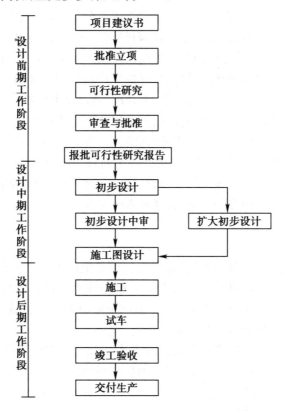

图 12-1　制药工程项目设计基本程序

第二节　厂区布局

厂区布局设计是在主管部门批准的既定厂址和工业企业总体规划的基础上,按照生产工艺流程及安全、运输等要求,经济、合理地确定厂区内所有建筑物、构筑物(如水塔、乙醇回收蒸馏塔等)、道路、运输、工程管线等设施的平面及立面布置关系。

一、厂区布局设计的意义

制药企业实施 GMP 是一项系统工程,涉及设计、施工、管理、监督等方方面面,对其中的每一个环节,都有国家法令、法规的约束,必须依律而行。而工程设计作为实施 GMP 的第一步,其重要地位和作用更不容忽视。设计是一门涉及科学、技术、经济和国家方针政策等多方面因素的综合性应用技术,制药企业厂区平面布局设计要综合工艺、通风、土建、水、电、动力、自动控制、设备等专业的要求,是各专业之间的有机结合,是整个工程的灵魂。设计是药品生产形成的前期工作,因此,需要进行论证确认。设计时应主要围绕药品生产工艺流程,遵守《药品生产质量管理规范》中有关对硬件要求的规定。

"药品质量是设计和生产出来的",这一原则是科学原理,也是人们在进行药品生产的实践中总结出来并深刻认识的客观规律。制药企业应该像对主要物料供应商质量体系评估一样,对医药工程设计单位进行市场调研,选择好医药工程设计单位;并在设计过程中集思广益,把重点放在设计方案的优化、技术先进性的确定、主要设备的选择上。

厂区平面布局设计是工程设计的一个重要组成部分,其方案是否合理直接关系到工程设计的质量和建设投资的效果。总平面布置的科学性、规范性、经济合理性,对于工程施工会有很大的影响。科学合理的总平面布置可以大大减少建筑工程量,节省建筑投资,加快建设速度,为企业创造良好的生产环境,提供良好的生产组织经营条件。总平面设计不协调、不完善,不仅会使工程项目的总体布局紊乱、不合理,建设投资增加,而且项目建成后还会带来生产、生活和管理上的问题,甚至影响产品质量和企业的经营效益。

厂区平面布局设计不仅要与 GMP 认证结合起来,更主要的是要把"认证通过"与"生产优质高效的药品"的最终目标结合起来。在厂区平面布局设计方面,应该把握住"合理、先进、经济"三原则,也就是设计方案要科学合理,能有效地防止污染和交叉污染;采用的药品生产技术要先进;而投资费用要经济节约,降低生产成本。

二、厂区划分

我国《药品生产质量管理规范》第八条规定:"药品生产企业必须有整洁的生产环境;厂区的地面、路面及运输等不应对药品的生产造成污染;生产、行政、生活和辅助区的总体布局应合理,不得互相妨碍。"根据这条规定,药品生产企业应将厂区按建筑物的使用性质进行归类分区布置,即使老厂规划改造时也应这样做。

厂区划分就是根据生产、管理和生活的需要,结合安全、卫生、管线、运输和绿化的特点,将全厂的建(构)筑物划分为若干个联系紧密而性质相近的单元,以便进行总体布置。

厂区划分一般以主体车间为中心,分别对生产、辅助生产、公用系统、行政管理及生活设施进行归类分区,然后进行总体布置。

1. 生产车间　厂内生产成品或半成品的主要工序部门称为生产车间,如原料药车间、制剂车间等。生产车间可以是多品种共用,也可以为生产某一产品而专门设置。生产车间通常由若干建(构)筑物(厂房)组成,是全厂的主体。根据工厂的生产情况可将其中的 1~2 个主体车间作为厂区布置的中心。

2. 辅助车间及公用系统　协助生产车间正常生产的辅助生产部门,称为辅助车间,如机修、电工、仪表等车间。辅助车间也由若干建(构)筑物(厂房)组成。公用系统包括供水、供电、锅炉、冷冻、空气压缩等车间或设施,其作用是保证生产车间的顺利生产和全厂各部门的正常运转。

3. 行政管理区　由办公室、汽车库、食堂、传达室等建(构)筑物组成。

4. 生活区　由职工宿舍、绿化美化等建(构)筑物和设施组成,是体现企业文化的重要部分。

三、厂区设计原则

每个城镇或区域一般都有一个总体发展规划,对该城镇或区域的工业、农业、交通运输、服务业等进行合理布局和安排。城镇或区域的总体发展规划,尤其是工业区规划和交通运输规划,是所建企业的重要外部条件。因此,在进行厂区总体平面设计时,设计人员一定要了解项目所在城镇或区域的总体发展规划,使厂区总体平面设计与该城镇或区域的总体规划相适应。

1. 满足生产要求、工艺流程合理　生产厂房包括一般厂房和有空气洁净度级别要求的洁净厂房。一般厂房按一般工业生产条件和工艺要求,洁净厂房按《药品生产质量管理规范》的要求。

预防污染是厂房规划设计的重点。制药企业的洁净厂房必须以微粒和微生物两者为主要控制对象,这是由药品及其生产的特殊性所决定的;设计与生产都要坚持控制污染的主要原则。

药品 GMP 的核心就是预防生产中药品的污染、交叉污染、混批、混杂。总平面设计原则就是依据药品 GMP 的规定创造合格的布局,合理的生产场所。具体地讲,交叉污染是指通过人流、工具传送、物料传输和空气流动等途径,将不同品种药品的成分互相干扰、污染,或是因人工、器具、物料、空气等不恰当的流向,让洁净级别低的生产区的污染物传入洁净级别高的生产区,造成交叉污染。所谓混杂,是指因平面布局不当及管理不严,造成不合格的原料、中间体及半成品的继续加工误作合格品而包装出厂,或生产中遗漏任何生产程序或控制步骤。

工艺布局遵循"三协调"原则,即人流物流协调,工艺流程协调,洁净级别协调。洁净厂房宜布置在厂区内环境清洁、人流物流不穿越或少穿越的地段,与市政交通干道的间距宜大于 100m。车间、仓库等建(构)筑物应尽可能按照生产工艺流程的顺序进行布置,将人流和物流通道分开,并尽量缩短物料的传送路线,避免与人流路线的交叉。同时,应合理设计厂内的运输系统,努力创造优良的运输条件和效益。

在进行厂区总体平面设计时,应面向城镇交通干道方向做企业的正面布置,正面的建(构)筑物应与城镇的建筑群保持协调。厂区内占地面积较大的主厂房一般应布置在中心地带,其他建(构)筑物可合理配置在其周围。工厂大门至少应设两个以上,如正门、侧门和后门等,工厂大门及生活区应与主厂房相适应,以方便职工上下班。

对有洁净厂房的药厂进行总平面设计时,设计人员应对全厂的人流和物流分布情况进行全面分析和预测,合理规划和布置人流和物流通道,并尽可能避免不同物流之间以及物流与人流之间的交叉往返。厂区与外部环境之间以及厂内不同区域之间,可以设置若干个大门。为人流设置的大门,主要用于生产和管理人员出入厂区或厂内的不同区域;为物流设置的大门,主要用于厂区与外部环境之间以及厂内不同区域之间的物流输送。无关人员或物料不得穿越洁净区,以免影响洁净区的洁净环境。

2. 充分利用厂址的自然条件　总平面设计应充分利用厂址的地形、地势、地质等自然条件,因地制宜,紧凑布置,提高土地的利用率。若厂址位置的地形坡度较大,可采用阶梯式布置,这样既能减少平整场地的土石方量,又能缩短车间之间的距离。当地形、地质受到限制时,应采取相应的施工措施,既不能降低总平面设计的质量,也不能留下隐患,否则长期会影响生产经营。

3. 考虑企业所在地的主导风向、减少环境污染　有洁净厂房的药厂,厂址不宜选在多风沙地区,周围的环境应清洁,并远离灰尘、烟气、有毒和腐蚀性气体等污染源。如实在不能远离时,洁净厂房必须布置在全年主导风向的上风处。总平面设计应充分考虑地区的主导风向对药厂环境质量的影响,合理布置厂区及各建(构)筑物的位置。厂址地区的主导风向是指风吹向厂址最多的方向,可从当地气象部门提供的风玫瑰图查得。

风玫瑰图表示一个地区的风向和风向频率。风向频率是在一定的时间内,某风向出现的次数占总观测次数的百分比。风玫瑰图在直角坐标系中绘制,坐标原点表示厂址位置,风向可按 8 个、12 个或 16 个方位指向厂址,如图 12-2 所示。当地气象部门根据多年的风向观测资料,将各个方向的风向频率按比例和方位标绘在直角坐标系中,并用直线将各相邻方向的端点连接起来,构成一个形似玫瑰花的闭合折线,这就是风玫瑰图。

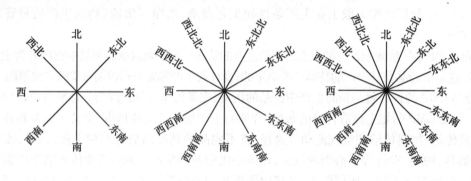

图 12-2　风向方位

图 12-3 为部分地区全年风向的风玫瑰图,图中虚线表示夏季的风玫瑰图。

原料药生产区应布置在全年主导风向的下风侧,而洁净区则应布置在常年主导风向的上风侧,以减少有害气体和粉尘的影响。

工厂烟囱是典型的灰尘污染源。按照污染程度的不同,烟囱烟尘的污染范围可分为"严重污染区"、"较重污染区"和"轻污染区"。如图 12-4 所示,Ⅰ区所代表的六边形区域为严重污染区,Ⅱ区所代表的六边形区域(不含Ⅰ区)为较重污染区,其余区域为轻污染区。因此,对有洁净厂房的工厂进行总平面设计时,不仅要处理好洁净厂房与烟囱之间的风向位置关系,而且要与烟囱保持足够的距离。

严重污染区(Ⅰ区):以烟囱为顶点,以主导风向为轴,两边张角 90°,长轴为烟囱高度的 12 倍,短轴与长轴相垂直为烟囱高度的 6 倍,所构成的六边形为严重污染区。

较重污染区(Ⅱ区):与Ⅰ区有同样的原点和主轴,该区长轴相当于烟囱的 24 倍,短轴相当于烟囱的 12 倍,所构成的六边形中扣除Ⅰ区即为较重污染区。

轻污染区(Ⅲ区):烟囱顶点下风向直角范围内除去Ⅰ区、Ⅱ区之外的区域。

工业设施排放到大气中的污染物,一般多为粉尘、烟雾和有害气体,其中煤烟在大气中的扩散有时甚至可以影响自地表面起 300m 高度和水平距离 1~10km。有洁净室的工厂在总体设计时,除了处理好厂房与烟囱之间的风向位置关系外,其间距不宜小于烟囱高度的 12 倍。

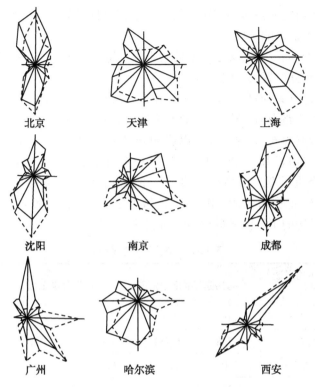

图 12-3　部分地区全年风向的风玫瑰图

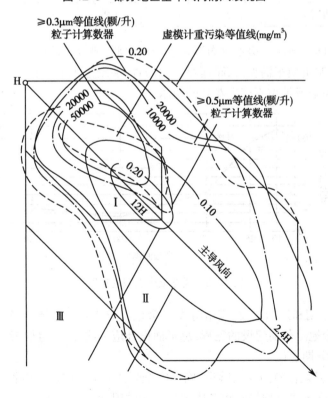

Ⅰ—严重污染区；Ⅱ—较重污染区；Ⅲ—轻污染区

图 12-4　烟囱烟尘污染分区模式图

必须指出,以上研究只是对烟囱污染状况做了相对区域划分,每个烟囱会依其源强、风力及周围情况等因素而影响不同。

道路既是振动源和噪声源,又是主要的污染源。道路尘埃的水平扩散,是总体设计中研究洁净厂房与道路相互位置关系时必须考虑的一个重要方面。道路不仅与风速、路面结构、路旁绿化和自然条件有关,而且与车型、车速和车流量有关。下面是一个课题组对道路尘源影响范围的研究:该道路为沥青路面,两侧无路肩和人行道,无组织排水,路边有少量柳树,路边有少量房屋,两侧为农田,附近无足以影响测试的其他尘源,与路边不同距离 1.2m 高处含尘浓度测定结果如表 12-2 和图 12-5 所示,根据道路烟尘浓度的衰减趋势,道路两侧的污染区也可分为"严重污染区"、"较重污染区"和"轻污染区"。对一般道路而言,距离路边50m 以内的区域为严重污染区,50~100m 的区域为较重污染区,100m 以外的区域为轻污染区。因此,有洁净厂房的工厂应尽量远离铁路、公路和机场。

表 12-2 道路污染的影响

机动车平均流量（辆/小时）	平均风速（m/s）	与路边不同距离 1.2m 高处空气含尘浓度（mg/m³）（10 次平均）					
871	1.8	0m	10m	25m	50m	100m	150m
滤膜计重测定结果		1.558	1.781	1.498	0.630	0.220	0.350
滤膜计重测定结果浓度比		1.0	1.13	0.96	0.40	0.14	0.22
粒子计重测定结果		81256	74468	74482	73541	47021	
粒子计重测定结果浓度比		1.0	0.92	0.92	0.91	0.58	

在总平面设计时,洁净厂房不宜布置在主干道两侧,要合理设计洁净厂房周围道路的宽度和转弯半径,限制重型车辆驶入,路面要采用沥青、混凝土等不易起尘的材料构筑,露土地面要用耐寒草皮覆盖或种植不产生花絮的树木。

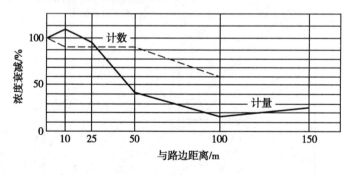

图 12-5 道路烟尘衰减趋势图

4. 全面考虑远期和近期建设、应留有发展余地 总平面设计要考虑企业的发展要求,留有一定的发展余地。分期建设的工程,总平面设计应一次完成,且要考虑前期工程与后续工程的衔接,然后分期建设。

5. 考虑防火防爆、注意防振防噪声、确保安全 工厂建(构)筑物的相对位置初步确定以后,就要进一步确定建筑物的间距。决定建筑物的因素主要有防火、防爆、防毒、防尘等防护要求和通风、采光等卫生要求,还有地形、地质条件、交通运输、管线等综合要求。

（1）卫生要求：应将卫生要求相近的车间集中布置，将产生粉尘、有害气体的车间布置在厂区下风的边缘地带。注意建筑物的方位、形状，保证天然采光和自然通风。

（2）防火要求：建筑物的防火间距是根据所生产产品的火灾危险性、建筑物的耐火等级、建筑面积、建筑层数等因素确定的。

依据建筑构件所用材料的燃烧性能，建筑物的耐火等级分为四级，见表12-3。依据生产所使用物质的火灾危险分为五类，即甲类至戊类，见附表12-1。

表12-3　厂房的防火间距（m）

防火间距　耐火等级　耐火等级	一、二级	三级	四级
一、二级	10	12	14
三级	12	14	16
四级	14	16	18

总的来说，制药企业必须有整洁的生产环境，生产区的地面、路面及运输不应对药品生产造成污染；厂房设计要求合理，并达到生产所要求的质量标准；还应考虑到生产扩大的拓展可能性和变换产品的机动灵活性。总之要做到：环境无污染，厂区要整洁；区间不妨碍，发展有余地。

四、设计注意要点

具体而言，要针对具体品种的特殊性，在总体布局上严格划分区域，特别是一些特殊品种，在总平面设计时，除了遵循上述原则外，还应注意以下设计要点。

1. 生产 β-内酰胺结构类药品的厂房与其他厂房严格分开，生产青霉素类药品的厂房不得与生产其他药品的厂房安排在同一建筑物内。避孕药品、激素类、抗肿瘤类化学药品的生产也应使用专用设备，厂房应装有防尘及捕尘设施，空调系统的排气应经净化处理。生产用菌毒种与非生产用菌毒种、生产用细胞与非生产用细胞、强毒与弱毒、死毒与活毒、脱毒前与脱毒后的制品和活疫苗、人血液制品、预防制品等的加工或灌装不得同时在同一厂房内进行，其贮存要严格分开。

2. 药材的前处理、提取、浓缩（蒸发）以及动物脏器、组织的洗涤或处理等生产操作，不得与其制剂生产使用同一厂房。

3. 实验动物房与其他区域严格分开。

4. 生产区应有足够的平面和空间，并且要考虑与邻近操作的适合程度与通讯联络。有足够的地方合理安放设备和材料，使能有条理地进行工作，从而防止不同药品的中间体之间发生混杂，防止由其他药品或其他物质带来的交叉污染，并防止遗漏任何生产或控制事故的发生。除了生产工艺所需房间外，还要合理考虑以下房间的面积，以免出现错误：存放待检原料、半成品室的面积；中间体化验室的面积；设备清洗室的面积；清洁工具间的面积；原辅料加工、处理室的面积；存放待处理的不合格原材料、半成品室的面积。

5. **仓库的安排**　根据工艺流程，在仓库与车间之间设置输送原辅料的进口及输送成品的出口,使之运输距离最短;要注意到洁净厂房使用的原辅料、包装材料及成品待验仓库宜与洁净厂房布置在一起,有一定的面积;若生产品种较多,可将仓库设于中央通道一侧,使之方便地将原辅料分别送至各生产区及接受各生产区的成品,多层厂房一般将仓库设在底层,或紧贴多层建筑的单层厂房内。

6. 物料的贮存 物料贮存场所应设置能确保与其洁净级别相适应的温度、湿度和洁净度控制的设施;不仅洁净级别分区,而且物料也应分区;原辅料、半成品和成品以及包装材料的贮存区也应分区;待验品、合格和不合格品应有足够的面积存放,并严格分开。贮存区与生产区的距离要尽量缩短,以减少途中污染。

实际上,总体规划的厂区布置是个总纲,十分重要,必须要在一定程度上给生产管理、质量管理和检验等带来方便和保证。

五、厂区总体设计的内容

厂区总体设计的内容繁杂,涉及的知识面很广,影响因素很多,矛盾也错综复杂,因此在进行厂区总体设计时,设计人员要善于听取和集中各方面的意见,充分掌握厂址的自然条件、生产工艺特点、运输要求、安全和卫生指标、施工条件以及城镇规划等相关资料,按照厂区总体设计的基本原则和要求,对各种方案进行认真的分析和比较,力求获得最佳设计效果。工程项目的厂区总体设计一般包括以下内容。

1. 平面布置设计 平面布置设计是总平面设计的核心内容,其任务是结合生产工艺流程特点和厂址的自然条件,合理确定厂址范围内的建(构)筑物、道路、管线、绿化等设施的平面位置。

2. 立面布置设计 立面布置设计是总平面设计的一个重要组成部分,其任务是结合生产工艺流程特点和厂址的自然条件,合理确定厂址范围内的建(构)筑物、道路、管线、绿化等设施的立面位置。

3. 运输设计 根据生产要求、运输特点和厂内的人流、物流分布情况,合理规划和布置厂址范围内的交通运输路线和设施。

厂区内道路的人流、物流分开对保持厂区清洁卫生关系很大。药品生产所用的原辅料、包装材料、燃料等很多,成品、废渣还要运出厂外,运输相当频繁。假如人流物流不清,灰尘可以通过人流带到车间;物流若不设计在离车间较远的地方,对车间污染就很大。洁净厂房周围道路要宽敞,能通过消防车辆;道路应选用整体性好、起尘少的覆面材料。

4. 管线布置设计 根据生产工艺流程及各类工程管线的特点,确定各类物流、电气仪表、采暖通风等管线的平面和立面位置。

5. 绿化设计 由于药品生产对环境的特殊要求,药厂的绿化设计就显得更为重要。随着制药工业的发展和 GMP 在制药工业中的普遍实施,绿化设计在药厂总平面设计中的重要性越来越显著。

绿化有滞尘、吸收有害气体与抑菌、美化环境等作用,符合 GMP 要求的制药厂都有比较高的绿化率。绿化设计是总平面设计的一个重要组成部分,应在总平面设计时统一考虑。绿化设计的主要内容包括绿化方式选择、绿化区平面布置设计等。

要保持厂区清洁卫生,首要的一条要求就是生产区内及周围应无露土地面。这可通过草坪绿化及其他一些手段来实现。一般来说,洁净厂房周围均有大片的草坪和常绿树木。有的药厂一进厂门就是绿化区,几十米后才有建筑物,在绿化方面,应以种植草皮为主;选用的树种宜常绿,不产生花絮、绒毛及粉尘,也不要种植观赏花木、高大乔木,以免花粉对大气造成污染,个别过敏体质的人很可能导致过敏。

水面也有吸尘作用。水面的存在既能美化环境,还可以起到提供消防水源的作用。有些制药厂选址在湖边或河流边,或者建造人工喷水池,就是这个道理。

没有绿化,或者暂时不能绿化又无水面的地表,一定要采取适当措施来避免地面露土。例如,覆盖人工树皮或鹅卵石等。而道路应尽量采用不易起尘的柏油路面,或者混凝土路面。目的都是减少尘土的污染。

6. 土建设计　土建设计的通则,车间底层的室内标高,不论是多层或单层,应高出室外地坪 0.5～1.5m。如有地下室,可充分利用,将冷热管、动力设备、冷库等优先布置在地下室内。新建厂房的层高一般为 2.8～3.5m,技术夹层净高 1.2～2.2m,仓库层高 4.5～6.0m,一般办公室、值班室高度为 2.6～3.2m。

厂房层数的考虑应根据投资较省、工期较快、能耗较少、工艺路线紧凑等要求,以建造单层大框架大面积的厂房为好。其优点是:①大跨度的厂房,柱子减少,分隔房间灵活、紧凑,节省面积;②外墙面积较少,能耗少,受外界污染也少;③车间布局可按工艺流程布置得合理紧凑,生产过程中交叉污染的机会也少;④投资省、上马快,尤其对地质条件较差的地方,可使基础投资减少;⑤设置安装方便;⑥物料、半成品及成品的输送,有利于采用机械化运输。

多层厂房虽然存在一些不足,例如有效面积少(因楼梯、电梯、人员净化设施占去不少面积)、技术夹层复杂、建筑载荷高、造价相对高,但是这种设计安排也不是绝对的,常常有片剂车间设计成二至三层的例子,这主要考虑利用位差解决物料的输送问题,从而可节省运输能耗,并减少粉尘。

土建设计应注意的问题,地面构造重点要解决一个基层防潮的性能问题。地面防潮,对在地下水位较高的地段建造厂房特别重要。地下水的渗透能破坏地面面层材料的黏结。解决隔潮的措施有两种:一是在地面混凝土基层下设置膜式隔气层;一是采用架空地面,这种地面形式对今后车间局部改造时改动下水管道时较方便。

7. 特殊房间的设计要求　特殊房间的设计主要包括:实验动物房的设计、称量室的设计、取样间的设计。

8. 厂房防虫等设施的设计　我国《药品生产质量管理规范》第十条规定:"厂房应有防止昆虫和其他动物进入的设施。"昆虫及其他动物的侵扰是造成药品生产中污染和交叉污染的一个重要因素。具体的防范措施是:纱门纱窗(与外界大气直接接触的门窗),门口设置灭虫灯、草坪周围设置灭虫灯,厂房建筑外设置隔离带,入门处外侧设置空气幕等。

(1)灭虫灯:主要为黑光灯,诱虫入网,达到灭虫目的。

(2)隔离带:在建筑物外墙之外约 3m 宽内可铺成水泥路面,并设置几十厘米深与宽的水泥排水沟,内置砂层和卵石层,适时可喷洒药液。

(3)空气幕:在车间入门处外侧安装空气幕,并投入运转。做到"先开空气幕、后开门"和"先关门、后关空气幕"。也可在空气幕下安挂轻柔的条状膜片,随风飘动,防虫效果较好。也可以建立一个规程,使用经过批准的药物,以达到防止昆虫和其他动物干扰的目的,达到防止污染和交叉污染的目的。

在制药企业所在地区的生态环境中,有哪些可能干扰药厂环境的昆虫及其他动物,可以请教生物学专家及防疫专家;在实践中黑光灯诱杀昆虫的标本,应予记录,并可供研究。仓库等建筑物内可设置"电猫"及其他防鼠措施。

六、厂区总体设计的技术经济指标

根据厂区总体设计的依据和原则,有时可以得到几种不同的布置方案。为保证厂区总体设计的质量,必须对各种方案进行全面的分析和比较,其中的一项重要内容就是对各种方案的技术经济指标进行分析和比较。总设计的技术经济指标包括全厂占地面积、堆场及作业场占地面积、建(构)筑物占地面积、建筑系数、道路长度及占地面积、绿地面积及绿地率、围墙长度、厂区利用系数和土方工程量等。其中比较重要的指标有建筑系数、厂区利用系数、土方工程量等。

1. 建筑系数　建筑系数可按式(12-1)计算。

$$建筑系数 = \frac{建(构)筑物占地面积 + 堆场、作业场占地面积}{全厂占地面积} \times 100\% \tag{12-1}$$

建筑系数反映了厂址范围内的建筑密度。建筑系数过小,不仅占地多,而且会增加道路、管线等的费用;但建筑系数也不能过大,否则会影响安全、卫生及改造等。制药企业的建筑系数一般可取 25%～30%。

2. 厂区利用系数　建筑系数尚不能完全反映厂区土地的利用情况,而厂区利用系数则能全面反映厂区的场地利用是否合理。厂区利用系数可按式(12-2)计算。

$$厂区利用系数 = \frac{建(构)筑物、堆场、作业场、道路、管线的总占地面积}{全厂占地面积} \times 100\% \tag{12-2}$$

厂区利用系数是反映厂区场地有效利用率高低的指标。制药企业的厂区利用系数一般为 60%～70%。

3. 土方工程量　如果厂址的地形凹凸不平或自然坡度太大,则需要对场地进行平整。平整场地所需的土方工程量越大,则施工费用就越高。因此,要现场测量挖土填石所需的土方工程量,尽量少挖少填,并保持挖填土石方量的平衡,以减少土石方的运出量和运入量,从而加快施工进度,减少施工费用。

4. 绿地率　由于药品生产对环境的特殊要求,保证一定的绿地率是药厂总平面设计中不可缺少的重要技术经济指标。厂区绿地率可按式(12-3)计算。

$$绿地率 = \frac{厂区集中绿地面积 + 建(构)筑物与道路网及围墙之间的绿地面积}{全厂占地面积} \times 100\%$$

$$\tag{12-3}$$

七、厂区总体平面布置图

在总体布局上应注意各部门的比例适当,如占地面积、建筑面积、生产用房面积、辅助用房面积、仓储用房面积、露土和不露土面积等。还应合理地确定建筑物之间的距离。建筑物之间的防火间距与生产类别及建筑物的耐火等级有关,不同的生产类别及建筑物的不同耐火等级,其防火间距不同。危险品仓库应置偏僻地带。实验动物房应与其他区域严格分开,其设计建造应符合国家有关规定。

对厂区进行区域划分后,即可根据各区域的建(构)筑物组成和性质特点进行总平面布置。图 12-6 为某药厂的总平面布置示意图。图 12-7 和图 12-8 为药厂厂区布局图。厂址所在位置的全年主导风向为东南风,因此,多种制剂车间布置在上风处,而原料药生产区则布置在下风处。库区布置在厂区西侧,且原料仓库靠近原料药生产车间,包装材料仓库和成品仓库靠近制剂车间,以缩短物料的运输路线。全厂分别设有物流出入口、人流出入口和自行车出入口,人流、物流路线互不交叉。在办公区和正门之间规划了 3 片集中绿地,出入厂区的人流可在此处集散,并使人有置身于园林之感。厂区主要道路的宽度为 10m,次要道路的宽度为 4m 或 7m,采用发尘量较少的水泥路面。绿化设计按 GMP 的要求,以不产生花絮的树木为主,并布置大面积的耐寒草皮,起到减尘、减噪、防火和美化的作用。

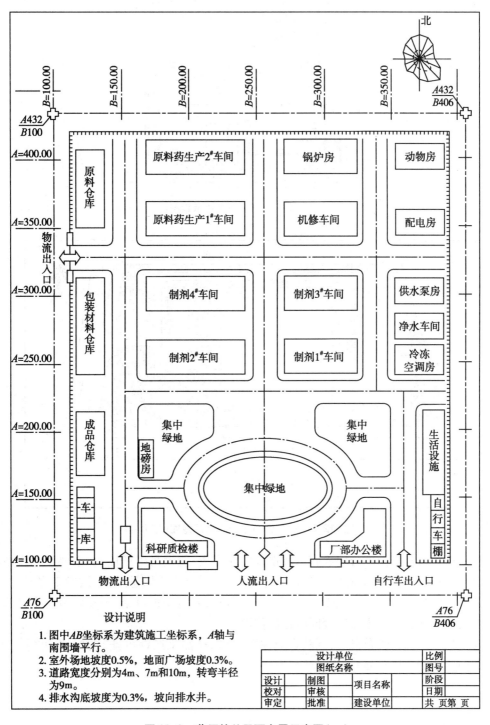

图 12-6　药厂的总平面布置示意图(一)

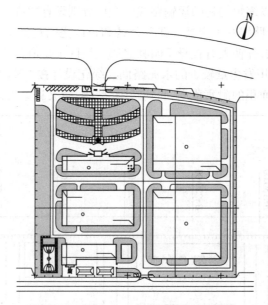

图 12-7　药厂的总平面布置示意图(二)

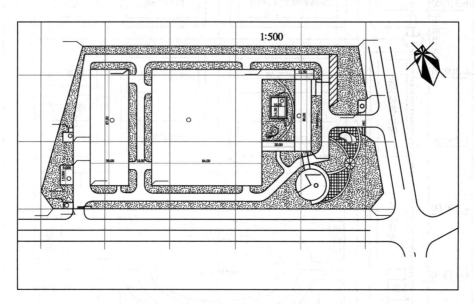

图 12-8　药厂的总平面布置示意图(三)

生产性项目和辅助性公用设施已按设计要求完成,能满足生产使用;主要工艺设备、配套设施经单机试车和联动负荷试车合格;空调净化系统完成风量平衡,洁净室完成粒子测定,并有书面报告;生产准备工作能适应投产的需要;环境保护设施、劳动安全卫生设施、消防设施已按设计要求与主体工程同时建成使用。

建设项目工程验收合格后,制药企业才能提出《药品生产许可证》的申请,并需试生产一段时间后才能申请药品 GMP 认证。

第三节　厂址选择与设计的法律依据

厂址选择与设计必须执行一定的规范和标准,才能保证设计质量。标准主要指企业的产品,规范侧重于设计所要遵守的规程。标准与规范是不可分割的,由于它们会不断地更新,设计人员要将最新的内容用于设计中。

按指令性质可将标准和规范分为强制性与推荐性两类。强制性标准是法律、行政法规规定强制执行的标准,是保障人体健康、安全的标准。而推荐性标准则不具强制性,任何单位均有权决定是否采用,如违反这些标准并不负经济或法律方面的责任。按发布单位又可将规范和标准分为国家标准、行业标准、地方标准和企业标准。以下为制药企业设计中常用的有关国家的规范和标准。

1. 《药品生产质量管理规范》(2010 年修订);
2. 《医药工业洁净厂房设计规范》GB 50457—2008;
3. 《洁净厂房设计规范》GB 50073—2013;
4. 《建筑设计防火规范》GB 50016—2006;
5. 《爆炸和火灾危险环境电力装置设计规范》GB 50058—2008;
6. 《工业企业设计卫生标准》GB Z1—2010;
7. 《污水综合排放标准》GB 8978—2008;
8. 《工业企业厂界噪声标准》GB 12348—1990;
9. 《钢制压力容器》GB 150—2011;
10. 《工业企业采光设计标准》GB 50033—91;
11. 《工业企业照明设计标准》GB 50034—92;
12. 《工业建筑防腐蚀设计规范》GB 50046—2008;
13. 《化工企业安全卫生设计规定》HG20571—95;
14. 《化工装置设备布置设计规范》HG/T 20546—2009;
15. 《化工装置管道布置设计规定》HG T20549—1998;
16. 《建设项目环境保护管理条例》(中华人民共和国国务院[1998]年第 253 号令);
17. 《工业企业噪声控制设计规范》GB J87—85;
18. 《环境空气质量标准》GB 3095—2012;
19. 《锅炉大气污染物排放标准》GB 13271—2001;
20. 《工业"三废"排放试行标准》GB J4—73;
21. 《建筑灭火器配置设计规范》GB 50140—2005;
22. 《建筑物防雷设计规范》GB 50057—2010;
23. 《火灾自动报警系统设计规范》GB 50116—98;
24. 《建筑内部装修设计防火规范》GB 50222—2001;
25. 《自动喷水灭火系统设计规范》GB 50084—2001;
26. 《建筑结构荷载规范》GB 50009—2012;
27. 《民用建筑设计通则》GB 50352—2005;
28. 《建筑结构设计统一标准》GB J68—84;
29. 《建筑给排水设计规范》GB 50015—2010;

30.《建筑结构制图标准》GB/T50105—2010；

31.《建筑地面设计规范》GB 50352—2005；

32.《厂矿道路设计规范》GB J22—87；

33.《通风与空调工程施工及验收规范》GB 50243—97；

34.《自动化仪表选型设计规定》HGT 20507—2000。

（杨 波 王 沛）

附表 12-1　生产的火灾危险性分类举例

类别	举例
甲类	1. 闪点 <28℃的油品和有机溶剂的提炼、回收或洗涤部位及其泵房，橡胶制品的涂胶和胶浆部位，二硫化碳的粗馏、精馏工段及其应用部位，青霉素提炼部位，原料药厂的非那西丁车间的烃化、回收及电感精馏部位，皂素车间的抽提、结晶及过滤部位，冰片精制部位，农药厂乐果厂房、敌敌畏的合成厂房，磺化法糖精厂房，氯乙醇厂房，环氧乙烷、环氧丙烷工段，苯酚厂房的磺化、蒸馏部位，焦化厂吡啶工段，胶片厂片基厂房，汽油加铅室，甲醇、乙醇、丙酮、丁酮异丙醇、乙酸乙酯、苯等的合成或精制厂房，集成电路工厂的化学清洗间（使用闪点 <28℃的液体），植物油加工厂的浸出厂房
	2. 乙炔站，氢气站，石油气体分馏（或分离）厂房，氯乙烯厂房，乙烯聚合厂房，天然气、石油伴生气、矿井气、水煤气或焦炉煤气的净化（如脱硫）厂房压缩机室及鼓风机室，液化石油气罐瓶间，丁二烯及其聚合厂房，乙酸乙烯厂房，电解水或电解食盐厂房，环己酮厂房，乙基苯和苯乙烯厂房，化肥厂的氢氮气压缩厂房，半导体材料厂使用氢气的拉晶间，硅烷热分解室
	3. 硝化棉厂房及其应用部位，赛璐珞厂房，黄磷制备厂房及其应用部位，三乙基铝厂房，染化厂某些能自行分解的重氮化合物生产，甲胺厂房，丙烯腈厂房
	4. 金属钠、钾加工厂房及其应用部位，聚乙烯厂房的一氯二乙基铝部位、三氯化磷厂房，多晶硅车间三氯氢硅部位，五氧化磷厂房
	5. 氯酸钠、氯酸钾厂房及其应用部位，过氧化氢厂房，过氧化钠、过氧化钾厂房，次氯酸钙厂房
	6. 赤磷制备厂房及其应用部位，五硫化二磷厂房及其应用部位
	7. 洗涤剂厂房石蜡裂解部位，冰醋酸裂解厂房
乙类	1. 闪点 ≥28℃至 <60℃的油品和有机溶剂的提炼、回收、洗涤部位及其泵房，松节油或松香蒸馏厂房及其应用部位，乙酸酐精馏厂房，己内酰胺厂房，甲酚厂房，氯丙醇厂房，樟脑油提取部位，环氧氯丙烷厂房，松针油精制部位，煤油罐桶间
	2. 一氧化碳压缩机室及净化部位，发生炉煤气或鼓风炉煤气净化部位，氨压缩机房
	3. 发烟硫酸或发烟硝酸浓缩部位，高锰酸钾厂房，重铬酸钠（红矾钠）厂房
	4. 樟脑或松香提炼厂房，硫磺回收厂房，焦化厂精萘厂房
	5. 氧气站，空分厂房
	6. 铝粉或镁粉厂房，金属制品抛光部位，煤粉厂房、面粉厂的碾磨部位，活性炭制造及再生厂房，谷物筒仓工作塔，亚麻厂的除尘器和过滤器室

类别	举例
丙类	1. 闪点≥60℃的油品和有机液体的提炼、回收工段及其抽送泵房,香料厂的松油醇部位和乙酸松油脂部位,苯甲酸厂房,苯乙酮厂房,焦化厂焦油厂房,甘油、桐油的制备厂房,油浸变压器室,机器油或变压油罐桶间,柴油罐桶间,润滑油再生部位,配电室(每台装油量>60kg的设备),沥青加工厂房,植物油加工厂的精炼部位 2. 煤、焦炭、油母页岩的筛分、转运工段和栈桥或储仓,木工厂房,竹、藤加工厂房,橡胶制品的压延、成型和硫化厂房,针织品厂房,纺织、印染、化纤生产的干燥部位,服装加工厂房,棉花加工和打包厂房,造纸厂备料、干燥厂房,印染厂成品厂房,麻纺厂粗加工厂房,谷物加工房,卷烟厂的切丝、卷制、包装厂房,印刷厂的印刷厂房,毛涤厂选毛厂房,电视机、收音机装配厂房,显像管厂装配工段烧枪间,磁带装配厂房,集成电路工厂的氧化扩散间、光刻间,泡沫塑料厂的发泡、成型、印片压花部位,饲料加工厂房
丁类	1. 金属冶炼、锻造、铆焊、热轧、铸造、热处理厂房 2. 锅炉房,玻璃原料熔化厂房,灯丝烧拉部位,保温瓶胆厂房,陶瓷制品的烘干、烧成厂房,蒸汽机车库,石灰焙烧厂房,电石炉部位,耐火材料烧成部位,转炉厂房,硫酸车间焙烧部位,电极锻烧工段配电室(每台装油量≤60kg的设备) 3. 铝塑材料的加工厂房,酚醛泡沫塑料的加工厂房,印染厂的漂炼部位,化纤厂后加工润湿部位
戊类	制砖车间,石棉加工车间,卷扬机室,不燃液体的泵房和阀门室,不燃液体的净化处理工段,金属(镁合金除外)冷加工车间,电动车库,钙镁磷肥车间(焙烧炉除外),造纸厂或化学纤维厂的浆粕蒸煮工段,仪表、器械或车辆装配车间,氟利昂厂房,水泥厂的轮窑厂房,加气混凝土厂的材料准备、构件制作厂房

注:(1)在生产过程中,如使用或生产易燃、可燃物质的量较少,不足以构成爆炸或火灾危险时,可以按实际情况确定其火灾危险性的类别。

(2)一座厂房内或防火分区内有不同性质的生产时,其分类应按火灾危险性较大的部分确定,但火灾危险性大的部分占本层或本防火分区面积的比例小于5%(丁、戊类生产厂房的油漆工段小于10%),且发生事故时不足以蔓延到其他部位,或采取防火措施能防止火灾蔓延时,可按火灾危险性较小的部分确定。

(3)丁、戊类生产厂房的油漆工段,当采用封闭喷漆工艺时,封闭喷漆空间内保持负压、且油漆工段设置可燃气体浓度报警系统或自动抑爆系统时,油漆工段占其所在防火分区面积的比例不应超过20%。

名词解释:

地耐力:也称为地基承载力,是指地基承受荷载的能力。

如北京地耐力 $12\sim15t/m^2$,哈尔滨地耐力在 $15\sim20t/m^2$,长春地区的地耐力为 $15\sim20t/m^2$。试验研究表明,在荷载作用下,建筑物地基的破坏通常是由于承载力不足而引起的剪切破坏(不均匀沉降)。

第十三章 车间设计

车间设计是在产品方案确定以后,综合考虑产品方案的合理性、可行性,从中选择一个工艺流程最长、化学反应或单元操作种类最多的产品作为设计和选择工艺设备的基础,同时考虑各产品的生产量和生产周期,确定适应各产品生产的设备,以能互用或通用的设备为优先考虑的设计。它是设计和筹建制药企业首先要完成的任务,也是该项目是否能顺利完成、企业能否获得较大经济效益的关键所在。

车间通常包括原料生产车间和制剂生产车间两大种类型:原料生产车间有化学合成原料、中草药原料、生物制品原料及抗生素发酵车间;制剂生产车间通常是以物态来划分的,如液体制剂车间(如生产注射剂、口服液等);固体制剂车间(如生产片剂、胶囊剂、丸剂、散剂等)。

第一节 洁净车间设计

在《药品生产质量管理规范》中,对制药企业洁净车间作出了明确规定,即把需要对尘埃粒子和微生物含量进行控制的房间或区域定义为洁净车间或洁净区。

《药品生产质量管理规范》根据对尘埃粒子和微生物的控制情况,把洁净车间或洁净区划分为 4 个级别。见表 13-1。

表 13-1 药品生产洁净区域的空气洁净度等级表

洁净度级别	尘粒最大允许数(个/立方米)		微生物最大允许数	
	0.5μm	5μm	浮游菌(个/立方米)	沉降菌(个/皿)
100 级	3500	0	5	1
10 000 级	350 000	2000	100	3
100 000 级	3 500 000	20 000	500	10
300 000 级	10 500 000	60 000	—	15

一、洁净区域

制药企业洁净区域是指各种制剂、原料药、药用辅料和药用包装材料生产中有空气洁净度要求的区域,主要是指药液配制、灌装、粉碎过筛、称量、分装等药品生产过程中的暴露工序和直接接触药品的包装材料清洗等岗位。具体见附表 13-1 及附表 13-2。

二、洁净车间的工艺布局要求

洁净车间中人员和物料的出入通道必须分别设置,原辅料和成品的出入口分开。极易造成污染的物料和废弃物,必要时可设置专用出入口,洁净车间内的物料传递路线应尽量短;人员和物料进入洁净车间要有各自的净化用室和设施。净化用室的设置要求与生产区的洁净级别相适应;生产区域的布局要顺应工艺流程,减少生产流程的迂回、往返;操作区内只允许放置与操作有关的物料,设置必要的工艺设备。用于制造、储存的区域不得用作非区域内工作人员的通道;人员和物料使用的电梯要分开。电梯不宜设在洁净区内,必须设置时,电梯前应设气闸室。

在满足工艺条件的前提下,为提高净化效果,有洁净级别要求的房间宜按下列要求布局:洁净级别高的房间或区域宜布置在人员最少到达的地方,并宜靠近空调机房;不同洁净级别的房间或区域宜按洁净级别高低由里及外布置;洁净级别相同的房间宜相对集中;不同洁净级别房间之间的相互联系要有防止污染措施,如气闸室或传递窗、传递洞、风幕。

原材料、半成品存放区与生产区的距离要尽量缩短,以减少途中污染。原材料、半成品和成品存放区面积要与生产规模相适应。生产辅助用室要求如下:称量室宜靠近原辅料暂存间,其洁净级别同配料室;设备及容器具清洗室要求,十万级区清洗室可放在本区域内,万级区域清洗室可放在十万级区域,百级和无菌万级的清洗室要设在非无菌万级区内,不可设在本区域内;清洁工具洗涤、存放室设在本区域内,无菌万级区域只设清洁器具存放室,百级区不设清洁工具室;洁净工作服的洗涤、干燥室的洁净级别可低于生产区一个级别,无菌服的整理、灭菌后存放与生产区相同;维修保养室不宜设在洁净生产区内。

三、人员与物料净化

人员净化用室包括:门厅(雨具存放)、换鞋室、存外衣室、盥洗室、洁净工作服室、气闸室或空气吹淋室。厕所、淋浴室、休息室等生活用室可根据需要设置,但不得对洁净区产生不良影响。

门厅:是厂房内人员的入口,门厅外要设刮泥格栅,进门后设更鞋柜,在此将外出鞋换下。

存外衣室:也是普更室,在此将穿来的外衣换下,穿一般区的普通工作服。此处需根据车间定员设计,每人一柜。

洁净工作服室:进入洁净区必须在洁净区入口设更换洁净工作服的地方,进入万级洁净区脱衣和穿洁净工作服要分房间,进无菌室不仅脱与穿要分房间,而且穿无菌内衣和无菌外衣之间要进行手消毒。

淋浴与厕所:淋浴由于温湿度,对洁净室易造成污染。所以,洁净厂房内不主张设浴室,如生产特殊产品必须设置时,应将淋浴放到车间存外衣室附近,而且要解决淋浴室排风问题,并使其维持一定的负压。

气闸与风淋:在十几年前的设计中,洁净区入口处一般设风淋室,而在近年的设计中大多采用气闸室。只要在气闸室停滞足够的时间,达到足够的换气次数,完全可以达到净化效果;相反,风淋会将衣物和身体的尘粒吹散,无确定去处。

根据不同的洁净级别和所需人员数量,洁净厂房内人员净化用室面积和生活用室面积,一般按平均每人 $4 \sim 6m^2$ 计算。人员净化用室和生活用室的布置应避免往复交叉。净化程序见图 13-1、图 13-2。

物料净化室包括:物料外包装清洁处理室、气闸室或传递窗(洞),气闸室或传递窗(洞)要设防止同时打开的连锁门或窗。

医药工作洁净车间应设置供进入洁净室(区)的原辅料、包装材料等清洁用的清洁室;对进入非最终灭菌的无菌药品生产区的原辅料、包装材料和其他物品,还应设置供物料消毒

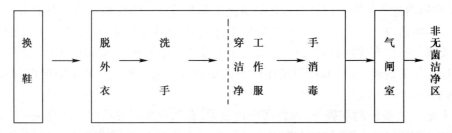

图 13-1　进入非无菌洁净区的生产人员净化程序

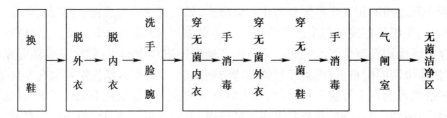

图 13-2　进入无菌洁净区的生产人员净化程序

或灭菌用的消毒灭菌室和消毒灭菌设施。

物料清洁室或灭菌室与清洁室(区)之间应设置气闸室或传递窗(洞),用于传递清洁或灭菌后的原辅料、包装材料和其他物品。传递窗(洞)两边的传递门应有防止同时被打开的措施,密封性好并易于清洁。传递窗(洞)的尺寸和结构,应满足传递物品的大小和重量所需要求。传递至无菌洁净室的传递窗(洞)应设置净化设施或其他防污染设施。

用于生产过程中产生的废弃物的出口不宜与物料进口合用一个气闸室或传送窗(洞),宜单独设置专用传递设施。

四、洁净室形式分类

洁净室按气流形式分为层流洁净室和乱流洁净室。层流气流流线平行,流向单一,按其气流方向又可分为垂直层流和水平层流:垂直层流多用于灌封点的局部保护和层流工作台;水平层流多用于洁净室的全面洁净控制。乱流也称紊流,按气流组织形式可有顶送和侧送等。

1. 垂直层流室　这种洁净室天棚上满布高效过滤器。回风可通过侧墙下部回风口或通过整个格栅地板,空气经过操作人员和工作台时,可将污染物带走。由于气流系单一方向垂直平行流,故因操作时产生的污染物不会落到工作台上去。这样,就可以在全部操作位置上保持无菌无尘,达到 100 级的洁净级别。

2. 水平层流室　室内一面墙上满布高效过滤器,作为送风墙,对面墙上满布回风格栅,作为回风墙。洁净空气沿水平方向均匀地从送风墙流向回风墙。工作位置离高效过滤器越近,能接受到最洁净的空气,可达到 100 级洁净室,依次下去可能是千级、万级。室内不同地方得到不同等级的洁净度。值得注意的是,在我国医药洁净厂房设计中无千级概念,在电子行业中经常用到。

3. 局部层流　即在局部区域内提供层流空气。局部层流装置供一些只需在局部洁净环境下操作的工序使用,如洁净工作台、层流罩及带有层流装置的设备,局部层流装置可放在无菌万级环境下使用,使之达到稳定的洁净效果,并能延长高效过滤器的使用寿命。

4. 乱流洁净室的气流组织方式和一般空调区别不大,即在部分天棚或侧墙上装高效过滤器,作为送风口,气流方向是变动的,存在涡流区,故较层流洁净度低,它可以达到的洁净度是千级至十万级。室内换气次数愈多,所得的洁净度也愈高。工业上采用的洁净室绝大多数是乱流式的,因为具有初投资和运行费用低、改建扩建容易等优点,在医药行业得到普遍应用。

第二节 液体制剂车间

液体制剂车间包括注射剂、合剂、滴眼剂、搽剂等,注射剂则是药品分类中最重要的一类液体制剂,也是对质量要求最严格的剂型,包括最终灭菌小容量注射剂、最终灭菌大容量注射剂、非最终灭菌无菌分装注射剂、非最终灭菌无菌冻干粉注射剂。在设计中可以根据生产规模和企业的需要,将一类或几类注射剂布置在一个厂房内,也可以和其他剂型布置在同一厂房内,但各车间要独立,生产线完全分开,空调系统完全分开。

一、最终灭菌小容量注射剂

最终灭菌小容量注射剂是指装量小于50ml,采用湿热灭菌法制备的灭菌注射剂。除一般理化性质外,无菌、热原或细菌内毒素、澄明度、pH等项目的检查均应符合规定。

(一)主要生产岗位设计要点

最终灭菌的小容量注射剂不是无菌制剂,药品生产的暴露环境最高级别只是1万级,注意没有必要做成局部百级,灌封设备也不要选择加层流罩的设备。

1. 称量 称量室的设备为电子秤,根据物料的量的多少选择秤的量程,小容量注射剂固体物料量较少,所以称量室面积不宜大,秤数量少,安装电插座即可;如果有加炭的生产工艺,需单设称量间并做排风。

2. 配制 是注射剂的关键岗位,按产量和生产班次选择适宜容积的配制罐和配套辅助设备;小容量注射剂的配制量一般不大,罐体积也不大,不必设计操作平台;配制间面积和吊顶高度根据设备大小确定,配制一般高于其他房间。配制间工艺管线较多,需注意管线位置及阀门高度等,设计要本着有利于操作的原则。

3. 安瓿洗涤及干燥灭菌 目前多采用洗、灌、封联动机组进行安瓿洗涤灭菌,只有小产量高附加值产品采用单机灌装,单选安瓿洗涤和灭菌设备。洗瓶干燥灭菌间通常面积大、房间湿热,需注意排风,隧道烘箱的取风量很大,注意送风量设计。

4. 灌封 可灭菌小容量注射剂常用火焰融封,注意气体间的设计,防止爆炸,惰性气体保护要充分,保证药品质量。灌装机产量必须与配制罐体积匹配,每批药品要在4小时内灌装完去灭菌。

5. 灭菌 灭菌前、灭菌后面积要宽敞,方便灭菌小车推拉;灭菌柜容积与批生产量匹配。

6. 灯检 可用自动翻检机和人工灯检,要有不合格品存放区。

7. 印字(贴签)、包装 最好选用不干胶贴标机进行贴签,印字需要油墨涉及消防安全,并且要设局部排风来排异味。

(二)平面布置图参考示例

最终灭菌的小容量注射剂平面布局比较简单,通常在针剂车间里面将最终灭菌小容量注射剂和无菌注射剂布置在同一厂房内,但要严格区分无菌万级和非无菌万级。最终灭菌的小容量注射剂平面布局见图13-3,最终灭菌的小容量注射剂与无菌冻干粉注射剂在同一厂房的平面布局见图13-4。

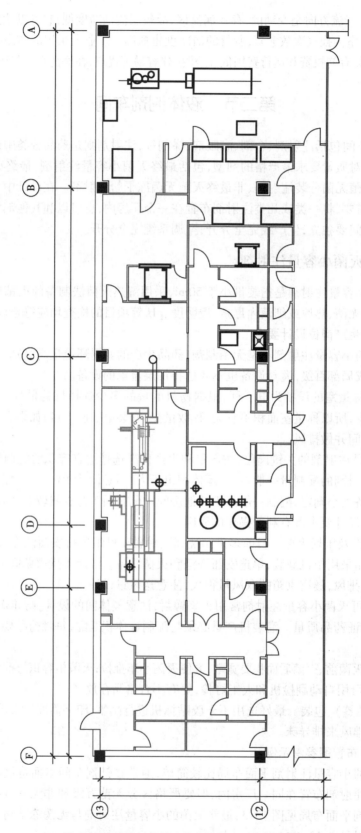

图 13-3　最终灭菌的小容量注射剂平面布局图

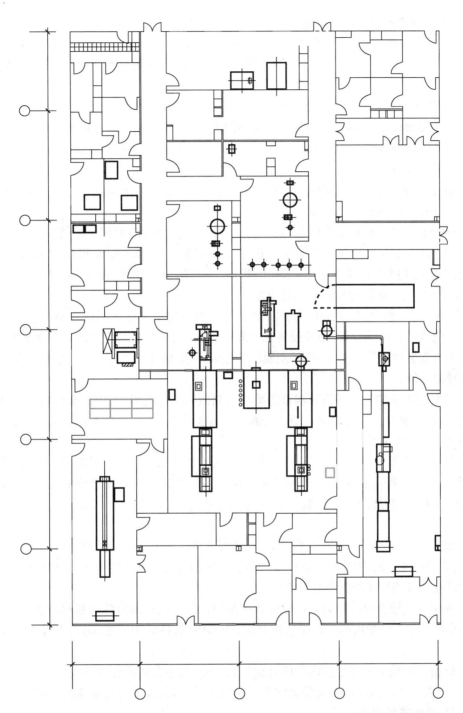

图 13-4　最终灭菌的小容量注射剂与无菌冻干粉注射剂在同一厂房的平面布局图

二、最终灭菌大容量注射剂

最终灭菌大容量注射剂简称大输液或输液,是指 50ml 以上的最终灭菌注射剂。输液容器有瓶型和袋型两种,材质有玻璃、聚乙烯、聚丙烯、聚氯乙烯或复合膜等。

（一）主要生产岗位设计要点

大输液车间是比较复杂的针剂车间,生产设备多,体积大,设计过程中要严格计算,使各环节相匹配。药品装量大,染菌机会多,生产的暴露环境必须是1万级背景下的百级。

1. 注射用水系统　注射用水是大输液中最主要的成分,水的质量是产品质量的关键,蒸馏水机是关键设备,产水量要和输液产量相匹配,并且考虑清洗设备的大量用水。注射用水系统要考虑用纯蒸汽消毒或灭菌,设计产气量适宜的纯蒸汽发生器。注射水生产岗位温度高并且潮湿,需设计排风。

2. 称量　输液原辅料称量间和称炭间分开,并设计捕尘和排风设备;天平、磅秤配备齐全;称量室的洁净级别与浓配一致。

3. 配制及过滤　因输液的配制量大,为了配制均匀,分为浓配和稀配两步,浓配在十万级,稀配在万级,浓配后药液经除炭滤器过滤至稀配罐,再经0.45μm和0.22μm微孔滤膜至灌装;输液配制为生产关键工序,房间面积大,要高吊顶,浓配间在3.5m以上,稀配间配在4m以上,要留出配制罐检修拆卸的空隙。

4. 洗瓶　因玻璃输液瓶重量大、体积大,所以脱外包至暂存至粗洗距离要近。玻璃输液瓶清洗应该选用联动设备,粗洗设备在一般生产区,精洗设备在十万级区且为密闭设备,出口在万级灌装区。根据质量要求,洗瓶设备接饮用水、纯化水和注射水。洗瓶的房间必须设排潮排热系统。

5. 塑料容器的清洗　塑料瓶输液需要设置制瓶和吹洗的房间,用注塑机将塑料瓶制好成型,然后用压缩空气进行吹洗。塑料袋通常不需要清洗,制袋与灌装通常为一体设备。有制瓶制袋的房间需要做排异味处理。

6. 胶塞的处理　在现在的设计中已全部采用丁基胶塞,处理一般用注射水漂洗和硅化然后灭菌,全部过程在胶塞处理机内完成。在过去的设计中使用天然胶塞,必须使用涤纶膜,增加洗膜工序和加膜工序。胶塞处理应设计在十万级,设备出口在万级,加百级层流保护。

7. 灌装　大输液灌装为生产关键岗位,设备选择以先进、可靠为原则,生产能力与稀配罐匹配,必须在4小时内完成一罐液体的灌装。大输液灌装加塞必须在百级层流下进行。使用丁基胶塞没用加涤纶膜和翻塞工序。

8. 灭菌　大输液灭菌柜要采用双扉式灭菌柜,灭菌前、灭菌后的面积尽量大,可以存放灭菌小车。灭菌柜的批次与配液批次相对应,为GMP软件管理方便,尽力设计大装量的灭菌柜。

9. 灯检　大输液要有足够面积的灯检区,合格品与不合格品分区存放。

10. 包装　大输液的贴签包装通常为联动生产线,房间设计要宽敞通风。

（二）平面布置图参考示例

大输液车间平面布局相对复杂一些,由包装形式确定车间平面布局不同,图13-5所示的输液车间平面图包括玻璃瓶输液、塑料瓶输液和软袋输液。

三、非最终灭菌无菌分装注射剂

非最终灭菌无菌分装注射剂是指用无菌工艺操作制备的无菌注射剂。需要无菌分装的注射剂为不耐热,不能采用成品灭菌工艺的产品。

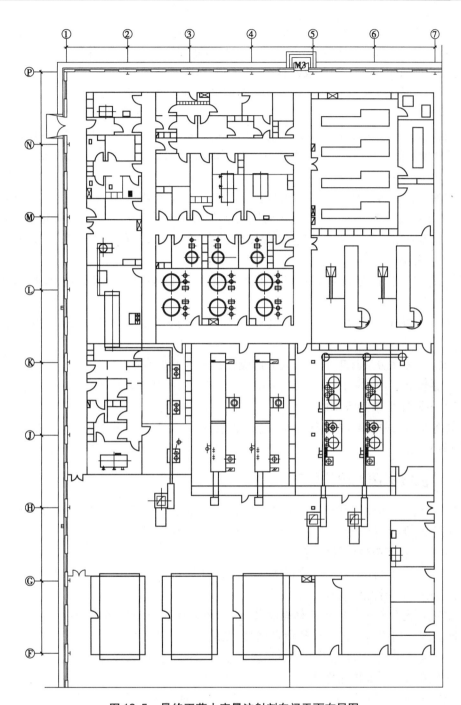

图 13-5 最终灭菌大容量注射剂车间平面布局图

（一）主要生产岗位设计要点

非最终灭菌无菌分装注射剂通常为无菌分装的粉针剂,洁净级别要求高,装量要求精确,通常有低湿度要求。

1. 洗瓶 非最终灭菌注射剂通常用西林瓶分装,西林瓶采用超声波洗瓶机洗涤,隧道灭菌烘箱灭菌干燥。洗瓶用注射水需经换热设备降温,以加强超声波效果,减少碎瓶数量。洗瓶灭菌间必须加大送风量,以保证隧道灭菌烘箱取风量。隧道灭菌烘箱带有层流,保证出瓶环境百级。洗瓶灭菌间要大量排热排潮。

2. 胶塞处理 西林瓶胶塞为丁基胶塞,用胶塞处理机进行清洗、硅化、灭菌。胶塞处理机设计在十万级,出口在无菌万级的百级层流下。

3. 称量 非最终灭菌无菌分装注射剂的称量需在百级层流保护下进行。并设计捕尘和排风装置。

4. 批混 非最终灭菌无菌分装注射剂如为单一成分,则不需设计批混间;如为混合成分则需设计批混间,批混设备的进出料口要在百级层流保护下。目前批混机最好采用料斗式混合机,以减少污染机会。

5. 分装 无菌分装要在百级层流保护下。分装设备可用气流式分装机和螺杆式分装机,气流式分装机需接除油、除湿、除菌的压缩空气,螺杆式分装机应设有故障报警和自停装置。分装过程应用特制天平进行装量检查,螺杆式分装机装量通常比气流式分装机准确一些,但易产生污染。

另外,称量、批混、分装是药品直接暴露的岗位,房间必须做排潮处理,保持房间干燥要求。

6. 压盖 西林瓶压盖应在十万级环境下进行,选用能力与分装设备相匹配的压盖机。

7. 目检 无菌分装注射剂采用人工目检方式进行外观检查。

8. 贴签包装 西林瓶用不干胶贴标机进行贴签,然后装盒装箱。

(二)平面布置图参考示例

非最终灭菌无菌分装注射剂车间工艺设备较少,平面布局不复杂,但级别要考虑周全,详见图 13-6。

四、非最终灭菌无菌注射剂

非最终灭菌无菌注射剂是指用无菌工艺制备的注射剂,包括无菌液体注射剂和无菌冻干粉针注射剂,无菌冻干粉针注射剂较无菌液体注射剂增加冷冻干燥岗位。

(一)主要生产岗位设计要点

以无菌冻干粉针注射剂为例来说明非最终灭菌无菌注射剂生产岗位设计要点具有代表性,并且无菌冻干粉针是无菌制剂的最常见剂型。

1. 洗瓶 无菌冻干粉针用西林瓶灌装,西林瓶采用超声波洗瓶机洗涤,隧道灭菌烘箱灭菌干燥。洗瓶用注射水需经换热设备降温,以加强超声波效果,减少碎瓶数量。洗瓶灭菌间必须加大送风量,以保证隧道灭菌烘箱取风量。隧道灭菌烘箱带有层流,保证出瓶环境百级。洗瓶灭菌间要大量排热排潮。

2. 胶塞处理 西林瓶胶塞为丁基胶塞,用胶塞处理机进行清洗、硅化、灭菌。胶塞处理机设计在十万级,出口在无菌万级间并有百级层流保护。

3. 称量 无菌冻干粉针的称量设在非无菌万级洁净区,设捕尘和排风。

4. 配液 无菌冻干粉针药液的配制岗位设在非无菌万级洁净区,配制罐大小根据生产能力进行选择,通常无菌冻干粉针为高附加值产品,生产量并不大,所以罐体积不大,房间可不必采取高吊顶,根据罐高度确定适当高度。配制间工艺管线较多,需注意管线位置及阀门高度等,设计要人性化,利于操作。

5. 过滤 无菌冻干粉针注射剂在灌装前必须经 $0.22\mu m$ 的滤器进行除菌过滤,过滤设

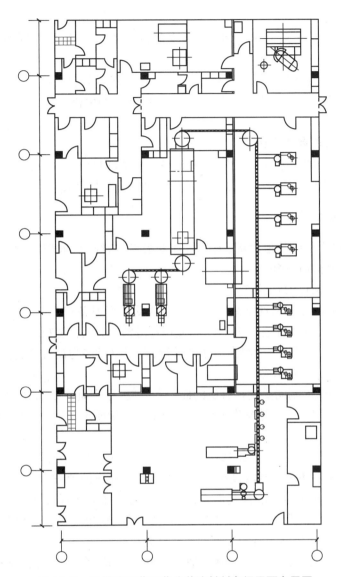

图 13-6 非最终灭菌无菌分装注射剂车间平面布局图

备可设计在配制间内,但接收装置必须在无菌万级洁净区内,可单独设置,也可在灌装间内接收。

6. 灌装 无菌冻干粉针注射剂灌装岗位设在无菌万级洁净区,药液暴露区加百级层流保护,包括灌装机和冻干前室的区域。冻干粉针灌装设备为灌装半加塞机,西林瓶在冻干过程完成后才全加塞,所以灌装间的百级区域较大,设计必须全面。

7. 冻干 冻干岗位为无菌冻干粉针生产的关键岗位,冻干时间根据生产工艺不同而不同,通常为 24～72 小时,选择冻干机时要了解工艺和设备,根据每批冻干产品量和冻干时间计算出所需冻干机的型号和台数。冻干机台数要与配制和灌装匹配,因为冻干产品批次是以冻干箱次划分的。选择冻干机必须有在线清洗(CIP)和在线灭菌(SIP)系统,否则无法保证产品质量。

8. 压盖 西林瓶压盖应在十万级环境下进行,选用能力与分装设备相匹配的压盖机。

9. 目检　无菌冻干粉针和无菌分装注射剂一样,采用人工目检方式进行外观检查。

10. 贴签包装　西林瓶用不干胶贴标机进行贴签,然后装盒装箱。

注意:无菌冻干粉针有许多产品是低温贮存的,如一些生化产品、生物制品等,要根据工艺需要设计低温库。

（二）平面布置图参考示例

无菌冻干粉针车间工艺设备较少,平面布局不复杂,但是往往与其他针剂布置在同一厂房内,详见图13-4,图13-7为单一的无菌冻干粉针车间平面布局。

五、合剂车间设计

合剂系指药材用水或其他溶剂,采用适宜方法提取、纯化、浓缩制成的内服液体制剂。单剂量灌装的合剂称为口服液。

（一）主要生产岗位设计要点

合剂生产在洁净区进行,通常采用洗、灌、封联动生产设备;根据合剂生产工艺不同,有可灭菌合剂和不可灭菌合剂,生产过程中如使用乙醇溶剂,应注意防爆。

1. 称量、配料　合剂称量配料在洁净区进行,合剂原料多为流浸膏,称量配料间宜面积稍大,电子秤量程宜大小应齐全。

2. 配制　合剂的配制间要设计合适的面积和高度,根据批产量选择相匹配的配制罐溶剂,如果是大容积配制罐要设计操作平台。配制罐要选优质不锈钢,配制间的接管和钢平台应选不锈钢材质。

3. 过滤　过滤应根据工艺要求选用相适应的滤材和过滤方法,药液泵和过滤器流量要按配制量计算,药液泵和过滤器需设在配制罐附近易于操作的地方。

4. 洗瓶、干燥　根据合剂的包装形式选择适宜的洗瓶和干燥设备。合剂品种不同,包装形式多样,设备区别很大,口服液通常采用洗、灌、封联动生产线,大容积合剂,如酒剂、糖浆剂等通常用异型瓶包装线。洗瓶干燥间要有排潮排热装置。

5. 灌装、压盖　灌装、压盖在洁净区,通常用联动设备,合剂多用复合盖。合剂的生产能力由灌装设备决定,设备选择为关键步骤。

6. 灭菌　灭菌前后应有足够的面积,保证灭菌小车的摆放;应选择双扉灭菌柜,不锈钢材质,型号与配制罐的批产量匹配,灭菌前后要排风排潮。尽量将灭菌柜单独隔开,减少排热面积,节约能源。

7. 灯检　灯检室需为暗室,不可设窗,根据品种和包装形式,灯检可用人工灯检或灯检机,灯检后设置不合格品存放处。

8. 包装　包装间面积宜稍大,如果产量高的合剂可选用贴签、包装联动线,包装能力与灌装机一致。如果多条包装线同时生产,必须设计分隔隔断,防止混淆。

（二）平面布置图参考示例

合剂车间可以单独设置,也可以与其他制剂布置同一厂房内,但要有独立的人流、物流,不可以混淆和串岗,图13-8是一条生产线的独立合剂车间布局实例。

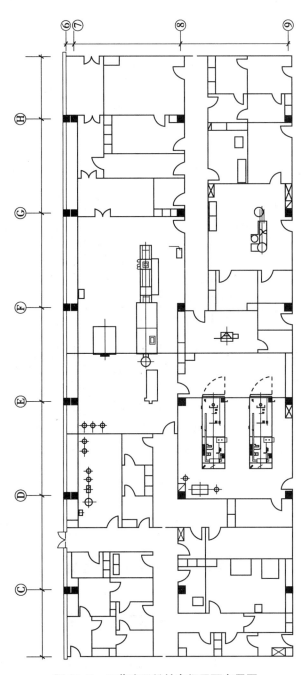

图 13-7　无菌冻干粉针车间平面布局图

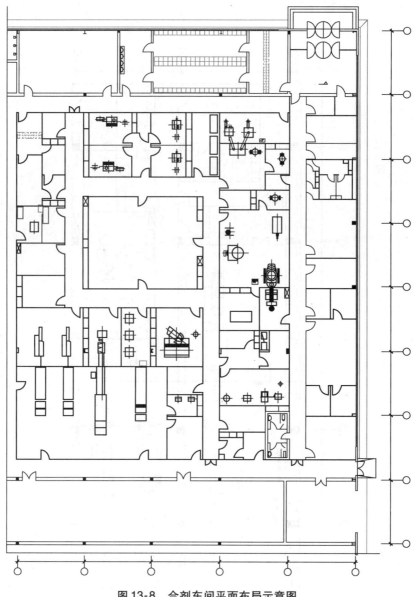

图 13-8 合剂车间平面布局示意图

第三节 固体制剂车间

　　固体制剂通常是指片剂、胶囊剂、颗粒剂、散剂；软胶囊剂则是近年来越来越得到发展和应用的极有前途的半固体口服制剂；而蜜丸和浓缩水丸则是中药最常见的固体制剂。

一、片剂、胶囊剂和颗粒剂车间

　　片剂、胶囊剂和颗粒剂虽然是不同的剂型，但均为口服固体制剂，在生产工艺和设备方面有许多相同之处，通常归为一类阐述。

（一）主要生产岗位设计要点

固体制剂生产车间洁净级别要求不高，全部为 30 万级，如果出口药品则要求做成 10 万级。固体制剂生产的关键是注意粉尘处理，应该选择产尘少和不产尘的设备。

1. 原辅料预处理　物料的粉碎过筛岗位应有与生产能力适应的面积，选择的粉碎机和振荡筛等设备要有吸尘装置，含尘空气经过滤处理后排放。

2. 称量和配料　称量岗位面积应稍大，有称量和称量后暂存的地方。因固体制剂称量的物料量大，粉尘量大，必须设排尘和捕尘。配料岗位通常与称量不分开，将物料按处方称量后进行混合，装在清洁的容器内，留待下一道工序使用。

3. 制粒和干燥　制粒有干法制粒和湿法制粒两种。干法制粒采用干法造粒设备直接将配好的物料压制成颗粒，不需制浆和干燥的过程；湿法制粒是最常用的造粒方法，根据物料性质不同而采用不同方式，如摇摆颗粒机加干燥箱的方式，湿法制粒机加沸腾床方式，一步制粒机直接造粒方式。湿法制粒都有制浆、制粒和干燥的过程。制浆间需排潮排热；制粒如用到沸腾干燥床或一步造粒机，则房间吊顶至少在 4m 以上，根据设备型号确定。

4. 整粒和混合　整粒不必单独设计房间，直接在制粒干燥间内加整粒机进行整粒即可，但整粒机需有除尘装置。混合岗位也称批混岗位，必须设计单独的批混间，根据混合量的大小选择混合设备的型号，确定房间高度。目前固体制剂混合多采用三维运动混合机或料斗式混合机。固体制剂每混合 1 次为 1 个批号，所以混合机型号要与批生产能力匹配。

5. 中间站　固体制剂车间必须设计足够大面积的中间站，保证各工序半成品分区贮存和周转。

6. 压片　压片岗位是片剂生产的关键岗位，压片间通常设有前室，压片室与室外保持相对负压，并设排尘装置。规模大的压片岗位设膜具间，小规模设膜具柜。根据物料的性质选用适当压力的压片机，根据产量确定压片机的生产能力，大规模的片剂生产厂家可选用高速压片机，以减少生产岗位面积，节省运行成本。压片机应有吸尘装置，加料采用密闭加料装置。

7. 胶囊剂灌装　胶囊剂灌装岗位是胶囊剂生产的关键岗位，胶囊剂灌装间通常设有前室，灌装室与室外保持相对负压，并设排尘装置。胶囊灌装间也应有适宜的膜具存放地点。胶囊灌装机型号和数量的选择要适应生产规模。胶囊灌装机应有吸尘装置，加料采用密闭加料装置。

8. 颗粒分装　颗粒分装岗位是颗粒剂生产的关键岗位，颗粒分装机的型号与颗粒剂装量相适应，并有吸尘装置，加料采用密闭加料装置。

9. 包衣　包衣岗位是有糖衣或薄膜衣片剂的重要岗位，如果是包糖衣应设熬糖浆的岗位，如果使用水性薄膜衣可直接进行配制，如果使用有机薄膜衣则必须注意防爆设计；包衣间宜设计前室，包衣操作间与室外保持相对负压，设除尘装置；根据产量选择包衣机的型号和台数，目前主要包衣设备为高效包衣机，旧式的包衣锅已不再使用。包衣间面积以方便操作为宜，包衣机的辅机布置在包衣后室的辅机间内，辅机间在非洁净区开门。

10. 内包装　颗粒剂在颗粒分装后直接送入非洁净区进行外包装，片剂和胶囊剂在压片包衣和灌装后先进行内包装；片剂内包装可采用铝塑包装、铝铝包装和瓶装等形式，胶囊剂常用铝塑包装、铝铝包装和瓶包装等形式；采用铝塑、铝铝等包装时，房间必须有排除异味的设施，采用瓶装生产线时应注意生产线长度，生产线在洁净区的设备和非洁净区设备的分界。

11. 外包装　口服固体制剂内包装后直接送入外包间进行装盒装箱打包,根据实际情况,可采用联动生产线形式,也可用人工包装形式。外包间为非洁净区,宜宽敞、明亮并通风,并有存包材间、标签管理间和成品暂存间,标签管理需排异味。

（二）平面布置图参考示例

生产规模大的固体制剂车间通常设计成独立的大平面生产厂房,生产规模相对稍小的固体制剂车间可以与其他剂型在同一厂房内,平面布局详见图13-9。

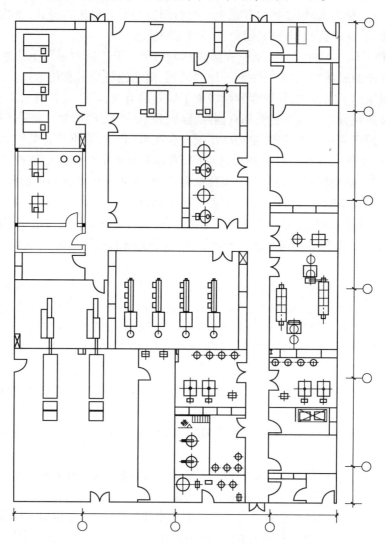

图13-9　固体制剂车间平面布置图

二、软胶囊车间

软胶囊剂是指以明胶、甘油为主要成囊材料,将油性的液体或混悬液药物做内容物,定量地用连续制丸机压制成不同形状的软胶囊或用滴丸机滴制而成。

（一）主要生产岗位设计要点

软胶囊车间洁净级别要求不高,可以是30万级,如果是保健品或出口药品则要求做成10万级。软胶囊生产设备通常为联动生产线,应选择高质量的设备,保证生产连续性。

1. 溶胶　溶胶工序包括辅料准备、称量、溶胶。溶胶间要根据生产规模设计足够的面积、相应体积的溶胶罐，根据罐大小设计适当高度的操作平台。因溶胶岗位必须在洁净区，操作平台和工艺管线等辅助设施要用不锈钢材质，选用洁净地漏，不宜设排水沟。溶胶间的高度至少在4m以上，并设计排潮排热装置。溶胶岗位附近宜设计工（器）具清洗室并有滤布洗涤间。

2. 配料　配料工序包括称量、配制，如果配制混悬液则需设粉碎过筛间。根据生产规模选择配料罐的型号和数量，需加热的药液可选择带夹套加热的配料罐。

3. 压丸和滴丸　压丸和滴丸是软胶囊生产的关键岗位，要有与生产规模相适应的面积。目前压丸和滴丸设备自动化程度已有很大提高，压制与滴制完成后直接进入联动转龙定型，所以不需专门的定型岗位。压丸和滴丸间要有大量的送风和回风，并控制相应的温度和湿度。压丸和滴丸设备有大量模具，要设计相应的模具间。

4. 洗丸　洗丸岗位为甲类防爆，最常用洗涤剂为乙醇。洗丸设备是超声波软胶囊清洗机，产量与生产线匹配。洗丸岗位设晾丸间，洗丸完成后，挥发少量乙醇后再进入干燥工序；洗丸岗位要设网胶处理间，设粉碎机将压丸的网胶进行粉碎，以备按适当比例投入化胶罐。

5. 低温干燥　软胶囊干燥间可用自动化程度较高的软胶囊专用干燥机，不必设计太大的干燥室面积。软胶囊干燥室设计排风排潮。

6. 选丸打光　软胶囊车间要设计选丸打光岗位，采用选丸机和打光机，不必再用人工拣丸。

7. 内包装　软胶囊的内包装可采用铝塑、铝铝和瓶装生产线形式，并注意房间排异味和低湿度环境。

8. 包装　软胶囊剂内包装后直接送入外包间进行装盒装箱打包，根据实际情况，可采用联动生产线形式，也可用人工包装形式。

（二）平面布置图参考示例

软胶囊生产车间开间相对较大，布局简单，有足够大的操作面，平面布局见图13-10。

三、丸剂（蜜丸）车间

蜜丸系指药材细粉以蜂蜜为黏合剂制成的丸剂。其中每丸重量在0.5g以上（含0.5g）的称大蜜丸，每丸重量在0.5g以下的称小蜜丸。

（一）主要生产岗位设计要点

蜜丸是典型的中药固体制剂，生产工艺相对简单，洁净级别要求不高，但生产岗位设置要根据具体品种的工艺要求，例如小蜜丸包衣岗位。

1. 研配　研配包括粗、细、贵药粉的兑研与混合，根据药粉的品种选择研磨的设备；药粉混合是按比例顺序将细粉、粗粉装入混合机内混合，混合机不能有死角，材质常用不锈钢；研配间可以设在前处理车间，也可以设在制剂车间，但要在洁净区，按工艺要求和厂家习惯确定，研配间要设计排风捕尘装置。

2. 炼蜜　炼蜜岗位一般设计在前处理提取车间，常用的设备为刮板炼蜜罐，根据合坨岗位用蜜量选择设备型号；炼蜜岗位设备宜用密闭设备，减少损失，保证环境卫生。

3. 合坨　合坨必须在洁净区进行，应设计在丸剂车间，合坨设备大小应按药粉加蜂蜜量选择，合坨机常为不锈钢材质，要求容易洗刷，不能有死角。

4. 制丸　制丸岗位在丸剂车间洁净区，根据丸重大小选择大蜜丸机或小蜜丸机，制出

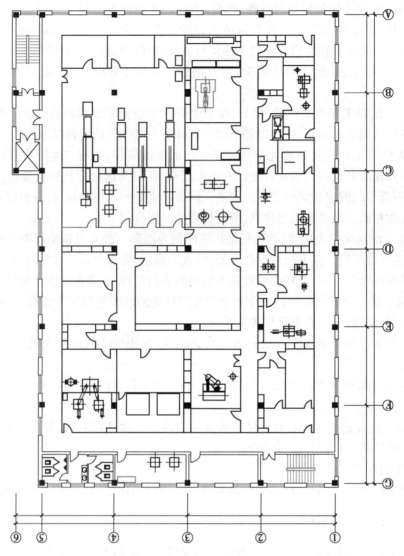

图 13-10   软胶囊生产车间平面布局

的湿丸晾干后进行包装。

　5. 内包装　丸剂的内包装必须在洁净区,小蜜丸常用瓶包装线或铝塑包装,大蜜丸常用泡罩包装机或蜡丸包装。包装间要设排风和排异味装置。

　6. 蜡封　蜡丸包装是大蜜丸的包装形式,蜡封间要设排异味、排热装置。

　7. 外包装　外包装间为非洁净区,宜宽敞、明亮并通风,并有存包材间、标签管理间和成品暂存间,标签管理需排异味。

　（二）平面布置图参考示例

　蜜丸生产车间可以与其他制剂布置在同一厂房,生产规模大的蜜丸车间也可以单独设置,图 13-11 是大蜜丸和小蜜丸及固体制剂在同一厂房的实例。

四、丸剂(浓缩水丸)车间

　浓缩水丸一般指部分药材提取、浓缩的浸膏与药材细粉,以水为黏合剂制成的丸剂。浓

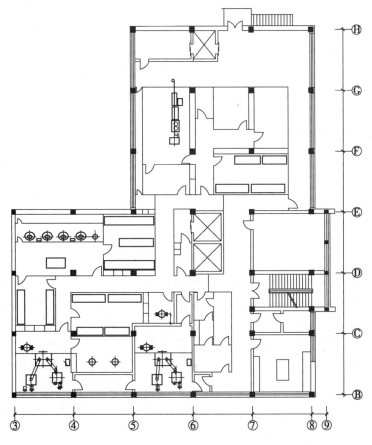

图 13-11 蜜丸及固体制剂车间综合平面布置图

缩水丸大部分为中药制剂,但也有一些西药水泛丸的丸剂。

(一)主要生产岗位设计要点

丸剂生产与一般固体制剂级别相同,岗位设置根据不同品种的不同生产工艺而定。

1. 称量、配料 如果有流浸膏配料,称量配料间的面积要适当大一些,电子秤的量程也要大;称量要设捕尘装置。

2. 粉碎、过筛、混合 根据工艺要求的目数将药粉进行粉碎、过筛,选择适合中药粉的粉碎机并密闭,加捕尘装置,混合设备应密闭,内壁光滑,无死角,易清洗,型号要与批量相匹配。

3. 制丸 浓缩水丸有水泛丸和机制丸,根据工艺不同选择不同设备;水泛丸的主要设备是簸箕式的泛丸机,现在不允许使用铜制锅,应选不锈钢锅体,内外表面光滑,易清洗;机制丸设备是制丸机,其体积较大,房间面积要适当,并留出足够的操作面积。机制丸产量高,可以上规模,是发展趋势,但不是每个品种适用。

4. 干燥 水泛丸的干燥可以采用厢式干燥或微波干燥,干燥室要排热风;厢式干燥设备占地面积小,但上下盘的劳动强度大,费时费力;微波水丸干燥设备体积大,占地面积也大,自动链条传动,自动化程度高,适合大规模生产。

5. 包衣 根据品种要求,中药水泛丸有时需要包衣。如果包糖衣则应设计化糖间,并选择蒸汽化糖锅以保证糖融化充分;如果包薄膜衣则用电热保温配浆罐配料即可。包衣主机应选择高效包衣机,设计在洁净区,设计捕尘装置,辅机送风柜和排风柜设计在非洁净区,送风管路接过滤器,送入包衣机洁净风。包衣间和辅机间都要留出适当操作面。包好的湿衣丸要及时送晾丸间干燥。

6. 选丸　选丸要单独设置房间,并选水泛丸专用选丸机,材质为不锈钢,易清洁。

7. 包装　水泛丸内包装在洁净区,可选瓶包装线或铝塑包装线,房间内需设排异味装置。外包装在非洁净区,宜宽敞明亮。

(二) 平面布置图参考示例

浓缩水丸是目前较常见的固体制剂之一,常与固体制剂车间布置在一起,见图13-12。

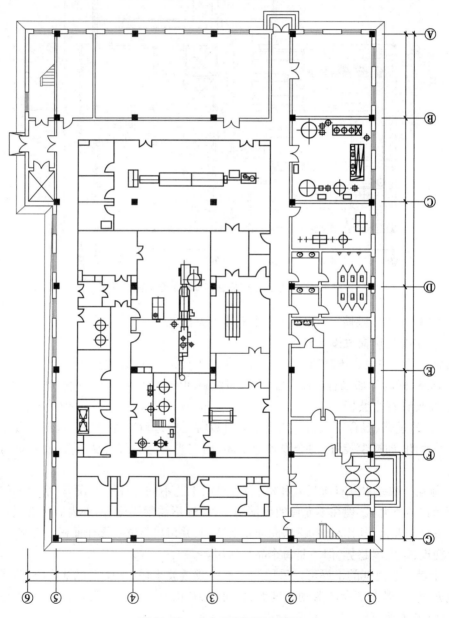

图 13-12　水丸车间平面布置图

第四节 原料药车间

原料药一般由化学合成、DNA(deoxyribonucleic acid)重组技术、发酵、酶反应或从天然药物提取而成。原料药是加工成药物制剂的主要原料,有非无菌原料药和无菌原料药之分。为保证制剂产品的质量,原料药的精制包装应符合《药品生产质量管理规范》要求。

一、化学原料药

化学原料药是指用化学合成方法生产的供加工成制剂的一类原料,这类原料药属于化工产品,生产环境卫生学要求不高,但生产中使用大量有机溶剂和有毒有害物质,必须注意防毒、防爆、防腐蚀,按化工设计标准。

(一)主要生产岗位设计要点

化学原料药生产的合成岗位是最关键最复杂的岗位,是设计的难点;精、干、包岗位是化学原料药的辅助岗位,这些岗位要布置在洁净区,达到药品制剂的要求。

1. 合成　合成包括各种类型的化学反应,如水解、氧化、加氢、加成等,设计时需根据产品的工艺流程进行合理布局,匹配与反应物和产物相适应的高位罐、反应罐、贮罐等,严格遵守各个反应条件。原料合成车间设计非常复杂,必须经过反复研究工艺,反复沟通方案,注意各个细节才能完成。

2. 精制　精制工序包括精滤、结晶、分离、检验等过程。精制过程应在洁净区内完成,根据制剂产品的需要,非无菌制剂的原料精制在30万级或10万级完成,无菌制剂原料精制在1万级洁净区以上洁净区完成。活性炭脱色罐材质按所用有机溶剂的性质选择,容积根据精制量计算;滤器常用不锈钢桶式滤包,型号根据流量计算;结晶罐是精制的关键设备,材质符合溶剂要求,符合洁净易清洁要求,溶剂根据结晶时间和洁净量计算。结晶品的分离有离心甩滤、板框过滤、溶媒萃取、树脂吸附和浓缩等方法。精制的所有房间面积要求宽敞,通风良好,易于操作,尤其有溶媒散发的设备设局部排风。

3. 干燥　干燥工序包括干燥、粉碎、混粉及检验等过程。根据物料性质选择不同干燥设备和干燥方式。原料生产过程中的中间品干燥可以不在洁净区,最终精制产品干燥要在洁净区。厢式干燥设备要易清洗,材质常为不锈钢,排潮口有过滤装置。干燥间常有有机溶剂的蒸气散发,必须设置排风装置。粉碎过筛间要注意排尘或吸尘装置。

4. 包装　精制产品的内包装要在洁净区完成,包装间面积要足够大,并设称量的电子秤,包装台设排尘装置。

(二)平面布置图参考示例

化学原料药车间布局主要考虑生产流程顺畅、人流物流合理、防爆排毒排污等符合各种规范要求,图13-13是小规模合成车间的平面布局。

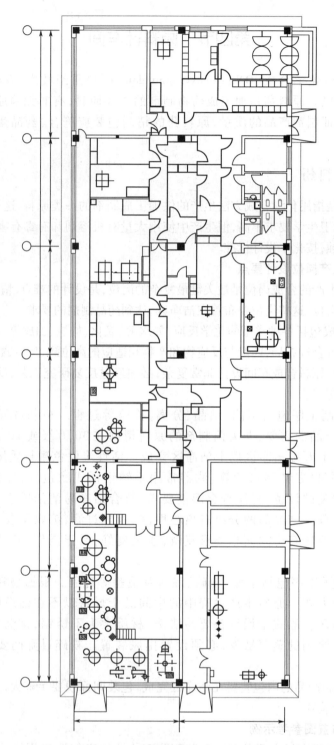

图 13-13 化学原料药车间平面布局图

二、生物原料药

生物原料药包括细菌疫苗、病毒疫苗、血液制品、重组技术产品、发酵的抗生素产品等。

每种生物原料药的生产工艺都不相同,所以每个品种的生产车间岗位不同,房间、设备等的设计要点也各不相同,设计中要严格按照建设单位提供的生产工艺进行设计。

生物制品原料药生产车间各不相同,仅以实例说明,参见图 13-14 至图 13-16。

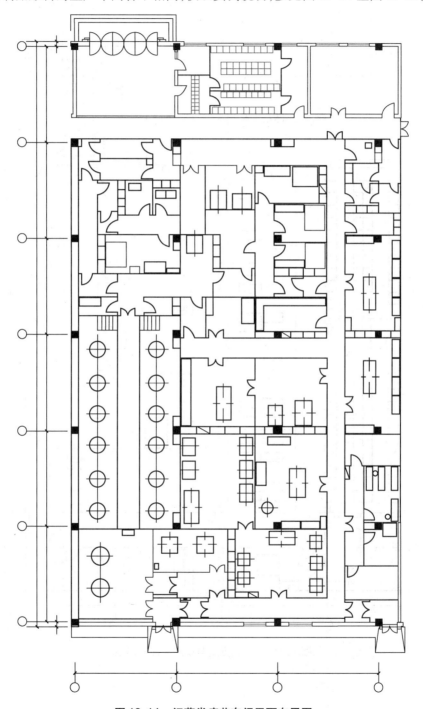

图 13-14 细菌类疫苗车间平面布局图

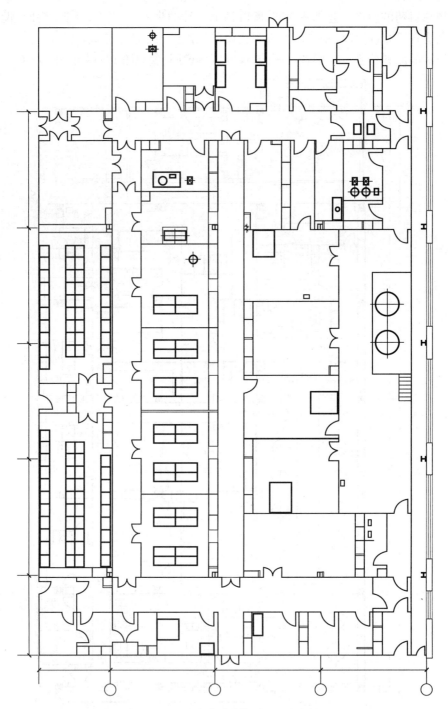

图 13-15 病毒类疫苗车间平面布局图

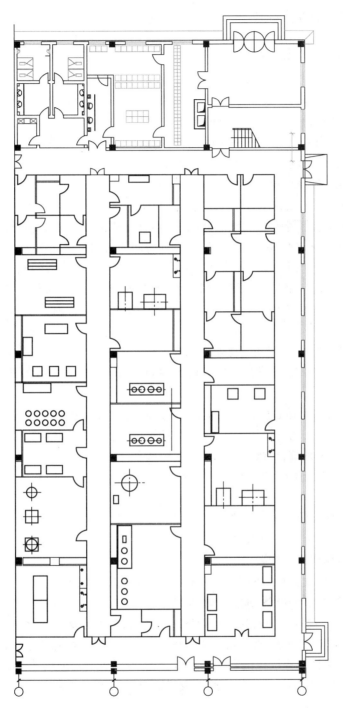

图 13-16　生化前处理车间平面布局图

三、中药前处理提取车间

中药制剂生产前,必须对使用的中药材按规定进行拣选、整理、炮制、洗涤等加工,有些净药材还必须粉碎成药粉,以符合制剂生产时净料投料要求;净药材需经过提取和浓缩得到浸膏或干膏粉,经继续加工成为一定剂型的中药制剂成品。

（一）前处理岗位生产要点

中药材的前处理在一般生产区进行，并且要有通风设施；直接入药的中药材的配料、粉碎过筛要在洁净区进行，并且与其制剂有相适应的级别。

1. 净选　药材净选包括拣选、风选、筛选、剪切、剔除、刷擦、碾串等方法，净选可采用人工手段或利用设备。拣选应设工作台，工作台表面应平整，不易产生脱落物，不锈钢材质比较常用；风选、筛选等粉尘较大的操作间应安装捕吸尘设施。

2. 清洗　清洗间应注意排水系统的设计，地面应不积水、易清洗、耐腐蚀；药材洗涤槽应选用平整、光洁、易清洗、耐腐蚀材质，一般用不锈钢加工，尺寸根据药材量；洗涤槽内应设上下水，满足流动水洗涤药材的要求。

3. 浸润　润药间的给排水设计也很重要，并注意设备排水口与下水管的对接位置；药材的浸润设备可以选不锈钢润药槽和润药机，如有不能接触金属的药材，需选其他材质设备。润药间面积应根据润药机的转动半径，设计房间的高度和操作面。

4. 切制　按工艺切片、切段、切块、切丝的要求，选用适当的切、镑、刨、锉、劈等切制方法；切制间要有足够的面积，切制设备的两侧要有摆放待切和已切药材的地方；切制设备电源位置必须在设备选定后确定，因切药机有时布置在房间中间，电源易错位。

5. 炮炙　中药材蒸、炒、炙、煅等炮制生产厂房应与其生产规模相适应，并有良好的通风、除尘、除烟、降温等设施；中药材炮制间一般设置在厂房的边缘地方，并设置外窗。

6. 干燥　药材的干燥必须在干燥室，要根据需干燥的药材量计算干燥设备的台数，从而确定干燥室的面积。药材性质不同，干燥温度不同，选择干燥设备的技术参数也应不同。干燥室需设计排热风系统，干燥设备的排潮口要接至空调排风管道。

7. 配料　直接入药的净药材的配料、粉碎、过筛、混合的厂房应布置在洁净区，设通风、除尘设施。

8. 灭菌　药材灭菌需根据药材的性质选择灭菌柜，可以用蒸汽灭菌柜、臭氧灭菌柜。蒸汽灭菌柜要灭菌并干燥，根据需要可选择单扉或双扉。

（二）提取浓缩岗位生产要点

提取和浓缩岗位设置在一般生产区，中药针剂的提取要设置纯化水，并且中药材的提取浓缩提倡选用先进节能的设备，加速中药现代化进程。

1. 称量、配料　提取用中药材是经处理的净药材，按工艺要求进行称量、配料。

2. 提取　根据工艺要求，提取可以采取煎煮、渗漉、浸渍、回流等方法，根据产量做物料衡算计算提取量，再计算提取罐的容积和台数，按提取设备的外形尺寸确定提取间的厂房高度和钢平台的尺寸。如果是规模很大的提取间则应设计水泥平台，如果提取用乙醇等有机溶剂则要做防爆提取间。

3. 浓缩　浓缩岗位也设计在提取间内，浓缩设备的选择要与提取设备配套，根据工艺要求的浓缩程度来选择适宜的设备。注意提取间排水沟的设计，提取和浓缩设备大量排水不可以聚积。提取使用饮用水，如果是针剂提取则要设计纯化水。

4. 精制（转溶）　精制也是在提取间内进行，精制有醇沉、水沉两种，精制罐的选择要与提取浓缩设备配套。

5. 过滤　过滤要选择管道过滤器，大小与提取设备配套。

6. 干燥 干燥常采用烘箱干燥、真空干燥和喷雾干燥;烘箱干燥、真空干燥的应设计在洁净区,流浸膏的收膏也应在洁净区;喷雾干燥的主机应在提取间内,收粉设计在洁净区,并且要高吊顶,排尘。

7. 粉碎、混合 干膏的配料、粉碎、过筛、混合等生产操作应设计在洁净区,根据需要选择粗粉机、细粉机和筛网目数,设备材质要符合《药品生产质量管理规范》要求。

(三)平面布置图参考示例

在中药材的前处理提取车间常常有乙醇提取岗位,有防爆要求,所以厂房应设计足够的泄爆面积和通风外窗,提取车间不宜做大平面布局,适宜设计成有局部单高层的二层厂房,详见图 13-17 和图 13-18。

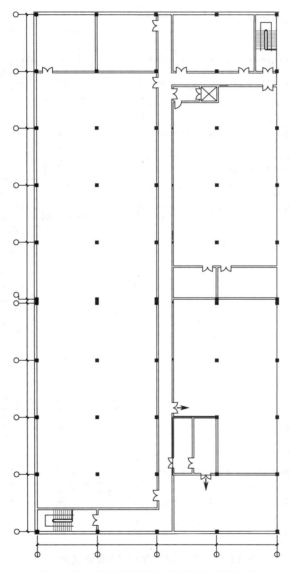

图 13-17 前处理提取车间平面布置图(1)

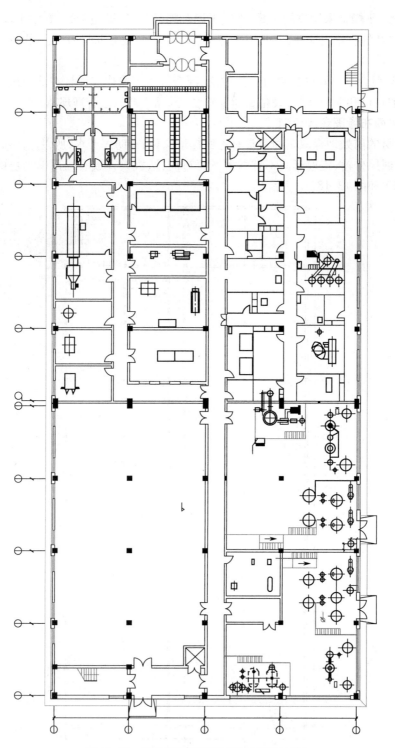

图 13-18　前处理提取车间平面布置图(2)

（严永暄　王　沛）

附表 13-1 药品生产环境的空气洁净度等级

级别 净化 工序		空气洁净度等级			
		100 级	10 000 级	100 000 级	300 000 级
无菌药品	最终灭菌药品	大容量注射剂（> 50ml）灌封（背景为 10 000 级）	①注射剂稀配、滤过；②小容量注射剂的灌封；③直接接触药品的包装材料的最终处理	注射剂浓配或采用密闭系统的稀配	
	非最终灭菌药品	①灌装前不需除菌滤过的药液配制；②注射剂的灌封、分装和压塞；③直接接触药品的包装材料最终处理后的暴露环境（或背景为无菌万级）		压盖 直接接触药品的包装材料的最后一次精洗	
	其他无菌药品		供角膜创伤或手术用滴眼剂的配制和灌装		
非无菌药品				①非最终灭菌口服液药品的暴露工序；②深部组织创伤的外用药品；③眼用药品的暴露工序；④除直肠用药外的腔道用药的暴露工序；⑤直接接触以上药品的包装材料最终处理的暴露工序	①最终灭菌口服液药品的暴露工序；②口服固体药品的暴露工序；③表皮外用药品的工序；④直肠用药的暴露工序；⑤直接接触以上药品的包装材料最终处理的暴露工序
原料药	无菌原料药	精制、干燥、包装的暴露环境（背景为无菌万级）			
	非无菌原料药				精制、干燥、包装的暴露环境

续表

级别 净化 工序	空气洁净度等级			
	100 级	10 000 级	100 000 级	300 000 级
生物制品 — 灌装前不经除菌过滤的制品	配制、合并、灌封、冻干、加塞、添加稳定剂、佐剂、灭活剂等			
生物制品 — 灌装前经除菌过滤的制品	灌封	配制、合并、精制、冻干、添加稳定剂、佐剂、灭活剂，除菌过滤、超滤等		
生物制品 —			①原料血浆的合并；②非低温提取；③分装前巴氏消毒；④压盖；⑤最终容器清洗等	
生物制品 — 口服制剂			发酵、培养密闭系统(暴露部分需无菌操作)	
生物制品 — 酶联免疫吸附试剂			包装、培液、分装、干燥	
生物制品 — 体外免疫试剂			生产环境	
生物制品 — 深部组织和大面积体表创伤用制品			配制、灌装	
放射性药品 — 无菌药品	同无菌药品相关要求			
放射性药品 — 非无菌药品			同非无菌药品相关要求	
放射性药品 — 无菌原料药	同无菌原料药			
放射性药品 — 非无菌原料药			同非无菌原料药	
放射性药品 — 放射性免疫分析试剂盒各组分				制备
中药 — 非创面外用制剂				(参照)
中药 — 直接入药的净药材、干膏				配料、粉碎、混合、过筛(参照)
中药 — 无菌药品	同无菌药品相关要求			
中药 — 非无菌药品			同非无菌药品相关要求	

附表 13-2　洁净室气流组织和送风量表

空气洁净度等级		100 级	10 000 级	100 000 级	300 000 级	
气流组织形式	气流流型	垂直单向流	水平单向流	非单向流	非单向流	非单向流
	主要送风方式	①顶送:高效过滤器占顶棚面积＞60%;②侧布高效过滤器,顶棚设阻尼层送风	①侧送:送风墙满布高效过滤器;②侧送:高效过滤器占送风墙面积的40%	①顶送;②上侧墙送风	①顶送;②上侧墙送风	①顶送;②上侧墙送风
	主要回风方式	①相对两侧墙下部均布回风口;②格栅地面回风	①回风墙满布回风口;②回风墙局部布置回风口	①单侧墙下部布置回风口;②走廊回风(走廊内均布回风口或端部集中回风)	①单侧墙下部布置回风口;②走廊回风(走廊内均布回风口或端部集中回风);③顶部布置回风口	①单侧墙下部布置回风口;②走廊回风(走廊内均布回风口或端部集中回风);③顶部布置回风口
送风量	气流流经室内断面风速(m/s)	不小于 0.25	不小于 0.25			
	换气次数(次/小时)			不小于 25	不小于 15	不小于 15

第十四章 工艺管道设计

在药品生产中,各种流体物料以及水、蒸汽等载能介质通常采用管道来输送,管道是制药生产中必不可少的重要部分。药厂管道犹如人体内的血管,规格多,数量大,在整个工程投资中占有重要的比例。管道布置是否合理,不仅影响工厂的基本建设投资,而且与装置建成后的生产、管理、安全和操作费用密切相关。因此,管道设计在制药工程设计中占有重要的地位。

工艺流程设计是工程设计的核心,而设备选型及其工艺设计则是流程设计的主体,选择适当型号的符合设计要求的设备,是完成生产任务、获得良好效益的重要前提。

管道设计是在车间布置设计完成之后进行的。在初步设计阶段,设计带控制点的工艺流程图时,首先要选择和确定管道、管件及阀件的规格和材料,并估算管道设计的投资;在施工图设计阶段,还需确定管沟的断面尺寸和位置,管道的支承间距和方式,管道的热补偿与保温,管道的平、立面位置及施工、安装、验收的基本要求。

管道设计的成果是管道平、立面布置图,管架图,楼板和墙的穿孔图,管架预埋件位置图,管道施工说明,管道综合材料表及管道设计概算。

第一节 管道设计内容

在进行管道设计时,应具有如下基础资料:施工阶段带控制点的工艺流程图;设备一览表;设备的平、立面布置图;设备安装图;物料衡算和能量衡算资料;水、蒸汽等总管路的走向、压力等情况;建(构)筑物的平、立面布置图;与管道设计有关的其他资料,如厂址所在地区的地质、气候条件等。管道设计一般包括以下内容。

1. 选择管材 管材可根据被输送物料的性质和操作条件来选取。适宜的管材应具有良好的耐腐蚀性能,且价格低廉。

2. 管路计算 根据物料衡算结果以及物料在管内的流动要求,通过计算,合理、经济地确定管径是管道设计的一个重要内容。对于给定的生产任务,流体流量是已知的,选择适宜的流速后即可计算出管径。

管道的壁厚对管路投资有较大的影响。一般情况下,低压管道的壁厚可根据经验选取,压力较高的管道壁厚应通过强度计算来确定。

3. 管道布置设计 根据施工阶段带控制点的工艺流程图以及车间设备布置图,对管道进行合理布置,并绘出相应的管道布置图,是管道设计的又一重要内容。

4. 管道绝热设计 多数情况下,常温以上的管道需要保温,常温以下的管道需要保冷。保温和保冷的热流传递方向不同,但习惯上均称为保温。

管道绝热设计就是为了确定保温层或保冷层的结构、材料和厚度,以减少装置运行时的热量或冷量损失。

5. 管道支架设计 为了保证工艺装置的安全运行,应根据管道的自重、承重等情况,确定适宜的管架位置和类型,并编制出管架数据表、材料表和设计说明书。

6. 编写设计说明书 在设计说明书中应列出各种管子、管件及阀门的材料、规格和数量,并说明各种管道的安装要求和注意事项。

一、公称压力和公称直径

医药化工产品的种类繁多,即使是同一种产品,由于工艺方法的差异,对温度、压力和材料的要求就不相同。在不同温度下,同一种材料的管道所能承受的压力也不一样。为了使装管工程标准化,首先要有压力标准。压力标准是以公称压力为基准的。

公称压力是管子、阀门或管件在规定温度下的最大允许工作压力(表压)。公称压力常用符号 PN 表示,可分为 12 级,如表 14-1 所示。它的温度范围是 0~120℃,此时工作压力等于公称压力,如高于这温度范围,工作压力就应低于公称压力。

表 14-1 称压力等级

序号		1	2	3	4	5	6	7	8	9	10	11	12
公称压力	kgf/cm²	2.5	6	10	16	25	40	64	100	160	200	250	320
	MPa	0.25	0.59	0.98	1.57	2.45	3.92	6.28	9.8	15.7	19.6	24.5	31.4

公称直径是管子、阀门或管件的名义直径,常用符号 DN 表示,如公称直径为 100mm 可表示为 DN100。公称直径并不一定就是实际内径。一般情况下,公称直径既非外径,亦非内径,而是小于管子外径并与它相近的整数。管子的公称直径一定,其外径也就确定了,但内径随壁厚而变。无缝钢管的公称直径和外径如表 14-2 所示。某些情况下,如铸铁管的内径等于公称直径。

对法兰或阀门而言,公称直径是指与其相配的管子的公称直径。如 DN100 的法兰或阀门,指的是连接公称直径为 100mm 的管子用的管法兰或阀门。各种管路附件的公称直径一般都等于其实际内径。

表 14-2 无缝钢管的公称直径和外径(单位:mm)

公称直径	10	15	20	25	32	40	50	65	80	100	125
外径	14	18	25	32	38	45	57	76	89	108	133
壁厚	3	3	3	3.5	3.5	3.5	3.5	4	4	4	4
公称直径	150	175	200	225	250	300	350	400	450	500	
外径	159	194	219	245	273	325	377	426	480	530	
壁厚	4.5	6	6	7	8	8	9	9	9	9	

二、管道

在管道设计时要根据介质选择不同材质的管道,并由生产任务确定管道的最经济直径,根据工作压力选择计算壁厚。

1. 选材　制药工业生产用管子、阀门和管件材料的选择主要是依据输送介质的浓度、温度、压力、腐蚀情况、供应来源和价格等因素综合考虑决定。

应用最广泛的选材方法是查找腐蚀数据手册。由于介质数量庞大,使用时的温度、浓度情况各不相同,手册中不可能标出每一种介质在所有温度和浓度下的耐蚀情况。当手册中查不到所需要的介质在某浓度或温度下的数据时,可按下列原则来确定。①浓度:如果缺乏某一特定浓度的数据,可参阅邻近浓度,如果相邻上下两个浓度的耐腐蚀性相同,则中间浓度的耐蚀性一般也相同。如果上下两个浓度的耐蚀性不同. 则中间浓度的耐蚀性常常介于两者之间。一般情况下,腐蚀性随浓度的增加而增强。②温度:一般情况下温度越高,腐蚀性越大。在较低温度标明不耐蚀时,较高温度也不耐蚀。当两个相邻温度的耐蚀性相同时,中间温度的耐蚀性也相同。但若上下两个温度耐蚀性不同,低温耐蚀,高温不耐蚀,温度越高,腐蚀速度越快;凡是处在温度或浓度的边缘条件下,即处于由耐蚀接近或转入不耐蚀的边缘条件时,则不使用这类材料,而选择更优良的材料。因为在实际使用过程中,很可能由于生产条件的波动引起局部浓度、温度的变化,达到不耐腐蚀的浓度或温度极限。③腐蚀介质:当手册中缺乏要查找的介质时,可参阅同类介质的数据。有机化合物中各类物质的腐蚀性更为接近。只要对各类物质的成分、结构、性能具备一定的知识,对选材有一些经验,即使表内缺乏某些数据,也能够大致判断它的腐蚀性。

两种以上物质组成的混合物,如没有起化学反应,其腐蚀性一般为各组成物腐蚀性的和,只要查对应各组成物的耐蚀性即可(基准为混合物中稀释后的浓度)。但是有些混合物改变了性质,如硫酸与含有氯离子(如食盐)的化合物混合,产生了盐酸,这就不仅有硫酸的腐蚀性,还有盐酸的腐蚀性。所以查阅混合物时,应先了解各组成物是否已起了变化。

2. 管径的计算与确定　管径的选择与计算是管道设计中的一项重要内容,因为管径的选择和确定与管道的初始投资费用和动力消耗费用有着直接联系。管径越大,原始投资费用越大,但动力消耗费用可降低;相反,管径减小,投资费用减少,但动力消耗费用就增加。对于用量大的(如石油输送)管线,它的管道直径必须严格计算。至于制药工业虽然对每个车间来讲,管道并不太多,但就整个工厂来讲,使用的管道种类繁多,数量也大,就不能不认真考虑了。

(1)最佳经济管径的求取:管道的初始投资费用、折旧费、维修费与管道的直径及长度成比例,而动力消耗费用也是管道直径的函数。因此,我们可通过数学计算,求出最经济的管径。对于制药厂来讲,输送物料种类较多,但一般输送量不大,没有必要每根管道都用数学计算的办法来求取,因而有人设计了算图求取最佳经济管径,由此求得的管径能使流体处于最佳经济的流速下运行。

图 14-1 所示算图可直接求得管道的直径。本图没有考虑管路管件和阀门的阻力,一般可按管子全长附加 20%~50% 来计算,即当管路总长为 10m 时,可按 12~15m 计算。

根据流体的密度,黏度,流量,压力降及管长可按图 14-1 中提示求得 Re 值。

$$又 \because \mathrm{Re} = \frac{\rho d u}{\mu} = \frac{4 \rho V_{\mathrm{s}}}{\pi d \mu} \tag{14-1}$$

$$\therefore d = \frac{4\rho V_s}{\pi\mu Re} \tag{14-2}$$

式中,V_s 为流体流量,单位为 m³/s;ρ 为流体密度,单位为 kg/m³;μ 为流体黏度,单位为 Pa·s;Re 为雷诺准数,无因次;d 为管子直径,单位为 m。

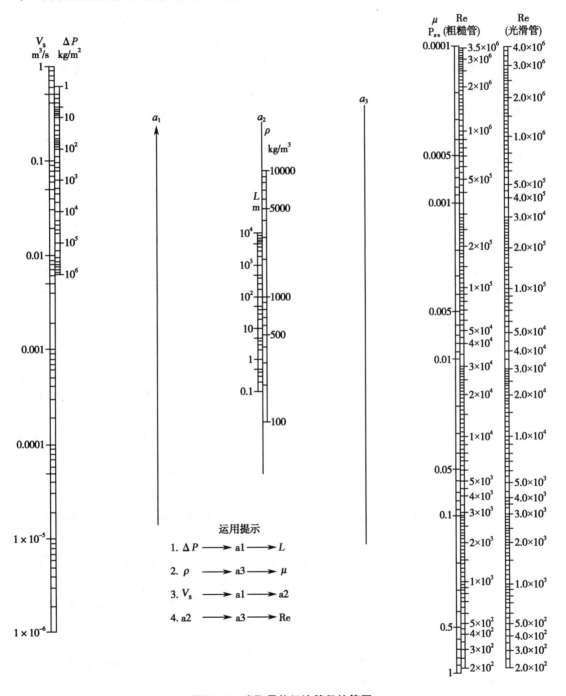

图 14-1 求取最佳经济管径的算图

(2)利用流体速度计算管径:管道直径与流量之间存在如下关系:

$$\therefore d = \sqrt{\frac{4V_s}{\pi \cdot u}} \tag{14-3}$$

式中，V_s 为流体流量，单位为 m^3/s；u 为流体流速，单位为 m/s；d 为管子直径，单位为 m。

根据流体在管内的速度，可用式(14-3)求取管径。不同场合下流速的范围，可查有关工程手册。表14-3列出部分流体适宜经济流速的大致范围，供选择流速时参考。

表14-3　流体适宜经济流速

流体	流速(m/s)	流体	流速(m/s)
自来水(0.3MPa 左右)	1~1.5	一般气体(常压)	10~20
水及低黏度液体(0.1~1MPa)	1.5~3.0	鼓风机吸入管内流动的空气	10~15
高黏度液体(盐类溶液等)	0.5~1.0	鼓风机排出管内流动的空气	15~20
工业用水(0.8MPa 以下)	1.5~3.0	离心泵吸入管内流动的水一类液体	1.5~2.0
锅炉供水(0.8MPa 以下)	>3.0	离心泵排出管内流动的水一类液体	2.5~3.0
饱和蒸汽(0.8MPa 以下)	20~40	往复泵吸入管内流动的水一类液体	0.75~1.0
过热蒸汽	30~50	往复泵排出管内流动的水一类液体	1.0~2.0
过热水	2	蒸汽冷凝水	0.5
蛇管、螺旋管内流动的冷却水	<1.0	真空操作下气体流速	<10
低压空气	12~15	车间通风换气(主管)	4~15
高压空气	15~25	车间通风换气(支管)	2~8

一般说来，对于密度大的流体，流速值应取得小些，如液体的流速就比气体小得多。对于黏度较小的液体，可选用较大的流速，而对于黏度大的液体所取流速就应小些。对含有固体杂质的流体，流速不宜太低，否则固体杂质在输送时容易沉积在管内。

(3)蒸汽管管径的求取：蒸汽是一种压缩性气体，其管径计算十分复杂，为了便于使用，通常将计算结果做成表格或算图。在制作表格及算图时，一般从两方面着手：一是选用适宜的压力降；二是取用一定的流速。如过热蒸汽的流速，主管取 40~60m/s，支管取 35~40m/s；饱和蒸汽的流速，主管取 30~40m/s，支管取 20~30m/s。或按蒸汽压力来选择，如 $4 \times 10^5 Pa$ 以下取 20~40m/s；$8.8 \times 10^5 Pa$ 以下取 40~60m/s，$3 \times 10^6 Pa$ 以下取 80m/s。

3. 管壁厚度　根据管径和各种公称压力范围，查阅有关手册(如化工工艺设计手册等)可得管壁厚度。常用公称压力下管道壁厚选用表，见附表14-1、附表14-2、附表14-3。

4. 常用管　制药工业生产中常用的管子按材质分有钢管、有色金属管和有机、无机非金属管等。

(1)钢管：钢管包括焊接(有缝)钢管和无缝钢管两大类

1)焊接钢管通常由碳钢板卷焊而成，以镀锌管较为常见。焊接钢管的强度低，可靠性差，常用作水、压缩空气、蒸汽、冷凝水等流体的输送管道。

2)无缝钢管可由普通碳素钢、优质碳素钢、普通低合金钢、合金钢等的管坯热轧或冷轧(冷拔)而成。无缝钢管品质均匀、强度较高，常用于高温、高压以及易燃、易爆和有毒介质的输送。

（2）有色金属管：在药品生产中，铜管和黄铜管、铅管和铅合金管、铝管和铝合金管都是常用的有色金属管。例如，铜管和黄铜管可用作换热管或真空设备的管道，铅管和铅合金管可用于输送 15%~65% 的硫酸，铝管和铝合金管可用于输送浓硝酸等物料。

（3）非金属管：非金属管包括无机非金属管和有机非金属管两大类。玻璃管、搪玻璃管、陶瓷管等都是常见的无机非金属管，橡胶管、聚丙烯管、硬聚氯乙烯管、聚四氟乙烯管、耐酸酚醛塑料管、玻璃钢管、不透性石墨管等都是常见的有机非金属管。

非金属管通常具有良好的耐腐蚀性能，在药品生产中有着广泛的应用。但在使用中应注意其机械性能和热稳定性。

5. 管道连接　管道连接的基本方法有法兰连接、螺纹连接、承插连接和焊接，如图 14-2 所示。此外，还有卡套连接和卡箍连接。

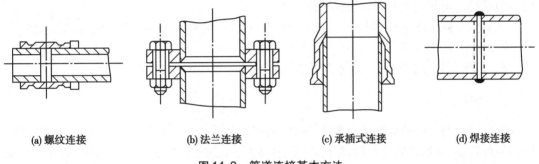

(a) 螺纹连接　　　(b) 法兰连接　　　(c) 承插式连接　　　(d) 焊接连接

图 14-2　管道连接基本方法

（1）法兰连接：法兰连接常用于大直径、密封性要求高的管道连接。其优点是连接强度高，密封性能好，拆装比较方便；缺点是成本较高。

（2）螺纹连接：螺纹连接也是一种常用的管道连接方式，具有连接简单、拆装方便、成本较低等优点，常用于小直径（≤50mm）低压钢管或硬聚氯乙烯管道、管件、阀门之间的连接；缺点是连接的可靠性较差，螺纹连接处易发生渗漏，因而不宜用作易燃、易爆和有毒介质输送管道之间的连接。

（3）承插连接：承插连接常用于埋地或沿墙敷设的给排水管，如铸铁管、陶瓷管、石棉水泥管等与管或管件、阀门之间的连接。连接处可用石棉水泥、水泥砂浆等封口，用于工作压力不高于 0.3MPa、介质温度不高于 60℃ 的场合。

（4）焊接：焊接是药品生产中最常用的一种管道连接方法，具有施工方便、连接可靠、成本较低的优点。凡是不需要拆装的地方，应尽可能采用焊接。所有的压力管道，如煤气、蒸汽、空气、真空等管道应尽量采用焊接。

（5）卡套连接：卡套连接是小直径（≤40mm）管道、阀门及管件之间的一种常用连接方式，具有连接简单、拆装方便等优点，常用于仪表、控制系统等管道的连接。

（6）卡箍连接：该法是将金属管插入非金属软管，并在插入口外用金属箍箍紧，以防介质外漏。卡箍连接具有拆装灵活、经济耐用等优点，常用于临时装置或洁净物料管道的连接。

6. 管道油漆及颜色　彻底除锈后的管道表层应涂红丹底漆两遍，油漆一遍；需保温的管道应在保温前涂红丹底漆两遍，保温后再在外表面上油漆一遍；敷设于地下的管道应先涂冷底子油一遍，再涂沥青一遍，然后填土；不锈钢或塑料管道不需涂漆。常见管道的油漆颜色如表 14-4 所示。

表14-4   常见管道的油漆颜色

介质	颜色	介质	颜色	介质	颜色
一次用水	深绿色	冷凝水	白色	真空	黄色
二次用水	浅绿色	软水	翠绿色	物料	深灰色
清下水	淡蓝色	污下水	黑色	排气	黄色
酸性下水	黑色	冷冻盐水	银灰色	油管	橙黄色
蒸汽	白点红圈色	压缩空气	深蓝色	生活污水	黑色

7. 管道验收   安装完成后的管道需进行强度及气密性试验。对小于68.7kPa表压下操作的气体管道进行气压试验时,先将空气升到工作压力,用肥皂水试验气漏,然后升到试验压力维持一定时间而下降值在规定值以下。

在真空下操作的液体和气体管道及68.7kPa以下的液体管道,水压试验的压力各为98.1kPa和196.2kPa表压,要求保持0.5小时压力不变。

高于196.2kPa表压的管道,水压试验的压力为工作压力的1.5倍。

三、阀门

阀门是管路系统的重要组成部件,流体的流量、压力等参数均可用阀门来调节或控制。阀门品种繁多,根据阀体的类别、结构形式、驱动方式、连接方式、密封面或衬里、标准公称压力等,有不同品种和规格的阀门,应结合工艺过程、操作与控制方式选用。

1. 常用阀门   按结构形式和用途的不同,有多种品种的阀门,常用的阀门有旋塞阀、球阀、闸阀、截止阀、止回阀、疏水阀、减压阀、安全阀等。

(1)旋塞阀:旋塞阀的结构如图14-3所示。旋塞阀具有结构简单、启闭方便快捷、流动阻力较小等优点,常用于温度较低、黏度较大的介质以及需要迅速启闭的场合,但一般不适用于蒸汽和温度较高的介质。由于旋塞很容易铸上或焊上保温夹套,因此可用于需要保温的场合。此外,旋塞阀配上电动、气动或液压传动机构后,可实现遥控或自控。

(2)球阀:球阀的结构如图14-4所示。球阀体内有一可绕自身轴线做90°旋转的球形阀瓣,阀瓣内设有通道。球阀结构简单,操作方便,旋转90°即可启闭。球阀的使用压力比旋塞阀高,密封效果较好,且密封面不易擦伤,可用于浆料或黏稠介质。

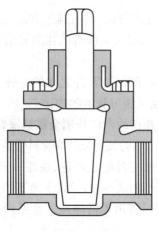

图14-3   旋塞阀

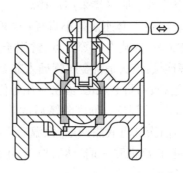

图14-4   球阀

（3）闸阀：闸阀的结构如图 14-5 所示。闸阀体内有一与介质的流动方向相垂直的平板阀心，利用阀心的升起或落下可实现阀门的启闭。闸阀不改变流体的流动方向，因而流动阻力较小。闸阀主要用作切断阀，常用作放空阀或低真空系统阀门，一般不用于流量调节，也不适用于含固体杂质的介质。其缺点是密封面易磨损，且不易修理。

（4）截止阀：截止阀的结构如图 14-6 所示。截止阀的阀座与流体的流动方向垂直，流体向上流经阀座时要改变流动方向，因而流动阻力较大。截止阀结构简单，调节性能好，常用于流体的流量调节，但不宜用于高黏度或含固体颗粒的介质，也不宜用作放空阀或低真空系统阀门。

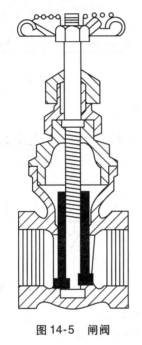 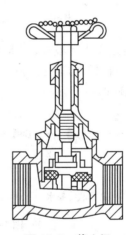

图 14-5　闸阀　　　　　　图 14-6　截止阀

（5）止回阀：止回阀的结构如图 14-7 所示。止回阀体内有一圆盘或摇板，当介质顺流时，阀盘或摇板升起打开；当介质倒流时，阀盘或摇板自动关闭。因此，止回阀是一种自动启闭的单向阀门，用于防止流体逆向流动的场合，如在离心泵吸入管路的入口处常装有止回阀。止回阀一般不宜用于高黏度或含固体颗粒的介质。

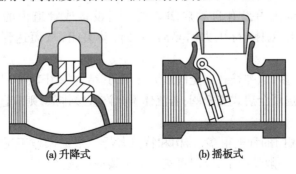

(a) 升降式　　　　　　(b) 摇板式

图 14-7　止回阀

（6）疏水阀:疏水阀的作用是自动排除设备或管道中的冷凝水、空气及其他不凝性气体,同时又能阻止蒸汽的大量逸出。因此,凡需蒸汽加热的设备以及蒸汽管道等都应安装疏水阀。

生产中常用的圆盘式疏水阀如图 14-8 所示。当蒸汽从阀片下方通过时,因流速高、静压低,阀门关闭;反之,当冷凝水通过时,因流速低、静压降甚微,阀片重力不足以关闭阀片,冷凝水便连续排出。

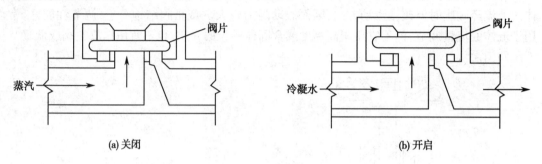

(a) 关闭   (b) 开启

图 14-8 圆盘式疏水阀

除冷凝水直接排入环境外,疏水阀前后都应设置切断阀。切断阀首先应选用闸阀,其次是选用截止阀。疏水阀与前切断阀之间应设过滤器,以防水垢等脏物堵塞疏水阀。疏水阀常成组布置,如图 14-9 所示。

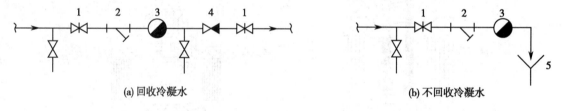

(a) 回收冷凝水   (b) 不回收冷凝水

图 14-9 疏水阀的成组布置
1-闸阀;2-Y 形过滤器;3-疏水阀;4-止回阀;5-敞口排水口

（7）减压阀:减压阀体内设有膜片、弹簧、活塞等敏感元件,利用敏感元件的动作可改变阀瓣与阀座的间隙,从而达到自动减压的目的。

减压阀仅适用于蒸汽、空气、氮气、氧气等清净介质的减压,但不能用于液体的减压。此外,在选用减压阀时还应注意其减压范围,不能超范围使用。

（8）安全阀:安全阀内设有自动启闭装置。当设备或管道内的压力超过规定值时阀即自动开启以泄出流体,待压力回复后阀又自动关闭,从而达到保护设备或管道的目的。

安全阀的种类很多,以弹簧式安全阀最为常用,其结构如图 14-10 所示。当流体可直接排放到大气中时,可选用全启式安全阀;若流体不允许直接排放,则应选用封闭式安全阀,将流体排放到总管中。

2. 阀门选择   阀门的种类很多,结构和特点各异。根据操作工况的不同,可选用不同结构和材质的阀门。一般情况下,阀门可按以下步骤进行选择。

（1）根据被输送流体的性质以及工作温度和工作压力选择阀门材质。阀门的阀体、阀杆、阀座、压盖、阀瓣等部位既可用同一材质制成,也可用不同材质分别制成,以达到经济、耐

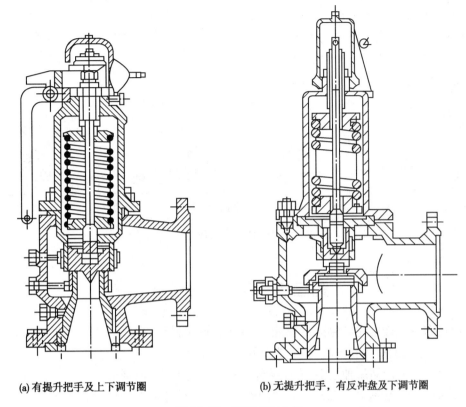

(a) 有提升把手及上下调节圈　　　　　(b) 无提升把手，有反冲盘及下调节圈

图 14-10　弹簧式安全阀

用的目的。

（2）根据阀门材质、工作温度及工作压力,确定阀门的公称压力。

（3）根据被输送流体的性质以及阀门的公称压力和工作温度,选择密封面材质。密封面材质的最高使用温度应高于工作温度。

（4）确定阀门的公称直径。一般情况下,阀门的公称直径可采用管子的公称直径,但应校核阀门的阻力对管路是否合适。

（5）根据阀门的功能、公称直径及生产工艺要求,选择阀门的连接形式。

（6）根据被输送流体的性质以及阀门的公称直径、公称压力和工作温度等,确定阀门的类别、结构形式和型号。

四、管件

管件是管与管之间的连接部件,延长管路、连接支管、堵塞管道、改变管道直径或方向等均可通过相应的管件来实现,如利用法兰、活接头、内牙管等管件可延长管路,利用各种弯头可改变管路方向,利用三通或四通可连接支管,利用异径管（大小头）或内外牙（管衬）可改变管径,利用管帽或管堵可堵塞管道等。图 14-11 为常用管件示意图。

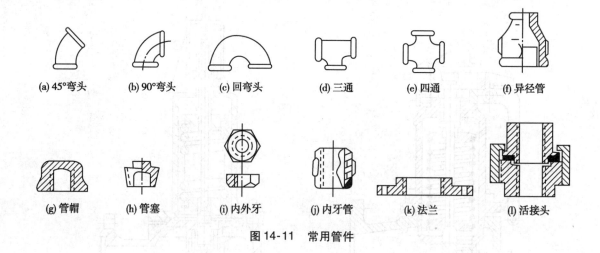

(a) 45°弯头　　(b) 90°弯头　　(c) 回弯头　　(d) 三通　　(e) 四通　　(f) 异径管

(g) 管帽　　(h) 管塞　　(i) 内外牙　　(j) 内牙管　　(k) 法兰　　(l) 活接头

图 14-11　常用管件

第二节　管道布置设计

　　管路的布置设计首先应保证安全、正常生产和便于操作、检修,其次应尽量节约材料及投资,并尽可能做到整齐和美观,以创造美好的生产环境。

　　由于制药厂的产品品种繁多,操作条件不一(如高温、高压、真空及低温等)和输送的介质性质复杂(如易燃、易爆、有毒、有腐蚀性等),因此对管路的布置难以作出统一的规定,须根据具体的生产特点结合设备布置、建筑物和构筑物的情况以及非工艺专业的安排,进行综合考虑。

一、管路布置的一般原则

　　1. 两点间非直线连结原则　　几何学两点连直线距离最短在配置管路时并不适用,试用此原理拉管线必将车间结成一个钢铁的蜘蛛网了。我们的原则是贴墙、贴顶、贴地,沿 x、y、z 三个坐标配置管线,这样做所用管线材料将大大增加,但不至于影响操作与维修,使车间内变得有序。注意沿地面走的管路只能靠墙,不得成为操作者的事故隐患,实在需要时可在低于地平的管道沟内穿行。

　　2. 操作点集中原则　　一台设备常常有许多接管口,连接有许多不同的管线,而且它们分布于上下、左右、前后不同层次的空间之中。由于每根管线几乎不可避免地设有控制(开关或调节流量大小)阀门,要对它们进行操作可能令操作者围绕容器上下、左右、前后不断地奔忙,高位的要爬梯子,低位的要弯腰在所难免。合理的配管可以通过管路走向的变化将所有的阀门集中到一两处,并且高度统一适中(约高 1.5m),如图 14-12 所示。如果将一排位于同一轴线的设备的各种管路的操作点统一布置在一个操作平面上,不仅布置美观,而且方便操作,避免出错。

　　3. 总管集中布置原则　　总管路尽可能集中布置,并靠近输送负荷比较大的一边。

　　4. 方便生产原则　　除将操作点集中外,管路配置还需考虑正常生产、开停车、维修等因素。例如从总管引出的支管应当有双阀门,以便于维修更换;再如流量计、汽水分离器都应配置侧线以利更换:压力表则设有开关,也是利于更换;U 形管的底部应当配置放料阀门,以

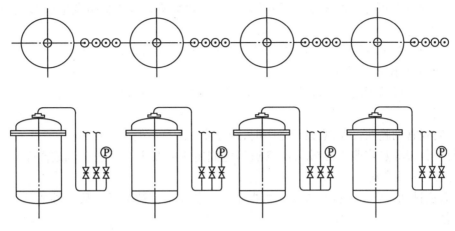

图 14-12　操作点的集中布置

便停工维修时使用等(图 14-13)。有时候还应配置应急管线,以备紧急情况下使用。

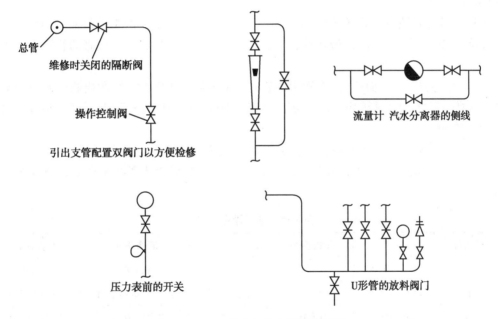

图 14-13　一些方便生产的管路配置

二、管道设计的技术问题

在进行管路的布置设计时,一些常见的布置技术问题如管道敷设、管道排列、坡度、高度、管道支撑、保温及热补偿等须按一定原则来设计、保证安全、正常生产,便于操作、检修。

1. 管道敷设　管道的敷设方式有明线和暗线两种,一般车间管道多采用明线敷设,以便于安装、操作和检修,且造价也较为便宜。有洁净要求的车间,管道应尽可能采用暗敷。另外,管道在敷设时还必须符合下列技术要求。

(1)管道既可以明敷,也可以暗敷。一般原料药车间内的管道多采用明敷,以减少投资,并有利于安装、操作和检修。有洁净要求的车间,动力室、空调室内的管道可采用明敷,而洁净室内的管道应尽可能采用暗敷。

（2）应尽量缩短管路的长度,并注意减少拐弯和交叉。多条管路宜集中布置,并平行敷设。

（3）明敷的管道可沿墙、柱、设备、操作台、地面或楼面敷设,也可架空敷设。暗敷管道常敷设于地下或技术夹层内。

（4）架空敷设的管道在靠近墙的转弯处应设置管架。靠墙敷设的管道,其支架可直接固定于墙上。

（5）陶瓷管的脆性较大,敷设于地下时,距地面的距离不能小于0.5m。

（6）塑料管等热膨胀系数较大的管道不能固定于支架上。输送蒸汽或高温介质的管道,其支架宜采用滑动式。

2. 管道排列　管道的排列方式应根据生产工艺要求及被输送介质的性质等情况进行综合考虑。

（1）小直径管道可支承在大直径管道的上方或吊在大直径管道的下方。

（2）输送热介质的管道或保温管道应布置在上层;反之,输送冷介质的管道或不保温管道应布置在下层。

（3）输送无腐蚀性介质、气体介质、高压介质的管道以及不需经常检修的管道应布置在上层;反之,输送腐蚀性介质、液体介质、低压介质的管道以及需经常检修的管道应布置在下层。

（4）大直径管道、常温管道、支管少的管道、高压管道以及不需经常检修的管道应靠墙布置在内侧;反之,小直径管道、高温管道、支管多的管道、低压管道以及需经常检修的管道应布置在外侧。

3. 管路坡度　管路敷设应有一定的坡度,坡度方向大多与介质的流动方向一致,但也有个别例外。管路坡度与被输送介质的性质有关,常见管路的坡度可参照表14-5中的数据选取。

表14-5　常见管路的坡度

介质名称	蒸汽	压缩空气	冷冻盐水	清净下水	生产废水
管路坡度	0.002 ~ 0.005	0.004	0.005	0.005	0.001
介质名称	蒸汽冷凝水	真空	低黏度流体	含固体颗粒液体	高黏度液体
管路坡度	0.003	0.003	0.005	0.01 ~ 0.05	0.01 ~ 0.05

4. 管路高度　管路距地面或楼面的高度应在100mm以上,并满足安装、操作和检修的要求。当管路下面有人行通道时,其最低点距地面或楼面的高度不得小于2m。当管路下布置机泵时,应不小于4m;穿越公路时不得小于4.5m;穿越铁路时不得小于6m。上下两层管路间的高度差可取1m、1.2m、1.4m。

5. 安装、操作和检修　管道的布置应不挡门窗、不妨碍操作,并尽量减少埋地或埋墙长度,以减轻日后检修的困难;当管道穿过墙壁或楼层时,在墙或楼板的相应位置应预留管道孔,且穿过墙壁或楼板的一段管道不得有焊缝;管路的间距不宜过大,但要考虑保温层的厚度,并满足施工要求。一般可取200mm、250mm或300mm,也可参照管路间距表中的数据选取。管外壁、法兰外边、保温层外壁等突出部分距墙、柱、管架横梁端部或支柱的距离均不应小于100mm;在管路的适当位置应配置法兰或活接头。小直径水管可采用丝扣连接,并在适当位置配置活接头;大直径水管可采用焊接并适当配置法兰,法兰之间可采用橡胶垫片;为操作方便,一般阀门的安装高度可取 1.2m,安全阀可取 2.2m,温度计可取 1.5m,压力计可取 1.6m;输送蒸汽的管道,应在管路的适当位置设分水器以及时排出冷凝水。

6. 管路安全 管路应避免从电动机、配电盘、仪表盘的上方或附近通过;若被输送介质的温度与环境温度相差较大,则应考虑热应力的影响,必要时可在管路的适当位置设补偿器,以消除或减弱热应力的影响;输送易燃、易爆、有毒及腐蚀性介质的管路不应从生活间、楼梯和通道等处通过;凡属易燃、易爆介质,其贮罐的排空管应设阻火器;室内易燃、易爆、有毒介质的排空管应接至室外,弯头向下。

7. 管道的热补偿 管道的安装都是在常温下进行的,而在实际生产中被输送介质的温度通常不是常温,此时,管道会因温度变化而产生热胀冷缩。当管道不能自由伸缩时,其内部将产生很大的热应力。管道的热应力与管子的材质及温度变化有关。

为减弱或消除热应力对管道的破坏作用,在管道布置时应考虑相应的热补偿措施。一般情况下,管道布置应尽可能利用管道自然弯曲时的弹性来实现热补偿,即采用自然补偿。有热补偿作用的自然弯曲管段又称为自然补偿器,如图 14-14 所示。

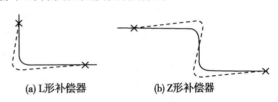

(a) L形补偿器   (b) Z形补偿器

图 14-14   自然补偿器

实践表明,使用温度低于 100℃ 或公称直径不超过 50mm 的管道一般可不考虑热补偿。表 14-6 给出了可不装补偿器的最大直管长度。

表 14-6   可不装补偿器的最大直管长度

热水(℃)	60	70	80	90	95	100	110	120	130
蒸汽(kPa)							49	98	176.4
管长(m)	65	57	50	45	42	40	37	32	30
热水(℃)	140	143	151	158	164	170	175	179	183
蒸汽(kPa)	264.6	294	392	490	588	686	784	882	980
管长(m)	27	27	27	25	25	24	24	24	24

当自然补偿不能满足要求时,应考虑采用补偿器补偿。补偿器的种类很多,图 14-15 为常用的 U 形和波形补偿器。

U 形补偿器通常由管弯制而成,在药品生产中有着广泛的应用。U 形补偿器具有耐压可靠、补偿能力大、制造方便等优点;缺点是尺寸和流动阻力较大。此外,U 形补偿器在安装时要预拉伸(补偿热膨胀)或预压缩(补偿冷收缩)。

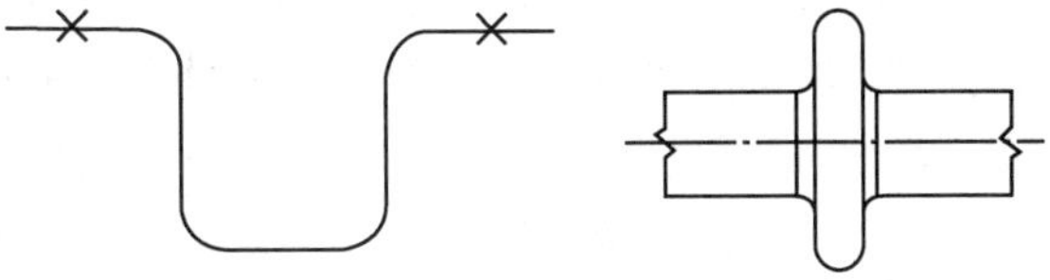

(a) U形   (b) 波形(单波)

图 14-15   常用补偿器

波形补偿器常用 0.5~3mm 的不锈钢薄板制成,其优点是体积小、安装方便;缺点是不耐高压。波形补偿器主要用于大直径低压管道的热补偿。当单波补偿器的补偿量不能满足要求时,可采用多波补偿器。

8. 管道的支承 在进行管道设计时,为使管系具有足够的柔性,除了应注意管系走向和形状外,支架位置和型式的选择和设计也是相当重要的。管道支吊架选型得当,位置布置合理,不仅可使管道整齐美观,而且能改善管系中的应力分布和端点受力(力矩)状况,达到经济合理和运行安全的目的。

(1)管道支吊架的类型:按管道支吊架的功能和用途,支吊架可分为3大类10小类(详见表14-7)。从对管道应力的作用考虑,又可分为支架或支吊架、限位架、导向架、固定支架和减振或隔振支架;按支吊架的力学性能又可分为刚性支架、弹性支架和恒力支架。

表14-7 管道支吊架的类型

大类		小类	
名称	用途	名称	用途
承重支架	承受管道重量(包括管道自重,保温层重量和介质重量等)	刚性支架	无垂直位移的场合
		可调刚性支架	无垂直位移,但要求安装误差严格的场合
限制性支架	用于限制、控制和拘束管道在任一方向的变形	可变弹簧架	有少量垂直位移的场合
		圆力弹簧支架	垂直位移较大或要求支吊架的荷载变化不能太大的场合
减振支架	用于限制或缓和往复式机泵进出口管道和由地震、风吹、水击,安全阀排出反力等引起的管道振动	固定架	固定点处不允许有线位移和角位移的场合
		限位架	限制管道任一方向线位移的场合
		轴向限位架	限制点处需要限制管道轴向线位移的场合
		导向架	允许管道有轴向位移,不允许有横向位移的场合
		一般减振架	需要减振的场合
		弹簧减振架	需要弹簧减振的场合

(2)管道支吊架选用原则:①选用管道支吊架时,应按照支承点所承受的荷载大小和方向、管道的位移情况、工作温度、是否保温或保冷以及管道材质等条件选用合适的支吊架。②设计时应尽可能选用标准管卡、管托和管吊,以加快建设进度。③符合下列特殊情况者可采取其他特殊形式的管托和管吊:a. 管内介质温度≥400℃的碳素钢材质的管道;b. 输送冷冻介质的管道;c. 生产中需要经常拆卸检修的管道;d. 合金钢材质的管道;e. 架空敷设且不易焊接施工的管道。④应防止管道过大的横向位移和可能承受的冲击荷载,以保证管道只沿着轴向位移。一般在下列条件的管道上设置导向管托:a. 安全阀出口的高速放空管道和可能产生振动的两相流管道;b. 横向位移过大可能影响邻近管道,以及固定支架的距离过长而可能产生横向不稳定的管道;c. 为防止法兰和活接头泄漏而要求不发生过大横向位移的管道;d. 为防止振动而出现过大的横向位移的管道。⑤热胀量超过100mm的架空敷设管道应选用加长管托,以免管托落到管架梁下。⑥支架生根焊在钢制设备上时,所用垫板应按设备外形成型。⑦下述工况应选可变弹簧:a. 当管道在支承点处有向上垂直位移,使支架失去其承载功能,该荷载的转移将造成邻近支架超过其承载能力或造成管道跨距超过其最大允许值的情况;b. 当管道在支承点处有向下的垂直位

移,而选用一般刚性支架将阻挡管道位移的情况;c.垂直位移产生的荷载变化率应不大于25%。⑧当管道在支承点有垂直位移且要求支承力的变化范围在8%以内时,管系应采用衡力弹簧支架。

(3)管道支吊架位置:确定管道支吊架位置应遵循的原则是:①严格控制支吊架间距:支架间距尤其是水平管道的承重支架间距不得超过管道的允许跨距(即管架的最大间距),以控制其挠度不超限。②满足管系对柔性的要求:尽量利用管道的自支承作用,少设置或不设置支架。要利用管系的自然补偿能力合理分配支架点和选择支架类型。③控制管道纵向和横向位移:有管托的管道纵向位移不宜超过管托长度;并排敷设的管道横向位移不得影响相邻管道。④满足支吊架生根条件:必须具备生根条件的支吊架一般可生根在地面、设备或建(构)筑物上。

9. 管道的保温　管道保温设计就是为了确定保温层的结构、材料和厚度,以减少装置运行时的热量或冷量损失。

(1)保温结构:按照不同的施工方法及使用不同的保温材料,保温结构可分为以下几种,即胶泥结构、预制品结构、填充结构、包扎结构、缠绕结构和浇灌结构等。

1)胶泥结构:胶泥结构就是利用涂抹式保温施工方法制作的保温结构,是最原始的保温结构。随着新型保温材料的不断出现,近年来这种结构的使用范围越来越小。常用的胶泥材料包括硅藻土石棉粉、碳酸镁石棉粉、碳酸钙石棉粉、重质石棉粉。涂抹式胶泥保温结构如图14-16所示。

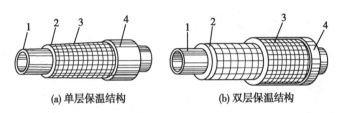

(a) 单层保温结构　　　　　(b) 双层保温结构

图14-16　涂抹式胶泥保温结构
1-管道;2-胶泥保温层;3-镀锌铁丝网;4-保护层

2)预制品结构:预制品保温结构是国内外使用最广泛的一种结构。预制品可根据管径大小在预制加工厂中预制成半圆形管壳、弧形瓦或梯形瓦等。

使用各种预制成型的保温制品,一般管径在 DN≤80mm 以下时,则采用半圆形管壳,若管径 DN≥100mm 时,则采用弧形瓦或梯形瓦。预制品保温结构所用的保温材料主要有泡沫混凝土、石棉、硅藻土、矿渣棉、玻璃棉、膨胀珍珠岩、膨胀蛭石、硅酸钙等。预制式保温结构如图14-17所示。

3)填充结构:填充结构是用钢筋或扁钢做个支承环,套在管道上,在支承环外面包上镀锌铁丝网,在中间填充散状保温材料,填充式保温结构如图14-18所示。

4)包扎结构:包扎结构是利用各种制品毡或布等保温材料,一层或几层包扎在管道上。用于这种保温结构的保温材料有矿渣棉毡、玻璃棉毡、超细玻璃棉毡、牛羊毛毡以及石棉布等。包扎式保温结构如图14-19所示。

5)缠绕结构:缠绕结构就是将保温材料制成绳状或带状,直接缠绕在管道上。作为缠绕结构的保温材料主要有稻草绳、石棉绳或石棉带等。

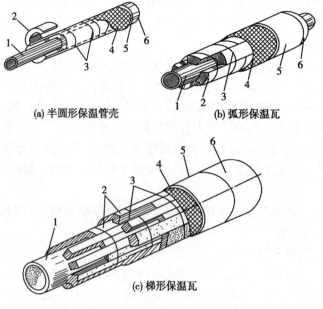

(a) 半圆形保温管壳   (b) 弧形保温瓦

(c) 梯形保温瓦

图 14-17 预制品保温结构

1-管道;2-保温层;3-镀锌铁丝;4-镀锌铁丝网;5-保护层;6-油漆

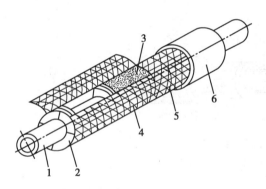

图 14-18 填充式保温结构

1-管道;2-支撑环;3-保温材料;4-镀锌铁丝网;
5-镀锌铁丝;6-保护层

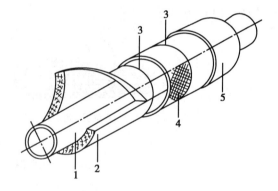

图 14-19 包扎式保温结构

1-管道;2-保温毡或布;3-镀锌铁丝;
4-镀锌铁丝网;5-保护层

6)浇灌结构:浇灌式保温结构主要用于地下无沟敷设。地下无沟敷设是一种很经济的敷设方式。浇灌式保温结构主要是浇灌泡沫混凝土。泡沫混凝土既是保温材料,又是支承结构。因是整体结构,上面的土壤压力为泡沫混凝土所承受。管道和泡沫混凝土之间存在一定间隙,这间隙是在管道安装后,在外表面上涂抹一层重油或沥青,受热之后,重油或沥青挥发所造成的。这样可使管道在泡沫混凝土中自由膨胀与收缩。

(2)保温层厚度:保温层厚度的计算方法有经济厚度法、直埋管道保温热力法、多层绝热层法和允许降温法等几种。保温层厚度的计算方法尚可参见相关手册。

三、管道布置技术

常见设备进出管道的布置、常见的管路如上下水管路、蒸汽管路等的布置以及洁净厂房内管道的布置都要考虑到便于操作、维修,方便生产,洁净厂房内的管道布置还要符合 GMP

的要求。

（一）常见设备的管道布置

在制药生产中对常见的设备如容器、泵、塔、换热器的管道布置都有一定的明确要求。

1. 容器　釜式反应器等立式容器周围原则上可分成配管区和操作区，其中操作区主要用来布置需经常操作或观察的加料口、视镜、压力表和温度计等，配管区主要用来布置各种管道和阀门等；立式容器底部的排出管路若沿墙敷设，距墙的距离可适当减少，以节省占地面积。但设备的间距应适当增大，以满足操作人员进入和切换阀门所需的面积和空间，如图14-20（a）所示；若排出管从立式容器前部引出，则容器与设备或墙的距离均可适当减小。一般情况下，阀门后的排出管路应立即敷设于地面或楼面以下，如图14-20（b）所示；若立式容器底部距地面或楼面的距离能够满足安装和操作阀门的需要，则可将排出管从容器底部中心引出，如图14-20（c）所示。从设备底部中心直接引出排出管既可减少敷设高度，又可节约占地面积，但设备的直径不宜过大，否则会影响阀门的操作；需设置操作平台的立式容器，其进入管道宜对称布置，如图14-21（a）所示；对可站在地面或楼面上操作阀门的立式容器，其进入管道宜敷设在设备前部，如图14-121（b）所示；若容器较高，且需站在地面或楼面上操作阀门，则其进入管路可参考图14-21（c）中的方法布置；卧式容器的进出料口宜分别设置在两端，一般可将进料口设在顶部，出料口设在底部。

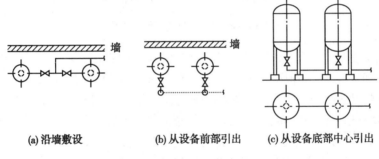

(a) 沿墙敷设　　　　(b) 从设备前部引出　　　(c) 从设备底部中心引出

图14-20　立式容器底部排出管的布置

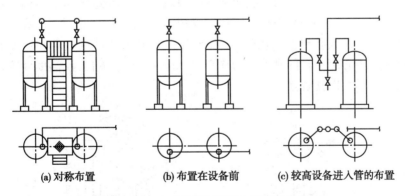

(a) 对称布置　　　　(b) 布置在设备前　　　(c) 较高设备进入管的布置

图14-21　立式容器顶部进入管道的布置

2. 泵　泵的进、出口管路均应设置支架，以避免进、出口管路及阀门的重量直接支承于泵体上；应尽量缩短吸入管路长度，并避免不必要的管件和阀门，以减少吸入管路阻力；吸入管路的内径不应小于泵吸入口的内径。若泵的吸入口为水平方向，则可在吸入管路上配置偏心异径管，管顶取平，如图14-22（a）所示。若吸入口为垂直方向，则可配置同心异径管，如图 14-22(b)所示;为防止停泵时发生物料"倒冲"现象,在泵的出口管路上应设止回阀。止回阀应布置在泵与切断阀之间,停泵后应关闭切断阀,以免止回阀板因长期受压而损坏;在布置悬臂式离心泵的吸入管路时,应考虑拆修叶轮的方便;往复泵、齿轮泵、螺杆泵、漩涡泵等容积式泵的出口不能堵死,其排出管路上一般应设安全阀,以防泵体、管路和电机因超压而损坏;在布置蒸汽往复泵的进汽管路时,应在进汽阀前设置冷凝水排放管,以防发生"水击汽缸"现象。在布置排汽管路时,应尽可能减少流动阻力,并不设阀门。在可能积聚冷凝水的部位还应设置排放管,放空量较大的还应设置消声器;计量泵、蒸汽往复泵以及非金属泵的吸入口处均应设置过滤器,以免杂物进入泵体。

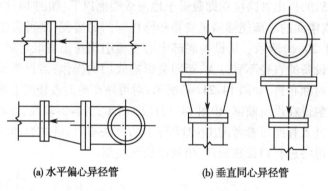

(a) 水平偏心异径管　　　　(b) 垂直同心异径管

图 14-22　泵入口异径管的布置

3. 塔　塔周围原则上可分成配管区和操作区,其中配管区专门布置各种管道、阀门和仪表,一般不设平台。而操作区一般设有平台,用于操作阀门、液位计和人孔等。塔的配管区和操作区的布置如图 14-23 所示;塔的配管比较复杂,各接管的管口方位取决于工艺要求、塔内结构以及相关设备的布置位置;塔顶气相出料管的管径较大,宜从塔顶引出,然后在配管区沿塔向下敷设;沿塔敷设的管道,其支架应布置在热应力较小的位置。直径较小且较高的塔,常置于钢架结构中,此时管道可沿钢架敷设;塔底管路上的阀门和法兰接口,不应布置在狭小的裙座内,以免操作人员在物料泄漏时因躲闪不及而造成事故;为避免塔侧面接管在阀门关闭后产生积液,阀门宜直接与塔体接管相连,如图 14-24 所示。人孔或手孔一般布置在塔的操作区,多个人孔或手孔宜在一条垂线上。人孔或手孔的数量和位置取决于安装及检修要求,人孔中心距平台的高度宜为 0.5～1.5m;压力表、液位计、温度计等仪表应布置在操作区平台的上方,以便观察。

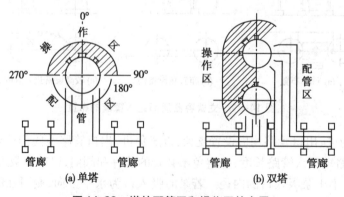

(a) 单塔　　　　　　(b) 双塔

图 14-23　塔的配管区和操作区的布置

4. 换热器　换热器的种类很多,其管道布置原则和方法基本相似。现以常见的管壳式换热器为例,介绍换热器的管道布置。

管壳式换热器已实现标准化,其基本结构已经确定。但接管直径、管口方位和安装结构应根据管路计算和布置要求确定;换热器的管道布置应考虑冷热流体的流向。一般热流体应自上而下流动,冷流体应自下而上流动;换热器左侧的管道应尽可能拐向左侧,右侧的管道应尽可能拐向右侧;换热器的管道布置不应妨碍换热管(束)的抽取以及阀门、法兰等的安装、操作、检修或拆卸;阀门、压力表、温度计等都要安装在管道上,而不能安装在换热器上;进、出口管道的低

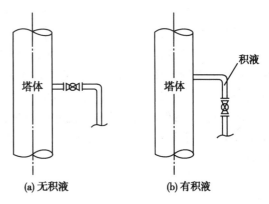

图 14-24　塔侧面阀门的布置

点处应设排液阀,出口管道靠近换热器处应设排气阀;换热器的进、出口管路应设置必要的支吊架,以免进、出口管路及阀门的重量全部支承在换热器上。

(二) 常见管路的布置

在生产中对常见的管路如上下水管路、蒸汽管路、排放管、取样管、吹洗管等管路的布置都有一定的明确的要求。具体如下。

1. 上下水管路的布置　上下水管路不能布置在遇水燃烧、分解、爆炸等物料的存放处。不能断水的供水管路至少应设两个系统,从室外环形管网的不同侧引入。水管进入车间后,应先装一个止回阀,然后再装水表,以防停水或压力不足时设备内的水倒流至全厂的管网中。

冷却器和冷凝器的上下水管路及阀门的常见布置方式如图 14-25 所示。图 14-25(a)用于开放式回水系统,其排水漏斗应布置在操作阀门时可观察到的位置。图 14-25(b)和图 14-25(c)均用于密闭式回水系统,后者的上、下水管间设有连通管,当冬天设备停止运行时,水能继续循环而不致冻结。反应器冷却盘管的接管及阀门的布置不能妨碍反应器盖子的开启,上下水管路与反应器外壁(含保温层)的间距应不小于100mm。

操作通道附近可考虑设置几只吹扫接头(Dg15～25),以便清洗设备及地面。排污地漏的直径可取 50～100mm。若污水具有腐蚀性(如酸性下水等),则应选用耐腐蚀地漏,地漏以后再接至规定的下水系统。

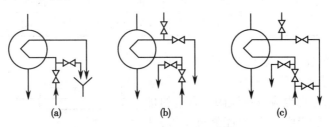

图 14-25　冷却器和冷凝器的上下水管路及阀门的布置

2. 蒸汽管路的布置　蒸汽管道一般从车间外部架空引进,经过减压或不经过减压计量后分送至各使用设备;蒸汽管路应采取相应的热补偿措施。当自然补偿不能满足要求时,应

根据管路的热伸长量和具体位置选择适宜的热补偿器;从蒸汽总管引出支管时,应选择总管热伸长量较小的位置如固定点附近,且支管应从总管的上方或侧面引出;将高压蒸汽引入低压系统时,应安装减压阀,且低压系统中应设安全阀,以免低压系统因超压而产生危险;蒸汽喷射器等减压用蒸汽应从总管单独引出,以使蒸汽压力稳定,进而使减压设备的真空度保持稳定;灭火、吹洗及伴热用蒸汽管路应从总管单独引出各自的分总管,以便在停车检修时这些管路仍能继续工作;蒸汽管路的适当位置应设置疏水装置。管路末端的疏水装置如图14-26 所示。管路中途的疏水装置如图 14-27 和表 14-8 所示;蒸汽加热设备的冷凝水,应尽可能回收利用;但冷凝水均应经疏水器排出,以免带出蒸汽而损失能量;蒸汽冷凝水的支管应从主管的上侧或旁侧倾斜接入,如图 14-28 所示,不能将不同压力的冷凝水接入同一主管中。

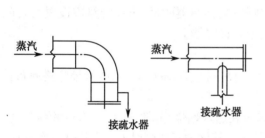

图 14-26　蒸汽管路末端的疏水装置的布置

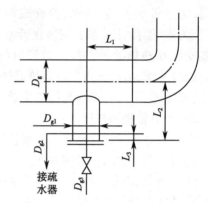

图 14-27　蒸汽管路中途的疏水装置的布置

表14-8　蒸汽管路中途的疏水装置的尺寸

D_g	D_{g1}	D_{g2}	D_{g3}	L_1	L_2	L_3	D_g	D_{g1}	D_{g2}	D_{g3}	L_1	L_2	L_3
25	25	15	25	200	150	40	125	100	20	25	300	200	40
32	32	15	25	200	150	40	150	100	20	25	350	200	40
40	40	15	25	200	150	40	200	100	20	40	350	200	40
50	50	15	25	200	150	40	250	150	25	40	400	200	50
65	65	15	25	250	150	40	300	150	25	40	400	200	50
80	80	15	25	250	150	40	350	150	25	40	450	200	50
100	100	20	25	300	150	40	400	150	25	40	450	200	50

3. 排放管的布置　管道或设备的最高点处应设放气阀,最低点处应设排液阀。此外,在停车后可能产生积液的部位也应设排液阀。管道的排放阀门(排气阀或排液阀)应尽可能靠近主管,其布置方式如图 14-29 所示。管道排放管的直径可根据主管的直径确定。一般情况下,若主管的公称直径小于 150mm,则排放管的公称直径可取20mm;若主管的公称直径为 150～200mm,则排放

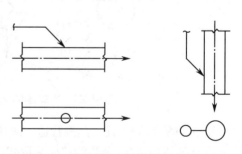

图 14-28　蒸汽冷凝水的支管与主管的连接

管的公称直径可取 25mm;若主管的公称直径超过 200mm,则排放管的公称直径可取 40mm。

设备的排放阀门最好与设备本体直接相连。若无可能,可装在与设备相连的管道上,但以靠近设备为宜。设备上排放阀门的布置方式如图 14-30 所示。设备排放管的公称直径一般采用 20mm,容积大于 50m² 时,可采用 40~50mm。

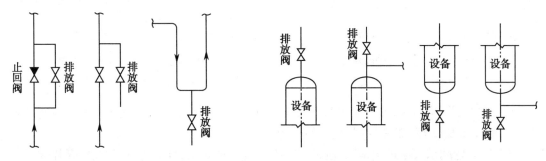

图 14-29　管道上排放阀门的布置　　　　　　图 14-30　设备上排放阀门的布置

除常温下的空气和惰性气体外,蒸汽以及易燃、易爆、有毒气体不能直接排入大气,而应根据排放量的大小确定向火炬排放,或高空排放,或采取其他措施。

易燃、易爆气体管道或设备上的排放管应设阻火器。室外设备排放管上的阻火器宜设置在距排放管接口(与设备相接的口)500mm 处;室内设备排放管应引至室外,阻火器可布置在屋面上或邻近屋面布置,距排放管出口距离以不超过 1m 为宜,以便安装和检修。

4. 取样管的布置　设备或管道上的取样点应设在操作方便、且样品具有代表性的位置上;连续操作且容积较大的塔器或容器,其取样点应设在物料经常流动的位置上;若设备内的物料为非均相体系,则应在确定相间位置后方能设置取样点;在水平敷设的气体管路上设置取样点时,取样管应从管顶引出;在垂直敷设的气体管路上设置取样点时,取样管应与管路成 45°倾斜向上引出;液体物料在垂直敷设的管道内自下而上流动时,取样点可设在管路的任意侧;反之,若液体自上而下流动,则除非液体能充满管路,否则不宜设取样点;若液体物料在水平敷设的管道内自流,则取样点应设在管道的下侧;若在压力下流动,则取样点可设在管道的任意侧;取样阀启闭频繁,容易损坏,因此常在取样管上装两只阀门,其中靠近设备的阀作为切断阀,正常工作时处于开启状态,维修或更换取样阀时将其关闭;另一只阀为取样阀,仅在取样时开启,平时处于关闭状态。不经常取样的点也可只装一只阀。取样阀则由取样要求决定,液体取样常选用 D_{g15} 或 D_{g6} 的针形阀或球阀,气体取样一般选用 Dg6 的针形阀。

5. 吹洗管的布置　实际生产中,常需采用某种特定的吹洗介质在开车前对管道和设备进行清洗排渣,在停车时将设备或管道中的余料排出。吹洗介质一般为低压蒸汽、压缩空气、水或其他惰性气体。$D_g \leqslant 25$ 的吹洗管,常采用半固定式吹洗方式。半固定式吹洗接头为一短管,在吹扫时可临时接上软管并通入吹洗介质,如图 14-31(a)所示。吹洗频繁或 Dg >25 的吹洗管,应采用固定式吹洗方式。固定式吹洗设有固定管路,吹洗时仅需开启阀门即可通入吹洗介质,如图 14-31(b)所示。

开车前需水洗的管道或设备可在泵的入口管上设置固定或半固定式接头,如图 14-32 所示。

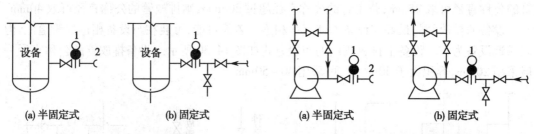

图 14-31 设备吹洗管的布置

1-盲通两用板；2-吹扫接头

图 14-32 设备水洗管的布置

1-盲通两用板；2-吹扫接头

6. 双阀的设置 在需要严格切断设备或管道时可设置双阀，但应尽量少用，特别是采用合金钢阀或 $D_g > 150$ 的钢阀时，更应慎重考虑。

例如，某些间歇反应过程，若反应进行时再漏进某种介质，有可能引起燃烧、爆炸或严重的质量事故，则应在该介质的管路上设置双阀，并在两阀之间设一放空阀，如图 14-33 所示。工作时阀 2 开启，阀 1 均关闭。当一批操作完成，准备下一批投料时，关闭阀 2，打开阀 1。

（三）洁净厂房内的管道布置

洁净厂房内的管道布置除应遵守一般车间管道布置的有关规定外，还应遵守如下布置原则。

1. 洁净厂房的管道应布置整齐，引入非无菌室的支管可明敷，引入无菌室的支管不能明敷。应尽量缩短洁净室内的管道长度，并减少阀门、管件及支架数量。

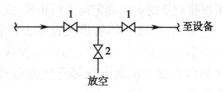

图 14-33 双阀的设置

2. 洁净室内公用系统主管应敷设在技术夹层、技术夹道或技术竖井中，但主管上的阀门、法兰和螺纹接头不宜设在技术夹层、技术夹道或技术竖井内，而吹扫口、放净口和取样口则应设置在技术夹层、技术夹道或技术竖井外。

3. 从洁净室的墙、楼板或硬吊顶穿过的管道，应敷设在预埋的金属套管中，套管内的管道不得有焊缝、螺纹或法兰。管道与套管之间的密封应可靠。

4. 穿过软吊顶的管道，不应穿过龙骨，以免影响吊顶的强度。

5. 排水主管不应穿过有洁净要求的房间，洁净区的排水总管顶部应设排气罩，设备排水口应设水封装置，以防室外空间并污气倒灌至洁净区。

6. 有洁净要求的房间应尽量少设地漏，100 级洁净室内不宜设地漏。有洁净要求的房间所设置的地漏，应采用带水封、格栅和塞子的全不锈钢内抛光的洁净室地漏。

7. 管道、阀门及管件的材质既要满足生产工艺要求，又要便于施工和检修。管道的连接方式常采用安装、检修和拆卸均较为方便的卡箍连接。

8. 法兰或螺纹连接所用密封垫片或垫圈的材料以聚四氟乙烯为宜，也可采用聚四氟乙烯包覆垫或食品橡胶密封圈。

9. 纯水、注射用水及各种药液的输送常采用不锈钢管或无毒聚乙烯管。引入洁净室的各支管宜用不锈钢管。输送低压液体物料常用无毒聚乙烯管，这样既可观察内部料液的情况，又有利于拆装和灭菌。

10. 输送无菌介质的管道应有可靠的灭菌措施，且不能出现无法灭菌的"盲区"。输送纯水、注射用水的主管宜布置成环形，以避免出现"盲管"等死角。

11. 洁净室内的管道应根据其表面温度及环境状态(温度、湿度)确定适宜的保温形式。热管道保温后的外壁温度不应超过 40℃,冷管道保冷后的外壁温度不能低于环境的露点温度。此外,洁净室内管道的保温层应加金属保护外壳。

第三节　管道布置图

管道布置图包括管道的平面布置图、立面布置图以及必要的轴测图和管架图等,它们都是管道布置设计的成果。

管道的平面和立面布置图是根据带控制点的工艺流程图、设备布置图、管口方位图以及土建、电气、仪表等方面的图纸和资料,按正投影原理绘制的管道布置图,它是管道施工的主要依据。

管道轴测图是按正等轴测投影原理绘制的管道布置图,能反映长、宽、高 3 个尺寸,是表示管道、阀门、管件、仪表等布置情况的立体图样,具有很强的立体感,比较容易看懂。管道轴测图不必按比例绘制,但各种管件、阀门之间的比例及在管线中的相对位置比例要协调。

管架图是表达管架的零部件图样,按机械图样要求绘制。

一、管道布置图的基本构成

管道布置图一般包括设备轮廓、管线及尺寸标注、方位标、管口表、标题栏等内容。

1. 设备轮廓　在管道布置图中,设备均以相应的主、侧、俯视、轴测时的轮廓线表示,并标注出设备的位号和名称。

2. 管线　管道是管道布置图的主要表达内容,为突出管道,主要物料管道均采用粗实线表示,其他管道可采用中粗实线表示。直径较大或某些重要管道,可用双中粗实线表示。管道布置图中的阀门及管件一般不用投影表示,而用简单的图形和符号表示。

3. 尺寸标注　管道布置图中主要标注管道、管件、管架、仪表及阀门的定位尺寸,此外,还应标注出厂房建筑的长、宽、高、柱间距等基本尺寸以及操作平台的位置和标高,但一般不标注设备的定位尺寸。

4. 方位标　表示管道安装的方位基准。

5. 管口表　注写设备上各管口的有关数据。

6. 标题栏　管道布置图通常包括多组平面、立面布置图以及必要的轴测图、管架图等,因此每张图纸均应在标题栏中注明是 XX 车间、工段或工序在 XX 层或平面上的管道平、立面布置图或轴测图。

二、管道布置图的视图表示方法

管道布置图中需表达的内容一般由较多组视图来表达,各组视图的表示方法、位置以及图幅、比例等内容要在管道布置图绘制时综合考虑。

1. 图幅与比例　管道布置图图幅一般采用 A0,比较简单的也可采用 A1 或 A2,图幅不宜加长或加宽。同区的图应采用同一种图幅;常用比例为 1∶30,也可采用 1∶25 或 1∶50,但同区的或各分层的平面图应采用同一比例。

2. 视图的配置　管道布置图中需表达的内容较多,通常采用平面图、剖视图、向视图、局部放大图等一组视图来表达;平面图的配置一般应与设备布置图相同,对多层建(构)筑物按层次绘制。各层管道布置平面图是将楼板(或层顶)以下的建(构)筑物、设备、管道等全部画出。当某层的管道上、下重叠过多,布置较复杂时,可再分上、下两层分别绘制。

管道布置在平面图上不能清楚表达的部分,可采用立面剖视图或向视图补充表示。为了表达得既简单又清楚,常采用局部剖视图和局部视图。剖切平面位置线的标注和向视图的标注方法均与机械图标注方法相同。

3. 视图的表示方法　建(构)筑物其表达要求和画法与设备布置图相同,以细实线绘制;设备用细实线按比例画出设备的简略外形和基础、支架等。对于泵、鼓风机等定型设备可以只画出设备基础和电机位置。但对设备上有接管的管口和备用管口,必须全部画出。

4. 管道布置图的主要内容　在图中采用粗实线绘制。当公称通径 $DN \geqslant 400mm$ 时,管道画成双线,如图中大口径管道不多时,则公称通径 $DN \geqslant 250mm$ 的管道用双线表示。绘成双线时,用中实线绘制。

(1)单根管道:单根管道的表示方法如图 14-34 所示。

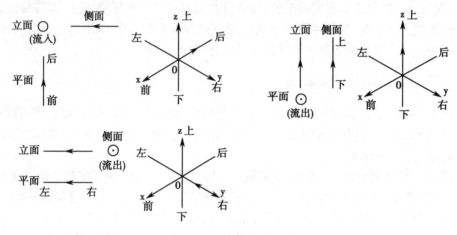

图 14-34　单根管道的表示方法

(2)多根管道:当两根管道平行布置,其投影发生重叠时,则将可见管道的投影断裂表示,不可见管道的投影画至重影处稍留间隙并断开,如图 14-35(a)所示。当多根管道的投影重叠时,可采用图 14-35(b)的表示方法,图中单线绘制的最上一条管道画以双重断裂符号,也可如图 14-35(c)所示,在管道投影断开处分别注上 a,b 和 b,a 等小写字母,以便辨认。当管道转折后投影发生重叠时,则下面的管道画至重影处稍留间隙断开表示,如图 14-35(d)。

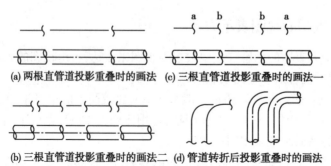

(a) 两根直管道投影重叠时的画法　(c) 三根直管道投影重叠时的画法一

(b) 三根直管道投影重叠时的画法二　(d) 管道转折后投影重叠时的画法

图 14-35　管道投影发生重叠时的画法

（3）交叉管道：管道交叉画法如图14-36所示。当管道交叉投影重合时，其画法可以把下面被遮盖部分的投影断开，如图14-36（a）所示，也可以将上面管道的投影断裂表示，如图14-36（b）所示。

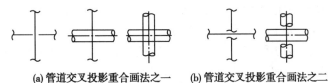

(a) 管道交叉投影重合画法之一　　　　(b) 管道交叉投影重合画法之二

图14-36　管道交叉画法

（4）弯管：管道转折的表示方法如图14-37所示。管道向下转折90°角的画法如图14-37（a）所示，单线绘制的管道，在投影有重影处画一细线圆，在另一视图上画出转折的小圆角，如公称通径 $DN \leqslant 50mm$ 的管道，则一律画成直角。管道向上转折90°的画法如图14-37（b）、图14-37（c）所示。双线绘制的管道，在重影处可画一"新月形"剖面符号，大于90°角转折的管道画法如图14-37（d）所示。

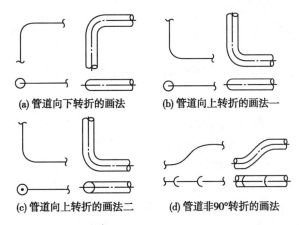

(a) 管道向下转折的画法　　　　(b) 管道向上转折的画法一

(c) 管道向上转折的画法二　　　　(d) 管道非90°转折的画法

图14-37　管道转折的表示方法

（5）三通：在管道布置中，当管道有三通等引出叉管时，画法如图14-38所示。

（6）异径管：不同管径的管子连接时，一般采用同心或偏心异径管接头，画法如图14-39所示。

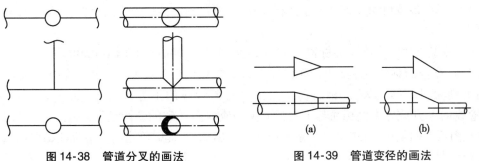

图14-38　管道分叉的画法　　　　图14-39　管道变径的画法

此外，管道内物料的流向必须在图中画上箭头予以表示。对用双线表示的管道，其箭头画在中心线上；单线表示的管道，箭头直接画在管道上。

（7）管件、阀门、仪表控制点：管道上的管件（如弯头、三通异径管、法兰、盲板等）和阀门通常在管道布置图中用简单的图形和符号以细实线画出，其规定符号如附表14-4所示。附表14-4以外的阀门与管件须另绘结构图。

管道上的仪表控制点用细实线按规定符号画出，一般画在能清晰表达其安装位置的视图上，其规定符号与工艺流程图中的画法相同。

（8）管道支架：管道支架是用来支承和固定管道的，其位置一般在管道布置图的平面图中用符号表示，如图14-40所示。对非标准管道支架应另行提供管道支架图；管道支架配置比较复杂时，也可单独绘制管道支架布置图。

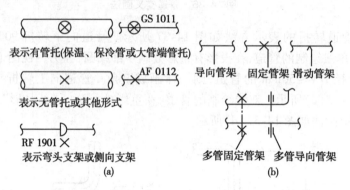

图14-40　管道布置图中管道支架的表示方法

5. 管道布置图的标注　在建（构）筑物施工图中应注出建筑物定位轴线的编号和各定位轴线的间距尺寸及地面、楼面、平台面、梁顶面及吊车等的标高，标注方式均与设备布置图相同。在设备布置图上，要标注位号，其位号应与工艺管道仪表流程图和设备布置图上的一致；也可注在设备中心线上方，而在设备中心线下方标注主轴中心线的标高或支承点的标高。在管道布置图上应标注管道的尺寸、位号、代号、编号等内容。

按原化工部行业标准 HG 20519—92 规定，在图中还应注出设备的定位尺寸，并用 5mm×5mm 的方块标注与设备图一致的管口符号，以及由设备中心至管口端面距离的管口定位尺寸（如若填写在管口表上，则图中可不标注）。管口表在管道布置图的右上角，表中填写该管道布置图中的设备管口。

（1）管道定位尺寸：在管道布置图中应标出所有管道的定位尺寸、标高及管段编号，在标注管道定位尺寸时通常以设备中心线、设备管口中心线、建筑定位轴线、墙面等为基准进行标注。与设备管口相连直接管段，因可用设备管口确定该段管道的位置，故不需要再标注定位尺寸。

（2）安装标高：管道安装标高以室内地面标高 0.000m 或 EL100.000m 为基准。管道按管底外表面标注安装高度，其标注形式为"BOP ELXX.XX"，如按管中心线标注安装高度则为"ELXX.XX"。标高通常注在平面图管线的下方或右方，如图 14-41（a）所示，管线的上方或左方则标注与工艺管道仪表流程图一致的管段编号，写不下时可用指引线引至图纸空白处标注，也可将几条管线一起引出标注，此时管道与相应标注都要用数字分别进行编号，如图 14-41（b）所示。对于有坡度的管道，应标注坡度（代号）和坡向，如图 14-42所示。

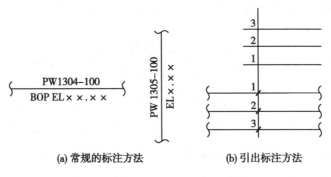

(a) 常规的标注方法　　　(b) 引出标注方法

图 14-41　管道高度的标注方法

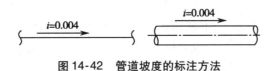

图 14-42　管道坡度的标注方法

(3)管段编号:管段编号为4部分,如图14-43所示,即管道号(管段号)(由3个单元组成)、管径、管道等级和隔热或隔声,总称为管道组合号。管道号和管径为一组,用一短横线隔开;管道等级和隔热为另一级,用一短横线隔开,两组间留有适当的空隙。一般标注在管道的上方,也可分别标注在管道的上下方,如图14-44所示。

PG	13	10	300	A1A	H
第	第	第	第	第	第
1	2	3	4	5	6
单	单	单	单	单	单
元	元	元	元	元	元

图 14-43　管段编号

第1单元为物料代号,主要物料代号见表14-9。物料在两条投影相重合的平线管道中流动时或管道平面图上两根以上管道重叠时,其表示方法如图14-45所示。

第2单元为主项编号,按工程规定的主项编号填写,采用两位数字从01开始至99为止。

第3单元为管道顺序号,管道顺序号的编制,以从前一主要设备来而进入本设备的管子为第1号,其次按流程图进入本设备的

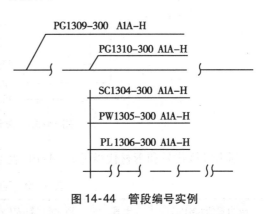

图 14-44　管段编号实例

前后顺序编制。编制原则是先进后出,先物料管线后公用管线,本设备上的最后一根工艺出料管线应作为下一设备的第1号管线。以上3个单元组成管道号(管段号)。

第4单元为管道尺寸,管道尺寸一般标注公称直径,以"mm"为单位,只注数字,不注单位。黑管、镀锌钢管、焊接钢管用英寸表示时如2'、1',前面不加 Φ;其他管材亦可用 Φ 外径×壁厚表示,如 $\Phi57 \times 3.5$。

第5单元为管道等级,管道等级号由下列3个单元组成。

第 6 单元为隔热或隔声代号。对工艺流程简单、管道品种规格不多时,则管道组合号中的第 5、6 两单元可省略。

表 14-9　物料代号表示方法

物料	代号	物料	代号	物料	代号
工艺空气	PA	原水、新鲜水	RW	循环冷却水回水	CWR
工艺气体	PG	软水	SW	循环冷却水上水	CWS
气液两相流工艺物料	PGL	生产废水	WW	脱盐水	DNW
气固两相流工艺物料	PGS	冷冻盐水回水	RWR	饮用水,生活用水	DW
工艺液体	PL	冷冻盐水上水	RWS	消防水	FW
液固两相流工艺物料	PLS	排液、导淋	DR	燃料气	FG
工艺固体	PS	惰性气	IG	气氨	AG
工艺水	PW	低压蒸汽	LS	液氨	AL
空气	AR	低压过热蒸汽	LUS	氟利昂气体	FRG
压缩空气	CA	中压蒸汽	MS	氟利昂液体	FRL
仪表空气	IA	中压过热蒸汽	MUS	蒸馏水	DI
高压蒸汽	HS	蒸汽冷凝水	SC	蒸馏水回水	DIR
高压过热蒸汽	HUS	伴热蒸汽	TS	真空排放气	VF
热水回水	HWR	锅炉给水	BW	真空	VAC
热水上水	HWS	化学污水	CSW	空气	VT

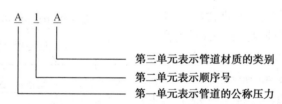

图 14-45　单元顺序表示图

压力等级代号和管材代号见表 14-10、表 14-11。

表 14-10　压力等级代号

压力等级(MPa)	代号	压力等级(MPa)	代号	压力等级(MPa)	代号
1.0	L	6.1	Q	22.0	U
1.6	M	10.0	R	25.0	V
2.5	N	16.0	S	32.0	W
4.0	P	20.0	T		

表 14-11 管材代号

管材	代号	管材	代号	管材	代号
普通不锈钢管	SS	聚乙烯管	PE	铸铁管	G
普通无缝钢管	AS	玻璃管	GP	ABS 塑料管	ABS
焊接钢管	CS	316L 不锈钢管	316L	聚丙烯管	PP
硬聚氯乙烯管	PVC	镀锌焊接钢管	SI	铝管	AP

(4)管件、阀门、仪表控制点:图中管件、阀门、仪表控制点按规定符号画出后,一般不再标注。对某些有特殊要求的管件、阀门、法兰,应标注某些尺寸、型号或说明,如异径管的下方应标注其两端的公称通径,如图 14-46 中的 DN50/25;对非 90°的弯头和非 90°的支管连接应标出其角度,如图 14-46 所示的 135°角;对补偿器有时也注出中心线位置尺寸及预拉量。

(5)管架:所有管架在平面图中应标注管架编号。管架编号由图 14-47 所示的 5 部分组成。

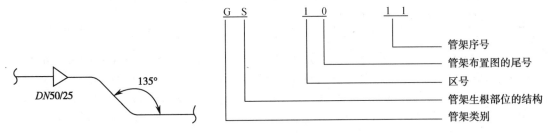

图 14-46 异径管及非 90°的
弯头的标注方法

图 14-47 管架编号示意图

1)管架类别:字母分别表示如下内容。

A——固定架(ANCHOR)

G——导向架(GUIDE)

R——滑动架(RESTING)

H——吊架(RIGID HANGER)

S——弹吊(SPRING HANGER)

P——弹簧支座(SPRINGPEDESTAL)

E——特殊架(ESPECIAL-SUPPORT)

T——轴向限位架

2)管架生根部位的结构:字母分别表示如下内容。

C——混凝土结构(CONCRETE)

F——地面基础(FOUNDATION)

S——钢结构(STEEL)

V——设备(VESSEL)

W——墙(WALL)

3)区号:以 1 位数字表示。

4）管道布置图的尾号：以1位数字表示。

5）管架序号：以两位数字表示，从01开始（应按管架类别及生根部位结构分别编写）。

如图14-47中的GS1011表示区号为1，管道布置图尾号为0的有管托的导向架在钢结构上的管架。对于非标准管架，应另绘管架图予以表示。

（潘永兰　王　沛）

附表14-1　无缝碳钢管壁厚　　　　　　　　　　　　单位：mm

材料	pN/MPa	10	15	20	25	32	40	50	65	80	100	125	150	200	250	300	350	400	450	500	600
20 12CrMo 15CrMo 12Cr1MoV	≤1.6	2.5	3	3	3	3	3.5	3.5	4	4	4	4	4.5	5	6	7	7	8	8	8	9
	2.5	2.5	3	3	3	3	3.5	3.5	4	4	4	4	4.5	5	6	7	7	8	8	9	10
	4.0	2.5	3	3	3	3	3.5	3.5	4	4	4.5	5	5.5	7	8	9	10	11	12	13	15
	6.4	3	3	3	3.5	3.5	3.5	4	4.5	5	6	7	8	9	11	12	14	16	17	19	22
	10.0	3	3.5	3.5	4	4.5	4.5	5	6	7	8	9	10	13	15	18	20	22			
	16.0	4	4.5	5	5	6	6	7	8	9	11	13	15	19	24	26	30	34			
	20.0	4	4.5	5	6	6	7	8	9	11	13	15	18	22	28	32	36				
	4.0T	3.5	4	4	4.5	5	5	5.5													
10 Cr5Mo	≤1.6	2.5	3	3	3	3	3.5	3.5	4	4.5	4	4	4.5	5.5	7	7	8	8	8	8	9
	2.5	2.5	3	3	3	3	3.5	3.5	4	4.5	4	4	4.5	5.5	7	7	8	9	9	10	12
	4.0	2.5	3	3	3	3	3.5	3.5	4	4.5	5	5.5	6	8	9	10	11	12	14	15	18
	6.4	3	3	3	3.5	4	4	4.5	5	6	7	8	9	11	13	14	16	18	20	22	26
	10.0	3	3.5	4	4	4.5	5	5.5	7	8	9	10	12	15	18	22	24	26			
	16.0	4	4.5	4	5	5	7	8	9	10	12	15	18	22	28	32	36	40			
	20.0	4	4.5	5	6	7	8	9	11	12	15	18	22	26	34	38					
	4.0T	3.5	4	4	4.5	5	5	5.5													
16Mn 15MnV	≤1.6	2.5	2.5	2.5	3	3	3	3	3.5	3.5	3.5	3.5	4	4.5	5	5.5	6	6	6	6	7
	2.5	2.5	2.5	2.5	3	3	3	3	3.5	3.5	3.5	3.5	4	4.5	5	5.5	6	7	7	8	9
	4.0	2.5	2.5	2.5	3	3	3	3.5	3.5	4	4	5	7	8	8	9	10	11	12		
	6.4	2.5	3	3	3	3.5	3.5	3.5	4.5	5	6	7	8	9	11	12	13	14	16	18	
	10.0	2.5	3	3	3.5	3.5	4	4.5	5	6	7	8	9	11	13	15	17	19			
	16.0	3.5	3.5	4	4.5	5	5	6	7	8	9	11	12	16	19	22	25	28			
	20.0	3.5	4	4.5	5	5.5	6	7	8	9	11	12	15	19	24	26	30				

附表14-2　无缝不锈钢管壁厚　　　　　　　　　　　　单位：mm

材料	pN/MPa	10	15	20	25	32	40	50	65	80	100	125	150	200	250	300	350	400	450	500	600
1Cr18Ni9 Ti 含Mo不锈钢	≤1.0	2	2	2	2.5	2.5	2.5	2.5	2.5	2.5	3	3	3.5	3.5	3.5	4	4	4.5			
	1.6	2	2.5	2.5	2.5	2.5	2.5	3	3	3	3	3.5	3.5	4	4.5	5	5				
	2.5	2	2.5	2.5	2.5	2.5	2.5	3	3	3	3.5	3.5	4	4.5	5	6	6	7			
	4.0	2	2.5	2.5	2.5	2.5	2.5	3	3	3.5	4	4.5	5	6	7	8	9	10			
	6.4	2.5	2.5	2.5	3	3	3	3.5	4.5	5	6	7	8	10	11	13	14				
	4.0T	3	3.5	3.5	4	4	4	4.5													

附表 14-3　焊接钢管壁厚　　　　　　　单位:mm

材料	pN/MPa	DN															
		200	250	300	350	400	450	500	600	700	800	900	1000	1100	1200	1400	1600
焊接碳钢管（Q235A20）	0.25	5	5	5	5	5	5	5	6	6	6	6	6	6	7	7	7
	0.6	5	5	6	6	6	6	6	7	7	7	7	8	8	8	9	10
	1.0	5	5	6	6	6	7	7	8	8	9	9	10	11	11	12	
	1.6	6	6	7	7	8	8	9	10	11	12	13	14	15	16		
	2.5	7	8	9	9	10	11	12	13	15	16						
焊接不锈钢管	0.25	3	3	3	3	3.5	3.5	3.5	4	4	4	4.5	4.5				
	0.6	3	3	3.5	3.5	3.5	4	4	4.5	5	5	6	6				
	1.0	3.5	3.5	4	4.5	4.5	5	5.5	6	7	7	8					
	1.6	4	4.5	5	6	6	7	7	8	9	10						
	2.5	5	6	7	8	9	9	10	10	13	15						

注:1. 表中"4.0 T′′"表示外径加工螺纹的管道,适用于 pN≤4.0 的阀件连接。

2. DN≥25 的"大腐蚀余量"的碳钢管的壁厚应按表中数值再增加 3mm。

3. 本表数据按承受内压计算。

4. 计算中采用以下许用应力值

20、12CrMo、15CrMo、12CrlMoV 无缝钢管取 120.0MPa;

10、Cr5Mo 无缝钢管取 100.0MPa;

16Mn、15MnV 无缝碳钢管取 150.0MPa;

无缝不锈钢管及焊接钢管取 120.0MPa。

5. 焊接钢管采用螺旋缝电焊钢管时,最小厚度为 6mm,系列应按产品标准。

6. 本表摘自化工工艺配管设计技术中心站编制的设计规定中的《管道等级及材料选用表》。

附表 14-4　管道附件的规定图形符号

名称	主视	俯视	侧视	轴侧视	备注
截止阀	（图形符号）XRO	（图形符号）	（图形符号）	（图形符号）	
闸阀	（图形符号）	（图形符号）	（图形符号）	（图形符号）	
球阀	（图形符号）	（图形符号）	（图形符号）	（图形符号）	
蝶阀	（图形符号）	（图形符号）	（图形符号）	（图形符号）	
旋塞阀	（图形符号）	（图形符号）	（图形符号）	（图形符号）	

续表

名称	主视	俯视	侧视	轴侧视	备注
三通 旋塞阀					
四通 旋塞阀					
直流 截止阀					
角式 截止阀					
节流阀					
隔膜阀					
减压阀					
止回阀					
弹簧式 安全阀					
底阀			同主视		
管形 过滤器		同主视			
Y形 过滤器					
T形 过滤器					

续表

名称		主视	俯视	侧视	轴侧视	备注
疏水器						
阻火器						
墨斗						
视镜						
伸缩节	波纹管式					
	流函式					
隐蔽壁						
限流孔板		XRO			XRO	限流孔板 XRO 的 "X" 为孔板孔径（毫米）

第十五章 辅助设施设计

制药企业除生产车间外,尚需要一些辅助设施,例如以满足全企业生产正常开工的机修车间;以满足各监控部门、岗位对企业产品质量定性定量监控的仪器/仪表车间;锅炉房、变电室、给排水站、动力站等动力设施;厂部办公室、食堂、卫生所、托儿所、体育馆等行政生活建筑设施;厂区人流、物流通道运输设施;绿化空地、兴建花坛、围墙等美化厂区环境的绿化设施及建筑小区;控制生产场所中空气的微粒浓度、细菌污染以及适当的温湿度,防止对产品质量有影响的空气净化系统以及仓库等。辅助设施的设计原则是以满足主导产品生产能力为基础,既要综合考虑全厂建筑群落布局,又要注重实际与发展相结合。下面主要介绍制药企业辅助设计中的仓库设计、仪表车间以及空气净化工程的设计。

第一节 仓 库 设 计

仓库设计是一项非常重要的工作,因为仓储运作中产生的物流成本绝大部分在仓库设计阶段就已经决定了。仓库设计要考虑的因素较多,要设计出比较合理的仓库,必须将这些因素归类划分,并在此基础上优化决策。

一、仓库设计中的层次划分

仓库设计是一个决策过程,需要考虑很多问题,这些问题之间有的相关性很高,有的相关性较小,有的问题出错可能会影响整个仓储运作的效率,严重时可能会使仓库不能投入使用。所以,可以借鉴管理学上广泛运用的层次结构,对仓库设计中所遇到的问题进行分层考察后再进行决策。

(一) 战略层设计

在战略层次上,仓库设计主要考虑的是对仓库具有长远影响的决策。战略层次上的决策决定着仓库设计的整体方向,并且这种决策目标应与公司整体竞争战略一致。比如企业期望将快速顾客反应和高水平的顾客服务水平作为其竞争优势,那么在仓库战略层的设计中,就要将提高顾客订单反应速度作为仓库设计的主要目标,调动公司的所有资源去实现这个目标。仓库设计时的战略层面主要有 3 个决策(图 15-1)。这 3 个决策互相影响,互为条件,形成了一个紧

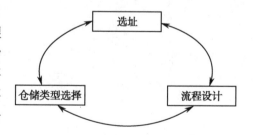

图 15-1　仓库设计战略层决策

密的环状结构。

1. 仓库选址决策　仓库地址的选择影响深远。首先,仓库地址决定仓库运作成本,比如仓库建立在郊区,其土地和建设成本可能会降低,但其顾客服务成本将大幅上升。其次,仓库地址会影响企业的发展,如果仓库地址没有可供扩充的土地,将会因不能满足企业扩张而使其失去使用价值。再次,仓库地址会决定仓库设施的选择,如果仓库选择建在铁路旁,那么在仓库设计中就要有接收火车货物的站台。

仓库选址决策不仅会影响仓库设计的各方面,而且会对企业整体发展战略产生影响。所以,仓库选址决策必须得到企业高层和仓库设计者的高度重视,其主要考虑因素包括服务可得性、服务成本和选址对作业成本的影响,同时还要考虑所选地址是否提供了可扩张空间和一些必要的公共设施。

2. 流程设计相关决策　流程设计对企业来说至关重要。一方面,仓库作业流程决定了仓库运作的各项成本和效率。对于新建立的仓库,优化的流程可以在达到既定仓库运作效率的基础上,减少仓库各项人力和设备投资。对于旧的仓库,优化其作业流程可以在不断增加投资的基础上,提高仓库的运作效率。不同企业其产品种类、仓库设计目标和订单特点等方面的差异,致使各仓库运作流程不尽一致。另一方面,仓库作业流程设计会严重影响到仓储方式和设备的选择。例如企业要增加仓库加工活动,首当其冲的就是增加加工设备的投资以及改变仓库作业区域的布置,诸如仓库各个活动衔接的顺序和规则、人员的配置和培训、仓储系统等都要作出相应的改变。因此,必须将仓库作业流程的设计放在战略层面,只有实现作业流程的合理高效,其他的设计工作才能顺利展开。

3. 仓储类型决策　仓储系统是指产品分拣、储存或接收中使用的设备和运作策略的组合。根据自动化程度的不同,仓储系统可以分为手工仓储系统(分拣员到产品系统)、自动化仓储系统(产品到分拣员系统)和自动仓储系统(使用分拣机器人)3 类。在手工订单拣选中存在两个基本策略:单一订单拣选和批量拣选。批量订单拣选中,订单既可在分拣中进行分类,也可以集中一起再事后分类。旋转式仓储系统是一种定型的自动化仓储系统,人站在固定的位置,产品围绕着分拣人员转动。自动仓储系统是由分拣机器人代替人的劳动,实现仓储作业的全面自动化。

仓库类型的选择可以分解为两个决策问题:一是以技术能力考虑仓储类型;二是从经济角度考虑仓储类型。技术能力考虑的是储存单位、储存系统以及设备必须适应产品的特点、订单和仓储期望达到的目标,并且相互之间不能出现冲突。比如,一定大小的仓库要达到既定的容量和吞吐量,在仓储系统的选择上就有一定限制,储存产品的类型和尺寸也会对储存系统有一定的要求。通过对技术能力的考察可以选择出一组适合的仓储系统,然后通过对其经济性的考虑选择最合适的仓储类型。经济角度衡量仓储类型时,需要注意在仓库投资成本和仓库运作成本之间达到均衡。

(二) 战术层设计

战术层面上的决策一般考虑的是仓库布局、仓库资源规模和一系列组织问题,具体见图15-2。

1. 仓库布局　仓库布局主要由仓储物品的类型、搬运系统、存储量、库存周转期、可用空间和仓库周边设施等因素决定。其中,搬运系统对仓库布局有很大的影响,因为搬运系统决定了仓库作业的流程通道。仓库布局应最有效地利用仓库的容量,实现接收、储存、挑选、装运的高效率,同时应考虑到改进的可能性。

2. 仓库资源规模   仓库规模大小主要由存储物品数量、存储空间和货架的规格决定;仓库各作业区域大小主要由仓库作业流程、储存货物种类和仓库种类决定;物料搬运设备和工人的数量由仓库的自动化程度和处理进出货物的数量决定。仓库资源规模必须在仓库整体投资的限制下进行考虑。

3. 组织问题   组织问题是考虑仓库在接收、存储、分拣和发运各个过程中的规则。补货策略是考虑在什么情况下由货物存储区向分拣存货区进行补货,一个好的补货策略可以更好地发挥分拣存货区的作用。批量拣取是把多张订单集合成一批,依商品类别将数量加总后再进行拣取,然后根据客户订单作分类处理。拣货批量是在采取批量拣取的方式下每次拣货数量的大小,它的决定是在衡量分拣经济性和订单满足

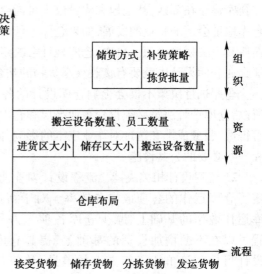

图 15-2　仓库设计战术层决策

时效性的基础上进行的。储存方式是对货物入库分配货位规则的规定,一般有 5 种,包括随机存储原则、分类存储原则、COI(cube- per- order index) 原则、分级储存原则和混合存储原则。存储原则的选择会影响商品出库、入库的效率和仓库的利用率。需要指出的是,COI 原则是商品接收发出的数量总和与其储存空间的比值,比值大的商品应靠近出、入库的地方。

（三）运作层设计

运作层面上的设计,主要考虑人和设备的配置与控制问题,主要决策见图 15-3。接货阶段的运作层设计期望获得在一定设备和人员投资下物品接收的高效率。通过对仓库的试运行或对仓库接收系统的模拟,可以确定最佳的送货车辆卸货站台分配原则以及搬运设备和人员的分配原则。发运阶段考虑的内容与接货阶段相似,但又增加对货物组合发运的考虑。通过合理的组合,可以最大限度地利用每一辆车的运载能力。储存阶段的运作层设计是确定仓库补货人员的分配,即由专门人员完成补货任务还是由拣货人员完成补货任务,同时储存阶段还要有具体实现仓库储存的原则,即按战术层选择的储存方式完成货架和商品的对应关系。

订单选择阶段运作层的设计内容比较多。首先要确定订单集合的原则或订单拣选的顺序,前一层次确定的只是最佳的拣货批量,怎样将订单进行集合以形成最佳批量是运作层需要考虑的问题。订单集合或订单拣选顺序决策主要是考虑对不同顾客订单应有不同的重视程度。

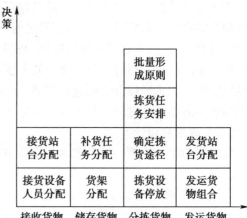

图 15-3　仓库设计运作层决策

其次是拣货方式和拣货途径的确定,是采取一个人负责一个拣货批量还是将一个拣货批量分解由不同的人员进行拣选。在拣货方式确定的情况下才可以决定最佳的拣货行走路径。Van den Breg 等通过研究表明,分解订单的方式可以减少分拣所需移动的平均距离和时间。最后是对整个分拣系统的优化。实际的仓库运作中,可以从很多方面提高分拣效率,例如对空闲设备停靠点的优化就可以在不增加投资的基础上提高整个拣取速度。

(四) 各个层次间的关系

前面介绍了仓库设计所需考虑的各项决策内容。通过把仓库设计的各项决策用三层结构进行划分,可以看出每个层次自身的特点和各个层次之间的关系(图 15-4)。

各个层次之间是一种约束关系:战术层决策是在战略层所做决策的限制下进行;运作层决策是在战略层和战术层所做决策的限制下进行。从各层的关系上可以看出,仓库设计中应该将主要精力放在仓库设计的战略层决策。没有好的战略层设计,就没有在低成本下高效运作的仓库。

战略层上各个决策相关性特别大,

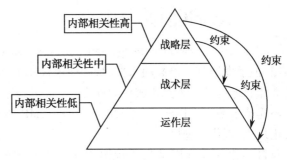

图 15-4　仓库设计中各层级的关系

一种决策会严重影响到其他决策,因此在进行战略层决策时不能将各方面割裂开来进行优化。战术层决策相关性变弱,但仍然存在,所以战术层决策时应按照决策的相关性进行分组,每个决策组的优化要特别注意组内相关性。运作层决策的相关性降到最低,基本上可以忽略,每种决策都可以使用最优化的方法进行单独优化。

二、仓库设计的一般原则

仓储运作中产生的物流成本绝大部分在仓库设计阶段就已经决定,这说明仓库设计是一项非常重要的工作。因此,仓库设计时应尽可能地考虑各方面的因素,以使设计的仓库在节省资本的同时,尽可能充分发挥其在实际工作中的作用。对于仓库的设计,应遵循以下一些原则。

1. 合理安排,符合产品结构需要,仓库区的面积应与生产规模相匹配。仓库面积的基本需求必须保证两个基本条件:一是物流的顺畅,二是各功能区的基本需求。在布局上,为减少仓库和车间之间的运输距离,方便与生产部门的联系,一般仓库设置将沿物流主通道,紧邻生产车间来布置相应的功能区。同时要考虑管理调度。在流量上,要尽量做到一致,以免"瓶颈"现象发生。具体的布置可以根据企业具体情况决定。标签库等小库房及原料库等大库房布置在管理室的周围。若为多层楼房,常将小库置于楼上。

2. 中药材的库房与其他库房应严格分开,并分别设置原料库与净料库、毒性药材库与贵细药材库应分别设置专库或专柜。

3. 仓库要保持清洁和干燥。照明、通风等设施以及温度、湿度的控制应符合储存要求。

4. 仓库内应设取样室,取样环境的空气洁净度等级应与生产车间要求一致。根据 GMP

要求,仓库内一般需设立取样间,在室内局部设置一个与生产等级相适应的净化区域或设置一台可移动式带层流的设备。

5. 仓库应包括标签库,使用说明书库(或专柜保管)。

6. 对于库区内产品的摆放,应使总搬运量最小。总体需求和布局上一定要结合企业的长远规划,避免因考虑不周造成重复投资,事后修补以及多点操作(multi-point operation)造成浪费。

7. 注意交通运输、地理环境条件以及管线等因素。

8. 整个平面布局还应符合建设设计防火规范,尤其是高架库在设计中应留出消防通道、安全门,设置预警系统、消防设施如自动喷淋装置等。

三、自动立体仓库的设计

立体仓库(automated storage and retrieval system,AS/RS,自动存取系统),诞生不到半个世纪,但已发展到相当高的水平,特别是现代化的物流管理思想与电子信息技术的结合,促使立体仓库逐渐成为企业成功的标志之一。许多企业纷纷兴建大规模的立体仓库,有的企业还建造了多座立体仓库。随着药品生产 GMP 要求的深入,制药厂传统、老式的仓库逐步被正规化、现代化仓库所取代。

自动化立体仓库是当代货架储存系统发展的最高阶段。所谓自动化高层货架仓库是指用高层货架储存货物,以巷道堆垛起重机配合周围其他装卸搬运系统进行存取、出入库作业,并由计算机全面管理和控制的一种自动化仓库。广义而言,自动化仓库是在不直接进行人工处理的情况下,能自动地存储和取出物料的系统,是物流系统的重要组成部分。

自动化高层货架仓库主要由货架、巷道堆垛起重机、周围出入库配套机械设施和管理控制系统等部分组成。历史和实践已经充分证明,使用自动化立体仓库能够产生巨大的社会效益和经济效益。效益主要来自以下几方面:①采用高层货架存储,提高了空间利用率及货物管理质量。由于使用高层货架存储货物,存储区可以大幅度地向高空发展,充分利用仓库地面和空间,因此可大幅度提高单位面积的利用率。采用高层货架存储,并结合计算机管理,可以容易地实现先入先出,防止货物的自然老化、变质或发霉。同时,立体仓库也便于防止货物的丢失及损坏。②自动存取,提高了劳动生产率,降低了劳动强度。使用机械和自动化设备,运行和处理速度快,提高了劳动生产率,降低操作人员的劳动强度。同时,能方便地进入企业的物流系统,使企业物流更趋合理化。③科学储备,提高物料调节水平,加快储备资金周转。由于自动化仓库采用计算机控制,对各种信息进行存储和管理,能减少处理过程中的差错,而利用人工管理不能做到这一点。同时,借助计算机管理还能有效地利用仓库储存能力,便于清点和盘库,合理减少库存量,从而减少库存费用,降低占用资金,从整体上保障了资金流、物流、信息流与业务流的一致、畅通。

(一)立体仓库设计时需要考虑的因素

立体仓库设计时需要考虑的因素很多、也很重要,如果选择不当,往往会走入误区。一般包含以下几方面。

1. 企业近期的发展　立体仓库设计一般要考虑企业 3~5 年的发展情况,但也不必考虑太久远的发展。如果投资巨大的立体仓库不能使用一段时间,甚至刚建成就满足不了需求,那么这座立体仓库是不成功的。同时,盲目上马是许多物流项目的最大失误。有的公司并不具备建造立体仓库的必要,但为了提高自身形象或其他原因,连立体仓库的功能定位都没有考虑清楚,就仓促决定建造一座立体仓库,而且还要自动化程度较高的,设备要全进口的,结果导致投入与产出相距甚远,使公司大伤筋骨,一蹶不振。

2. 选址　立体仓库设计要考虑城市规划企业布局以及物流整体运作。立体仓库地址最好靠近港口、码头、货运站等交通枢纽,或者靠近生产线或原料产地,或者靠近主要消费市场,这样会大大降低物流费用。同时,要考虑环境保护、城市规划等。立体仓库选址不合理也是很容易犯的错误。假如在商业区建造一座立体仓库,一方面会大煞风景,与繁华的商业区不协调,而且要花高价来购买地皮;另一方面就是受交通的限制,只能每天半夜来进行货物的出入,这样的选址肯定是失败的。

3. 库房面积与其他面积的分配　平面面积太小,立体仓库的高度就需要尽可能地高。立体仓库设计时往往会受到面积的限制,造成本身的物流路线迂回。许多企业建造立体仓库时,往往只重视办公、实验、生产的面积,没有充分考虑库房面积,但总面积是一定的,"蛋糕"切到最后,只剩下一丁点给立体仓库。为了满足库容量的需求,最后只好通过向空间发展来达到要求。而货架越高,设备采购成本与运行成本就越高。此外,立体仓库内最优的物流路线是直线型,但因受面积的限制,结果往往是 S 形的,甚至是网状的,迂回和交叉太多,增加了许多不必要的投入与麻烦。

4. 机械设备的吞吐能力　立体仓库内的机械设备就像人的心脏,机械设备吞吐能力不满足需要,就像人患了先天性心脏病。在兴建立体仓库时,通常的情况是吞吐能力过小或各环节的设备能力不匹配。理论的吞吐能力与实际存在差距,所以设计时无法全面考虑到。一般立体仓库的机械设备有巷道堆垛起重机、连续输送机、高层货架。自动化程度高一点的还有 AGV(automated guided vehicles)、无人搬运车、自动导航车或激光导航车。这几种设备要匹配,而且要满足出入库的需要。一座立体仓库到底需要多少台堆垛机、输送机和 AGV等,可以通过物流仿真系统来实现。

5. 人员与设备的匹配　人员素质跟不上,仓库的吞吐能力同样会降低。一些由传统仓储或运输企业向现代物流企业过渡的公司,立体仓库建成后往往人力资源跟不上。立体仓库的运作需要一定的人工劳动力和专业人才。一方面,人员的数量要合适。自动化程度再高的立体仓库也需要一部分人工劳动,人员不足会导致立体仓库效率的降低,但人员太多又会造成浪费。因此,立体仓库的人员数量一定要适宜。另一方面,人员的素质要跟上,专业人才的招聘与培训是必不可少的。大多数企业新建了立体仓库之后,把原来普通仓库或运输的原班人马不经技术培训就搬到立体仓库,其结果可想而知。

6. 库容量(包括缓存区)　库容量是立体仓库最重要的一个参数,由于库存周期受许多预料之外因素的影响,库存量的波峰值有时会大大超出立体仓库的实际容量。此外,有的立体仓库单纯地考虑了货架区的容量,但忽视了缓存区的面积,结果造成缓存区严重不足,货架区的货物出不来,库房外的货物进不去。

7. 系统数据的传输　立体仓库的设计要考虑立体仓库内部以及与上下级管理系统之间的信息传递。由于数据的传输路径或数据的冗余等原因,会造成系统数据传输速度慢,有的甚至会出现数据无法传输的现象。所以大多数企业都根据实际情况采用对应的立体仓库管理系统,以克服传输速度慢的不足。

8. 整体运作能力　立体仓库的上游、下游以及其内部各子系统的协调,有一个木桶效应,最短的那一块木板决定了木桶的容量。虽然有的立体仓库采用了许多高科技产品,各种设施设备也十分齐全,但各种系统间协调性、兼容性不好,整体的运作会比预期差很远。

(二)立体仓库设计的设计技巧

高架仓库的需求越来越普及,其设计也逐步走上正轨,同时也要求不断提高设计水平和总结设计技巧,以设计出更合理的立体仓库。

1. 多采用背靠背的托盘货架存放方式　高架库内的设计是仓库设计的重点,受药品性质及采购特点的限制,各种物料的储存量和储存周期有大有小,有长有短,故一般很少采用集中堆垛的方式,多采用背靠背的托盘货架存放方式。

2. 大型立体仓库采用有轨仓库,小型高架仓库采用无轨仓库　对于一个已知大小的库房,有多种布置方式,如何最大限度地利用空间,如何合理运用投资,则有一定技巧。大型立体仓库一般采用有轨巷道式的布置方式,自动化集中管理。其主要设备为有轨叉车,即巷道堆垛机。巷道可以很窄,为 1.5m 左右,堆垛高度也可以很高,可达 20m 左右,故库内利用率比较高,适用于大型立体库,但其设备投资高,除了自动化运输设备外,还需一套专门的库内装卸货物的水平运输设备。小型高架仓库一般采用无轨方式布置,其主要设备就是高架叉车,它既起高处堆垛作用,又起水平运输作用。所以这种方式的设备投资较低,而且由于没有轨道,操作比较灵活。但受叉车本身转弯半径的限制,其通道不能太窄,国产叉车一般在 3.2m 以上,堆垛高度也不能太高,一般以不超过 10m 为宜,故仓库的空间利用率不及有轨方式。总之,两种方式各有优点,不能简单地说哪种更好。但若在投资允许,空间又高的条件下,采用有轨立体库比无轨高架库更为经济,但目前大部分制药行业的库房都不太大,空间高度也在 10m 左右,所以采用无轨方式的更为多见。

3. 合理的货架布置和仓库利用　在一些仓库里常有许多立柱,占用了一定空间,摆放货架时,最简单的方法就是把两排货架背靠背地置于立柱的两侧,这种方法安装比较方便,但碰到比较大的立柱就不是很经济。若采用立柱占一格货位的方式,紧凑布置,效果要好得多,不仅空间利用率增大,而且库房越大,效果越好。图 15-5 为货架置于立柱两侧的布置方式,图 15-6 为立柱占一格货位的紧凑方式,这里立柱为 $600mm \times 600mm$。可以看出,同样大小的库房,后者比前者多两排货架,空间利用率净增约 $2/28 = 7\%$。换句话说,若两库房具有相同库位,则后者比前者可省 $5.6m \times 46m$ 面积,投资净减 $5.6/80 = 7\%$,而且这种方式整齐美观。若取消第 27、28 两排,还可以作为理货区。库房越大,立柱越大,效果越好,只是设计较为复杂一些,即柱网的纵横向网距有一匹配方可使立柱只占一格货位,所以对于新库房尤其适用。

4. 综合考虑,确定实际使用的适宜高度　采用高架叉车装卸货物是由人来操作的,从用户实际使用的反馈意见来看,不能太高,因为太高,驾驶员操作非常吃力,他需仰首操作并寻找货位,若时间一长,许多人受不了。所以,选用叉车时不能单纯地只考虑叉车能达到的高度,还要考虑工人的劳动强度,以使其操作较轻松自如。一般认为,5m 左右最为轻松,大于 10m 就不宜则选用。

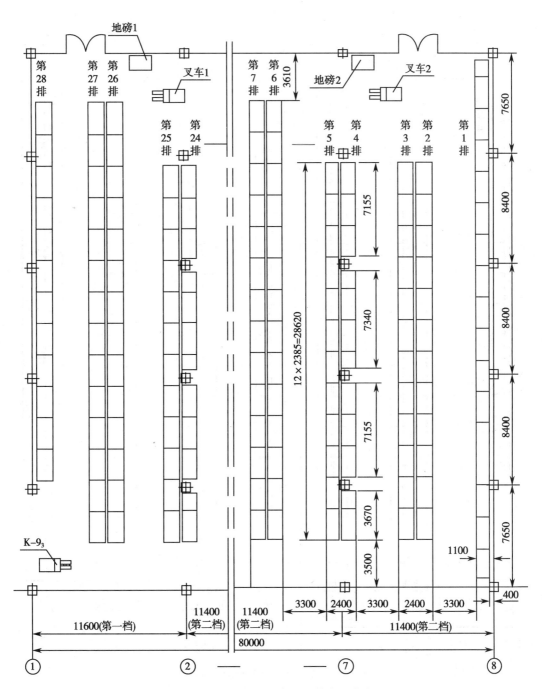

图 15-5 货架置于立柱两侧的布置方式

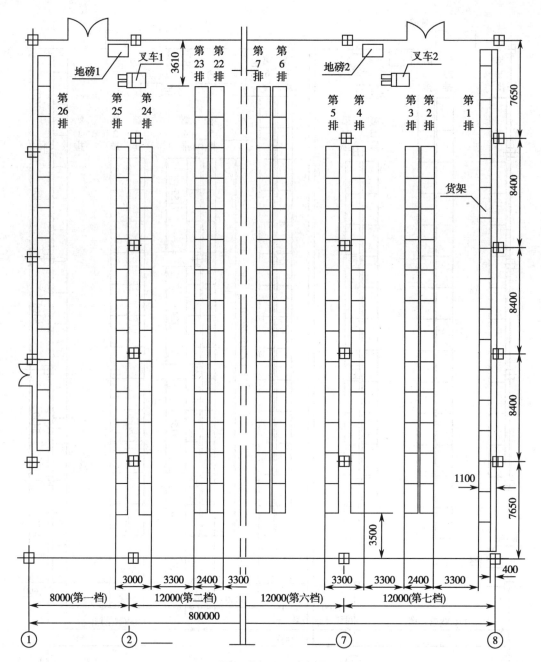

图15-6 货架占一格立柱的布置方式

第二节 仪表车间设计

在制药生产过程中,仪表是操作者的耳目,现代科技的进步使仪表由单一的检测功能进化为检测、自动控制一体化。

一、自动化控制简介

控制是指为实现目的而施加的作用,一切控制都是有目的的行为。在工业生产过程中,如果采用自动化装置来显示、记录和控制过程中的主要工艺变量,使整个生产过程能自动地维持在正常状态,就称为实现了生产过程的自动控制,简称过程控制。过程控制的工艺变量一般是指压力、物位、流量、温度和物质成分。实现过程控制的自动化装置称为过程控制仪表。

(一)过程控制系统的组成

今天,在人们的日常生活中几乎处处都可见到自动控制系统的存在。如各种温度调节、湿度调节、自动洗衣机、自动售货机、自动电梯等。它们都在一定程度上代替或增强了人类身体器官的功能,提高了生活质量。

早期的工业生产中,控制系统较少。随着生产装置的大型化、集中化和过程的连续化,自动控制系统越来越多,越来越重要。

自动化装置一般至少包括 3 部分,分别用来模拟人工控制中人的眼、脑和手的功能,自动化装置的 3 部分如下。

1. 测量元件与变送器　它的功能是测量液位并将液位的高低转化为一种特定的、统一的输出信号(如气压信号或电压、电流信号等)。

2. 控制器　它接受变送器送来的信号,与工艺需要保持的液位高度相比较得出偏差,并按某种运算规律算出结果,然后将此结果用特定信号(气压或电流)发送出去。

3. 执行器　通常指控制阀,它与普通阀门的功能一样,只不过它能自动根据控制器送来的信号值改变阀门的开启度。

显然,测量元件与变送器、控制器、执行器分别具有人工控制中操作人员的眼、脑、手的部分功能。

在自动控制系统的组成中,除了自动化装置的 3 个组成部分外,还必须具有控制装置所控制的生产设备。在自动控制系统中,将需要控制其工艺参数的生产设备或机器叫作被控对象,简称对象。制药生产中的各种反应釜、换热器、泵、容器等都是常见的被控对象,甚至一段输气管道也可以是一个被控对象。在复杂的生产设备中,一个设备上可能有好几个控制系统,这是在确定被控对象时,就不一定是生产设备的整个装置,只有与某一控制相关的相应部分才是某一个控制系统的被控对象。

(二)过程控制系统的主要内容

过程控制系统一般包括生产过程的自动检测系统、自动控制系统、自动报警与联锁保护系统、自动操纵系统等方面的内容。

1. 自动检测系统　利用各种检测仪表对工艺变量进行自动检测、指示或记录的系统,称为自动检测系统。它包括被测对象、检测变送、信号转换处理以及显示等环节。

2. 自动控制系统　用过程控制仪表对生产过程中的某些重要变量进行自动控制,能将因受到外界干扰影响而偏离正常状态的工艺变量,自动地调回到规定数值范围内的系统称为自动控制系统。它至少要包括被控对象、测量变送器、控制器、执行器等基本环节。

3. 自动报警与联锁保护系统　在工业生产过程中,有时由于一些偶然因素的影响,导致工艺变量越出允许的变化范围时,就有引发事故的可能。所以,对一些关键的工艺变量,要设有自动信号报警与联锁保护系统。当变量接近临界数值时,系统会发出声、光报警,提醒操作人员注意。如果变量进一步接近临界值、工况接近危险状态时,联锁系统立即采取紧急措施,自动打开安全阀或切断某些通路,必要时紧急停车,以防止事故的发生和扩大。

4. 自动操纵系统　按预先规定的步骤自动地对生产设备进行某种周期性操作的系统。

(三)自动控制系统分类

自动控制系统从不同角度有不同的分类方法。

1. 按被控变量划分　可划分为温度、压力、液位、流量和成分等控制系统。这是一种常见的分类。

2. 按被控制系统中控制仪表及装置所用的动力和传递信号的介质划分　可划分为气动、电动、液动、机械式等控制系统。

3. 按被控制对象划分　划分为流体输送、设备传热设备、精馏塔和化学反应器控制系统等。

4. 按控制调节器的控制规律划分　划分为比例控制、积分控制、微分控制、比例积分控制、比例微分控制等。

5. 按系统功能与结构划分　可划分为单回路简单控制系统;串级、比值、选择性、分程、前馈和均匀等常规复杂控制系统;解耦、预测、推断和自适应等先进控制系统和程序控制系统等。

6. 按控制方式划分　可划分为开环控制系统和闭环控制系统。

(1)开环控制是指没有反馈的简单控制。如通常照明中的调光控制,电风扇的多级速度调节等。

(2)闭环控制是指具有负反馈的控制。因为负反馈可以使控制系统稳定,多数控制系统都是闭环负反馈控制系统。

7. 按给定值的变化情况划分　可划分为定值控制系统、随动控制系统和程序控制系统。

二、仪表分类

过程控制仪表是实现过程控制的工具,其种类繁多,功能不同,结构各异。从不同的角度有不同的分类方法。通常是按下述方法进行分类的。

1. 按功能不同　可分为检测仪表、显示仪表、控制仪表和执行器。①检测仪表:包括各种变量的检测元件、传感器等;②显示仪表:有刻度、曲线和数字等显示形式;③控制仪表:包括气动、电动等控制仪表及计算机控制装置;④执行器:有气动、电动、液动等类型。

2. 按使用的能源不同　可分为气动仪表和电动仪表。①气动仪表:以压缩空气为能源,性能稳定、可靠性高、防爆性能好且结构简单。但气信号传输速度慢、传送距离短且仪表精度低,不能满足现代化生产的要求,所以很少使用。但由于其天然的防爆性能,使气动控制阀得到了广泛的应用。②电动仪表:以电为能源,信息传递快、传送距离远,是实现远距离集中显示和控制的理想仪表。

3. 按结构形式分　可分为基地式仪表、单元组合仪表、组件组装式仪表等。①基地式仪表:这类仪表集检测、显示、记录和控制等功能于一体。功能集中,价格低廉,比较适合于单变量的就地控制系统。②单元组合仪表:是根据自动检测系统和控制系统中各组成环节的不同功能和使用要求,将整套仪表划分成能独立实现一定功能的若干单元(有变送、调节、显示、执行、给定、计算、辅助、转换等八大单元),各单元之间采用统一信号进行联系。

使用时可根据需要,对各单元进行选择和组合,从而构成多种多样的、复杂程度各异的自动检测系统和自动控制系统。所以单元组合仪表被形象地称作积木式仪表。③组件组装式仪表:是一种功能分离、结构组件化的成套仪表(或装置)。

4. 按信号形式分　可分为模拟仪表和数字仪表。①模拟仪表:模拟仪表的外部传输信号和内部处理信号均为连续变化的模拟量。②数字仪表:数字仪表的外部传输信号有模拟信号和数字信号两种,但内部处理信号都是数字量(0,1),如可编程调节器等。

三、仪表的选型

生产过程自动化的实现,不仅要有正确的测量和控制方案,而且还需要正确、合理地选择和使用自动化仪表及自动控制装置。现代工业规模化生产控制应该首选计算机控制系统,借助计算机的资源可以实时显示测量参数的瞬时值、累积值、实时曲线、历史参数、历史曲线及打印等;实现联锁报警保护;不仅能实现 PID(proportion intergration differentiation)控制,亦可实现优化和复杂控制及管理功能等。通常的选型原则有如下几种。

1. 根据工艺对变量的要求进行选择　对工艺影响不大,但需要经常监视的变量宜选显示仪表;对要求计量或经济核算的变量宜选具有计算功能的仪表;对需要经常了解其变化趋势的变量宜选记录仪表;对变化范围大且必须操作的变量宜选手动遥控仪表;对工艺过程影响较大,需随时进行监控的变量宜选控制型仪表;对可能影响生产或安全的变量宜选报警型仪表。

2. 仪表的精确度应按工艺过程的要求和变量的重要程度合理选择　一般指示仪表的精确度不应低于 1.5 级,记录仪表的精确度不应低于 1.0 级,就地安装的仪表精确度可略低些。构成控制回路的各种仪表的精确度要相配。仪表的量程应按正常生产条件选取,有时还要考虑到开停车、发生生产事故时变量变动的范围。

3. 仪表系列的选择　通常分为单元仪表的选择、可编程控制器和微型计算机控制。

单元仪表的选择包括:①电动单元组合仪表的选用原则:变送器至显示控制单元间的距离超过 150m 以上时;大型企业要求高度集中管理控制时;要求响应速度快,信息处理及运算复杂的场合;设置由计算机进行控制及管理的对象,可采用电动仪表。②气动单元组合仪表的选用原则:变送器、控制器、显示器及执行器之间,信号传递距离在 150m 以内时;工艺物料易燃、易爆及相对湿度很大的场合;一般中小型企业要求投资少,维修技术工人水平不高时;大型企业中,有些现场就地控制回路,可采用气动仪表。

可编程控制器是以微处理器为核心,具有多功能、自诊断功能的特色。它能实现相当于模拟仪表的各种运算器的功能及 PID 功能,同时配备与计算机通信联系的标准接口。它还能适应复杂控制系统,尤其是同一系统要求功能较多的场合。

微型计算机控制是指在计算机上配有 D/A(digital to analog)、A/D(analog to digital)转换器及操作台就构成了计算机控制系统。它可以实现实时数据采集、实时决策和实时控制,具有计算精度高、存储信息容量大、逻辑判断能力强及通用、灵活等特点,广泛应用于各种过程控制领域。

4. 根据自动化水平选用仪表　自动化水平和投资规模决定着仪表的选型,而自动化水平是根据工程规模、生产过程特点、操作要求等因素来确定的。根据自动化水平,可分为就地检测与控制;机组集中控制;中央控制室集中控制等类型。针对不同类型的控制方式,应选用不同系列的仪表。

对于就地显示仪表一般选用模拟仪表,如双金属片温度计、弹簧管压力计等。对于集中显示和控制仪表宜选单元组合仪表,二次仪表首先考虑以计算机取代,当不采用计算机时,再考虑数字式仪表(如数显表、无笔无纸显示记录仪表和数字控制器等)。尽量不选或者少选二次模拟仪表。

5. 仪表选型中应注意的事项 ①根据被测对象的特点及周围环境对仪表的影响,决定仪表是否需要考虑防冻、防凝、防震、防火、防爆和防腐蚀等因素。②对有腐蚀的工艺介质,应尽量选用专用的防腐蚀仪表,避免用隔离液。③在同一个工程中,应力求仪表品种和规格统一。④在选用各种仪表时,还应考虑经济合理性,本单位仪表维修工人的技术水平、使用和维修仪表的经验以及仪表供货情况等因素。

四、过程控制工程设计

过程控制系统工程设计是指把实现生产过程自动化的方案用设计文件表达出来的全部工作过程。设计文件包括图纸和文字资料,它除了提供给上级主管部门对工程建设项目进行审批外,也是施工、建设单位进行施工安装和生产的依据。

过程控制系统工程设计的基本任务是依据工艺生产的要求,对生产过程中各种参数(如温度、压力、流量、物位、成分等)的检测、自动控制、遥控、顺序控制和安全保护等进行设计。同时,也对全厂或车间的水、电、气、蒸汽、原料及成品的计量进行设计。

根据我国现行基本建设程序规定,一般工程项目设计可分两个阶段进行,即初步设计和施工图设计。

(一) 控制方案的制定

控制方案的制定是过程控制系统工程设计中的首要和关键问题,控制方案是否正确、合理,将直接关系到设计水平和成败,因此在工程设计中必须十分重视控制方案的制定。

控制方案制定的主要内容包括以下几方面:①正确选择所需的测量点及其安装位置;②合理设计各控制系统,选择必要的被控变量和恰当的操纵变量;③建立生产安全保护系统,包括设计声、光信号报警与联锁及其他保护性系统。

为了使控制方案制定得合理,应做到:重视生产过程内在机制的分析研究;熟悉工艺流程、操作条件、工艺数据、设备性能和产品质量指标;研究工艺对象的静态特性和动态特性。控制系统的设计涉及整个流程、众多的被控变量和操纵变量,因此制定控制方案必须综合各个工序、设备、环节之间的联系和相互影响,合理确定各个控制系统。

自动化系统工程设计是整个工程设计的一个组成部分,因此设计人员应重视与设备、电气、建筑结构、采暖通风、水道等专业技术人员的配合,尤其应与工艺人员共同研究确定设计内容。工艺人员必须提供自控条件表,提供详细的参数。

(二) 初步设计的内容与深度要求

初步设计的主要任务和目的是根据批准的设计任务书(或可行性研究报告),确定设计原则、标准、方案和重大技术问题,并编制出初步设计文件与概算。

初步设计的内容和深度要求,因行业性质、建设项目规模及设计任务类型不同会有差异。一般大、中型建设项目过程自动化系统初步设计的内容和深度要求如下。

1. 初步设计说明书 初步设计说明书应包括:①设计依据,即该设计采用的标准、规模。②设计范围,概述该项目生产过程检测、控制系统和辅助生产装置自动控制设计的内容,与制造厂成套供应自动控制装置的设计分工,与外单位协作的设计项目的内容和分工等。③全厂自动化水平,概述总体控制方案的范围和内容,全厂各车间或工段的自动化水平和集中程度。说明全厂各车间或工段需设置的控制室,控制的对象和要求,控制室设计的主要规定,全厂控制室布局的合理性等。④信号及联锁,概述生产过程及重要设备的事故联锁与报警内容,信号及联锁系统的方案选择的原则,论述系统方案的可靠性。对于复杂的联锁系统应绘制原理图。⑤环境特性及仪表选型,说明工段(或装置)的环境特征、自然条件等对仪表选型的要求,选择防火、防爆、防高温、防冻等防护措施。⑥复杂控制系统,用原理图或文字说明其具体内容以及在生产中的作用及重要性。⑦动力供应,说明仪表用压缩空气、电等动力的来源和质量要求。⑧存在问题及解决意见,说明特殊仪表订货中的问题和解决意见,新技术、新仪表的采用和注意事项,以及其他需要说明的重大问题和解决意见。

2. 初步设计表格　包括自控设备表、按仪表盘成套仪表和非仪表盘成套仪表两部分绘制自控设备汇总表、材料表。

3. 初步设计图纸　包括仪表盘正面布置框图、控制室平面布置图、复杂控制系统图和管道及仪表流程图。

4. 自控设计概算　自控设计人员与概算人员配合编制自控设计概算。自控设计人员应提供仪表设备汇总表、材料表及相应的单价。有关设备费用的汇总、设备的运杂费、安装费、工资、间接费、定额依据、技术经济指标等均由概算人员编制。

(三)施工图设计

施工图设计的依据是已批准的初步设计。它是在初步设计文件审批之后进一步编制的技术文件,是现场施工、制造和仪表设备、材料订货的主要依据。

1. 施工图设计步骤　在做施工图设计时,可按照下述的方法和步骤完成所要求的内容:①确定控制方案,绘制管道及仪表流程图;②仪表选型,编制自控设备表;③控制室设计,绘制仪表盘正面布置图等;④仪表盘背面配线设计,绘制仪表回路接线图等;⑤调节阀等设计计算,编制相应的数据表;⑥仪表供电系统及供气系统设计;⑦控制室与现场间的配管、配线设计,绘制和编制有关的图纸与表格;⑧编制其他表格;⑨编制说明书和自控图纸目录。

2. 施工图设计内容　施工图设计内容分为采用常规仪表、数字仪表和采用计算机控制系统施工图设计内容两部分。

3. 施工图设计深度要求　包括自控图纸目录、说明书、自控设备表、节流装置、调节阀、差压式液位计数据表、综合材料表、电气设备材料表、电缆表及管缆表、测量管路表、绝热伴热表、铭牌注字表、信号及联锁原理图。

第三节　空 调 设 计

制药企业的采暖、通风、空调与净化工程几乎都离不开向厂房输送空气流。所输送的空气流若具有不同的特性,就能达到不同的目的。例如冬天将空气加热用于厂房采暖;以一定的流量及形式送风则可将厂房内发生的粉尘、有害气体带走,以保持符合安全、卫生标准的空气清新程度;用加热、制冷等手段调节厂房内的空气温度、湿度,以满足生产工艺、设备、产品、操作人员的要求等。洁净厂房对微尘、微生物浓度的要求也是通过对所输送空气进行净化来得到满足的。因此,上述各项工程设计可归结为空调工程设计。

一、空调设计的依据

对于空调工程的设计不是凭空设计的,而是有依据可循的。主要根据以下几方面来进行考虑设计。

1. 生产工艺对空调工程提出的要求,包括车间各等级洁净区的送暖温度、湿度等参数,各区域的室内压力值,各厂房对空调的特殊要求,如《药品生产质量管理规范》中对空调的要求。

2. 有关安全、卫生等对空调提出的要求。比如厂房的换风次数,其值的大小取决于易燃易爆气体、粉尘的爆炸极限范围或有害气体在厂房内的许可浓度。

3. 采暖、通风、空调与净化的有关设计、施工及验收范围。

二、空调设计的内容

根据上述空调工程设计的依据,对空调的设计通常包括以下几方面的内容:①空调设计时除需考虑工艺、设备、GMP 对温度与湿度的要求外,还要考虑操作者的舒适程度。室内温度与湿度值除与送风的温度、湿度值有关外,还取决于送入的风量,这是因为在生产厂房中物料、设备、操作者都可能释放热、湿、尘,根据物料、热量衡算方程,送风状态、产热产湿量、排风状态及送风量达到一定的平衡状态才确定了厂房的实际温度、湿度。②空调厂房的送风量由于涉及热、湿、释放量的物料、热量衡算,安全、卫生所要求的换风次数等多个因素,应从不同角度求得各自的送风量,然后再调整满足不同的要求。③厂房内不同洁净等级区域对空调的不同要求,主要表现在对空气中微尘、微生物浓度的不同要求。④特殊要求,如GMP(1998)第二十条要求青霉素等高致敏性药品的生产车间"必须使用独立的厂房与设施"、"分装室应保持相对负压"、"排至室外废气应经净化处理并符合要求"等。

(一) 空调系统的设计

按照系统的集中程度,空调系统一般有集中式、局部式与混合式之分。集中式空调系统又称中央空调系统,是将空调集中在一台空调机组中进行处理,通过风机及风管系统将调节好的空气送到建筑物的各个房间,此时可以使用不同等级的过滤器使送风达到不同的洁净等级,也可以借开关调节各室的送风量。集中空调系统的空气处理量大,冷源与热源相对集中,机组占厂房面积大,须由专人操作,但运行可靠,调节参数稳定,较适合于工厂大面积厂房尤其是洁净厂房的调节要求,是一般药厂首先考虑的方案。局部空调系统则是将空调设备直接或就近安装在需要进行空调的房间内,一般空调机的功率、风量都比较小,安装方便,无需专人操作,使用灵活,作为局部、小面积厂房、实验室使用比较合适,不适于大面积厂房的空调需要。有时候为保持集中空调的长处,又满足一些厂房对空调的特殊需要,可采用混合式空调。

空调系统按是否利用房间排出的空气,又可分为直流式和回风式。直流式是指全部使用室外新鲜空气(新风),在房间中使用过的废气经处理后全部排至室外大气。它具有操作简单,能较好保证室内空气中的微生物、微尘等指标,但从能源利用的角度来讲较为浪费。回风是指厂房内置换出来的空气被送回空调机组,再经喷雾室(一次回风)与新风混合进行空气处理或在喷雾室后面进入(二次回风)与喷雾室出来的空气(大部分为新风)混合的空调流程。它的优点在于节省热(冷)量,但在空调设计计算及操作方面显得复杂些,在 GMP许可的情况下,应尽量考虑使用回风,往往是厂房的排出空气被抽回作一次、二次回风利用。

但某些房间的排出空气经单独的除尘处理后不再利用。因此,空调机组的新风吸入口与厂房废气排出口之间的距离以及上下风关系是空调设计师需要考虑的问题之一。

（二）空调机组的负荷设计

空调机组的进口端为室外新鲜空气,出口端为一定温度、湿度的经空调处理的空气。对于某些特定产品的生产厂房,后者是不变的。但吸入的新风的温度、湿度等参数受季节、气候、昼夜的影响,几乎时刻在变化,加上厂房对空调负荷的要求也时时变化,因此空调机组的负荷也几乎总是在变化。理论上讲机组的运行参数要经常调整,但是最基本的情况还是分为冬、夏两类。在空调机组中,空气进行湿热处理时,空调机组的负荷随时都在变化,在选购空调机组时取什么样的负荷就十分重要,应当考虑空调机组运行时所处的最恶劣外界环境的最大负荷,这就是空调的设计负荷或选购某型号空调机组的依据。空调机组的负荷要用多项指标来表示:①送风量(m^3/h);②喷水室的冷负荷(kW);③空气加热器的热负荷(kW);④各级过滤器的负荷。

（三）空气输导与分布装置的设计

空气输导与分布装置的设计是空调设计的内容之一,主要应从以下三方面加以考虑。

1. **送风机** 仍以流量(m^3/h)、风管阻力计算而得的风机风压为主要选择依据。

2. **通风管系统** 风管一般布置在吊顶的上面,对洁净车间又称为技术夹层。风管有金属、硬聚氯乙烯、玻璃钢、砖或混凝土之分;按管道形状则有圆形、矩形之分。矩形管与风机、过滤器的连接比较方便,使用于较多的场合之下,具体规格可查阅有关工具书。通风主管与各支管截面积的确定,从原理上讲与复杂管路系统的计算一样,也应考虑最佳气流速度。风阀是启闭或调节风量的控制装置,常见有插板式、蝶式、三通调节风阀、多叶风阀等。

3. **送风口** 药厂各处所设置的送风口尺寸、数量、位置等要根据需要来确定。洁净室的气流组织形式一般分为乱流(即涡流)与平行流两种。经过多年的实践,现行的气流均采用顶送侧下回的形式,基本已经抛弃了顶送顶回的形式,现在关键的问题是采取单侧回还是双侧回及送风口的位置个数。

空气自送风口进入房间后先形成射入气流,流向房间回风口的是平行流气流,而在房间内局部空间内回旋的是涡流气流。一般的空调房间都是为了达到均匀的温、湿度而采用紊流度大的气流方式,使射流同室内原有空气充分混合并把工作区置于空气得以充分混合的混流区内。而洁净空调为了使工作区获得低而均匀的含尘浓度,则要最大限度地减少涡流,使射入气流经过最短流程尽快覆盖工作区。希望气流方向能与尘埃的重力沉降方向一致,使平行流气流能有效地将室内灰尘排至室外。实验证明,上送下单侧回会增加乱流洁净室涡流区,增加交叉污染机会。无回风口一侧由于处于有回风口一侧生产区的上风向,将成为后者的污染源。在室宽超过3米的空间内宜采用双侧回风。而在<3米的空间内生产线只能布置1条,采用单侧回风也是可行的。这时只要将回风布置在操作人员一侧,就能有效地将操作人员发出的尘粒及时地从回风口排出室外。

送风口的设置是同样的道理,送风口的数目过少,也会导致涡流区加大。因此,适当增加送风口的数目,就相当于同样风量条件下增加了送风面积,可以获得最小的气流区污染度。就一个人员相对停留少的某些房间诸如存放间、缓冲间、内走廊等,没有必要增加送风口个数,只需按常规布置即可。而对那些人员流动较大,比较重要的洁净房间诸如干燥间、内包间等,则可以适当增加风口个数,对保证洁净度是大有好处的。

三、洁净空调系统的节能措施

能源问题、环境保护与人口问题并称当今社会"三大难题"。节能是我国可持续发展战略中的重要政策，长期以来，药厂洁净室设计中的节能问题尚未引起高度重视。随着我国医药工业全面实施 GMP,GMP 达标的药厂洁净室建设规模正在迅速发展与扩大。而洁净空调是一种初期投资大、运行费用高、能耗多的工程项目，其与能源、环保等方面的关系尤为突出。尤其在当前，一部分业主只注重眼前利益，相关从业人员缺少节能意识，在工程的设计、施工、运行诸阶段对节能问题缺乏应有的重视，更加重了洁净空调的高运行费用和高能耗的问题。因此，从药厂洁净室设计上采取有力措施降低能耗，节约能源，已经到了刻不容缓的地步。

（一）减少冷热源能耗的措施

采取适宜的措施减少冷热源能耗，可达到节能和降低生产成本的双重目的。具体措施包括确定适宜的室内温湿度、选用必要的最小的新风量和采用热回收装置、利用二次回风节省热能以及加强对工艺热设备、风管、蒸汽管、冷热水管及送风口静压箱的绝热等措施。

1. 设计合理的车间型式及工艺设备　现代药厂的洁净厂房以建造单层大框架、正方形大面积厂房为最佳。其显著优点之一是外墙面积最小，能耗少，可节约建筑、冷热负荷的投资和设备运转费用。其次是控制和减少窗/墙比，加强门窗构造的气密性要求。此外，在有高温差的洁净室设置隔热层，围护结构应采取隔热性能和气密性好的材料及构造。建筑外墙内侧保温或夹芯保温复合墙板，在湿度控制房间要有良好防潮的密封室。所有这些均能达到节能的目的。

药厂洁净室工艺装备的设计和选型，在满足机械化、自动化、程控化和智能化的同时，必须实现工艺设备的节能化。如在水针剂方面，设计入墙层流式新型针剂灌装设备，机器与无菌室墙壁连接在一起，维修在隔壁非无菌区进行，不影响无菌环境，机器占地面积小，减少了洁净车间中 100 级平行流所需的空间，减少了工程投资费用，减少了人员对环境洁净度的影响，大大节约了能源。同时，采取必要技术措施，减少生产设备的排热量，降低排风量，如将可采用水冷方式的生产设备尽可能地选用水冷设备。加强洁净室内生产设备和管道的隔热保温措施，尽量减少排热量，降低能耗。

2. 确定适宜的室内温湿度　洁净室的温湿度的确定，既要满足工艺要求，又要考虑最大程度地节省空调能耗。室内温湿度主要根据工艺要求和人体舒适要求而定。《药品生产质量管理规范》(1998 年修订) 中要求洁净室内温度控制在 18～26℃,湿度控制在 45%～65%。对于制药厂，一般无菌室室内温度考虑到抑制细菌生长及生产人员穿无菌服等情况，夏季应取较低温度，为 20～30℃,而一般非无菌室温度为 24～26℃。考虑到室内相对湿度过高易长霉菌，不利于洁净环境要求，过低则易产生静电使人体感觉不适等因素，所以一般易吸潮药品（硬胶囊,粉针等）湿度为 45%～50%,固体制剂药品为 50%～55%,水针、口服液等为 55%～65%。夏季室内相对湿度要求愈低，所需求的冷量能耗愈大，所以设计时，在满足工艺要求的情况下，室内湿度尽量取上限，以便能更多地节省冷量。据测算，当洁净室换气次数为 20 次/小时,室温为 25℃,当室内相对湿度由 55% 提高至 60% 时，系统冷量约可节省 15%。

由于气象条件的多变，室外空气的参数也是多变的，而洁净空调设计时是以"室外计算参数"，作为标准及系统处于最不利状况下考虑的，因此，在某些时期必然存在能源上的浪费。对空调系统进行自动控制,其节能效果是显而易见的。洁净空调的自动控制系统主要由温度传感器(新风、回风、送风、冷上水)、湿度传感器(新风、回风、送风、室内)、压力传感器(送风、回风、室内、冷回水、蒸汽)、压差开关报警器(过滤器、风机)、阀门驱动器(新风、回风)、水量调节阀、蒸汽调节阀(加热、加湿)、流量计(冷水、蒸汽)、风机电机变频器等自控元器件组成,以实现温湿度的显示与自控,风量风压的稳定,过滤器及风机前后压差报警,换热器水量控制,新回风量自控等功能。

3. 选用必要的最小的新风量和采用热回收装置以减少新风热湿处理能耗　在洁净室热负荷中,新风负荷为最大要素。合理确定必要的最小新风量,能大大降低处理新风能耗。一般新风量由下面 3 项比较后取最大值:①洁净区内人员卫生要求每人不小于 $40m^3/h$;②维持洁净区正压条件下漏风量与排风量之和;③各种不同等级洁净的最小新风比:10 万级为 30%;1 万级为 20%;百级为 2%~4%。

对于制药厂而言,上面 3 项中③的值一般为最大,但对固体制剂通常②为最大值,因为如果片剂生产中,工艺设备的生产、物料的输送、设备的加出料时均散发出大量粉尘,使得回风无法利用或回风量较小,空调系统只能采用近乎直流系统,所以必须加强部分岗位局部净化或排风除尘或隔离技术等手段,将排风量降至比较经济的程度,以减小过大的新风量。

新风负荷是净化空调系统能耗中的主要组成部分,因此,在满足生产工艺和操作人员需要的情况下以及在《药品生产质量管理规范》允许的范围内,应尽可能采用低的新风比。洁净空间内的回风温度、湿度接近送风温湿度要求,而且较新风要洁净。因此,能回风的净化系统,应尽可能多地采用回风以提高系统的回风利用量。不能回风或采取少量回风的系统,在组合式空调机组加装热交换器来回收排风中的有效热能,提高热能利用率,节省新风负荷,这也是一项极为重要的节能措施。特别是对采用直排式空调系统(即全部不回风)或排风量较大剂型如固体制剂,若在空调机组内设置能量回收段是一种较好的、切实可行的节能措施。当然,只有工艺设备处于良好运行状态下、粉尘的散发得到控制的情况下,利用回风才有节能效果。如果工艺设备很差,室内大量散发粉尘,还是应该把这些房间的空气经过滤后直接排出。如果区内大部分房间都难以控制粉尘的大量散发,采用回风处理的方式是否经济就成为问题了。因此,还应对工艺及设备的操作和运行情况进行综合考虑,以确定采用回风方案是否经济合理。当采用回风的节能方案后,虽然要增加对回风进行处理的空气过滤器和风机等设备费用,但可以减少冷冻机、水泵、冷却塔、热水制备和水管路系统的配置费用,可以减少设备的投资费。由此看来,在利用回风后,在初投资和运行费上都有不同程度的降低,其经济效益是显而易见的。

能量回收段的实质就是一个热交换器,即在排风的同时,利用热交换的原理,把排气的能量回收并进入到新风中,相当于使新风得到了预处理。根据热交换方式的不同,能量回收段分为转轮式、管式两种。

转轮式热交换器,主要构件是由经特殊处理的铝箔、特种纸、非金属膜做成的蜂窝状转轮和驱动转轮的传动装置。转轮下半部通过新风,上半部通过室内排风。冬季,排风温湿度高于新风,排风经过转轮时,转芯材质的温度升高,水分含量增多;当转芯经过清洗扇转至与新风接触时,转芯便向新风释放热量与水分,使新风升温、增湿。夏季的过程与此相反。转轮式热交换器又分为吸湿的全热交换方式和不吸湿的显热交换方式两种。热交换效率(即能量回收率)最大可达80%以上。其结构简图见图 15-7。但由于存在"交叉污染"的可能性,转轮式热交换器排风侧的空气压力必须低于进风侧。目前转轮式余热交换器用在净化空调上非常合适,为防止排风中的异味及细菌在换热过程中向新风中转移,在排风侧与送风侧之间设有角度为100°的扇形净化器,以防空气污染。

管式热交换器也有两种,一种是热管式,即单根热管(一般为传热好的铜、铝材料)两端密封并抽真空,热管内充填相变工质(如氟利昂或氨)。热管一般为竖直安装,中间分隔,一段起蒸发器、一段起冷凝器的作用。以充填氨的铝热管为例(夏季),上部通过冷的排气,下部通过进气;底部的氨液蒸发,使进风预冷,蒸发的氨气在热管上部被排风冷却成氨液,这样自然循环。另一种是盘管式,两组盘管分离式安装,即空调机组内除了原有的表冷、加热段外,分别在送、排风机组内设置盘管式换热器,之间用管道连接,内部用泵循环乙二醇等载冷剂,以回收排风的部分能量。显热回收率可达40%~60%。与转轮式相比,盘管式热交换器的优点在于不会产生"交叉污染",新风、排风机组可以不在一处,布置时较方便。其原理见图15-8。

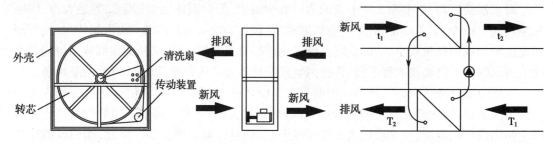

图 15-7   轮转式热交换器结构简图   图 15-8   盘管式热交换器原理图

能量回收段的热交换效率(能量回收率),是进气参数的变化量与进排气入口的参数差之比(以图15-8为例),可表示为:

$$\eta = (t_1 - t_2)/(T_2 - T_1) \tag{15-1}$$

对于全热换热器的能量回收率,则用焓差计算。

4. 利用二次回风节省热能   药厂净化空调的特点是净化面积较大,净化级别要求相对较高。在设计中,大多数采用一次回风系统,使之满足用户对室内洁净度、温湿度、风量、风压的要求,而且一次回风系统设计及计算简单,风道布置简单,系统调试也简单。与之相比,二次回风系统要相对复杂得多。但使用一次回风系统,由于全部送风量经过空调机组处理,空调机组型号大,设备和施工费用及运行费用相应提高。而二次回风系统只有部分风量经空调机组处理,空调机组承担的风量、冷量都少,型号小,初投资及运行费用都相应减少,有较为明显的节能效果。因此,如果在可用二次回风系统的场合使用一次回风,就会造成药厂资金(包括初投资和运行费用)的浪费。在送风量大的净化空调工程中,二次回风系统比一次回风系统节能显著,应优先采用。

5. 加强对工艺热设备、风管、蒸汽管、冷热水管及送风口静压箱的绝热措施   在绝热施工中,要注重施工质量,确保绝热保温达到设计要求,起到节能和提高经济效益的目的。对于风管,常常出现绝热板材表面不平,相互接触间隙过大和不严密,保温钉分布不均匀,外面压板未压紧绝热板,保护层破坏等造成绝热不好等情况。对于水管,主要是管壳绝热层与管未压紧密,接缝处未闭合,缝隙过大等影响绝热效果。

可用于洁净空调风管及换热段配管的保温材料很多,通常有用于保热的岩棉、硅酸铝、泡沫石棉、超细玻璃棉等。用于保冷的超细玻璃棉、橡胶海绵(NBR-PVC)聚苯乙烯和聚乙烯等。目前,在风管保温中常用的新型保温材料有超细玻璃棉、橡胶海绵(NBR-PVC)。这两种保温材料除保温效果较好外,还具有良好的不燃或阻燃性能,安装也比较简单。如橡胶海绵(NBR-PVC)保温材料,热传导系数为 0.037W/mk,浸没 28 天吸水率 <4%,氧指数 ≥33,燃烧性能达到难燃的 B1 级。橡胶海绵(NBR-PVC)的安装也极为简单,风管外壁清洁后涂以专用胶水,再将裁好的橡胶海绵(NBR-PVC)材料粘平即可,无需防水、防潮层。该保温材料外观效果好,不足之处是价格稍贵。

静压箱风口保温有两种:一种是在现场静压箱安装完成后,再在静压箱外进行保温,此种保温效果和质量依现场施工质量而定。另一种为保温消声静压箱风口,一般由外层钢板箱体、保温吸声材料、防尘膜、穿孔钢板内壳组成,整体性强,保温效果好,比较好地解决了箱体的绝热保温。从文献中可知,最小规格的高效过滤器送风口静压箱在无保温的情况下,能耗大体占该风口冷热能量的 10.3%,可见静压箱保温很重要。

(二) 减少输送动力能耗方面的措施

减少药厂洁净空调的运行费用、能耗问题,不仅可以采取减少适宜的冷热源能耗的措施,还可以采取减少输送动力能耗方面的措施来达到节能和降低生产成本的双重目的。

1. 减少净化空调系统的送风量　采取适当的措施减少净化空气的送风量,可以减少输送方面的动能损耗,从而达到节能的目的。

(1)合理确定洁净区面积和空气洁净度等级:药厂洁净室设计中对空气洁净度等级标准的确定,应在生产合格产品的前提下,综合考虑工艺生产能力情况,设备的大小,操作方式和前后生产工序的连接方式,操作人员的多少,设备自动化程度,设备检修空间以及设备清洗方式等因素,以保证投资最省、运行费用最少、最为节能的总要求。减少洁净空间体积特别是减少高级别洁净室体积是实现节能的快捷有效的重要途径。洁净空间的减少,意味着降低风量比,可降低换气次数以减少送风动力消耗。因此,应按不同的空气洁净度等级要求分别集中布置,尽最大努力减少洁净室的面积;同时,洁净度要求高的洁净室尽量靠近空调机房布置,以减少管线长度,减少能量损耗。此外,采取就低不就高的原则,决定最小生产空间。一是按生产要求确定净化等级。如对注射剂的稀配为 1 万级,而浓配对环境要求不高,可定为 10 万级。二是对洁净要求高、操作岗位相对固定的场所允许使用局部净化措施。如大输液的灌封等均可在 1 万级背景下局部 100 级的生产环境下操作。三是生产条件变化下允许对生产环境洁净要求的调整。如注射剂的稀配为 1 万级,当采用密闭系统时生产环境可为 10 万级。四是降低某些药品生产环境的洁净级别。如原按 10 万级执行的口服固体制剂等生产均可在 30 万级环境下生产。实际上有不少情况不必无限制地提高标准,因为提高标准将增加送风量,提高运行成本。据估算,洁净区 1 万级电耗是 10 万级的 2.5 倍,年运转费是基建设备投资的 6%~18%,改造后产品动力成本比改造前要高 2~4 倍。因此,合理确定净化级别,对于企业降低生产成本是十分重要的。

(2)灵活采用局部净化设施代替全室高净化级别:减少洁净空间体积的实用技术之一是,建立洁净隧道或隧道式洁净室来达到满足生产对高洁净度环境要求和节能的双重目的。洁净工艺区空间缩小到最低限度,风量大大减少。还可采用洁净隧道层流罩装置抵抗洁净度低的操作区对洁净度高的工艺区可能存在的干扰与污染,而不是通过提高截面风速或罩子面积提高洁净度。在同样总风量下,可以扩大罩前洁净截面积 5~6 倍。与此同时,在工艺生产局部要求洁净级别高的操作部位,可充分利用洁净工作台、自净器、层流罩、洁净隧道以及净化小室等措施,实行局部气流保护来维持该区域的高净化级别要求。此外,还可控制人员发尘对洁净区域的影响,如采用带水平气流的胶囊灌装室或粉碎室,带层流的称量工作台以及带层流装置的灌封机等,都可以减轻洁净空调系统负荷,减少该房间维持高净化级别要求的送风量。

(3)减少室内粉尘及合理控制室内空气的排放:药品生产中常常会产生大量粉尘,或散发出热湿气体,或释放有机溶媒等有害物质,若不及时排除,可能会污染其他药物,对操作人员也会造成危害。

对于固体制剂,发尘量大的设备如粉碎、过筛、称量、混合、制粒、干燥、压片、包衣等设备应采取局部防排尘措施,将其发尘量减少到最低程度。而没有必要将这些房间回风全部排掉,从而大大损失能量;或单纯依靠净化空调来维持该室内所需洁净要求,其能耗费用要比维持100级费用还要大。为了减少局部除尘排风浪费掉的大量能源,可选择高效、性能良好的除尘装置,如美国 DONALDSON 公司生产的除尘器:一种为集中除尘的 DOW NFLO 系列沉流式除尘器,另一种为单机或小型集中除尘的 VS 系列振动式除尘器,其过滤效率可达99.99%(根据 ASHRAE/RP-831 测度标准),经该除尘器净化后的空气可作为回风使用。

(4)加强密封处理,减少空调系统的漏风量:由于药厂净化空调系统比一般空调系统压头大1倍,故对其严密性有较高要求,否则系统漏风造成电能、冷热能的大大损失。我们知道,风机的轴功率与风机风量3次方成正比,即

$$N_2/N_1 = [(1+\varepsilon_2)/(1+\varepsilon_1)]^3 \qquad (15-2)$$

式(15-2)中,N_2、N_1 为风机工况1和工况2的功率;ε_2、ε_1 分别为风机工况1和工况2的漏风率。

如果把工况2的漏风率从10%、15%、20%降到工况1的5%时,设工况1的功率 $N_1 = 1$,则由式(15-2)可计算出节省风机轴功率分别为15%、31.4%、49.3%,还未计空气处理时的冷热能耗。由此可见,有效地控制空调系统的漏风量,就能减小轴功率和随漏风量带走的冷热能量。

国家标准规定了关于空调机组的漏风量,用于净化空调系统的机组:内静压应保持1000Pa,洁净度 <1000 级时,机组漏风率≤2%;洁净度≥1000 级时,机组漏风率≤1%。但从施工现场空调机组的安装情况看,有的仍难以满足此要求。因此,需要加强现场安装监督管理,按相关规范标准要求的方法进行现场漏风检测,采取必要措施控制机组的漏风率。

目前,国内通风与空调工程风管漏风率比较保守的和公认的数值为10%~20%。对于风管系统控制漏风的重要环节是施工现场,应从风管的制作、安装及检验上层层把关。主要关键工序是风管的咬合,法兰翻边及法兰之间的密封程度,静压箱与房间吊顶联接处的密封处理,各类阀件与测量孔如蝶阀、多叶阀、防火阀的转轴处的密封,风量测量孔,入孔等周边与风管联结处等。这些部位有的可通过检验,找出缺陷之处,有的无法测出,只能靠严格监督检查和严格要求才能保证。

国内有关规范对于风管系统的漏风检查方法有两种,即漏光法和漏风试验法。漏光法在要求不高的风管系统使用,无法检查出漏风量多少。漏风试验法在要求较高的风管系统使用,可检查出风管系统的漏风量大小。对于药厂净化空调的风管一般为中压系统,GB50243—97 中规定,中压风管工作压力为 1000~1500Pa 时,则系统风管单位面积允许漏风量指标为 3.14~4.08 $m^3/(h \cdot m^2)$。关于洁净房间的漏风问题,GB 50243—97 中规定,装配式洁净室组装完毕后,应做漏风量测试,当室内静压为 100Pa 时,漏风量不大于 2 $m^3/(h \cdot m^2)$。现场洁净室装修时,吊顶或隔墙上开孔,如送风口、回风口、灯具、感烟探头的安装、各类管道的穿孔处等以及门窗的缝隙等都存在一定的漏风量,施工安装时,所有缝隙均

要采取密封处理,确保洁净室的严密性。

(5)在保证洁净效果的前提下采用较低的换气次数:在医药行业,新的《药品生产质量管理规范》(即 GMP 1998 年版)中,对各洁净级别的换气次数没有做相应的规定,设计人员不应照搬以前的《规范》或所谓的设计经验,一味地扩大换气次数,而应紧密结合当地的大气含尘情况以及工程的装修效果,合理确定换气次数。在南方等城市,室外大气含尘浓度低或者工程项目的装修标准较高。室内尘粒少、工艺本身又较先进,这类项目的洁净空调可以适当降低换气次数。《洁净厂房设计规范》GB J73—84 中关于换气次数的推荐只能作为设计时的参考,而不是必须遵守的规定。

换气次数与生产工艺、设备先进程度及布置情况、洁净室尺寸和形状以及人员密度等密切相关。如对于布置普通安瓿灌封机的房间就需要较高的换气次数,而对于布置带有空气净化装置的洗、灌、封联动机的水针生产房间,只需较低换气次数即可保持相同的洁净度。可见,在保证洁净效果的前提下,减少换气次数,减少送风量是节能的重要手段之一。

(6)设计适宜的照明强度:药厂洁净室照明应以能满足工人生理、心理上的要求为依据。对于高照度操作点可以采用局部照明,而不宜提高整个车间的最低照度标准。同时,非生产房间照明应低于生产房间,但以不低于100lx 为宜。根据日本工业标准照度级别,中精密度操作定为200lx,而药厂操作不会超过中精密度操作。因此,把最低照度从≥300lx 降到150lx 是合适的,可节约一半能量。

2. 减少空调系统的阻力　减少输送方面的动能损耗,不仅可以通过减少净化空气的送风量,还可以通过采取适宜措施减小空调系统的阻力来实现。

(1)缩短风管半径,使净化风管系统路线最短:在工艺平面布置时,尽量将有净化要求的房间集中布置在一起,避免太分散。另外,应使空调机房紧靠洁净区,尤其使高净化级别区域尽量靠近空调机房。这样,使得送回风管路径最短捷,管路阻力最小,相应漏风量也最低。

(2)采用低阻力的送风口过滤器:对于药厂 30 万级、10 万级的固体制剂及液体制剂车间,送风口末端的过滤器能用低阻力亚高效过滤器满足要求的,就不用阻力较高的高效过滤器,可节省大量的动力损耗。殷平介绍一种驻极体静电空气过滤器,该过滤材料主要通过熔喷聚丙烯纤维生产时,电荷被埋入纤维中形成驻极体。滤材型号为 ECF-1,重量为 220g/m^2,厚度为 4mm,滤速范围为 0.2 ~ 8m/s,初阻力范围为 18.5 ~ 91.2Pa,计数过滤效率:97.01%~87.10%(≥1μm),100%(≥5μm)。其滤速、阻力和价格(≥15 元/平方米)相当于初效过滤器,但其效率已经达到了高中效空气过滤器的要求。该种滤材可大大降低系统中的阻力,从而节省大量的动力能耗,降低了运行费用,因此取得很好的经济效益。

(3)采用变频控制装置,节省风机功率消耗:目前,电机变频调速广泛使用于净化空调系统中,以保持风量恒定。但系统中各级过滤器随着运行时间的延长,在过滤器上的尘埃量集聚逐渐增多,使其阻力上升,整个送风系统阻力发生变化,从而导致风量的变化。而风机压力往往是按照各级过滤器最终阻力之和,即最大阻力设计的,其运行时间仅仅在有限的一段时间内。空调系统运行初始状态时,由于各级阻力较小,当风机转速不变时,风量将会过大,此时,只能调节送风阀,增加系统阻力,保持风量恒定。对于调节风量,采用变频器比手动调节风阀更显示其优越性。国外资料表明,当工作位于最大流量的 80% 时,使用风阀将消耗电机能量的 95%,而变频器消耗 51%,差不多是风阀的一半;当气流量降到 50% 时,变频器只消耗 15%,风阀消耗 73%,风阀消耗的能量几乎是变频器的 4 倍。在风量调节中,采用变频调速器虽然增加了投资,但节约了运行费用,减少了风机的运行动力消耗,综合考虑是经济和合理的,而且有利于室内空气参数的调节与控制。

(4)选择方便拆卸、易清洗的回风口过滤器:影响室内空气品质的因素很多,系统的优化设计、新风量、设备性能等都能对空气品质产生重要影响,要改善室内空气品质,就要从空气循环经过的每一个环节上进行控制。回风口的过滤作用往往是被忽视的一个重要环节。回风口是空调、净化工程中必备的部件之一,在工程中由于其造价占用比例较小,结构简单,很难引起设计人员及使用者的注意,通常把它作为小产品,只注意它的外观装饰作用而忽略了它的使用功能。其实,回风口的过滤器性能对于保持空调、净化环境符合要求是十分重要的。它的材质优劣影响其叶片的变形程度,从而影响回风阻力及美观,表面处理不当易积灰尘而不易清洁,表面氧化不彻底还能造成不均匀泛黑等。

在洁净工程中,提高回风口过滤器的效率有助于防止不同车间污染物交叉污染的程度,并延长中、高效过滤器的使用寿命。回风口过滤器应能方便拆卸更换,不影响整个空调系统的运行,便于分散管理和控制。回风口过滤器过滤效率的提高将使其阻力增大。国外部分设计通常采用增大回风口面积的方式来减少回风速度,从而抵消对风机压头的要求,在经济上是合理的。目前市场上的过滤材料较多,足以满足过滤效率的要求,但有些风口的结构很难拆卸更换过滤网,使过滤材料的选用受到限制。部分可开式回风口在结构上不合理,密封不严,达不到要求或没有好的连接件,易松弛、锈蚀、阻塞。碰珠式可开风口在开启时用力太大,易损坏装饰面,并使风口变形。

目前,部分厂商生产的组合式风口针对上述问题做了改进,能方便地拆卸过滤器,并增大了回风过滤效率。这种风口由外框、内置风口、连锁件构成,安装时将外框固定在天花板或墙体上,然后将内置风口装在外框中,连锁件自动将内置风口锁紧。它的连锁件是一种迂回止动件,轻推内置风口锁紧,再次轻推内置风口解锁,解锁后可将整个内置风口取下,过滤器则安装于外框喉部,用连锁件与外框锁紧,用同样方式可取下清洗、更换滤材。此过程不需任何工具,也不需专业人员,普通的工作人员即可操作。工程交付使用后,为使用方的维护管理提供了极大的方便。过滤器滤材可根据不同要求选用,洁净空调可根据不同净化要求选用不同的滤材。选用时可将生产工艺及要求提供给生产企业,也可根据生产企业的产品说明书选用。通常配以双层尼龙网或锦纶网,也可采用无纺布。部分要求较低的场所,可选锦纶网,也可采用无纺布。部分要求较高的场所,可选用活性炭纤维网、纳米纤维滤材,起到杀菌消毒、祛除异味等作用。

总之,药厂洁净室设计中的节能技术涉及面广,知识综合性强,必须引起高度重视。21世纪医药产品的竞争最终是医药产品质量、技术和成本的竞争。药厂洁净室的合理设计,将会为我国医药产品竞争能力的提升作出很大的贡献。

（管清香　王　沛）

第十六章 非工艺设计项目的基本知识

对于药品生产企业,按照 GMP 和其他有关法律法规的要求搞好厂房、车间和其他设施等硬件建设,是 GMP 工程系统建设中资金投入最大的部分,不论是新建厂房与设施,还是改造原有厂房与设施,都应做到遵照法规,精心策划,谨慎施工。

车间设计除了前面所述工艺设计项目外,还有大量的非工艺设计项目。工艺人员从设计工作开始就应向非工艺设计人员提出设计要求、设计条件,在设计工作中应经常协商以满足设计要求和解决出现的问题。

非工艺设计项目主要包括:建筑设计(即对厂区内建筑物进行设计,使其既符合药厂生产的要求和 GMP 标准,同时又要很好地满足工业建筑的防火、安全等要求);给排水设计;电气设计(包括动力电、照明等);防雷、防静电设计等。

第一节 制药建筑基本知识

药厂厂房作为工业建筑物的其中一类,除其必须符合药品生产的条件和 GMP 要求外,还必须遵循工业建筑物的标准,其选用的建筑材料、装饰材料、施工手段均应符合它们相关的标准。对于制药企业,厂房建设能否符合 GMP 要求和其他相关规范的要求,直接影响所生产药品的质量,其建设质量优劣又取决于设计和施工,因此,了解这方面的知识就显得非常重要。1996 年,国家医药管理局发布了《医药工业洁净厂房设计规范》,对药厂生产厂房、设施及设备的设计等进行了规范。

一、工业建筑物的分类

随着我国工业的飞速发展,特别是随着我国建筑材料业的发展和许多新型建筑材料的使用,工业建筑物基本能适应各种工业生产的要求,建筑物种类繁多,形态各异。目前工业建筑物分类方法很多,主要有以下几种。

(一)按建筑物主要承重结构材料分类

按建筑物承重结构的材料分为砖木结构、混合结构、钢筋混凝土结构、钢结构等。

1. 砖木结构建筑 建筑物的墙、柱用砖砌筑,楼板、屋架采用木料制作。

2. 混合结构建筑 建筑物的墙、柱为砖砌,楼板、楼梯为钢筋混凝土,屋顶为钢木或钢筋混凝土制作。小型制药车间多采用。

3. 钢筋混凝土结构建筑 这种建筑的梁、柱、楼板、屋面板均以钢筋混凝土制作,墙用砖或其他材料制成。大型制药车间多采用。

4. 钢结构建筑 建筑物的梁、柱、屋架等承重构件用钢材制作,墙用砖或其他材料制作,楼板用钢筋混凝土。此种建筑目前应用广泛。

（二）按建筑物的结构形式分类

建筑物的结构形式多种多样，按结构形式可以分为以下 3 类。

1. 叠砌式　以砖石等为建筑物的主要承重构件，楼板搁于墙上。常用于中小型药厂。

2. 框架式　以梁、柱组成框架为建筑物的主要承重构件，楼板搁于墙上或现浇，适用于荷载较大、楼层较多的建筑。

3. 内框架式　外部以墙承重、内部采用梁柱承重的建筑，或底层用框架、上部用墙承重的建筑。它的刚度和整体性较差，适用于荷载较小，层数不太多的厂房。在地震区其层高和总高都受到限制，一般层高不宜超过 4m，对于 7 级地震区总高度不能超过 15～18m。

二、建筑物的等级

建筑物按其在国民经济中所起的作用不同，划分成不同的建筑等级，对于不同等级的建筑物应采取不同的标准及定额，选择相应的材料及结构，这样既有利于节约资源、降低成本，又能符合相关的要求。

（一）按耐久性规定的建筑物等级

建筑物使用年限即耐久性是建筑设计时考虑的重要方面，目前建筑物的等级一般分为五级，见表 16-1。

表 16-1　按耐久性规定的建筑物等级

建筑等级	建筑物性质	耐久年限
一	具有历史性、纪念性、代表性的重要建筑，如纪念馆、博物馆、国家会堂等	100 年以上
二	重要的公共建筑，如一级行政机关办公楼、大城市火车站、国际宾馆、大体育馆、大剧院等	50 年以上
三	比较重要的公共建筑和居住建筑，如医院、高等院校及重要工业厂房等	40～50 年
四	普通的建筑物，如文教、交通、居住建筑以及工业厂房等	15～40 年
五	简易建筑和使用年限在 5 年以上的临时建筑	15 年以下

（二）按建筑物的耐火程度规定的等级

根据我国现行有关规定，建筑物的耐火等级分为 4 级，其耐火性能为一级＞二级＞三级＞四级。耐火等级标准主要根据房屋主要构件（如墙柱、梁、楼板、屋顶等）的燃烧性能及其耐火极限来确定。

耐火极限指按规定的火灾升温曲线，对建筑构件进行耐火试验，从受到火的作用起到失掉支持能力或发生穿透裂缝或背火一面温度升高到 220℃，这段时间称为耐火极限或 $T-T_0 \geq 180℃$，用小时表示。

ISO834 标准中，火灾升温曲线是目前国际上普遍采用的试验标准，它是按实际火灾发生时的模拟状况，将实验材料放入炉中，按式（16-1）考察该材料的耐火性能。

$$T-T_0 = 345\lg(8t+1) \tag{16-1}$$

式（16-1）中，t 为试验时所经历的时间（分钟）；

T 为在 t 时间时炉内的温度（℃）；

T_0 为炉内的初始温度，$5℃ < T_0 < 40℃$。

此试验适用于建筑物的主要构件如墙、柱、楼板、屋顶等材料。

国家医药管理局 1996 年发布《医药工业洁净厂房设计规范》,其中第七章有 6 条对医药工业厂房的防火和疏散做了明文规定,见附表 16-1。

1. 工业洁净厂房的耐火等级不应低于二级,吊顶材料应为非燃烧体,其耐火极限不宜小于 0.25 小时。

2. 医药工业洁净厂房内的甲、乙类生产区域应采用防爆墙和防爆门斗与其他区域分隔,并应设置足够的泄压面积。

3. 医药工业洁净厂房每一个生产层或每一洁净区安全出口的数量,均不应少于两个,但下列情况可设置一个安全出口:甲、乙类生产厂房每层的总建筑面积不超过 50m² 且同一时间的生产人数总数不超过 5 人;丙、丁、戊类生产厂房,符合国家现行的"建筑设计防火规范"的规定。

4. 安全出口的设置应满足疏散距离的要求,人员进入空气洁净度 100 级、10 000 级生产区的净化路线不得作为安全出口使用。

5. 安全疏散门应向疏散方向开启,且不得采用吊门、转门、推拉门及电控自动门。

6. 有防爆要求的洁净室宜靠外墙布置。

三、建筑物的组成

建筑物是由基础、墙和柱、楼地层、楼梯、屋顶、门窗等主要构件所组成。药厂建筑物特别是制剂车间的建筑物,它除了具有一般工业厂房的建筑特点和要求外,还必须满足制药洁净车间的要求,因此所有的建筑选材、施工必须围绕洁净的目的,符合制剂卫生要求。

(一) 基础

基础是建筑物的地下部分,它的作用是承受建筑物的自重及其荷载,并将其传递到地基上。当土层的承载力较差,对土层必须进行加固才能在上面建造厂房。常用的人工加固地基的方法有压实法、换土法和桩基。当建筑物荷载很大,多采用桩基。将桩穿过软弱土层直接支承在坚硬的岩层上,称为柱桩或端承桩。当软弱土层很厚,桩是借土的挤实,利用土与桩的表面摩擦力来支持建筑荷载的,称摩擦桩或挤实桩。

基础与墙、柱等垂直承重构件相连,一般它由墙、柱延伸扩大形成。如承重墙下往往用连续的条形基础。柱下用块状的单独基础。当建筑物荷载很大,可使整个建筑物的墙或柱下的基础连接在一起,形成满堂基础。

基础的埋设深度主要由以下条件决定:基础的形式和构造;荷载的大小、地基的承载力;基础一般应放在地下水位以上;基础一般应埋在冰冻线以下,以免因土壤冻胀而破坏基础,但对岩石类、砾砂类等可不必考虑冰冻线问题。

(二) 墙和柱

墙是建筑物的围护及承重构件。按其所在位置及作用,可分为外墙及内墙;按其本身结构,可分为承重墙及非承重墙。承重墙是垂直方向的承重构件,承受着屋顶、楼层等传来的荷载。有时为了扩大空间或结构要求,采用柱作为承重结构,此时的墙为非承重墙,它只承受自重和起着围护与分割的作用。

在建筑中,为了保证结构合理性,要求上下承重墙必须对齐,各层承重墙上的门窗洞孔也尽可能做到上下对齐,故在多层建筑中,空间较大的房间宜布置在顶层,防止因结构布置的不合理而造成浪费。

外墙应能起到保温、隔热等作用。外墙可分为勒脚、墙身和檐口等三部分。勒脚是外墙与室外地面接近的部分,现行 GMP 规定车间底层应高于室外地坪 0.5～1.5m。檐口为外墙与屋顶连接的部位。墙身设有门、窗洞、过梁等构件。

内墙用于分隔建筑物每层的内部空间。除承重墙外,还能增加建筑物的坚固、稳定和刚性。其非承重的内墙称为隔墙。

承重墙多用实砖墙,少数采用石墙、多孔砖墙,近年来发展的装配式建筑如砌块建筑、大型墙板建筑、钢架建筑等,为提高厂房建筑的高度、降低造价等创造了条件。

砌墙用的砖种类很多,最普通的是黏土砖,此外尚有炉渣砖、粉煤灰砖等。黏土砖由黏土烧制而成,有青、红砖之分。开窑后自行冷却者为红砖,出窑前浇水闷干者,使红色的三氧化二铁还原成青色的四氧化三铁,即为青砖。

炉渣砖和粉煤灰砖是以高炉硬矿渣或粉煤灰类与石灰为主要原料,用蒸汽养护而成,在耐水、耐久性方面不如黏土砖,不宜在勒脚以下等潮湿或烟道等高温部位使用。砖的标号是由抗压强度(kg/cm^2)来确定,分为 50 号、75 号、100 号、150 号等,以 100 号及 75 号的砖使用得最多。我国黏土砖的规格为 240mm×115mm×53mm,重量约为每块 2.65kg。

墙体材料的选择,决定于荷载、层高、横墙的间距、门窗洞的大小、隔声、隔热、防火等要求。砖墙为常用的基层材料,但自重大是其显著缺点,加气砌块墙体虽可减轻重量,但施工时要求较严,如墙粉饰层易开裂,易吸潮长菌,不宜用于空气湿度大的房间。轻质隔断材料轻,对结构布置影响小,但板面接缝如处理不好则引起层面开裂。按照 GMP 要求,洁净室(区)采用框架结构,轻质墙体填充材料成为发展趋势,砖瓦结构已不再适用,取而代之的是轻质、环保、节能的新型墙体材料,如舒乐舍板、彩钢板,硬质 PVC 发泡复合板,刨花石膏板等。这些新型墙体材料的详细介绍,见附表 16-4。

房间内部的隔墙本身不承受荷载,故自重应该越轻越好。制剂车间因生产对卫生的要求,采用了大量的隔墙,隔墙应具有一定的隔声、防潮、耐火性能,并应表面光滑,不积灰尘,耐冲刷,不生霉菌。常用的隔墙有砖隔墙、彩钢板、人造板隔墙(如石膏板等)、板衬隔墙(如炭化石灰板、加气混凝土板等)、玻璃隔断等,目前应用最多的是彩钢板,能很好地满足制药要求。

(三) 楼地层

楼层目前多采用混凝土层,以水砂浆抹面,但常起尘,故可根据不同的需要,面层采用水磨石地面或采用耐酸、耐碱、耐磨、防霉、防静电的涂层材料。目前洁净室(区)主要采用的地面材料有塑胶贴面、耐酸瓷板、水磨石、水磨石环氧脂涂层、合成树脂涂面等。塑胶贴面的特点是光滑、耐磨、不起尘,缺点是弹性较小,易产生静电,易老化。水磨石材料光滑,不起尘,整体性好,耐冲洗、防静电,但无弹性。水磨石环氧脂涂层耐磨、密封、有弹性,但施工复杂。合成树脂涂面透气性较好、价格高、弹性差。国内水磨石地面仍然普遍使用,并辅以水磨环氧树脂罩面,效果较好。

厂房高度或层高依地区而异,生产区的高度依工艺、安全性、检修方便性、通水和采光等而定,车间底层应高于室外地坪通常为 0.5～1.5m,生产车间的层高为 2.8～3.5m,技术夹层净空高度不得低于 0.8m,一般应留出 1.2～2.2m。目前标准厂房的层高为 4.8m,库房层高 4.5～6m。

楼层主要包括面层、承重构件、顶棚三部分。楼层的面层和地面相似,承重构件目前多用现浇钢筋混凝土楼板,一般来说,楼地面的承重,生产车间、楼地面承重应大于

$1000kg/m^2$,库房应大于$1500kg/m^2$,实验室应大于$600kg/m^2$。

(四) 屋顶

屋顶由屋面与支承结构等组成。屋面用于防御风、雨、雪的侵袭和太阳的辐射。由于支承结构形式及建筑平面的不同,屋顶的外形也有不同,药厂建筑以平屋顶及斜屋顶为多。

屋顶坡度小于10%者为平屋顶。平屋顶结构与一般楼板相似,采用钢筋混凝土梁、板。药厂建筑多使用预制空心板或槽形板,一般将预制板直接搁在墙上;当承重墙的间距较大时,可增设梁,将预制板搁在梁上。框架结构的厂房,一般将预制板搁在梁上。承重结构也有采用配筋加气混凝土板的,这种板重量轻,保温隔热性强,可以省去保温层。平屋顶的构造,一般是在承重层上铺设隔气层、保温层、找平层、防水层和保护层等,为集中排除屋面雨水,在屋顶的四周设挑檐(或称檐口、檐头),挑檐一般用预制挑檐板,置于保温层下部。对上人的平屋顶,考虑安全的作用,在房顶四周设女儿墙,高度一般在1m左右,它又是房屋外形处理的一种措施。坡形屋顶的坡度一般大于10%,容易排除雨水。

(五) 门窗

药厂建筑的门多用平开门,依前后方向开关,有单扇门和双扇门,建筑物外门可用弹簧门,有弹簧铰链能自动关闭。常用的门的材料有木门和钢门、铝合金、塑钢门、不锈钢门等。国内药厂现使用铝合金和塑钢窗为主,也有使用不锈钢材料的厂家。

门的宽度,单扇门为0.8~1.0m,双扇门为1.2~1.8m,高度2.0~2.3m,浴室、厕所等辅助用房门的尺寸为0.65~2.0m。门的尺寸、位置、开启方向等应考虑人流疏散、安全防火、设备及原料的出入等。门的开启方向,外门一般向外开,内门一般向内开,但室内人数较多(如大型包装车间、会议室等)也应向外开。洁净室的门应向洁净级别高的方向开启。疏散用的门应向疏散方向开启,且不应采用吊门、侧拉门,严禁采用转门。

厂房安全出口的数目不应少于两个。但符合下列要求的可设一个:甲、乙类生产厂房,每层面积不超过$50m^2$,且同一时间的生产人数不超过5人;丙类生产厂房,每层面积不超过$150m^2$且同一时间的生产人数不超过15人;丁、戊类生产厂房,每层面积不超过$300m^2$且同一时间的生产人数不超过25人。

药厂的窗多用平开窗,其他类型的窗较少使用。窗的作用主要是采光和通风,同时,窗在外墙上占有很大的面积,因此也起着围护结构的作用。窗的采光作用决定于窗的面积。根据不同房间对采光的不同要求,窗的洞口面积与房间地面面积的比例叫作"窗地面积比"。制剂车间的窗地面积比为1/2.5,中药车间、抗生素车间及合成药车间为1/3.5,原料间、配料间及动力间等为1/10(单侧窗)或1/7(双侧窗)。

常用的窗因材料不同而有木窗和钢窗、铝合金窗、塑钢窗、不锈钢窗等之分。国内药厂现使用铝合金和塑钢窗为主,有洁净、美观和不需油漆等优点。

洁净区要做到窗户密闭。凡空调区与非空调区间之隔墙上的窗要设双层窗,至少其中一层为固定窗。空调区外墙上的窗也需要设双层窗,其中一层为固定窗。

疏散用的楼间的内墙上除必要的门以外,不宜开窗开洞。

药厂建筑采用了很多传递窗和传递柜。传递窗多用平开窗,密闭性较好,易于清洁,但开启时占一部分空间。无菌区内的传递窗内可设置紫外线灯。传递柜可由不锈钢或内衬白瓷板、水磨石板等制作。

四、洁净车间设计对建筑的要求

洁净车间(建筑物)的建筑平面和空间布局应具有相当的灵活性,洁净区的主体结构不宜采用内墙承重;洁净室的高度应以净高控制,净高应以 100mm 为基本模数;医药工业洁净厂房主体结构的耐久性应与室内装备、装修水平相协调,并应具有防火、控制温度变形和不均匀沉陷性能;厂房伸缩缝应避免穿过洁净区;洁净区应设置技术夹层或技术夹道,用于布置送、回风管和其他管线;洁净区内通道应有适当宽度,以利于物料运输、设备安装、检修。

洁净厂房可以分为洁净生产区、洁净辅助区和洁净动力区三部分。洁净生产区内布置有各级别洁净室,是洁净厂房的核心部分,通常认为经过吹淋室或气闸室后就是进入了洁净生产区。洁净辅助区包括人员净化用室、物料净化用室和生活用室以及管道技术夹层。其中人员净化用室有盥洗间以及可能的物料通道;生活用室有餐室、休息室、饮水室、杂物和雨具存放室以及洁净厕所等。洁净动力区包括净化空调机房、纯水站、气体净化室、变电站和真空吸尘房。从空气洁净技术的角度出发,洁净室设计对建筑的要求如下。

1. 当洁净室与一般生产用房合为一栋建筑时,洁净室应与一般生产用房分区布置。洁净室平面布置时,应使人流方向由低洁净度洁净室向高洁净度洁净室,将高级别洁净室布置在人流最少处。

2. 在满足工艺要求的条件下,洁净室净高应尽量降低,以减少通风换气量,节省投资和运行费用,净高一般以 2.5m 左右为宜。

3. 洁净室应选择在温湿度变化及振动作用下形变小和气密性能好的维护结构及材料,还要考虑当工艺改变时房间间隔墙有变更的余地。

洁净室的地面可根据不同洁净度级别要求,选用铝合金、铝、钢材、硬木、硬聚氯乙烯板制作的格栅地面,或水泥砂浆表面涂氨基甲酸酯现浇无缝塑料,聚氯乙烯软塑料板现浇高级水磨石制作的一般地面。

围护结构和地面材料应耐磨,不产尘,并具有一定的抗静电产生的能力。室内平面图形尽量简单,以减少积尘。

4. 人员净化和物料净化用室应分别设置,避免人流,物流往返,形成交叉污染。

人员净化用室入口除了设置正常入口及紧急疏散口外,还应适当考虑接待和参观的需要,以减少污染。洁净工作服以及吹淋室或气闸室都必须与洁净生产区毗邻。

生活用室与人员净化用室结合布置,并布置在人员净化程序穿洁净工作服以前的区段。

物料净化用室的粗净化间内不需洁净环境,可设计在厂房的非洁净区内;物料净化用室的精净化间需洁净环境,精净化间应设于厂房的洁净生产区与其毗邻。当粗净化间与精净化间不在一处时,则中间传递物料所经路线的环境,不应低于净化间的水平。

5. 空气吹淋室或气闸室 100 级洁净室设气闸或吹淋室,1000 级和 1 万级洁净室应设吹淋室,10 万级洁净室应设气闸室。

6. 送、回风口及传递窗口等与围护结构连接处以及各种管线孔均应采取密封措施,防止尘粒渗入洁净室,并减少漏风量。

7. 若工艺无特殊要求,洁净车间一般应有窗户。100 级和 10 000 级洁净室应沿外墙侧设技术夹道。在技术夹道的外墙上设双层密闭窗,技术夹道侧的采光窗应为密闭窗;10 000 级洁净室可采取上述间接采光方式或仅在外墙设双层密闭窗;100 000 万级洁净室应设双层密闭外窗。

8. 洁净动力区是洁净厂房的重要组成部分之一,该区的各种用房一般布置在洁净生产区的一侧或四周,建筑设计应为管线布置创造有利条件。一般集中式净化空调的机房面积较大,与洁净生产区面积之比可高达 1:2 ~ 1:1,净高不得低于 5m。纯水站的位置除应便利酸、碱的运输外,还应考虑防止水处理对新风口附近空气的污染。易燃、易爆气体供应站必须符合防火、防爆的规定,而不得影响洁净厂房其他部分的安全。空压站、真空吸尘房的位置应有利于限制噪声和震动的影响。洁净动力区的所有站房均应设有互不干涉的人员出入口和室内外管与电缆进出口。

五、建筑材料的消防要求

洁净厂房内部由于空间封闭、交通路线迂回曲折、建筑门窗密闭、出入口数量较少,生产本身又存在多种引起火灾的危险因素,若一旦发生火灾,由于空间封闭,升温极快,在设计上除了需要更多考虑平面布局、出入口数量、防火分区、火灾报警、灭火系统等因素之外,洁净室内部的建筑材料尽量选用非燃或难燃材料,使建筑具有更好的防火性能。隔墙及顶棚的燃烧性能与耐火极限见附表 16-2、附表 16-3。

按《医药工业洁净厂房防火规范》的要求,洁净厂房的耐火等级不应低于二级,吊顶材料应为非燃烧体或难燃烧体(二级),其耐火极限不宜小于 0.25 小时;隔墙材料应为非燃烧体,其耐火极限应大于 0.5 小时。当隔墙材料使用耐火极限为 0.5 小时的难燃烧体时,整个厂房的耐火极限就降为三级。《医药工业洁净厂房设计规范》明确要求:

1. 医药工业洁净厂房应根据生产的火灾危险性分类和建筑耐火等级等因素,确定消防设施。

2. 医药工业洁净厂房室内消火栓给水系统的消防用水量不应小于 10L/s,每股水量不应小于 5L/s。

3. 医药工业洁净厂房消火栓设置,应符合下列要求:消火栓的水枪充实水柱不应小于 10ml;消火栓的栓口直径应为 65mm,配备的水带长度不应超过 25m,水枪喷嘴口径不应小于 19mm。

4. 洁净室及其技术夹层和技术夹道内,按生产火灾危险性宜同时设置灭火设施和消防给水系统。

六、洁净室的内部装修对材料和建筑构件的要求

在《药品生产质量管理规范》中对制药企业洁净区域作出了明确规定,即把需要对尘粒及微生物含量进行控制的区域定义为洁净室(区)。为了保证卫生的要求,除了对厂房进行合理的区域划分和采用洁净措施外,非常重要的一个因素是对洁净室装修材料和分隔材料的应用,下面我们从这几方面进行说明。

(一)洁净室(区)装修的一般规定

洁净室内材料选择正确与否,对室内卫生状况影响极大,因此,1996 年国家医药管理局为我国实施 GMP 发布了《医药工业洁净厂房设计规范》,其中第七章有 13 条对洁净室内的选材和装修作出了明确规定。

1. 医药工业洁净厂房的建筑围护区和室内装修,应选用气密性良好,且在温度和湿度变化的作用下变形小的材料。墙面内装修当需附加构造骨架和保温层时,应采用非燃烧体或难燃烧体。

2. 洁净室内墙壁和顶棚的表面,应平整,光洁,不起尘,避免眩光,耐腐蚀,阴阳角均宜做成圆角。当采用轻质材料隔断时,应采用能够防碰撞措施。

3. 洁净室的地面应整体性好,平整,耐磨,耐撞击,不易积聚静电,易除尘清洗,水磨石

地面的分隔条宜采用铜条。

4. 医药工业洁净厂房夹层的墙面,顶棚均宜抹灰。需在技术夹层内更换高效过滤器的,墙面和顶棚宜增刷涂料饰面。

5. 当采用轻质吊顶做技术夹层时,夹层内应设置检修走道并宜通达送风口。

6. 建筑风道和回风地沟的内表面装修标准,应与整个送回风系统相适应并易于除尘。

7. 洁净室和人员净化用室外墙上的窗,应有良好的气密性,能防止空气的渗漏和水汽的结露。

8. 洁净室内的门、窗造型要简单,平整,不易积尘,易于清洗,门框不应设门槛。洁净区域的门,窗不应采用木质材料,以免生霉长菌变形。

9. 洁净室的门宜朝空气洁净度较高的房间开启,并应有足够的大小,以满足一般设备安装维修、更换的需要。

10. 洁净室的窗与内墙面宜平整,不留窗口。如有窗台时宜呈斜角,以防积灰并便于清洗。

11. 传递窗两边的门应连锁,密闭性好并易于清洗。

12. 洁净室内墙面与顶棚采用涂料面层时,应选用不易燃烧,不开裂,耐腐蚀,耐清洗,表面光滑,不易吸水变质、生霉的材料。

13. 洁净室内的色彩宜淡雅柔和。室内各表面材料的光反射系数,顶棚和墙面宜为 $0.6 \sim 0.8$,地面宜为 $0.15 \sim 0.35$。

我国《药品生产质量管理规范》与各国 GMP 要求一样,规定用于洁净室内的装修材料要求耐清洗,无孔隙裂缝,表面平整光滑,不得有颗粒性物质脱落。各国各厂都有不同的材料,很难作出某种建议,影响某种材料的选用要看该材料除了能否全面满足 GMP 要求以外,还要考虑材料的使用寿命、施工简便与否、价格、来源、当地施工技术水平等。在选材时应考虑经济因素,但不等于可以降低标准。

(二)洁净室内三维空间装修材料介绍

根据 GMP 的有关规定,对洁净室进行装修是厂房内布局的重要内容,也是保证药品生产环境正常的基础建设,现对室内三维空间(天棚、地坪、墙面)材料类别做些简要介绍。

1. 楼板地面　楼板地面的主要特性和要求是:便于清洗;不易纳垢的接头、裂缝和开孔等;耐磨;耐腐蚀(生产过程中有腐蚀介质泄出的房间);防滑(生产过程中潮湿的房间);抗透湿性好。洁净室的楼板地面材料常用的有无弹性饰面材、涂料、弹性饰面材 3 种。

(1)无弹性饰面材:常用的有水磨石,因具光滑而有一定强度且不易起尘,但此种面材并不是最理想的地面材料,因其存在一定的分隔条而存在缝隙,水磨石缺少弹性,故在混凝土底层开裂时可传至表面,尽管如此,水磨石仍不失为一种较好的材料。无弹性饰面材中还有一种瓷板贴面,此种材料在国外药厂中常用在洗涤工段,含水针车间的洗瓶工段,此种地面的铺设需要专门技术,否则不易平整,易脱落。瓷板地面与水磨石地面一样无弹性,故在底层混凝土开裂时可传至表面。

(2)涂料:国外常用的有丙烯酸,环氧树脂和聚氨酯,使用方法有涂刷。混凝土地面的封闭材料,能起到易清洗,减少灰尘的作用,磨损后还可及时修补。由于涂刷法涂层很薄,耐磨性不高,故宜用于卫生条件要求高而洁净度不太高的房间,如化验室、包装间等。另一种方法是涂非弹性饰面涂料层,此种涂料层是用各种树脂作为载体,如果使用得当,多数涂料可为洁净区提供很好的地面,如要求特殊耐磨和耐化学腐蚀时,可调整配方,改变填料途径、级配。此种涂层表面可像水磨石一样进行抛光,也可采用一次抹光。

（3）弹性饰面材:此种饰面材适用于设备荷重轻,运输荷重也较轻的地方。此种材料主要优点是有弹性。长时间站立操作的工作可减少疲劳。此种饰面材有各种不同的尺寸和规格,有块状也有卷状,后者较前者接缝少,面材粘贴有相应的材料,接缝可采用热焊或化学封接。有些地面容易渗透,尤其在地下水位较高的地段建造厂房,特别应予以重视。地下水位的渗透将破坏面的黏结,因此在混凝土地面下需设置隔气层,设置隔气层后只杜绝地下水的渗透,而浇注混凝土路面、地面时,混凝土本身含有一定量水分,养护时还需加水,因此新地面须干燥至一定程度才能进行面料施工。

洁净室内设置地漏通常具备的条件是耐腐蚀、不生锈,保证与地面结合紧密且流水通畅,具有防止溢流和液封功能,便于清洁和消毒。100 级洁净室内不得设置地漏。

2. 天棚类型及材料　天棚材料目前常用的有钢筋混凝土平顶、钢骨架钢丝网水泥平顶、轻钢龙骨纸面石膏板、中密度贴塑板、铝合金龙骨玻璃棉装饰天花板等。

钢筋混凝土平顶结构自重大,以后改变隔间时,风口无法改变,但其平顶的最大优点是洁净室平顶饰面的基层好,不变形,耐久。另外,日后夹层的管道安装检修较方便。

除钢筋混凝土平顶外,其他各种平顶均属轻型吊顶,为了安装和检修管道,在平顶内要设专用走道板,由于风管重量及体积较大,故要求在施工吊顶之前先行安装。

采用钢丝网水泥平顶时,要将平顶分段施工,面积不宜过大,待沙浆层硬结后,再补两块平顶间的施工缝,这样可避免减少沙浆的收缩裂缝。

轻钢龙骨纸面石膏板吊顶,当面积较大时,特别要注意平顶与墙面的连接处理,既要有一定弹性又能密封。

3. 墙面和墙体材料　目前国内药厂常用的墙面材料有白瓷板墙面,油漆涂料墙面。墙面的功能与平顶不同,但可采用相同或不同的材料,对生产中特别潮湿且洁净级别不高的场所,可用白瓷板墙面,但仍要求铺贴平整,背部沙浆饱满,缝隙密实,否则易滋生微生物,一般缝隙用水泥沙浆勾缝者容易积尘,可采用树脂类胶泥,虽然价格较高但具有抗潮、抗腐蚀及集合强度高等优点。对洁净度高的房间墙面以油漆涂料为较理想材料,特别是无光油漆,可以防止产生眩光而影响操作。目前,国内用于洁净室的墙面涂料有调和漆、醇酸漆、苯丙乳胶漆(是以苯乙烯和丙烯酸酯共聚的乳液,一种水性涂料)、仿搪涂料(一种双组分的复合涂料)、环氧树脂漆等。

墙体材料常见的有砖石墙及轻质隔墙。砖石墙中有用标准砖砌筑的,有用加气砌块砌筑的,有空心砌筑的,这些墙体材料的选用与当地货源、气候条件(有墙体保湿要求高否)、结构承载能力等各方面因素有关。砖墙为常用的基层材料,但对重大的旧厂房改造项目,因楼面承载能力而限制使用。加气砌块墙体自重仅为砖墙的 35%,这种材料施工时要求较严,如墙粉饰层易开裂,易吸潮长菌,不适合用于空气湿度大的房间。轻质隔断材料自重轻,对结构布置影响小,但板面接缝如处理不好能引起面层开裂。无论是哪种砖石墙体,其共同的优点是基层牢固,装饰面不易损坏;共同的缺点是湿作业,施工周期长,因饰面材料对基层要求有一个干燥过程,不充分干燥将影响饰面材料的牢度和寿命。目前洁净室采用框架结构、轻质墙体填充材料成为发展趋势,砖瓦结构已不再适用,代之以轻质、环保、节能新型墙体材料,如舒乐舍板、彩钢板、硬质 PVC 发泡复合板等。

轻质隔墙中有用轻钢龙骨纸面石膏板隔墙,有用轻钢龙骨贴塑中密度板隔墙,也有用聚氨酯复合钢板隔墙等。这些轻隔墙各有优缺点,共同的优点是墙体自重轻,施工期短,故在多层厂房中使用有突出的优越性。但造价较高,这个经济问题实际应与施工周期等综合比较才是最终的经济效果。

4. 门　洁净室的门要求密封,平整,光滑,易清洁,选型简单。洁净室的门应由洁净级别高的区域向洁净级别低的区域开启。国内洁净室常用的门类型有钢门,铝合金门,钢板门(可作防火门)及近年开发的蜂窝贴塑门,洁净室内的门窗材料不能使用木制材料。常用的门窗材料如下。

(1)钢门:以前在洁净区常用,现仍属经济耐用的门。

(2)铝合金门:近期在药厂改造都将其作为高级门使用,实际上在国外洁净区未见采用此种门,因这种门的加工要用许多型材拼接而成,甚至在型材接头处有无法清洁又易积垢的空腔。

(3)钢板门:在国外药厂中使用较多,此种门强度高,光滑,易清洁,但要求漆耐磨、牢固、能耐消毒水擦洗,国外药厂均用环氧漆。

(4)蜂窝贴塑门:此种门表面平整光滑,易清洁,造型简单,面材耐腐蚀,但此种门不能承受较大撞击,宜用于洁净度高、生产中无固体物料运输的房间,如洁净区更衣室,水针粉针灌装线上的房间。

(5)中密度板双面贴塑门:在国外药厂中使用也较多,此种门表面特性同蜂窝贴塑门,但能耐一定程度的碰撞。

(6)不锈钢板门:在国外一些药厂洁净室中使用,造价较高。

国外药厂对包装间出入口等运输较频繁处的门,有用橡胶板门的。门的开启可由车子撞开,凡车间内经常有手推车通过的门,不应设门槛。

5. 窗　洁净室的窗要求密封,平整,光滑,易清洁。洁净室与参观走廊相邻的玻璃窗应采用大玻璃窗,便于参观和生产监测。空调区与非空调区隔墙应设双层窗,一层固定。传递窗应采用平开钢窗或玻璃拉窗,选用不锈钢材料更理想。洁净室的窗,目前常用的有钢窗和铝合金窗,一般洁净区的内窗均属固定窗,洁净区的窗要求密闭性好,窗尽量采用大玻璃窗,这样既能减少积灰点,还有利于清洁工作的进行。洁净区的窗台宜做成斜形,或靠洁净窗侧平。

七、洁净厂房的内部装修

医药工业洁净厂房的内部装修设计是厂房设计的重要组成部分,厂房的内部装修设计是否符合《药品生产质量管理规范》,是企业能否通过认证,顺利进行生产的基础。

(一)洁净厂房内部装修的基本要求

洁净厂房的主体应在温度变化和震动情况下,不易产生裂缝和缝隙。主体应使用发尘量少、不易黏附尘粒、隔热性能好、吸湿性小的材料。洁净厂房建筑的维护结构和室内装修也都应选用气密性良好,且在温度变化下变形小的材料。

1. 墙壁和顶棚表面应光滑、平整、不起尘、不落灰、耐腐蚀、耐冲击、易清洗。在洁净厂房的装修选材上最好选用彩钢板吊顶,墙壁选用彩钢板或仿瓷釉油漆。墙与墙、地面、顶棚相接处应有一定弧度,宜做成半径适宜的弧形。壁面色彩要和谐雅致,有美学意义,并便于识别污染物。

2. 地面应光滑、平整、无缝隙、耐腐蚀、耐冲击,不积聚静电,易除尘清洗。

3. 技术夹层的墙面、顶棚应抹灰。需要在技术夹层更换高效过滤器,技术夹层的墙面和顶棚也应刷涂料饰面,以减少灰尘。

4. 送风道、回风道、回风地沟的表面装修应与整个送风、回风系统相适应,并易于除尘。洁净级别 1 万级以上的洁净室如需设窗时,应设计成固定密封窗,并尽量少留窗扇,不留窗台,把窗口面积限制到最小限度。门窗要密封,与墙面保持平整,充分考虑对空气和水的密封,防止污染粒子从外部渗入,避免因室内外温差而结露。门窗造型要简单,不易积尘,清扫方便。门框不得设门槛。

(二)洁净室内装修材料和建筑构件

GMP 对洁净室内的装修材料要求耐清洗、无孔隙裂缝、表面平整光滑、不得有颗粒性物质脱落。对选用的材料要考虑到该材料的使用寿命、施工简便与否、价格、来源等因素。

1. 地面　地面必须采用不裂、不脆和易清洗的无孔材料,应具气密性,以防潮湿和减少尘埃的积累。地面有以下几种。

(1)水泥砂浆地面:这类地面的强度较高,耐磨,但易于起尘,可用于无洁净级别要求的房间,如原料车间、动力车间、仓库等。

(2)水磨石地面:这类地面整体性好,光滑,不易起尘,易擦洗清洁,有一定的强度,耐冲击,但因其存在一定的分割条,仍然是有缝隙的,分割条必须用铜条。水磨石地面常用于提取车间、包装车间、实验室、卫生间、更衣室、结晶工序等,这类工作区都要求经常擦洗,保持清洁。

(3)塑料地面:这类地面光滑,略有弹性,不易起尘,易擦洗清洁,耐腐蚀。常选用厚的硬质乙烯基塑料板。缺点是易产生静电、老化。塑料地面可用于会客室、更衣室、包装间、化验室等,但用于大面积车间时可能发生起壳现象。

(4)耐酸瓷板地面:这类地面用耐酸胶泥贴砌,能耐腐蚀,但质地较脆,经不起冲击,破碎后则降低耐腐蚀性能。这类地面可用于原料车间中有腐蚀介质的区段。由于施工复杂、造价高,宜在可能有腐蚀介质地漏的范围局部使用。

(5)玻璃钢地面:具有耐酸瓷板地面的优点,且整体性较好。但由于材料的膨胀系数与混凝土不同,故也不宜大面积使用。

(6)环氧树脂磨石地面:是在地面磨平后用环氧树脂罩面,不仅具有水磨石地面的优点,而且比水磨石地面耐磨,强度高。

(7)无溶剂环氧自流平涂洁净地面:是在混凝土上采用洁净涂地板技术,将无溶剂环氧树脂涂抹上去,进而成为洁净地面。这种材料要求混凝土地面必须干燥后才可涂抹,否则环氧树脂表面易起泡、起层。这种地面在铺的过程中有自动流平的特点,所以表面光滑、光洁、易清洁,并且具有耐水性、耐磨性和防尘效果,适用于洁净室地面,是目前较为理想的地面,但造价略高。

2. 墙体　在洁净厂房的设计中,常用的墙体有以下几种。

(1)砖墙:属于常用的较为理想的墙体,对于面积大,隔间少的车间比较适用。缺点是自重大,在隔间较多的车间中使用将使自重增加,对旧厂房改造时,这种墙体楼面承重能力受到限制。

(2)彩钢板墙:是当前应用最普遍的较为理想的墙体材料,主要用于洁净室的内隔断。这种材料是在两层薄钢板之间填充轻质保温材料。彩钢板墙自重轻,对结构布置影响较小,是当前在不断发展的、很有前途的一种墙体。缺点是板面接缝处理有一定难度,对施工要求较高。

（3）加气砖块墙：材料自重轻，可以替代砖墙，缺点是面层施工时要求严，否则墙面粉刷层易开裂，开裂后易吸潮长菌，避免用于潮湿的房间和需用水冲洗墙面的房间。

（4）玻璃隔断墙：用钢门窗的型材加工成大型门扇连接拼装，离地面90cm以上镶以大玻璃，下部用彩钢板隔断以防撞击。这种墙体轻便、透光性好，适用于管路较少的制剂车间。

3. 墙面和地面　墙面和地面、天花板一样，应选用表面光滑、易于清洗的材料，例如彩钢板、油漆等。典型的如环氧树脂或聚氨酯罩面的煤渣砖块建筑，涂环氧树脂的清水墙和清水墙加塑料或不锈钢贴面板。中空墙可为空气的返回、电器接线、管道安装和其他附属工程提供所需空间。常见墙面有以下几种。

（1）抹灰刷白浆墙面：这种墙面的表面不平整，不能清洗，有颗粒性物质脱落，只适用于无洁净级别要求的房间。

（2）油漆墙面：这种墙面常用于有洁净要求的房间，表面光滑，能清洗，且无颗粒性物质脱落。缺点是施工时若墙基层不干燥，涂上油漆后易起皮。普通房间可用调和漆、洁净度高的房间可用环氧漆，这种漆膜牢固性好，强度高。另外，还可用乳胶漆和仿搪漆。乳胶漆不能用水洗，这种漆可涂于未干透的基层上，不仅透气，而且无颗粒性物质脱落。可用于包装间等无洁净级别要求但又要求清洁的区域。

（3）不锈钢板或铝合金材料墙面：这类墙面耐腐蚀、耐火、无静电、光滑、易清洗，但价格高，可用于垂直层流室。

（4）瓷砖墙面：瓷砖墙面光滑、易清洗、耐腐蚀，不必等基层干燥即可施工，但接缝较多，且施工技术要求高，不宜大面积使用。

4. 天棚及饰面　天棚材料要选用硬质、无孔隙、不脱落、无裂缝的材料。天花板与墙面接缝处应用凹圆脚线板盖住。

（1）钢筋混凝土吊顶：优点是牢固、可以上人，管道安装维修方便。缺点是自重大，相当于多一层楼板，将来改变格局时变动风口不方便。

（2）钢骨架钢丝网抹灰顶：在夹层中铺设走道板供检修用，管道安装要求在施工吊顶之前先安装，以免损坏吊顶。平顶要求分段施工，以免砂浆收缩产生裂缝。这种吊顶能适应风口、灯具孔灵活布置的要求。

（3）轻质龙骨吊顶：这种吊顶下面用石棉板或石膏板封闭，用料较省，应用广泛，缺点是检修管道麻烦，接缝处理要求同轻质隔断。

5. 门和窗　钢板门平整、造型简单，适用于洁净厂房。其优点是强度高、光滑、易清洁，但要求漆膜牢固，耐擦洗。蜂窝贴塑门的表面也平整光滑，易清洁、耐腐蚀。另外，洁净级别不同的区段联系门要密闭，进入无菌室的全部进口要与墙面齐平，与自动起闭器紧密配合，门两端的气塞采用电子连锁控制。洁净厂房不可设门槛。

钢制或铝合金的大玻璃窗较适用于洁净厂房。洁净室必须采用固定窗，要求严密性好并与室内墙齐平。窗台应陡峭向下倾斜，窗台应内高外低，且外窗台应有不低于30°的角度向下倾斜，以便清洗和减少积尘，并且避免向内渗水。

传递窗一般有平开钢窗或铝合金窗和玻璃拉窗。平开式传递窗密闭性好，易于清洁，但开启时占一定空间，适合作为生物传递窗。玻璃拉窗密闭性较差，上下槛滑条易积污垢，滑道内的滑轮组不便清洁，但开启时不占空间，适合作为非洁净区的机械传递窗。

第二节　土建设计条件

制剂车间和其他工业厂房一样,除了要符合建筑的一般要求外,另外的显著区别在于制剂车间是有洁净度要求的车间,土建设计就应该根据制药工艺洁净要求进行制作。因此在土建设计以前,工艺人员要对土建提出设计条件要求。

制剂工艺与土建的关系比其他工艺与土建的关系更为密切,因而土建设计就应该始终围绕工艺的核心,在布置时要与制药工艺、通风等专业进行密切配合和综合考虑。

工艺流程和工艺设备选定后,既要满足工艺流程的条件,又要照顾到土建上平立面的安排,如大门、安全门、楼梯间、卫生间以及制剂厂房独特的管井位置。

由于洁净厂房要求各房间能不暴露的尽量不暴露布置,而需暴露的物体要做到外表光滑、便于清洗,因此管道(包括工艺通风和电缆桥架等)尽量敷设在吊顶或技术夹层内。

工艺与暖风专业布置前要先相互协商,在布置中需不断加强联系,最后在施工图完成后统一对图(工艺、暖风、电力照明及吊顶图),否则吊顶内的管道就可能相碰,容易造成施工时的困难和修改施工。在管线协调和施工过程中应该以风管为主。

目前制剂厂洁净室空调送回风形式有顶送顶回、顶送下回、顶送侧回等。送回风形式也同样牵涉到工艺布局和土建平面布置。如送风形式为顶送侧回时,则洁净室需设置回风墙。

例如,设置粉针分装线一条或两条时,则可以两面设置回风墙,如三条分装线平行设置时,则在布置和处理上显得比较复杂。另外回风墙的设置也有几种安排,若回风墙设在洁净间内则增加了洁净面积,从而增加了空调分量。反之,若回风墙设在洁净间外侧则又加大了走廊,这些都需要根据具体情况布置,应从生产和管理方便的角度进行布置。因此,工艺、土建、暖风三专业关系特别密切,这三个专业渗透得越好越深,则项目设计越好、越顺利;反之,会对今后施工和管理带来不少弊病。

一、土建设计一次条件内容

一次条件应在工艺施工流程图和设备布置图已经确定,以及工艺与各专业的管路分区布置方案基本落实后立即提交,并向土建人员介绍工艺生产流程、物料特性、防火、防爆、防腐、防毒情况和设备布置情况,以及对厂房的要求等。

(一) 土建设计一次主要内容

土建设计一次内容较多,主要涉及车间区域的划分,门及楼梯的位置,各种梁、操作台的位置,安装荷重及设备安装和使用方面的要求。

1. 车间各工段的区域划分　如生产车间、生活间、辅助间及其他专业要求的房间(通风室、配电室、控制室、维修间等)。

2. 绘出门及楼梯的位置,并根据室内安装的设备大小提出安装门的大小(宽和高),以及需要在设备安装后再进行砌封的墙上的安装预留孔位置和说明。

3. 安装孔、防爆孔的位置、大小尺寸及其孔边栏杆或盖板等要求。

4. 吊装梁、吊车梁、吊钩的位置,梁底标高及起重能力。

5. 各层楼板上各个区域的安装荷重、堆料位置及荷重、主要设备的安装方法及安装路线,楼板安装荷重:一般生活用室大于$250kg/m^2$,生产厂房大于$1000kg/m^2$,库房用室大于

$1500 \text{kg}/\text{m}^2$，辅助用室应大于 $600 \text{kg}/\text{m}^2$。

6. 设备的位号、位置及其与建筑物的关系尺寸和设备的支承方式，有毒、有腐蚀性等物料放空管路与建筑物的关系尺寸、标高等。

7. 楼板上的所有设备基础的位置、尺寸和支承点。

8. 操作台的位置、大小尺寸及其上面的设备位号、位置，并提出安装荷重和安装孔尺寸，以及对操作台材料和栏杆扶梯等的要求。

9. 楼板上的移动荷重，如小车、铁轨等(重量超过 1t 者)，以及移动设备停放的位置和移动路线等。

10. 塔平台、标高、操作和检修的位置及标高，对扶梯和平台栏杆等方面的要求。

11. 地坑的位置、大小、标高、爬梯的位置和对盖板的要求。

12. 悬挂在楼板上或穿过楼板的设备，其楼板开孔尺寸。

13. 在楼板上的孔径 ≥500mm 的穿孔位置及大小尺寸。

14. 悬挂在梁上的支点，每个支点负荷超过 1t 和管道及阀门的重量和位置。

15. 悬挂或放在楼板上超过 1t 和管道及阀门的重量和位置。

16. 要求建筑专业设计的设备(原料药的反应罐、发酵罐、贮槽、流子等)条件，对建筑物在结构方面有影响的振动设备如离心机、振动筛、大功率的搅拌设备等提出必要的设计条件。

（二）土建设计一次要求

土建设计一次要求与工艺设计应该同时进行，以保证及时提交，便于协调设计。在提交土建设计一次要求时要注意以下几点。

1. 提交时间　土建一次条件内容提交应在工艺施工流程图和设备布置图已经确定，以及工艺与各专业的管路分区布置方案基本落实后立即提交。

2. 工艺与土建的协调性　土建设计应该始终围绕工艺的核心，在布置时要充分考虑到工艺的洁净协调性要求、人流物流协调性要求、工艺流程协调性要求。

3. 土建与其他工程　土建与公用工程如给排水、供热、电气、采暖通风等应相互协调，在布置中不断加强联系。

二、土建设计二次条件内容

土建设计二次内容一般在工艺管路安装图基本完成后提交。主要是在一次条件的基础上对个别内容进行细化、补充。主要内容如下。

1. 提出所有设备(包括室外设备)的基础位置、尺寸，基础螺栓等位置、大小及预埋螺栓、预埋钢板等的规格、位置及露天地面长度等要求。

2. 在梁、柱、墙上的管架支承方式，荷重大小及所有预埋件的规格和位置。

3. 所有的管沟位置、大小、深度、坡度，预埋支架及对沟盖材料，下水篦子等的要求。

4. 室外管架、管沟及基础条件。

5. 各层楼板及地坪上下水篦子的位置、大小、尺寸。

6. 在楼板上管径 <500mm 的穿孔位置及大小尺寸。

7. 在墙上管径 >200mm 和长方形 >200mm×100mm 的穿管预留位置及大小尺寸。

第三节　给　排　水

无论是工业建筑物还是普通建筑物,给排水都是设计中相当重要的环节,在洁净厂房中更是如此,安排不好将会影响和污染洁净室(区)。如排水管不应穿过洁净间,所以给排水管应当布置在技术夹层内,但吊顶高度有限,而排水管又需要一定的坡度,因此如何正确处理这一关系,将会影响各区域的清洁工作。《医药工业洁净厂房设计规范》第九条作出如下一般规定。

1. 洁净区域内的给排水干道应敷设在技术夹层,技术夹道内或地下埋设。
2. 洁净室内应少敷设管道,引入洁净室内的支管宜暗敷。
3. 医药工业洁净厂房内的管道外表面应采取防结露措施。
4. 给排水支管穿过洁净室顶棚、墙壁和楼板外时应设套管,管道与管道之间必须有可靠的密封措施。
5. 医药工业洁净厂房内应采用不易积存污物,易于清扫的卫生器具、管材、管架及其附件。

给排水一般规定给水、排水管道的布置和铺设、设计流量、管道设计、管材、附件的选择均应按现行的《建筑给水排水设计规范》的规定执行。给排水管道不得布置在遇水迅速分解,燃烧或损坏的物品房,以及贵重仪器设备的上方。

一、给水

目前药厂水源多取自地下水(深井水)或城市自来水,个别靠近江河的药厂取自地面水(江、河、湖水等)。给水包括生产用水、生活用水和消防用水。生产用水包括冷却(凝)、发生蒸汽、饮用水、纯水、注射用水等。因生产用水量较大,为节约用水,应设法采用循环水。生活用水、消防用水主要来自城市供水公司。

(一)生活用水

生活用水目前主要来源于城市供水公司即自来水,企业自行开采地下用水需要进行审批。自来水也是工艺用水的来源,自来水经过适当的处理制成生产工艺用水。《药品生产质量管理规范》要求工艺用进料水要符合饮用水标准,其标准见附表16-5。

(二)工艺用水

工艺用水是指药品生产工艺中使用的水,包括饮用水、纯化水和注射用水。药品的生产过程中用水量很大,其中工艺用水占相当的比例。

医药工业洁净厂房内的给水系统设计,应根据生产、生活和消防等各项用水对水质、水温、水压和水量的要求,分别设置直流、循环或重复利用的给水系统;管材的选择应符合下列要求:生活用水管应采用镀锌钢管;冷却循环给水和回水管道宜采用镀锌钢管;管道的配件应采用与管道相应的材料;人员净化用室的盥洗室内宜供应热水;医药工业洁净厂房周围宜设置洒水设施;给水系统的选择应根据科研、生产、生活、消防各项用水对水质、水温、水压和水量的要求,并结合室外给水系统因素,经技术经济比较后确定;用水定额、水压、水质、水温及用水条件,应按工艺要求确定;下行上给式的给水横干管宜敷设在底层走道上方或地下室顶板下,上行下给式的给水横干管宜敷设在顶屋管道技术夹层内;由于制药厂用水量较大,特别是纯水的使用,可以设立纯水站。其规模取决于水源水质、生产用水量及工艺对水质的要求。其中水源水质和工艺要求决定制水流程的繁简和设备的多少,用水量的大小决定设备的大小。纯水站的面积可以估计为:当产水量为每小时 $2\sim20m^2$,水站的面积需 $200\sim600m^2$。水站的建筑净水空间,一般当用水量小于 20t/h 时,为 $4\sim5m^2$;当用水量大于 50t/h 时,约为 $7m^2$;若设置真空脱气塔,仅塔身就将近 7m,这样就需要另行考虑。

近几年来,制水工艺发展迅速,电渗析和离子交换树脂技术、膜分离技术(微孔膜、超滤膜、反渗透膜)的研究与应用,以及制水设备结构的革新,为制备工艺用水提供了更多的选择,特别是净化水技术的联合应用,使各种工艺用水更符合工业化的生产要求。

二、排水

排水主要解决生产中的废水、生活下水和污水处理及雨水排放问题。应充分利用和保护现有的排水系统,当必须改变现有排水系统时,应保证新的排水系统水流顺畅。厂区应有完整、有效的排水系统,完整的排水系统是指无论采用何种排水方式,场地所有部位的雨水均有去向。

(一)排水设计要求

医药工业的排水设计需考虑的因素很多,一方面是医药工业的废水成分复杂,有害物质多,特别是有机溶媒和重金属,危害极大;另一方面是医药工业废水量大、种类繁多;再者医药工业有特殊的卫生洁净要求,因此处理后的废水排放要进行认真的设计。

1. 医药工业洁净厂房的排水系统设计,应根据生产排出的废水性质、浓度、水量等特点确定排水系统。

2. 洁净室内的排水设备以及与重力回水管道相连的设备,必须在其排出口以下部位设水封装置。

3. 排水竖管不宜穿过洁净室,如必须穿过时,竖管上不得设置检查口。

4. 空气洁净度 100 级的洁净室内不应设置地漏,10 000 级、100 000 级的洁净室内也应少设地漏;如必须设置时,要求地漏材料不易腐蚀,内表面光滑,不易结垢,有密封盖,开启方便,能防止废水废气倒灌,必要时还应根据生产工艺要求,消毒灭菌。

(二)决定排水方式的因素

由于医药工业的废水种类多、数量大,排水方式的选择要综合考虑各方面因素。排水系统的选择,应根据污水的性质、流量和排放规律,并结合室外排水条件确定;排出有毒和有害物质的污水,应与生活污水及其他废水、废液分开,对于较纯的溶剂废液或贵重试剂,宜在技术经济比较后回收利用;当地降雨量小,土壤渗透性强时,可采用自然渗透式;场地平坦,建筑和管线密集地区,埋管施工及排水出口均无困难时,应采用暗管。美化、卫生,使用方便是暗管的优点,但费用略高,目前药厂均采用暗管式排水。

对于工业废水,由于生产工艺的多样化,工业污水更是千变万化,常用方法是将污水排入污水池中均化,使出池的污水水质在卫生特性方面(pH、色度、浊度、碱度、生化需氧量等)较为均匀,均化池的大小和方式视水量及排放方式而异,多数均化池是矩形或方形,其大小按操作周期而定。从均化池出来的废水还需要进行处理,经测定符合排放标准才可排入河道。

工业废水的排放应符合《工业"三废"排放试行标准》中的有关规定。工业"废水"中有害物质最高容许排放浓度分为两类:①能在环境或动物体内蓄积,对人体健康产生长远影响的有害物质。含此类有害物质的"三废",在车间或车间设备的排出口应控制一定的排放标准,但不能简单地用排放的方法代替必要的处理。②其长远影响小于第一类的有害物质,在工厂排出口的水质应符合一定的排放标准。

三、工艺向给排水提供的条件

工艺向给排水提供的条件主要是保证给排水符合工艺生产的要求,保证工艺生产的正常进行。在进行给排水设计时,建筑工艺人员要与制药工艺人员密切配合,协调好进度,保证废水的顺畅排放而又不影响卫生洁净度的要求。工艺向给排水提供的条件主要有:工艺生产经常最大、最小水量;所需水温;所需水压;所需的水质(硬度、含盐量、酸碱度、金属离子等);供水状况是连续还是间断;劳动定员及最大班人数;排污量、污水化学组分、含量等;车间上、下水管与管网接口直径、方位与标高;提供工艺流程图、设备平、剖面图。

第四节　电气设计

制药企业的电气设计主要包括供热、强电、弱电和自动控制三方面的平时运行和火灾期间所使用的内容。强电部分包括供电、电力、照明;弱电部分包括广播、电话、闭路电视、报警、消防;自动控制包括温度、湿度与压力的控制,冷冻站、空压站、蒸汽以及自动灭火设施等。

一、供热

药厂的供热多用蒸汽供热系统。热压蒸汽的使用十分广泛,在加热、灭菌中使用量大,保证蒸汽的压力和温度十分必要,蒸汽管道的选材、保温及连接、布置更应仔细研究。蒸汽压力分为高压、中压及低压系统,$80kg/cm^2(kPa)$以上称为高压,$40kg/cm^2(kPa)$称为中压,$13kg/cm^2(kPa)$以下称为低压,一般药厂内低压蒸汽即已够用。

工艺人员对供热系统提出的条件包括:生产工艺的经常、最大用汽量,用汽压力及温度;提出用汽质量;供热系统与用户的接口、管径、方位与标高;废热利用的方案等;车间上、下蒸汽管与管网接口直径、方位与标高。

二、车间供电系统

车间供电系统包括强电、弱电和自动控制三方面。强电部分包括供电、电力和照明;弱电部分包括广播、电话、闭路电视、报警和消防;自动控制包括温、湿度与微正压的控制,冷冻站、空压站、纯水与气体的净化站以及自动灭火设施等控制。

(一)车间供电系统的设计与施工

车间用电由网供给,一般送至工厂的电压为 10kV,高压电须经变电所变压后,经过车间的配电室再送至用电设备。当厂区外输入的高压电源为 35kV 时,一般须在厂区内单独设置变配所,然后将 10kV 分送给各终端。

洁净厂房内是否需要设置单独使用的终端变电所,应根据全厂的供电方案、洁净厂房规模大小及用电负荷多少加以确定。当其他厂房的终端变电所向洁净厂房供电时,应视负荷大小确定是否在洁净厂房设置低压配电室。洁净厂房的终端变电站位置应在厂房的总体布置时统一考虑,使其尽量靠近负荷中心,并设在洁净厂房的外围,以方便进线、出线和变压器的运输。变电站的朝向宜北向或东向,以避免日晒,同时宜朝向高压电源。终端变电站的功能是将高压(10kV)变为低压(380V/220V)并进行电源分配。主要设备包括变压器、低压配电盘及操作开关等。建筑设计时通常划分为变压器室和低压配电室。估计每台 1000kV 的终端变电站需 6m×7m 房间,其中变压器室部分层高应在 5m 以上,配电室部分应在 4.5m以上。

医药工业洁净厂房的供电设计应符合国家《工业与民用供电系统设计规范》;医药工业洁净厂房的电源进线应设置切断装置,并宜设在非洁净区便于操作管理的地点;医药工业洁净厂房的消防用电应由变电所采用专线供电;洁净区内的配电设置,应选择不易积尘、便于擦洗、外壳不易锈蚀的小型暗装配电箱及插座箱,功率较大的设备宜由配电室直接供电;洁净区内不宜设置大型落地安装的配电设施;医药工业洁净厂房内的配电线路应按照不同空气洁净度等级划分的区域设置配电回路。分设在不同空气洁净度等级区域内的设置一般不宜由同一配电回路供电;进入洁净区的每一配电线路均应设置切断装置,并应设在洁净区内便于操作管理的地方,如切断装置设在非洁净区,则其操作应采用遥控方式,遥控装置设置洁净区内;洁净区内的电气管线宜暗敷,管材应采用非燃烧材料;洁净区内的电气线管口,安装于墙上的各种电器设备与墙体接缝处均应有可靠密封。

(二) 车间配电室

车间动力配电箱的布置应结合厂房情况决定,当洁净厂房设有钢筋混凝土板吊顶的技术夹层时,动力配电箱应设在技术夹层内,这时水平施工很方便,并可根据用电设备的位置把配电箱布置在负荷中心,使线路尽量短直,减少线材和电耗。当洁净厂房设有不能上人的轻质吊顶或由于其他原因不能利用顶部夹层时,可将动力配电箱设在车间同层的夹墙或技术夹层内,这时,线路上往往是将走在顶部技术夹层里的外线先向下引至配电箱,再从配电箱将支线通过埋地、减少下夹层或返回顶棚水平布线接至用电设备,虽然增加了线路和电耗,且线路不利于隐蔽,但管理较为方便。不管怎样,车间配电室应考虑以下基本原则:①动力配电箱是将来自低压配电室的电源分送给车间用电设备的枢纽,宽度一般不超过 1m,高度不超过 2m,厚度一般不超过 0.5m,但如设备较重,应落地放置;②车间配电室要尽量靠近负荷中心;③车间配电室要考虑进出线的方便;④车间配电室可设在车间内部、旁侧或与车间毗连;⑤车间配电室要满足通风、防腐和运输等要求。

(三) 供电线路的敷设

从室外高压电源到厂房终端变电所再到长江动力配电箱,最终到达用电设备,要通过不同的电线电缆来连接,如何来敷设这些电线电缆,要根据具体情况因地制宜地设计敷设方案。一般来说,供电线路的敷设有以下方式:供电线路宜暗设,如埋地、埋墙或穿越天棚等;在散发腐蚀性气体的车间,应采取防腐措施;防爆车间的供电线应采取防爆措施;电缆敷设有 3 种方式,即架空敷设、沟渠敷设和直埋地下。所有供配电缆均应设置在技术夹层内,符合 GMP 的要求。

(四) 负荷等级

制药企业用电负荷可分为三级,并应据此确定供电方式。

1. 一级负荷　设备要求连续运转,停电时将造成着火、爆炸、设备毁坏、人身伤亡或造成巨大经济损失的;停电后,不仅本企业受到损失,而且造成很多其他企业停产、生产紊乱,长期不能投产的工厂或车间。

2. 二级负荷　供电中断时,将造成产量减少、人员停工、设备停止运行的事故。

3. 三级负荷　不属于第一、第二级的其他用电负荷(如辅助车间、辅助设备等)。当城市电网电线满足不了要求时,应根据负荷特点及要求并结合当地技术经济条件,有针对性地采取一种或几种电源质量改善措施,如采用备用电源自动投入(BZT)或柴油发电机组应急自动起动等方式。

对于一级负荷,应保证有两个独立电源供电;对于二级负荷,允许用一条架空线供电,特殊情况下,也可考虑由两个独立电源供电;对于三级负荷,允许供电部门为检修或更换供电系统故障元件而停电。

(五)其他电气

主要是弱电部分,包括广播、电话、闭路电视、监控系统、报警和消防。

医药工业洁净厂房内应设置与厂房内外联系的通讯装置。由于制剂车间内有不同级别的洁净区,而不同洁净区之间需要相互联系工作,因此一般需设置电话,并根据具体情况决定数量。

洁净厂房造价较高,洁净室内人员较少,一旦发生火灾时会造成较大损失。医药工业洁净厂房内应设置火灾报警系统,火灾报警系统应符合《火灾报警系统设计规范》的要求,报警器应设在有人值班的地方。

发生火灾危险时,应有能向有关部门发出报警信号及切断风机电器的装置。洁净室内使用易燃、易爆介质时,宜在室内设报警器。

三、照明

照明包括光源、灯型及布置、安全措施等,这些均需根据工艺对照明的要求等因素决定。由于洁净厂房大多采用高单层、大跨度和无窗、少窗的设计,应而要求全面照明,室内照明度根据不同工作室的要求而定。照明灯具在吊顶上布置时要同风口、工艺安装相协调,这三部分在吊顶上的开口都不是可以任意安排的。如照明除要均匀布局外,还要注意工业布局和操作需要以及需让开风口等。因此在施工图进行过程中,需专门对风口布置图、专门布置图以及工艺布置图和土建吊顶图做一总体的协调。

(一)光源

车间的照明常用光源为白炽灯、荧光灯、高压水银灯、碘钨灯,小面积房间可采用荧光灯或白炽灯,当厂房中灯具悬挂高度大于 8~10m 时,如高大厂房,可采用三碘钨灯或高压水银荧光灯、白炽灯混合照明。

需识别色彩的房间(化验室)、必须造成良好视觉条件的场所(如水针剂的灯检、药物的灌装等),需要考虑采用荧光灯。

(二)照明种类

照明包括工作照明和事故照明。工作照明应在照明装置正常运行的情况下,保证应有的视觉条件。照明配电箱是将来自低压配电室的电源分送给车间照明灯具的配电盘,其体积较小,宽度一般不超过 0.7m,高度一般不超过 1m,厚度一般不超过 0.5m,且重量不超过 50kg,故通常挂墙固定。洁净厂房有技术夹层时,照明配电箱应设在技术夹层内。当洁净厂房无夹层且顶棚内又不能布置照明配电箱时,或当车间面积较大,须从箱内直接控制大面积灯具开关时,可将照明配电箱安放在车间同层的夹墙或技术夹道内。

事故照明指在工作照明熄灭的情况下,保证继续工作或疏散所需的视觉条件,又称应急照明。由于洁净厂房一般是密闭厂房,室内人员流动线路复杂,出入道路迂回,为便于事故情况下人员的迅速疏散及火灾时能救灾灭火,所以洁净厂房应设置供人员疏散用的事故照明。在房间的应急安全出口和疏散通道转角处应设置标志灯,疏散用通道的标志灯还须按照要求用穿管暗埋敷设在地面以上0.8m处,在专用消防口应设置红色的应急照明灯。

事故照明可采用以下几种处理方式:场所内的所有照明器均设置备用电源、单独配电装置或单独回路装置,与工作用电配电箱分区或分层设置。当正常电源断电时,备用电源自动投入运行。

在场所内选定部分照明器作为事故照明灯具,并由专用的事故照明电源供电,正常时,工作照明和事故照明均投入运行。

(三)照明器的选用和安装

洁净室一般有轻质成骨耐火板衬为吊顶的技术夹层,照明器的结构与龙骨结构、吊顶材料等在安装、色调等方面应尽可能协调。

由于洁净室(区)多为密封性房间,在洁净室内的操作又多是影响产品质量的关键,因而对照度和照明器均有具体要求。主要工作室的照度宜为300lx。对照度有特殊要求的生产部门如反应罐观察、灯检可设置局部照明。洁净室不准安装吊式灯,只安装卧顶或吸顶灯,万级区为嵌入式,而大于万级区可用吸顶式。光源用日光灯。灯具开关应设在洁净室外,1万级区域内尽量不设置开关,需要时可以设置在缓冲间内。洁净室一般多采用荧光灯,灯具应选用嵌入式,防尘,便于清洗消毒,能在吊顶下开启灯罩,调换灯管等,灯具应密封,以防吊顶内的非洁净空气进入洁净场所。

厂房还应有应急照明设施,照明应无影均匀。此外,应设事故照明,灯具暗设电源为蓄电池,能自动释电、自动接通,对于易燃易爆则应设有报警信号及自动切断电源措施。技术夹层内应设照明,并由单独支路或专用配电箱供电,以保证检修安装的要求。

目前制剂生产车间一般采用有外罩的荧光灯,照度均匀,最低照度/平均照度≥0.7,而且能有效地限制工作面上的光幕反向和反向眩光,如采用散光性能好、亮度低、发光表面积大的灯具。

动物室的照明度是,距离地面0.8m处为150~300lx,标准为200lx,但各个区域不可能得到平均的照明度分布。上下之间照明度相差显著,但至目前为止,除严密的实验室外,一般认为并无影响。由于人类对红光感觉不如黑色,故夜间观察行为时,要使用红灯泡,所以应设置能使用红灯泡的两个线路。另外,为白天操作时代替红灯作照明用线路,或作为紧急情况下进入室内的照明线路,应设置手动开关。照明器具防尘,采用磁吸型或插入型。为了给动物以昼夜照明的固定节奏,照明时间要设计成12小时开关转换的定时开关。

光照度是表示表面被照明程度的物理量,其意义为每单位面积上所受到的(包括从各方面射入的)光通量。光源在单位时间内发出的光能量称为光源的光通量,光通量的单位为流明(lm),光照度的单位为勒克斯(lx),$1lx = 1lm/m^2$。《医药工业洁净厂房设计规范》中对照明的要求是:①医药工业洁净厂房的照明应由变电所专线供电。②洁净区内的照明光源宜采用荧光灯。③洁净区内应选用外部造型简单,不易积尘,便于搽的照明灯具,不应采用格栅型灯具。④洁净区内的一般照明灯具宜明装,但不宜悬吊。采用吸顶安装时,灯具与顶棚接缝处应采用可靠的密封措施。如需要采用嵌入顶棚安装时,除安装缝隙应可靠密封外,其灯具结构必须便于清扫,便于在顶棚下更换灯管及检修。⑤医药工业洁净厂房内应根据实际工作的要求提供足够的照度,照度值应符合相关要求。即主要工作室一般照明的照度值不低于300lx;辅助工作室、走廊、气阀室、人员净化和物料净化用室可低于300lx,但不得低于150lx。对照度要求高的部位可以增加局部照明。⑥洁净区主要工作室一般照明的照度均匀度不应小于0.7。⑦有防爆要求的洁净室,照明灯具选用和安装应符合国家有关规定。⑧医药工业洁净厂房内应设置供疏散用的事故照明,在应急安全出口和疏散通道及转角处应设置标志,在专用消防口处应设置红色应急照明灯。国外药厂常采用的照度标准见附表16-6。

第五节　防雷防静电

近几十年来全球环境恶化,气候变化无常,加之由于我国地形复杂,雷电灾害经常发生,特别是最近几年,重大雷击伤亡事故频繁发生,给人民的财产和生命安全带来重大隐患,因此我们要防止雷电事故的发生。此外,车间内工人生产操作时也会产生有害的静电,影响效率和成品率,甚至可能引起火灾、爆炸等事故。

一、防雷

为防止雷击、瞬间高电压对生产系统设备产生反应,要求防雷装置与其他接地物之间保持足够的安全距离。当满足这个距离时,可单独设置防雷接地装置,无法满足这个距离时,可采用共用一组接地体,降低雷击时相互间的电位差,防止反击,可起到防雷击作用。无特殊要求时,接地电阻值不宜大于1Ω。

二、防静电

对于静电产生的危害目前得到了正确的认识,特别是制药企业,在生产过程中都应尽量防止静电的产生或消除已有静电来保证药品质量和生产安全。我们可以消除起电原因或通过各种物理和化学方法来加速电荷的漏泄以减小起电程度,从而实现防静电的目的。

(一) 静电的产生

静电现象是指物体中正(+)或负(-)的电荷过剩,主要是两个物体接触和分离所引起的。在摩擦、剥离、按压、拉伸、弯曲、破碎、滚转或喷出等情况下,两个物体之间距离为1个分子距离时,分界面上就会产生电荷移动,使正电荷相对排列,形成双电层(偶电层),当两个物体分离时,两个界面上就会带不同极性的等量电荷。物体带静电后,产生力学、放电和感应三方面的物理现象。静电的主要危害表现为:在生产上影响效率和成品率,在卫生上涉及个人劳动保护,在安全上可能引起火灾、爆炸等事故。

(二) 静电的消除

洁净室静电消除应从以下几方面入手,即消除起电的原因、降低起电的程度和防止积聚的静电对器件的放电等方面综合解决。

1. 消除起电的原因　消除起电原因最有效的方法之一是采用高电导率的材料来制作洁净室的地坪、各种面层和操作人员的衣鞋。比电阻小于$10^5\Omega\cdot m$的材料实际上是不会起电的。

为了使人体服装的静电尽快通过鞋及工作地面泄漏于大地,工作地面的导电性起着很重要的作用,因此对地面抗静电性能提出一定要求。抗静电地板主要技术指标:表面电阻值为$10^6\sim10^8\Omega$,半衰期小于0.12秒,起电电压$[(21\pm1.5)℃$,相对湿度30%]≤2500V。必须指出,抗静电地板对静电来说是良导体,而对220V、380V交流工频电压则是绝缘体。这样既可以让静电泄漏,又可在人体不慎误触220V、380V电源时保证人身安全。

为了保证安全,对各类工作环境与工作地面的泄漏电阻(表16-2)及各种地面的泄漏电阻也提出了一定要求(表16-3)。

表16-2　工作环境与工作地面的泄漏电阻

工作环境	泄漏电阻(Ω)	备注
有可能产生爆炸和火灾的危险场所	10^8 以下	处理可燃性气体和溶剂的工序等
有可能产生静电电击的场所	10^{10} 以下	粉体的装袋工序等
有可能产生生产故障的场所	10^{11} 以下	计算机室,半导体处理场所

表16-3　各种地面的泄漏电阻

地面材料名称	泄漏电阻(Ω)	地面材料名称	泄漏电阻(Ω)
导电性水磨石	$10^5 \sim 10^7$	一般涂料地面	$10^6 \sim 10^{12}$
导电性橡胶贴面	$10^4 \sim 10^8$	橡胶(贴面)	$10^9 \sim 10^{12}$
石	$10^4 \sim 10^9$	木,木胶合板	$10^{10} \sim 10^{13}$
混凝土(干燥)	$10^5 \sim 10^{10}$	沥青	$10^{11} \sim 10^{13}$
导电性聚氯乙烯	$10^7 \sim 10^{11}$	聚氯乙烯(贴石)	$10^{13} \sim 10^{15}$

　　洁净室的饰面材料应采用低带电性材料,即要求导电性能较好的饰面材料,并设置可靠的接地措施。防静电接地装置的电阻值以100Ω为合适,采用导电橡胶或导电涂料时,与接地装置接触面积不小于$10cm^2$。静电接地必须连接牢固,有足够的机械强度。

　　洁净室的非金属地面材料中掺入乙炔炭黑粉或者铜、铝等粉屑或针状物,以增大地面的电导率。此外,为提高非金属固体材料面层的导电性,可将表面活性剂涂覆在树脂材料的表面,也可掺入树脂中,构成掺表面活性剂的地面。

　　2. 减小起电程度　加速电荷的漏泄以减小起电程度可通过各种物理和化学方法来实现。

　　(1)物理方法:接地是消除静电的一种有效方法。这种方法简单、可靠,不需要很大的费用,接地必须符合安全技术规程的要求。接地既可以将物体直接与地相接,也可以通过一定的电阻与地相接,直接接地法用于设备、插座板、夹具等导电部分的接地,对此需用金属导体以保证与地可靠接触。当不能直接接地时,就采用物体的静电接地,即物体内外表面上任意一点对接地回路之间的电阻不超过$10^7\Omega$,则这一物体可以认为是静电接地。

　　(2)调节湿度法:控制生产车间的相对湿度在40%~60%之间,可以有效降低起电程度,减少静电发生。提高相对湿度可以使衣服纤维材料的起电性能降低,研究表明,当相对湿度超过65%时,材料中所含的水分足以保证积聚的电荷全部漏泄掉,其他介质的表面电导率也随湿度提高而提高。不过应注意过高的相对湿度将对产品质量产生不良的影响。此外,在可能条件下还可将工艺设备、材料、工具、容器等改用导体,以及从消除人体带电着手,改善工作服和工作鞋的导电性等方法,都可作为减小起电程度的措施。

　　(3)化学方法:化学处理是减少电气材料上产生静电的有效方法之一。它是在材料的表面涂覆特殊的表面膜层和采用抗静电物质。例如,利用化学处理,在地坪和工作台介质面层的表面上以及设备和各种夹具的介质部分上涂覆一层比电阻小于$10^5\Omega \cdot m$的暂时性或永久性表面膜。这种导电膜既可涂在整个介质表面,也可涂在其局部地方。为了保证电荷可靠地从介质膜上漏泄掉,必须保证导电膜与接地金属导线之间具有可靠的电接触。用电区域按要求设置工作间接地、供电电源工作接地、保护接地及防雷接地和防静电接地等。

　　静电的存在会使设备或精密仪器受到干扰,当基本工作间是需除静电时,可铺设导静电地面,导静电地面可采用导电胶与建筑地面粘牢,导静电地面的体积电阻率均应为 $1.0 \times 10^7 \sim 1.0 \times 10^{10} \Omega \cdot cm$,其导电性能应长期稳定,且不易发尘。在静电产生过程中,如果材料的电导率大并且接地,即使产生了静电也会迅速向大地泄漏而消失,不会积累电荷。但如果材料的电导率小,一部分电荷没能及时消失而积累,物体就呈带电状态。非导体电导率越小就越容易带电,并且随静电电荷的不断产生而积累。

静电接地的连接线应有足够的机械强度和化学稳定性,导静电地面和台面采用导电胶与接地导体粘接时,其接触面积不宜小于 $10 cm^2$。

静电接地可以经限流电阻及自己的连接线与接地装置相连,为保证工作人员的安全,接地系统要串联一个 $1.0 m \Omega$ 的限流电阻。

(刘永忠　王　沛)

附表16-1　建筑物的耐火等级及构造

构件名称	耐火等级			
	一级	二级	三级	四级
	建筑构造及耐火极限			
支承单层的柱	同上,耐火极限不低于2.50小时	同上,耐火极限不低于2.00小时	同上,耐火极限不低于2.00小时	无保护层的木柱
吊顶	钢吊顶搁棚下吊石棉水泥板、石膏板、石棉板或钢丝网抹灰,耐火极限不低于0.25小时	木吊顶搁棚下吊钢丝网抹灰、板条抹灰,耐火极限不低于0.25小时	木吊顶搁棚下吊石棉水泥板、石膏板、石棉板或钢丝网抹灰、板条抹灰、苇箔抹灰、水泥刨花板耐火极限不低于0.15小时	木吊顶搁棚下吊板条、苇箔、纸板、纤维板、胶合板等可燃物
防水墙	砖石材料、混凝土、加气混凝土钢筋混凝土,耐水极限不低于4.00小时	砖石材料、混凝土、加气混凝土钢筋混凝土,耐水极限不低于4.00小时	砖石材料、混凝土、加气混凝土钢筋混凝土,耐水极限不低于4.00小时	砖石材料、混凝土、加气混凝土钢筋混凝土,耐水极限不低于4.00小时
梁	钢筋混凝土梁,耐火极限不低于2.00小时	钢筋混凝土梁,耐火极限不低于1.50小时	钢筋混凝土梁,耐火极限不低于1.00小时	有保护层的木梁,耐火极限不低于0.50小时
楼板	钢筋混凝土梁,耐火极限不低于1.50小时	同左,耐火极限不低于1.00小时	同左,耐火极限不低于0.50小时	木楼板下有难燃烧体的保护层,耐火极限不低于0.25小时
屋顶承重构件	钢筋混凝土结构,耐火极限不低于1.50小时	钢筋混凝土结构,耐火极限不低于0.50小时	无保护层的木梁	无保护层的木梁
楼梯	钢筋混凝土楼梯,耐火极限不低于1.50小时	钢筋混凝土楼梯,耐火极限不低于1.00小时	钢筋混凝土楼梯,耐火极限不低于1.00小时	木楼梯

续表

构件名称	耐火等级			
	一级	二级	三级	四级
	建筑构造及耐火极限			
隔墙	砖、轻质混凝土砌块、硅酸盐砌块、石块、加气混凝土构件、钢筋混凝土板，耐火极限不低于1.00小时	砖、轻质混凝土砌块、硅酸盐砌块、石块、加气混凝土构件、钢筋混凝土板，耐火极限不低于0.50小时	同右栏	木内架两面钉石棉水泥刨花板、石膏板、钢丝网抹灰、板条抹灰、苇箔抹灰、水泥刨花板，耐火极限不低于0.25小时
框架填充墙	砖、轻质混凝土砌块、硅酸盐砌块、石块、加气混凝土构件、钢筋混凝土板，耐火极限不低于1.00小时	砖、轻质混凝土砌块、硅酸盐砌块、石块、加气混凝土构件、钢筋混凝土板，耐火极限不低于0.50小时	砖、轻质混凝土砌块、硅酸盐砌块、石块、加气混凝土构件、钢筋混凝土板，耐火极限不低于0.50小时	木内架两面钉石棉水泥刨花板、石膏板、钢丝网抹灰、板条抹灰、苇箔抹灰、水泥刨花板，耐火极限不低于0.25小时

附表16-2　几种隔墙的燃烧性能与耐火极限

构造类型	构造厚度(cm)	耐火极限(h)	燃烧性能
钢制板面内填聚苯乙烯	0.1+0.8+0.1	0.1	非燃烧体
轻钢龙骨外钉石膏板	板厚1.2	0.5	非燃烧体
轻钢龙骨纸面石膏板	1.0+9(空气层填矿棉毡)+1.0	1.0	非燃烧体
轻钢龙骨外钉石膏板(中填岩棉)	1.2+9(空气层填矿棉毡)+1.2	1.2	非燃烧体

附表16-3　几种顶棚的燃烧性能与耐火极限

构造类型	构造厚度(cm)	耐火极限(h)	燃烧性能
轻钢龙骨双层板	石膏板每层厚1.0	0.30	非燃烧体
轻钢龙骨石膏板石棉水泥板各一层	石膏板厚1.0 进口水泥板厚0.3	0.30 0.30	非燃烧体 非燃烧体
钢吊顶格栅,钢丝网抹灰钉石膏板	1.0	0.30	非燃烧体

附表16-4　新型墙体装修材料说明表

种类	性能与特点	应用
舒乐舍板	强度较高、自重轻、整体性、抗裂性、保温、隔热、隔声及防水性能良好,耐火,价格低	一般生产区隔墙,适用于固体制剂、粉针、水针、输液车间
彩钢板	自重轻,强度高,良好的阻燃、隔热、隔声、防火、抗裂性能,拼装、组装灵活,色彩多样,美观,价格中等	生产环境干燥,腐蚀性小的固体制剂、粉针车间

续表

种类	性能与特点	应用
刨花石膏板	强度高、幅面大、容量轻、无毒、无异味,防火、隔声性能良好,易于加工,有降温、调湿作用。价格低廉	一般生产区隔墙,刷环氧漆或贴PVC后可做固体制剂车间和粉针车间洁净区隔墙
硬质PVC低发泡复合板	质量轻、强度高、阻燃性较好、防水、隔热、隔声、保温、抗裂、易加工、高度绝缘、抗静电、不吸尘、不吸湿、耐腐蚀,价格较高	固体制剂、粉针、水针、输液、提取车间均可使用,尤其适用于潮湿、腐蚀性环境

附表 16-5　生活饮用水水质标准

编号	相关指标	标准
	感官性指标	
1	色	色度不超过 15 度,并不得呈现其他异色
2	浑浊度	不超过 5 度
3	臭和味	不得有异臭、异味
4	肉眼可见物	不得含有
	化学指标	
5	pH	6.5~8.5
6	总硬度(以 CaO 计)	不超过 250mg/L
7	铁	不超过 0.3mg/L
8	锰	不超过 0.1mg/L
9	铜	不超过 1.00mg/L
10	锌	不超过 1.00mg/L
11	挥发酚类	不超过 0.002mg/L
12	阴离子合成洗涤剂	不超过 0.3mg/L
	毒理学指标	
13	氟化物	不超过 1.0mg/L,适宜浓度 0.5~1.0mg/L
14	氰化物	不超过 0.05mg/L
15	砷	不超过 0.04mg/L
16	硒	不超过 0.01mg/L
17	汞	不超过 0.001mg/L
18	镉	不超过 0.01mg/L
19	铬(六价)	不超过 0.05mg/L
20	铅	不超过 0.01mg/L
	细菌学指标	
21	细菌总数	1ml 水中不超过 100 个
22	大肠菌群数	1L 水中不超过 3 个
23	游离性余氯	在接触 30 分钟后应不低于 0.3mg/L。集中式给水,除出厂水应符合上述要求外,网管末梢水不低于 0.05mg/L

附表 16-6 国外药厂常采用的照度标准

场所	照度(lx)	场所	照度(lx)
调剂	540	成品	210
制备	540	公共工程	320
灌封	540	化验	650
灭菌	430	维修	430
包装	540	办公室	650
原材料	210	走廊	320
留验	210	管道技术层	55